电气控制柜设计·制作·维修技能丛书

电气控制柜设计制作
——电路篇

任清晨　主　编

電子工業出版社
Publishing House of Electronics Industry
北京·BEIJING

内 容 简 介

“电气控制柜设计·制作·维修技能丛书”一共 3 册，全面介绍了电气控制柜电路设计、制作工艺及维护维修的全过程。

本书是丛书的第一分册，重点针对电气控制柜的电路设计，讲解了电气控制技术的发展，电气控制柜使用条件及主要性能指标，影响电气控制柜制作的因素，电气控制柜设计制作的原则、电路设计规范、电路图的设计方法及注意事项，元器件的选择原则和使用方法等。

本书内容丰富，注重实践，并将电气控制柜设计制作的相关国家标准、工艺规范融入各章节中，适合电气控制设备生产企业的设计人员（主要负责电路设计），以及各行业中电气设备的使用和维护技术人员参考阅读，也可作为相关职业技术培训机构的培训教材。

图书在版编目（CIP）数据

电气控制柜设计制作. 电路篇 / 任清晨主编. —北京：电子工业出版社，2014.10
（电气控制柜设计·制作·维修技能丛书）
ISBN 978-7-121-24340-0

Ⅰ. ①电… Ⅱ. ①任… Ⅲ. ①电气控制装置—控制电路 Ⅳ. ①TM921.5

中国版本图书馆 CIP 数据核字（2014）第 213901 号

策划编辑：陈韦凯
责任编辑：张 京
印 刷：北京虎彩文化传播有限公司
装 订：北京虎彩文化传播有限公司
出版发行：电子工业出版社
北京市海淀区万寿路 173 信箱 邮编 100036
开 本：787×1 092 1/16 印张：22.75 字数：612 千字
版 次：2014 年 10 月第 1 版
印 次：2024 年 10 月第24次印刷
定 价：49.00 元

凡所购买电子工业出版社图书有缺损问题，请向购买书店调换。若书店售缺，请与本社发行部联系，联系及邮购电话：（010）88254888，88258888。

质量投诉请发邮件至 zlts@phei.com.cn，盗版侵权举报请发邮件至 dbqq@phei.com.cn。

本书咨询联系方式：chenwk@phei.com.cn，（010）88254441。

前　　言

电是一种绿色环保型二次能源，电的使用使科学技术得到了飞速的发展，同时使人类的生产、生活水平得到了极大的提高。当今世界上如果没有电，人类的生产、生活将会一团糟，情况将难以想象。为了更好地使用电这种能源，人类一天也没有停止过对其特性及其应用技术的研究。为了更好地利用电能，全世界的所有全科大学、工科院校和职业技能培训机构几乎毫无例外地都开设了电气专业的课程。虽然电可以造福人类，但是在使用电能的同时，电能对使用者也具有极大的危害和潜在的风险。利用机柜作为电气控制装置的外壳进行安全防护，就构成了电气控制柜。

电气控制设备是人类使用电能为自身服务的工具和桥梁。人类从利用电能的第一天起从未停止过对电气控制设备的研究，使电气控制设备及其性能日臻完善。电气控制设备的使用遍及人们生产、生活的各个角落和各行各业。电气控制柜的设计和制作工艺技术水平，直接影响着人类使用电能为自身服务的水平和质量。因此，提高电气控制柜的设计和制作的从业人员及欲加入电气控制设备制造行业的人员的技术工艺水平，具有十分重要的意义。

“电气控制柜设计·制作·维修技能丛书”以很自然的方式，将电气控制柜制作的前人经验及相关国家标准和工艺规范的具体内容融入各章节中，拥有本丛书可以省去查阅相关国家标准和各种手册的大量时间，基本可以做到一书在手即可解决电气控制柜制作中的几乎全部问题。本丛书的特点是以国家标准为主线，避开行业问题及与生产无关的纯理论问题，重点介绍各行各业均适用的电气控制柜设计制作的实用生产技术和职业能力。对于电气控制设备生产企业的从业人员和电气控制设备使用企业的维护修理人员来讲，本丛书是一套工具书；对于大专院校和职业技术院校电气专业在校学生来讲，本丛书是一套教辅参考书，可以有效地提高毕业生的工作能力和就业竞争力；对于职业技术培训机构和自学成才者来讲，本丛书是不可多得的教材。

“电气控制柜设计·制作·维修技能丛书”由 3 个分册组成：第一分册《电气控制柜设计制作——电路篇》，第二分册《电气控制柜设计制作——结构与工艺篇》，第三分册《电气控制柜设计制作——调试与维修篇》，三个分册构成一个比较完整的体系。本书是丛书的第一分册，主要讲解电气控制技术的发展、电气控制柜使用条件及主要性能指标、影响电气控制柜制作的因素、电气控制柜设计制作的原则、电路设计规范、电路图的设计方法及注意事项、元器件的选择原则和使用方法。学习本丛书前，最好先学习一些机械基础知识、电工电子技术基础知识和液压基础知识，这样会收到事半功倍的学习效果。

本书由任清晨主编，魏俊萍、王维征、刘胜军、任江鹏、李宏宇、曹广平、赵丽也参与了部分书稿的编写工作。在编写过程中，查阅了大量的相关国家标准和出版物，并且阅读了互联网上的相关文章，这些出版物和文章为本书的编写提供了大量的素材，在此向这些文章的作者表示衷心的感谢。本书内容经过中国科学院电工所科诺伟业公司武鑫博士、天威保变风电公司鲁志平总工程师审阅，在此向二位专家表示衷心的感谢。

编　者

前言

目　　录

第1章 电气控制

1.1 概述

1.1.1 电气控制技术发展简史

任何技术和技能的发展都源于人类生产和生活的需要及人类在生产活动和生活中创造发明的长期积淀。因此，了解人类历史的科学技术发展史、近代工业革命的历史和电气控制技术发展的几个阶段，有助于对电气控制技术的学习。

1.1.1.1 人类历史的科学技术发展简史

科学技术在人类历史的长河中出现了 5 次大的飞跃，变革了历史的发展进程。

第一次是取火技术的发明和应用，结束了人类的野蛮时代，进入了文明时代。

第二次是农业技术体系的形成，使人类的生产生活进入稳定的农业文明时代，形成自给自足的农业经济。

第三次是蒸汽机的发明和应用，机械技术的应用使人类进入工业社会时代。

第四次是电的发明和应用，电气技术的应用使人类进入电气文明时代。

第五次是核能和电子技术的发明和应用，促进了高科技产品的诞生，使人类的生活发生了亘古未有的巨大变化。

1.1.1.2 近代工业革命的三大阶段

1. 第一次工业革命

早期的工业生产，除人力之外只有以畜力、风力或水力作为动力。人类为了生存及生活得更美好，在同自然界的斗争中深感自己的渺小和无力，总是梦想自己能够具有大象般的力量和骆驼一样的耐力。

在 18 世纪 60 年代前后开始于英国的工业革命称为第一次工业革命，又称为产业革命或第一次科技革命。1788 年瓦特发明了蒸汽机，蒸汽机的发明实现了人类多年的愿望，解决了动力来源问题，最终导致了产业革命，使生产力得到了巨大发展。这是近代以来的第一次世界性技术革命。

机械动力的使用，第一次有可能把人类从繁重的劳动中解放出来，使生产效率得到了极大的提高。以蒸汽机的发明和应用为主要标志，从此人类进入“机械时代”。具有良好的自动控制

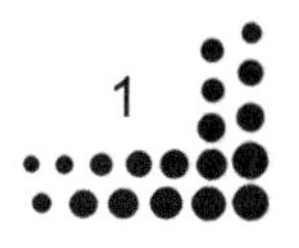

系统是蒸汽机得以成功应用的必要条件之一，它标志着机械自动化领域技术化和理论化阶段的开始。蒸汽机上的离心式自动调速装置是机械式自动控制系统的代表（见图 1.1.1）。但由于每个需要动力的工厂必须安装锅炉、蒸汽机、笨重的皮带轮轴传动装置，还需要自己解决燃料来源及运输等问题，仍然很不方便。

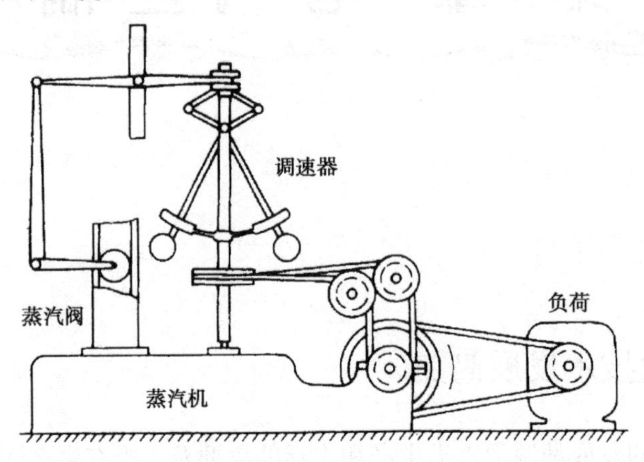

图 1.1.1　瓦特蒸汽机上的离心调速机构

机械装置是由轴、齿轮、凸轮、皮带、杠杆等机械零件组成的，机械钟表是人们日常生活中最常见的机械装置，利用机械装置可以实现生产机械的自动化。但是机械自动化具有其天然的缺陷：一是机械动力无法远距离传输；二是机械装置无法进行远距离控制；三是机械装置全部是刚性结构，一经制成便无法改变，只能完成特定的功能，也就是说没有柔性。这些原因阻碍了机械自动化的进一步发展。直到电气自动化技术与其相结合，机械自动化才进入了第二个春天。

2．第二次工业革命

“电”是一个与人们生活息息相关、密不可分的事物，人们从一开始对它恐惧到逐渐认识，再到加以利用，经历了一个漫长的过程，“电”也因此改变了人类的命运。电的发明和利用，促进了人类制造技术的发展，而以制造业为基础的工业文明，使得人类社会进入了一个崭新的时代。

19 世纪的第二次世界性技术革命是以电的发明和电力的广泛运用而开始的，大致发生在我国清朝光绪到“中华民国”这段时间。电的发明和应用是大批科学工作者在一段时期内通过不解的努力取得的成果，从此使人类进入“电气时代”。

所谓“电气时代”，是指以电能作为一种主要的能量形式支配着社会经济生活。电能的突出优点在于：第一，它是一种易于传输的工业动力；第二，它还是极为有效、可靠的信息载体。因此，电力时代主要体现在动力传输与信息传输两个方面。与动力传输相关联，出现了大型发电机、高压输电网、各种各样的电动机和照明电灯；与信息传输相关联，出现了电报、电话和无线电通信。这些伟大的发明使人类的生活进入了一个更光明、更美好的新时期。

早在我国东汉时期，王充在《论衡》一书中提到“顿牟掇芥”等问题。在公元前 585 年，古希腊哲学家塞利斯已经发现了摩擦过的琥珀能吸引碎草等轻小物体。到 1660 年，马德堡的盖利克发明了第一台摩擦起电机；1745 年，荷兰人发明蓄电池；1819 年，丹麦科学家奥斯特就发现了电流的磁效应现象。1820 年，法国科学家安培根据奥斯特的报告，对磁场与电流之间的关系作了进一步的整理与研究。他认为，两条电线平行放置的时候，电流流动的方向相同时，会相互排斥；相反，则会相互吸引。如果将电线绕成线圈，通电后，线圈就会像自然界的磁石一样。现在，安培的名字已经家喻户晓，成为电流强度单位的名称。大约在同一时期，德国人欧姆发现了电阻定律：导体上存在着一种阻力，随着长度的增加而增加，但随着截面面积的增加而减小。电阻的存在使电流随着电线长度的增加而逐渐减弱。1831 年，英国科学家法拉第发现了电磁感应现象，提出了发电机的理论基础。1837 年英国发明电报，第二年美国就推广使用了。

1866 年，德国工程师西门子制成了发电机；1870 年，比利时人格拉姆发明了电动机，电力开始被用来带动机器，成为补充和取代蒸汽动力的新能源。在电力的使用中，发电机和电动机是相互关联的两个重要组成部分。发电机将机械能转化为电能；电动机则将电能转化成机械能。1876 年贝尔发明了电话；1879 年爱迪生发明了世界上第一只实用的白炽灯，从此将光明带进人们的生活。随后，电灯、电话、电焊、电钻、电车、电报等如雨后春笋般涌现出来。各种电动生产工具和生活用具的出现，导致了对电的大量需求。

把电力应用于生产，必须解决远距离输送问题。1876 年，俄国出现了街道及家庭的电力照明。1882 年，法国学者德普勒发现了远距离送电的方法。同年，美国著名发明家爱迪生在纽约创建了美国第一个火力发电站，把输电线连接成网络。随着对电能需求的显著增加和用电区域的扩大，直流电动机显示出成本高、易出事故等缺点。从 19 世纪 80 年代起，人们又投入了对交流电的研究。交流电具有通过变压器任意变化电压的长处，使输电效率达到 80%以上，最早较大规模使用交流电是在电力照明中的应用。1885 年，意大利科学家法拉第提出的旋转磁场原理，对交流电机的发展起到了重要作用。19 世纪 80 年代末 90 年代初，人们研制出三相异步发电机，这种比较经济、可靠的三相交流电机迅速得到推广。

电、电流、电磁感应和电磁波的发明和应用，以及电力传输的成功，是使电力取代蒸汽动力的重大突破，它使电力很快成为广泛应用的能源和动力。电力工业的发展进入新的阶段。电力照亮了城市和农村，为工厂和矿山提供了方便、灵活的强大动力，成为生产、交通运输、通信等全面转向工业化的决定因素。

随着发电厂的建立，需要有通、断大电流且耐受高压的断路器设备。20 世纪 20 年代最简单的断路器是金属棒与盛有水银的容器。接通时就将金属棒插入水银中，断开时将棒提起。这种开关比较笨重，价钱也很贵，使用时要操动几次才能保证接触良好。这迫使人们寻求更好的办法。除了在接通后开关触点要接触良好之外，随着功率和电流的增大，断路器断开时会产生火花（称为电弧）。电弧的高温可以使触点烧环，甚至熔化，造成伤人或火灾。因此必须设法使电弧及早熄灭，使电路得以分断成功。1893 年，M.O.多里沃-多布罗夫斯基发明了电磁断路器，1895 年，英国费朗梯取得油断路器专利。

通常采用多台机组、多个发电站（包括水力及火力电厂），用输电线连接成网，形成了由众多发电站、输电线、变电所、配电网及广大用户组成的电力系统。电力系统在负荷上能互相支援，故障中有多路供电，使电能的供应更为安全可靠、经济高效。

电力系统中为了减小事故造成的损失，保护人身及设备的安全，必须有保护设施。最早的保护设备只是简单的熔断器、避雷器、断路器等。随着机组的加大和电压等级的提高，陆续研制出各种继电器及量测设备，组成保护电路，“继电保护”已经发展成为电厂中的一种专门技术。直到现在人们的技术水平还不能完全适应需要，包括欧美工业发达的国家，也一再出现电力系统失控，造成大面积停电。每次故障的损失常以数亿元计算。对电力系统稳定性的研究正在进一步发展中，“继电保护”的市场需求是电气控制技术发展的基础条件。

19 世纪末 20 世纪初，在世界上掀起了电气化的高潮，美国、德国由于最早实现了电气化而迅速进入世界工业强国行列。电力技术的广泛应用，首先促进了电力工业、电气设备工业的迅速发展。以发电、输电、配电这三个环节为主要内容的电力工业产生并发展起来了。发电机、电动机、变压器、断路器及电线、电缆等电气设备制造工业也迅速兴起，同时还促进了材料、工艺和控制等工程技术的发展。电力技术的发展使许多传统产业得到改造，使得一系列新技术应运而生。

3．第三次工业革命

伴随着人类文明的不断前行，人们始终没有停止对电力这种能源的开发与利用，应运而生的电子技术也为人们更好地利用这种能源提供了巨大的帮助，而同样不断发展的客观要求，使得电气产品由传统型向组合化、智能化、高灵敏度和高可靠性方向发展。

第三次工业革命从 20 世纪 40 年代开始，以电子技术的发明和应用为主要标志。

1）电子管与晶体管

人类在与自然界斗争的过程中，不断总结和丰富着自己的知识。电子科学技术就是在生产斗争和科学实验中发展起来的。1883 年美国发明家爱迪生发现了热电子效应，随后在 1904 年弗莱明利用这个效应制成了电子二极管，并证实了电子管具有“阀门”作用，它首先被用于无线电检波。1906 年美国的德弗雷斯在弗莱明的二极管中放进了第三个电极——栅极而发明了电子三极管，从而建立了早期电子技术史上最重要的里程碑。半个多世纪以来，电子管在电子技术中立下了很大功劳。但是电子管毕竟成本高、制造繁、体积大、耗电多，自 1948 年美国贝尔实验室的几位研究人员发明晶体管以来，在大多数领域中已逐渐用晶体管来取代电子管。但是，不能否定电子管独特的优点，在有些装置中，无论从稳定性，经济性或功率上考虑，还需要采用电子管。

1957 年，美国通用电气公司研制出世界上第一个晶闸管，使半导体技术进入了强电领域。其结构的改进和工艺的改革为新器件的开发和研制奠定了基础。经过近二十年的工艺完善和应用开发，到 20 世纪 70 年代，晶闸管已趋于成熟，形成了从低压小电流到高压大电流的系列产品。同时还派生了不对称晶闸管（ASCR）、逆导晶闸管（RCT）、双向晶闸管（TRIAC）等器件。20 世纪 80 年代末期和 90 年代初期发展起来的，以功率 MOSFET 和 IGBT 为代表的，集高频、高压和大电流于一身的功率半导体复合器件，表明传统电力电子技术已经进入现代电力电子时代。

2）集成电路

第一个集成电路是在 1958 年见诸于世的。集成电路的出现和应用，标志着电子技术发展到了一个新的阶段。它实现了材料、元件、电路三者之间的统一；同传统的电子元件的设计与生产方式、电路的结构形式有着本质的不同。随着集成电路制造工艺的进步，集成度越来越高，出现了大规模和超大规模集成电路（如可在一块 6mm^2 的硅片上制成一个完整的计算机），进一步显示出集成电路的优越性。集成电路的微型化和高可靠性使分立器件电路相形见绌、望尘莫及。

3）数字计算机控制技术

（1）数字逻辑控制技术

数字控制是按数字化的代码组成的程序对控制对象实现自动控制的一种方法。

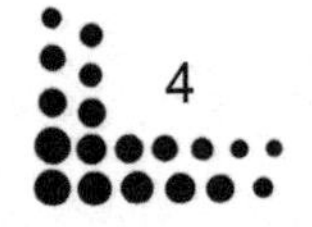

数字控制和数字测量也在不断发展，并得到日益广泛的应用。数字控制机床和“自适应”数字控制机床相继出现。目前利用电子计算机对几十台乃至上百台数字控制机床进行集中控制（所谓“群控”）也已经实现。

（2）计算机控制技术

随着半导体技术的发展和科学研究、生产与管理等的需要，电子计算机应时而兴起，并且日臻完善。从1946年诞生第一台电子计算机以来，已经经历了电子管、晶体管、集成电路及超大规模集成电路四代，运算速度已达每秒千亿次。自从1971年美国Intel公司生产出世界上第一台微处理器Intel 4004以来，微处理器的性能和集成度几乎每两年就提高一倍，价格却大幅度下降。在随后30多年的时间里，微型计算机经历了4位机、8位机、16位机、32位机几个大的发展阶段，目前64位机也已经普遍使用。随着半导体集成电路技术的发展，微型计算机的运行速度越来越快，可靠性大大提高，体积越来越小，功能越来越齐全，成本却越来越低，使微型计算机的应用越来越广泛。微型计算机的出现，在科学技术上引起了一场深刻的变革。现在正在研究和开发第五代计算机（人工智能计算机）和第六代计算机（生物计算机），它们不依靠程序工作，而依靠人工智能工作。

计算机控制是自动控制理论与计算机技术相结合而产生的一门新兴学科，计算机控制技术是随着计算机技术的发展而发展起来的。自动控制技术在许多工业领域获得了广泛的应用，但是由于生产工艺日益复杂，控制品质的要求越来越高，简单的控制理论有时无法解决复杂的控制问题。计算机的应用促进了控制理论的发展，先进的控制理论和计算机技术相结合，推动计算机控制技术不断发展。微型计算机不仅可应用于科学计算、信息处理、办公娱乐、民用产品、家用电器等领域，而且在仪器、仪表及过程控制领域也得到了广泛的应用。仪器、仪表在测量过程自动化、测量结果的数据处理及系统控制等方面有着重要的应用，在许多高精度、高性能、多功能的测量仪器中都采用了微处理器技术。过程控制也是微型计算机应用最多的一个方面，控制对象已从单一的工艺流程扩展到整个企业的生产、管理及现场各种设备的控制中，采用分布式计算机控制，实现了企业的控制和管理一体化，大大提高了企业的自动化程度。

近年来，随着计算机技术、自动控制技术、检测与传感器技术、网络与通信技术、微电子技术、显示技术、现场总线智能仪表、软件技术及自控理论的高速发展，计算机控制的技术水平大大提高，计算机控制系统的应用水平突飞猛进。利用计算机控制技术，人们可以对现场的各种设备进行远程监控，完成常规控制技术无法完成的任务，微型计算机控制已经被广泛地应用于军事、农业、工业、航空航天及日常生活的各个领域。大到载人航天飞船的研制，小到日用的家用电器，甚至计算机控制的家庭机器人，到处可见计算机控制系统的应用。

4）计算机网络通信技术

从人类发明电报电话之日起，通信技术就已经产生。现代通信技术主要研究信号的产生、信息的传输、交换和处理，以及在计算机通信、数字通信、卫星通信、光纤通信、计算机网络、个人通信、平流层通信、多媒体技术、互联网技术、数字程控交换等方面的理论和工程应用问题。通信技术是以现代的声、光、电技术为硬件基础，辅以相应软件来达到信息交流目的。通信技术随着现代科学技术水平的不断提高而得到迅速发展。

通信技术是一种以数据通信形式出现，在计算机与计算机之间或计算机与终端设备之间进行信息传递的方式。计算机网络就是将分散的计算机通过通信线路有机地结合在一起，达到相互通信，实现软/硬件资源共享的综合系统。网络是计算机的一个群体，是由多台计算机组成的，这些计算机是通过一定的通信介质互连在一起的，使得彼此间能够交换信息。

计算机网络控制的功能主要体现在三个方面：信息交换、资源共享、分布式处理。

（1）信息交换

信息交换是计算机网络最基本的功能，主要完成计算机网络中各个节点之间的系统通信。用户可以通过网络传送电子邮件、发布指令、进行监测、电子贸易、远程控制、聊天等。

（2）资源共享

所谓的资源是指构成系统的所有要素，包括软/硬件资源，如计算处理能力、大容量磁盘、高速打印机、绘图仪、通信线路、数据库、文件和其他计算机上的有关信息。由于受经济和其他因素的制约，这些资源并非（也不可能）所有用户都能独立拥有，所以网络上的计算机不仅可以使用自身的资源，也可以共享网络上的资源。因而增强了网络上计算机的处理能力，提高了计算机软/硬件的利用率。

（3）分布式处理

一项复杂的任务可以划分成许多部分，由网络内各计算机分别协作并行完成有关部分，使整个系统的性能大为增强。

通信与计算机控制技术的融合，将电气控制技术发展到一个新的阶段。20 世纪 90 年代走向实用化的现场总线控制系统正以迅猛的势头快速发展，是目前世界上最新型的控制系统。现场总线控制系统的出现，正受到国内外自动化设备制造商与用户越来越强烈的关注。多协议、多层次、专业网络、行业总线将是未来十年现场总线发展的方向，应根据应用的场合不同来进行选择，同时支持多种协议的网关芯片也将随着装备技术和芯片技术的发展而日益成熟。

一般过程控制中可能选 PROFIBUS 等，PROFIBUS 可以说是一个很好的块通信协议，相当严谨；具有诊断、参数化、配置、数据交换能力，且在可靠性方面相当完备。PROFIBUS 的最大优点是状态机与通用处理器之间的多缓存结构，使通信的实时性、一致性和可靠性得到了充分的保证。

就目前来说，控制功能的应用仍然是通过有线电缆来完成的。现今的无线技术是对有线技术强有力的补充。在工业过程控制领域，安全、有效的工厂操作总是放在第一位的。无线技术更为可靠、连续、兼容的操作方式将给整个工业界以信心，越来越多的无线控制设备将应用于工厂中。

1.1.1.3 电气控制无处不在

早上起来，被用电池驱动的闹钟吵醒，打开电灯，卷起暖和的电热毯，穿好衣服，使用电磁炉加热早餐。走出家门，坐上电车去公司上班，电车司机按照十字路口的红绿灯指示，安全地把您送到目的地。在工作岗位，首先要打开电子计算机查看往来的电子邮件，然后使用打印机或复印机准备会议时需要分发的文件。接着来到会议室打开照明灯光，开始调整投影仪及音响设备。会议结束后，需要到市场车间查看各种数控设备、起重运输设备、检测设备等设备是否运转正常。下班后，立刻打开手机与朋友联络聚餐。

今天的世界已是电的世界，人们几乎没有一天可以离开电。没有电，洗衣机不能用，衣服不能洗净烘干；电视不能看；游戏机不能玩；十字路口的红绿灯不能亮；工厂无法开工；人们吃饭都会遇到困难。如果一天没有电，就会觉得忽然变得无所事事、寸步难行，因为大部分的工作与生活都会受到影响。

没有先进的电气控制技术，就不可能有许许多多的人造卫星在太空翱翔，工厂也不会有完全自动的无人值守生产线，通信技术只能停留在人工接线阶段，地面上也不可能有高速列车在飞驰。电气控制早已渗透进人们生活及工作的方方面面，电气控制无处不在。

1.1.2 电气控制

1.1.2.1 什么是电气控制技术

电气控制技术是以各类电力拖动装置与系统为对象，以实现控制过程自动化为目标的控制技术。电气控制系统是自动化系统的主干部分，在国民经济各行业中的许多部门得到了广泛应用，是实现工业生产自动化的重要技术手段。现代化生产的水平、产品的质量和经济效益等各项指标，在很大程度上取决于生产设备的先进性和电气自动化程度。

自动化是人类自古以来永无止境的梦想和追求目标。电气自动化，是指在人类的生产、生活和管理过程中，通过采用一定的电气技术装置和策略，使得仅用较少的人工干预甚至没有人工干预，就能使系统达到预期目的的过程，从而减少和减轻了人的体力和脑力劳动，提高了工作效率、效益和效果。由此可见，电气自动化涉及人类活动的几乎所有领域。

随着科学技术的不断发展、生产工艺的不断改进，特别是计算机技术的应用、新型控制策略的出现，不断改变着电气控制技术的面貌。在控制方法上，从手动控制发展到自动控制；在控制功能上，从简单控制发展到智能化控制；在操作上，从笨重发展到信息化处理；在控制原理上，从单一的有触点硬接线继电器逻辑控制系统发展到以微处理器或微计算机为中心的网络化自动控制系统。现代电气控制技术综合应用了计算机技术、微电子技术、检测技术、自动控制技术、智能技术、通信技术、网络技术等先进的科学技术成果。新的控制理论和新型电器及电子器件的出现，成为电气控制技术发展的新的推动力。

1.1.2.2 电气控制设备

电气控制设备又称为电气控制装置，电气控制设备在自动化系统中起着电能控制、保护、测量、转换和分配的作用。随着控制技术、高低压电气元器件技术、电气自动化技术及计算机软/硬件技术的不断发展，电气控制设备也在向数字化方向发展。

1．电气控制设备的功能

为了保证被控设备运行的可靠与安全，需要有许多辅助电气设备为之服务。能够实现某项控制功能的若干个电气元件及组件的组合称为控制回路。电气控制设备一般分为一次控制回路和二次控制回路，不同的被控制设备有不同的控制回路，而且高压电气设备与低压电气设备的控制方式也不同。这些设备要有以下功能。

1）自动控制功能

自动控制指的是在没人参与的情况下，利用电气控制装置使被控对象或过程自动地按预定规律运行。例如，高压和大电流开关设备的体积是很大的，一般都采用操作系统来控制分、合闸，特别是当设备出了故障时，需要开关自动切断电路，因此要有一套自动控制的电气操作设备，对供电设备进行自动控制。

2）安全保护功能

电气控制设备与线路在运行过程中不可避免地会发生故障，被控制设备也难免会出现一些问题。例如，电流（或电压）可能会超过设备与线路允许工作的范围与限度。这就需要一套检测这些故障的信号并对设备和线路进行自动调整（断开、切换等）的安全保护装置，以保障人员与设备的安全。

3）监视功能

电是眼睛看不见的，接触会有危险。一台设备是否带电或断电、运行是否正常，从外表看无法分辨，这就需要设置各种视听信号，如显示屏、灯光和音响等装置，对电气控制设备进行电气监视。

4）测量功能

监控装置的信号只能定性地表明设备的工作状态（有电或断电），如果想定量地知道电气设备的工作情况，还需要有各种仪表测量设备，测量线路的各种参数，如电压、电流、频率和功率等的大小。

在电气控制设备操作与监视中，传统的操作组件、控制电器、仪表和信号等设备大多可被计算机控制系统及电子组件所取代，但在小型设备和就地局部控制的电路中仍有一定的应用范围。这些是电路实现微机自动化控制的基础。

2．电气控制设备的结构组成

由于电气控制系统一般均安装在具有安全保护功能的机柜（箱）中，所以习惯上把电气控制设备称为电气控制柜，简称电柜。一般的电气控制设备由以下几部分构成。

1）一次电路及其元器件

一次电路也称为主电路，它是从电源到负载输送电能时电流所经过的电路。即一次电路是直接与交流电网电源连接的电路。由一次设备相互连接，构成发电、输电、配电或进行其他控制的电气回路，称为一次回路或一次接线系统。

一次电路中的各种电气设备称为一次设备，包括发电机、变压器、各种开关、断路器、接触器、熔断器、母线、电力电缆、电抗器、电动机和用电设备等。例如与交流电网电源连接的装置、变压器的一次侧绕组、电动机及其他负载装置。

一次电路一般工作于高电压、大电流工作状态，一般一次电路的电源都是220V及以上交流电。其主要作用是对被控制对象的电源进行控制，从而实现对被控制对象的控制。

对被控制对象的电源进行控制包括：

（1）电源的通断（开关）控制，即被控制设备的启停控制，照明电路的通断控制；

（2）电源电压的高低控制，即对被控制对象的速度、亮度、力度等进行控制；

（3）电源电流的大小控制，即对被控制对象的电压、功率、热量等进行控制；

（4）电源电流的方向控制，即对被控制电动机的方向进行控制；

（5）电源频率的控制，即对被控制对象的速度、亮度、力度等进行控制；

（6）电源相位的控制，即对被控制电动机的方向进行控制。

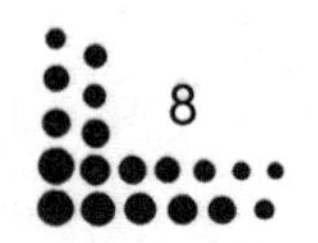

2）二次电路及其元器件

二次电路又称为控制电路或辅助电路，它是对主电路进行控制、保护、监视、测量的电路。二次电路是为保障一次电路能够安全、可靠地工作所设置的电路，如电力系统中的测量回路、继电保护回路、开关控制及信号回路、操作电源回路、断路器和隔离开关的电气闭锁回路等低压回路。

二次电路中的各种设备称为二次设备，它们包括各种控制开关（如按钮等）、继电器、接触器的线圈和辅助触点、信号灯、测量仪表、PLC 等。由二次设备互相连接，构成对一次设备进行监测、控制、调节和保护的电气回路称为二次回路或二次接线，包括控制系统、信号系统、监测系统、继电保护和自动化系统等。例如，在电力系统中，由互感器的二次侧绕组、测量监视仪器、继电器、自动装置等通过控制电缆连成的电路，用以控制、保护、调节、测量和监视一次回路中各参数和各元件的工作状况，以及用于监视测量仪表、控制操作信号、继电保护和自动装置等。

二次电路的电源是380V、220V、36V等交流电或直流电。380V、220V电源可以在一次电源中取得。如果一次侧为高压，也可以用变压器取得380V、220V、36V电源；还可以用整流器和干电池取得直流电源。

3）机柜及其附件

机柜是电气控制设备不可缺少的组成部分，机箱机柜的作用有4个方面。

（1）机柜给电源、一次设备、二次设备及附属设备提供空间，并通过机箱内部的支撑、支架、各种螺丝或卡子夹子等连接件将这些零部件牢固地固定在机柜内部，将电气控制设备的各类电器、元部件、线缆等集中组合并装载，形成一个集约型的整体。

（2）机柜坚实的外壳保护着一次设备、二次设备、电源及附属设备，能防压、防水、防冲击、防尘，并且它还能发挥防电磁干扰、辐射的功能，起屏蔽电磁辐射的作用。

（3）机柜还提供了很多便于使用的面板开关指示灯等，让操纵者更方便地操纵电气控制设备或观察电气控制设备的运行情况。

（4）便于设备的美观设计和设备安装，方便以后的维护与运行，防触电及防小动物或昆虫对电气控制设备的破坏，保障操作人员的人身安全。

一个好的机柜意味着保证电气控制系统可以在良好的环境里运行。所以，机柜应该能够系统地解决高密度散热、大量线缆敷设和管理、大容量配电、能够在高稳定性的环境下运行等问题。

4）安装板

安装板也是电气控制设备不可缺少的组成部分。电气控制设备中的一次设备体积比较大，一般安装在机柜的框架上。而二次设备体积比较小，但元器件数量比较多，从结构设计方面考虑，二次设备器件完全直接安装在机柜的框架上是不可能的。将众多的二次设备器件安装在安装板上，然后将安装板安装在机柜的框架上，是目前比较成熟的解决方案。例外，安装板作为设备的一个模块，可以给维修提供便利。

5）接线端子

接线端子用于实现电气控制柜内部及外部的可靠电气连接，方便进行维修。

1.1.2.3 电气控制设备的智能化

随着工业生产手段的复杂化和功能要求的不断提高，工业生产对电气控制系统的要求也越来越高，除了传统的容量、可靠性外，对数据量、远程控制、故障检测等也提出了更高的要求。

智能化控制柜可完成设备自动化和过程自动化控制，实现完美的网络功能，具有性能稳定、可扩展、抗干扰强等特点，是现代工业的核心和灵魂。可以根据用户需求量身设计智能化控制柜，满足用户要求，并可配以人机界面触摸屏，达到轻松操作的目的。智能化控制设备还可通过 modbus、profibus 等通信协议的数据传输与网络上的上位机实现远程监控。

1．远程测量

远程测量是指可查看各回路、控制单元（子站）的电量参数。

2．远程调节

远程调节是指各子站可远距离上传、下载各种保护设定值、特征曲线。

3．远程控制

远程控制是指对各子站实现远程储能（万能式断路器）、合闸、分闸、启动、停车（电动机控制回路）等操作。

4．信息查询

信息查询是指对系统各种信息资源进行查询，如故障记录、日记报表、管理、成本分析、电网质量和负荷分析等，这实际上是自动化技术与配电技术的结合。

1.1.3 电气控制技术发展的几个阶段

现在电气工程及其自动化的触角已伸向各行各业，小到一个开关的设计，大到宇航飞机的研究，都有它的身影。电气控制技术的发展走过了几个比较有代表性的阶段，了解这几个有代表性的发展阶段及其特点，对于学习电气控制柜的制作有很大帮助。

1.1.3.1 开关控制电器阶段

早期的电气控制都比较简单，主要是实现电器与电源之间的通断控制。由于当时的电器电压不是很高，电流不是很大，所以开关普遍采用裸露的非封闭形式，因此称为可见断点的开关。可见断点的开关因为其接通和断开状态一目了然，从心理上可以给人安全感，而且实际上在断开状态下也确实是安全的。比较有代表性的开关电器就是刀开关，至今仍然在普遍使用。

早期的刀开关一般由人直接操作，开关的通断速度不可能很快，因此只能用于低压且电流不太大的控制场合。因为电压较高及电流较大的开关在接通和断开的过程中会产生强烈的电弧，电弧会将开关的接触部分烧坏，电弧还会危及操作者的人身安全。为了解决电弧的危害，一是在开关上采用机械速动装置，减少产生电弧的时间；二是采用灭弧装置，减小电弧并降低电弧的温度；三是将开关用外壳完全封闭起来，避免对人的伤害；四是利用杠杆机构操作开关，使人处于安全位置；五是采用电动操作机构，实现开关的远距离操控和自动控制。

为了安全起见，根据国家标准，一般电气控制中的隔离开关应采用可见断点的开关。对于全封闭型开关及远距离操控开关，必须在操作器件上醒目地标示出开关接通和断开位置。对于自动控制开关，则必须在操作后有检测开关通断状态的反馈信号显示，以确保操作的可靠性和安全性。

1.1.3.2 继电控制电器阶段

“继电保护”是输变电过程中的一种专门技术，是由各种继电器及量测设备组成的保护电路，目的是保证持续不间断供电。“继电保护”技术的发展为电气自动控制技术的发展奠定了基础。

继电控制是利用具有继电特性的元件进行控制的自动控制系统。所谓继电特性是指，在输入信号作用下输出仅为通、断等几个状态的特性。由于其控制方式是断续的，故称为断续控制系统。例如，电炉温度调节中，根据炉温是否超过规定值而断开或接通电源。这种只有通、断两个状态的控制又称双位式控制。继电控制中使用的元件并不限于电磁式继电器，也可用别的手段来实现继电特性。例如，在双位式温度调节中，常采用双金属片作为敏感元件，温度变化时双金属片因两部分金属的膨胀系数不同而弯曲变形，接通或断开触点。液压和气动阀等也是具有继电特性的元件。

各种接触器、继电器的使用，对电气控制技术的发展具有决定性的意义。各种接触器、继电器的操作方式彻底颠覆了开关设备只能近身操作的观念，开启了远距离电气操作的时代。继电器是一种当输入量（电、磁、声、光、热）达到一定值时，输出量将发生跳跃式变化的自动控制器件。继电器除具有开关功能外，还具有比较多的其他控制功能，这些功能为实现电气自动控制立下了汗马功劳。继电器与早期的开关电器相比具有以下特点。

1．具有记忆功能

利用继电器的接点可以连接成自保持电路，即使控制信号消失，继电器仍然可以保持控制指令的状态，这就是继电器的记忆功能。继电器的记忆功能是实现自动控制的基本条件，在电气自动控制中应用相当普遍。

2．动作速度快

继电器的动作一般由电磁铁控制，其动作速度一般只有零点几秒。继电器的动作速度比其他机械结构的开关电器快，有利于减小电弧，用于电压较高、电流较大的控制场合。

3．可以实现较远距离控制

继电器的控制回路中电流很小，因此在控制回路导线截面积一定的情况下，电压降很小，所以可以进行较远距离的控制。

4．可以实现非电量的控制

利用时间继电器可以实现对时间的控制；利用速度继电器可以实现对速度的控制；利用温度继电器可以实现对温度的控制；利用干簧式或磁保持继电器可以实现对磁场的控制；利用步进继电器可以实现顺序控制等。继电器对非电量的控制，较大地扩展了电气自动控制的应用领域。

5. 具有放大作用

继电器利用工作电流很小的控制回路控制通断能力很大的主接点，可以控制很大功率的电路，因此继电器具有放大作用。

6. 可以实现各种保护

1）失电压保护和欠电压保护

利用继电器电磁铁线圈在失电压和欠电压状态时不能吸合的特点，实现失电压保护和欠电压保护。

2）过电压保护

利用电压继电器可以实现过电压保护。

3）短路保护、过电流保护和过载保护

利用热继电器可以实现短路保护、过电流保护和过载保护。

4）断相保护

断相后其余两相的电流必然增大，利用热继电器或电流继电器可以实现断相保护。

7. 可以实现监测功能

根据每一个继电器的控制功能，其接点连接上信号灯和电铃，就可以显示控制电路各个部分的工作状态，并可以实现故障显示、报警和监测功能。

8. 扩大控制范围

多触点继电器控制信号达到某一定值时，可以按触点组的不同形式，同时换接、断开、接通多路电路。

9. 综合信号功能

根据电气控制逻辑的需要，将多个控制信号按规定（串联、并联或混联）的形式输入多绕组继电器时，经过比较、综合，实现预定的控制目标。

正是由于继电器具有上述强大功能，自动装置上的继电器与其他电器一起可以组成程序控制线路，从而实现自动化运行。正是由于继电器的出现，人类才第一次实现了电气控制自动化。因此，继电器的运用在电气控制的发展史上具有里程碑的意义。

继电器接触式控制系统具有控制结构简单、方便实用、易于维护、控制容量大、抗干扰能力强、价格低廉等优点，继电控制系统的主要优点是控制装置比较简单。对于同样的功率，继电控制装置的质量和体积在各类控制系统中是比较小的，因此广泛应用于各类设备的电气控制。目前，继电器接触式控制仍然是电气控制设备最基本的控制形式之一，继电器-接触器控制系统至今仍在许多生产机械设备中广泛采用。

继电控制系统的主要缺点是控制的非线性。但也存在接线方式固定、灵活性差、难以适应复杂和程序可变的控制对象的要求，另外还有工作频率低的问题。由于继电控制系统的电气接点太多，接点的锈蚀、烧蚀、熔合及接触不良，使继电控制系统的故障率较高，存在可靠性差的问题。同时继电器的线圈耗电量很大，既不符合当代绿色环保要求，又不易实现电气控制设备小型化的要求。

1.1.3.3 数字逻辑控制阶段

开关电器和继电器控制的实质就是开关量的控制，因为只有接通“1”和断开“0”两个状态。

这里所讲的数字逻辑控制阶段是指，集成电路普遍采用以后，使用逻辑门电路进行的数字逻辑控制。尽管继电控制系统也可以进行一些比较简单的数字逻辑控制，但是由于继电控制系统实现这些逻辑电路结构十分复杂、成本高且可靠性差，并且存在难以避免的时序上的竞争问题，要解决这一问题，对设计人员的要求很高，最终往往需要通过实验才能解决。

在实际生产中，由于大量存在一些用开关量控制的简单的程序控制过程，而实际生产工艺和流程又是经常变化的，因而传统的继电器接触式控制系统通常不能满足这种要求，因此曾出现了继电器接触控制和电子技术相结合的控制装置，叫作顺序控制器。它能根据生产需要改变控制程序，而又远比电子计算机结构简单、价格低廉，它是通过组合逻辑元件插接来实现继电器接触控制的。但装置体积大，功能也受到一定限制。

集成电路的逻辑门芯片具有体积小、质量轻、耗电量小、工作可靠的特点。集成的各种门电路、触发器、寄存器、编码器、译码器和半导体存储器组成组合逻辑电路和时序逻辑电路广泛应用在电气自动控制中，并且比较成功地解决了组合逻辑电路的竞争——冒险现象。

数字逻辑控制阶段最为成功的案例是数控机床的应用。为解决占机械总加工量80%左右的单件和小批量生产的自动化难题，20世纪50年代出现了数控机床。它综合应用了数字逻辑控制、检测、自动控制和机床结构设计等各个技术领域的最新技术成就。数控机床由控制介质、数控装置、伺服系统和机床本体等部分组成，其中伺服系统的性能是决定数控机床加工精度和生产率的主要因素之一。

1.1.3.4 电子计算机控制阶段

1971年，Intel公司设计了世界上第一个微处理器芯片Intel 4004，并以它为核心组成了世界上第一台微型计算机MCS-4。它开创了计算机应用的新时代。但是将普通PC直接移植于电气控制系统，存在系统过于复杂、成本太高的问题。直到专门为工业控制而设计的单片机诞生，这一问题才得以解决。

1. 单片机

单片机又称单片微控制器，它不是完成某一个逻辑功能的芯片，而是把整个计算机系统集成到一个芯片上。概括地讲，一块芯片就是一台计算机。它的体积小、质量轻、价格便宜、软件可修改、为应用和开发提供了便利条件。利用单片机可以实现柔性控制、通信技术、多目标控制、仿真与智能控制。

单片机虽然具有强大的功能，但是它的价格很低（一般在十元以内）。低廉的价格和强大的功能为单片机在电气控制领域内的应用创造了条件。目前，单片机的使用领域已十分广泛，如智能仪表、实时工控、通信设备、导航系统、家用电器等。

单片机的最小系统只用一片集成电路，它作为控制部分的核心部件，可进行简单的运算和控制。因为它体积小，通常都藏在被控设备的“肚子”内。一个单片机系统的最低价格只有几十元。单片机控制系统使用灵活，多用于有一定生产批量、专业性比较强、市场面不是很大的领域。因为如果市场面很大，生产批量大，就会有更加经济的专用控制芯片生产出来。单片机控制系统比较适宜小批量生产及在旧设备技术改造中应用。

2．可编程逻辑控制器（PLC）

随着大规模集成电路和微处理机技术的发展及应用，电气控制技术也发生了根本性的变化，在 20 世纪 70 年代，出现了将计算机存储技术引入顺序控制器，产生了新型工业控制器——可编程序控制器（PLC），它兼备了计算机控制和继电器控制系统两方面的优点，故目前在世界各国已作为一种标准化通用电器普遍应用于工业自动控制领域。

可编程控制器技术是以硬接线的继电器-接触器控制为基础，逐步发展为既有逻辑控制、计时、计数，又有运算、数据处理、模拟量调节、连网通信等功能的控制装置。它可通过数字量或模拟量的输入、输出满足各种类型设备控制的需要。可编程控制器及有关外部设备，均按既易于与工业控制系统组成一个整体，又易于扩充其功能的原则设计。可编程控制器已成为生产机械设备中开关量控制的主要电气控制装置。

可编程逻辑控制器（PLC）是利用单片机技术由模仿原继电器控制原理发展起来的，20 世纪 70 年代的 PLC 只有开关量逻辑控制，首先应用的是汽车制造行业。它用来存储执行逻辑运算、顺序控制、定时、计数和运算等操作的指令，并通过数字输入和输出操作，来控制各类机械或生产过程。用户编制的控制程序表达了生产过程的工艺要求，并事先存入 PLC 的用户程序存储器中。运行时按存储程序的内容逐条执行，以完成工艺流程要求的操作。PLC 的 CPU 内有指示程序存储地址的程序计数器，在程序运行过程中，每执行一步该计数器自动加 1，程序从起始步（步序号为零）起依次执行到最终步（通常为 END 指令），再返回起始步循环运算。PLC 每完成一次循环操作所需的时间称为一个扫描周期。不同型号的 PLC，循环扫描周期在 1μs 到几十μs 之间。PLC 用梯形图编程，在计算逻辑方面，表现出快速的优点，扫描周期在微秒量级，计算 1KB 逻辑程序用时不到 1ms。它把所有的输入都当成开关量来处理，16 位（也有 32 位的）为一个模拟量。大型 PLC 使用另外一个 CPU 来完成模拟量的运算，把计算结果传送给 PLC 的控制器。

对于相同 I/O 点数的系统，用 PLC 比用计算机集中控制系统（DCS）的成本要低一些（大约能省 40%）。PLC 没有专用操作站，它用的软件和硬件都是通用的，所以维护成本比 DCS 要低很多。一个大型的 PLC 控制器可以接收几千个 I/O 点（最多可达 8000 多个 I/O）。如果被控对象主要是设备连锁、回路很少，采用小型 PLC 较为合适。PLC 由于采用通用软件，在设计企业的管理信息系统方面要容易一些。

通用 PLC 应用于专用设备时，可以认为它就是一个嵌入式控制器，但 PLC 相对一般嵌入式控制器而言具有更高的可靠性和更好的稳定性。可编程控制器作为离散控制的首选产品，以微处理器为核心，通过软件手段实现各种控制功能。它具有通用性强、可靠性高、能适应恶劣的工业环境、指令系统简单、编程简便易学、易于掌握、体积小、维修工作少、现场连接安装方便等一系列优点，正逐步取代传统的继电器控制系统，广泛应用于各个行业的控制中。

1.1.4 控制设备的分类

将产品进行分类，有利于产品设计及生产的标准化，标准化有利于组织批量生产，可以减少不必要的重复性劳动。而产品设计及生产的标准化对于提高生产效率、降低生产成本、提升企业在市场中的竞争力具有重要的意义。

1.1.4.1　电气控制设备的分类

1．要根据电气控制设备的特性和特点对电气控制设备进行分类

控制设备可按下述各项标准分类，这些要求和特点直接影响电气控制设备的设计与制作，可以由用户与制造厂协商确定。

（1）外形设计。

（2）安装场所。

（3）安装条件（指设备的移动能力）。

（4）防护等级。

（5）外壳形式。

（6）安装方法，如固定式或可移动式部件：

① 对人身的防护措施；

② 内部隔离形式；

③ 功能单元的电气连接形式。

2．按照是否符合电力系统标准分类

输变电系统是电气控制设备应用的主要领域。因为在电力系统中，电气控制的主要目标是电力的通断控制，所以输变电系统所使用的电气控制设备一般称为开关柜。由于输变电线路的电压等级已经标准化，因此开关柜也已经基本标准化，开关柜的主要技术指标是电压等级和通断电流的能力（大小）。开关柜是电气控制设备中标准化程度最高的一大类，开关柜的需求量很大，基本已经形成了专业化的大规模生产。习惯上人们将符合电力系统标准的开关柜称为标准柜。

与标准控制柜相对应的是非标准控制柜。由于电气控制已经普遍应用在生产和生活的各个领域，在每个应用领域中都不像电力系统对开关柜的要求那么统一，因此很难对它们进行标准化和统一。习惯上将这些应用于各个领域、满足各自不同要求的电气控制柜称为非标准柜。非标准电气控制设备一般生产批量较小，多数由主机生产厂自己设计制作或外包给电气控制设备生产企业加工。

因为开关柜标准化程度较高，其设计已经实现模块化，技术资料比较容易获取，因此本书将把非标准电气控制设备设计与制作作为讲解的重点。但是本书讲解的基本方法和原则对于开关柜也是完全适用的，毕竟开关柜属于电气控制设备的一个类型。

1.1.4.2　电气控制设备的特性

电气控制设备的特性应在产品标准中规定，因为这些特性对于电气控制设备的设计和制作具有指导意义。电气控制设备的特性如下。

1．电气控制设备形式

（1）电气控制设备的种类，如开关柜、控制柜等。

（2）极数。

（3）电流的种类。

（4）分断时介质类型。

（5）运行条件（操作方式、控制方法等）。

以上所列项目并不全面，可以增减。

2．主电路的额定值和极限值

1）额定能力

额定能力包括额定分断能力、额定接通能力、额定短路分断能力、额定短路接通能力、额定运行短路分断能力（由产品标准规定）、额定极限短路分断能力。

2）额定电压

额定电压包括额定控制电源电压、额定控制电路电压、额定冲击耐受电压、额定绝缘电压、额定工作电压、额定转子绝缘电压（由产品标准规定）、额定定子绝缘电压（由产品标准规定）、额定转子工作电压（由产品标准规定）、额定定子工作电压、自耦减压启动器的额定启动电压（由产品标准规定）。

3）额定电流（由产品标准规定）

额定电流包括额定工作电流、额定限制短路电流、额定短时耐受电流、额定转子工作电流（由产品标准规定）、额定定子工作电流（由产品标准规定）、电动机定子发热电流、电动机转子发热电流、额定不间断电流、选择性极限电流、交接电流、约定封闭发热电流、约定自由空气发热电流。

4）其他额定值

其他额定值包括额定频率和额定工作功率。

1.2 电气控制柜使用条件及主要性能指标

本节将对国家标准要求的电气控制柜的使用条件及主要性能指标进行介绍，这些内容是在进行电气控制柜设计及制作时必须达到的硬性要求。

1.2.1 正常使用条件

电气设备应适合其预期使用的实际环境和运行条件。满足国家标准规定的控制设备应能在下列条件下运行，并能正常工作。当实际环境和运行条件与下文规定范围不符时（非标准使用条件），供方和用户可能有必要达成协议。

非标准使用条件可根据制造厂和用户的协议确定。如果使用的元件（如继电器、电子设备等）不是按这些条件设计的，那么允许采取适当的措施以保证其正常工作。

1.2.1.1 周围空气温度

1. 户内控制设备的周围空气温度

周围空气温度不得超过+40℃，而且在24h内其平均温度不超过+35℃。

周围空气温度的下限为−5℃。

2. 户外控制设备的周围空气温度

周围空气温度不得超过+40℃，而且在24h内其平均温度不超过+35℃。周围空气温度的下限如下。

（1）温带地区为−25℃。

（2）严寒地区为−50℃。

如果在严寒地区使用控制设备，制造商与用户之间需要达成一个专门的协议。

对具有外壳的电器，周围空气温度是指外壳周围的空气温度。

对于使用在周围空气温度高于+40℃（如在夏季风电机组机舱内、热带国家或地区）或低于−5℃（如−25℃的要求是对用户外的低压开关设备和控制设备提出的）的电器，应根据有关产品标准（适用时）或根据制造厂和用户的协议进行设计和使用。制造厂样本中给出的数据可以代替上述协议。

有关产品标准应明确某些形式的电器（如断路器或启动器的过载继电器）的标准参考空气温度。

1.2.1.2 海拔

电气控制设备应能在海拔高度2000m以下正常工作。

对于在海拔高于1000m处使用的电子设备和用于海拔高于2000m的控制设备，有必要考虑介电强度的降低和空气冷却效果的减弱。打算在这些条件下使用的控制设备，建议按照制造厂与用户之间的协议进行设计和使用。

1.2.1.3 湿度

1. 户内电气控制设备的湿度

空气清洁，在最高温度为+40℃时，相对湿度不得超过50%。在较低温度时，允许有较大的相对湿度。例如，+20℃时相对湿度为90%。但应考虑到由于温度的变化，有可能会偶尔产生适度的凝露。

2. 户外电气控制设备的湿度

当最高温度为+40℃、相对湿度不超过50%时，电气设备应能正常工作。温度低则允许较高的相对湿度（如20℃时为90%），最高温度为+25℃时，相对湿度短时可高达100%。

1.2.1.4 污染等级

污染等级指控制设备所处的环境条件。

对外壳内的开关器件或元件，可使用外壳内环境条件的污染等级。

应按电气间隙或爬电距离的微观环境确定对电器绝缘的影响，而不是按电器的环境确定其影响。电气间隙或爬电距离的微观环境可能好于或差于电器的环境。微观环境包括所有影响绝缘的因素，如气候条件、电磁条件、污染的产生等。

为了确定电气间隙和爬电距离，在国家标准中确立了以下 4 个微观环境的污染等级。

污染等级 1：无污染或仅有干燥的非导电性污染。

污染等级 2：一般情况下只有非导电性污染。但是，也应考虑到偶然由于凝露造成的暂时的导电性。

污染等级 3：存在导电性污染，或者由于凝露使干燥的非导电性污染变成导电性污染。

污染等级 4：造成持久性的导电性污染，如由于导电尘埃或雨雪造成的污染。

工业用途的污染等级标准：如果没有其他规定，工业用途的电气控制设备一般在污染等级 3 环境中使用。而其他污染等级可以根据特殊用途或微观环境考虑采用。设备的微观环境污染等级可能受外壳内安装结构的影响。

1.2.1.5 振动、冲击和碰撞

应通过选择合适的设备，将它们远离振源安装或采取附加措施，以防止（由机械及其有关设备产生或实际环境引起的）振动、冲击和碰撞的不良影响。供方与用户可能有必要达成专门的协议。

1.2.1.6 供电电源

如果没有其他规定，以下要求适用。

（1）交流电压变化范围等于输入额定电压的±10%，短时（在不超过 0.5s 的时间内）交流电压波动范围为输入额定电压的−15%～+10%。

（2）相对谐波分量不应超过 10%。

（3）交流电压换相缺口深度不应超过工作电压峰值的 40%，换相缺口面积不应超过 250（%×度）。

（4）非重复和重复瞬态电压与工作电压峰值之比应符合：

非重复瞬态电压峰值/工作电压峰值≤2.5；

重复瞬态电压峰值/工作电压峰值≤1.5。

（5）电源频率的偏差不得超过额定频率的±2%。

（6）由蓄电池供电的电压变化范围等于额定供电电压的±15%。注意：此范围不包括蓄电池充电要求的额外电压变化范围。

（7）设备电源电压的最大允许断电时间由制造厂给出。

1.2.1.7 电磁兼容性（EMC）

电气设备产生的电磁干扰不应超过其预期使用场合允许的水平。设备对电磁干扰应有足够的抗扰度水平，以保证电气设备在预期使用环境中可以正常运行。

EMC 通用国家标准给出了 EMC 通用的抗扰度和发射极限值。

为确保电气和电子系统的水平，IEC 61000-5-2 给出了其系统电缆和接地指南。如果有产品标准，产品标准优先于通用标准。

1.2.1.8 运输、储存和安置条件

如果运输、储存和安置时的条件（如温度和湿度条件）与正常使用条件中的规定不符，应由用户与制造厂签订专门的协议。

如果没有其他的规定，温度范围在-25℃～+55℃之间适用于运输和储存过程。在短时间内（不超过24h）可达到+70℃。

设备在未运行的情况下经受上述高温后，不应遭受任何不可恢复的损坏，然后在规定的条件下应能正常工作。应采取防潮、防振和抗冲击措施，以免损坏电气设备。

在低温下易损坏的电气设备包括PVC绝缘电缆。

由于运输需要与主机分开的或独立于机械的重大电气设备，应提供合适的手段，以供起重机或类似设备操作。

1.2.1.9 安装条件

设备应按制造厂提供的使用说明书安装。对于垂直安装的设备，安装倾斜度不得超过5°。

1.2.2 特殊使用条件

如果存在下述任何一种特殊使用条件，必须遵守适用的特殊要求或制造商与用户之间应签订专门的协议。如果存在这类特殊使用条件，用户应向制造商提出。

特殊使用条件举例如下。

（1）温度值、相对湿度或海拔高度与正常使用条件的规定不同。

（2）在使用中，温度和/或气压急剧变化，导致在控制设备内出现异常的凝露。

（3）空气被尘埃、烟雾、腐蚀性微粒、放射性微粒、蒸汽或盐雾严重污染。

（4）暴露在强电场或强磁场中。

（5）暴露在高温中，如太阳的直射或火炉的烘烤。

（6）受霉菌或微生物侵蚀。

（7）安装在有火灾或爆炸危险的场地。

（8）遭受强烈振动或冲击。

（9）安装在会使载流容量和分断能力受到影响的地方，如将设备安装在机器中或嵌入墙内。

（10）其他特殊使用条件。

1.2.3 工作性能指标

用以表征控制设备工作性能的有关指标，应在各有关产品技术文件中给以明确规定。

1.2.3.1 额定工作制

控制设备在正常条件下额定工作制有如下几种。

1. 8小时工作制

电器的主触点保持闭合且承载稳定电流足够长时间，使电器达到热平衡，但达到8小时必

须分断的工作制。上述分断指由电器操作分断电流。

8 小时工作制是确定电器的约定发热电流的基本工作制。

2．不间断工作制

没有空载期的工作制，电器的主触点保持闭合且承载稳定电流超过 8 小时（数周、数月甚至数年）而不分断。

不间断工作制区别于 8 小时工作制。因为氧化物和灰尘堆积在触点上可导致触点过热。因此电器用于不间断工作制时应考虑采用降容系数或采用特殊设计（如用银或银基触点）。

3．断续周期工作制或断续工作制

此工作制指电器的主触点保持闭合的有载时间与无载时间有一个确定的比例值，且两个时间都很短，不足以使电器达到热平衡。

断续工作制是用电流值、通电时间和负载因数来表征其特性的，负载因数（习惯称为负载率）是通电时间与整个通断操作周期之比，通常用百分数表示。

负载因数的标准值为：15%、25%、40%和 60%。

根据电器每小时能够进行的操作循环次数分级的方法见表 1.2.1。

表 1.2.1　电器等级

级别	1	3	12	30	120	300	1200	3000	12000	30000	120000	300000
每小时操作循环次数	1	3	12	30	120	300	1200	3000	12000	30000	120000	300000

对于每小时操作循环次数较多的断续工作制，制造厂应根据实际每小时操作循环次数（如已知）或其约定的每小时操作循环次数来给出额定工作电流值。

用于断续工作制的开关电器可根据断续周期工作制的特征标明。

例如，在每 5 分钟有 2 分钟流过 100A 电流的断续工作制可表示为：100A，12 级，40%。

4．短时工作制

短时工作制是指电器的主触点保持闭合的时间不足以使其达到热平衡，有载时间间隔被无载时间隔开，而无载时间足以使电器的温度恢复到与冷却介质相同的温度。

短时工作制的通电时间的标准值为：3min、10min、30min、60min 和 90min。

5．周期工作制

周期工作制指无论稳定负载或可变负载，电器总是有规律地反复运行的一种工作制。

1.2.3.2　主电路的额定值和极限值

额定值和极限值是由制造厂规定的，额定值和极限值应根据有关产品标准的要求来规定，但不必列出所有的额定值和极限值。

1．电压

一定形式的控制设备及电器可以有一个或多个额定电压或一个额定电压范围。

控制设备的额定电压按相关国家标准规定。具体选用时，应在产品技术文件作出明确规定。

1）额定工作电压

控制设备的额定工作电压是一个与额定工作电流组合共同确定电器用途的电压值，它与相应的试验和使用类别有关。

对于单极电器，额定工作电压一般规定为跨极二端电压。

对于多极电器，额定工作电压规定为相间电压。

对于某些电器和特殊用途的电器，可采用不同的方法确定额定工作电压，具体方法在有关产品标准中规定。

对用在多相电路中的多极电器，应区分以下两点。

（1）用于单一对地故障不会在一极两端出现相同全电压的系统的电器：

- 中性点接地系统；
- 不接地和用阻抗接地的系统。

（2）用于单一对地故障会在一极两端出现相同全电压的系统（即相接地系统）的电器。

对于不同的工作制和使用类别，电器可以规定一组额定工作电压和额定工作电流或额定功率组合；电器可以规定一组工作电压和相应的接通和分断能力。

应注意的是额定工作电压可能与电器内的实际工作电压不同。

电气控制设备中某一条电路的额定工作电压和该电路中的额定电流共同决定设备使用的电压值。控制电路额定电压的标准值由电气元件的有关标准确定。

电气控制设备的制造商应对保证主电路和辅助电路正常运行的电压极限值作出规定。在任何情况下，这些电压极限值必须保证在正常负载条件下，电气元件控制电路端的电压保持在相关的国家标准规定的极限值内。

2）额定绝缘电压

电器的额定绝缘电压是一个与介电试验电压和爬电距离有关的电压值。在任何情况下，最大的额定工作电压值不应超过额定绝缘电压值。若电器没有明确规定额定绝缘电压，则规定的工作电压的最高值被认为是额定绝缘电压值。

控制设备中任何一条电路的额定绝缘电压——介电试验电压和爬电距离都参照此电压值确定。

控制设备任何一条电路的最大额定工作电压不允许超过其额定绝缘电压。控制设备任一电路的工作电压，即使是暂时的，也不得超过其额定绝缘电压的 110%。

对于 IT 系统的单相电路，建议额定绝缘电压至少等于电源的相间电压。

3）额定冲击耐受电压

在规定试验条件下，控制设备的电路能够承受规定的波形和极性的脉冲电压峰值，且电气间隙值参照此电压值确定。

控制设备中任何一条电路的额定冲击耐受电压应等于或高于控制设备所在系统中出现的瞬态过电压规定值。

4）通断操作过电压

当有关产品标准有要求时，制造厂应规定由开关电器操作引起的通断操作过电压最大值，该值应不超过额定冲击耐受电压值。

2．电流

电气控制设备应规定下列几种电流。

1）约定自由空气发热电流

约定自由空气发热电流是不封闭电器在自由空气中进行温升试验时的最大试验电流值。约定自由空气发热电流值并非额定值，不强制在电器上标志。

约定自由空气发热电流值应至少等于不封闭电器在 8 小时工作制下最大额定工作电流值。

自由空气应理解为在正常的室内条件下无通风和外部辐射的空气。不封闭电器是指制造厂不提供外壳的电器或制造厂提供的外壳是构成完整电器的一部分和预期不作为电器的防护外壳的电器。

2）约定封闭发热电流

约定封闭发热电流由制造厂规定，用此电流对安装在规定外壳中的电器进行温升试验。如果制造厂的样本中规定电器是封闭电器，上述试验必须进行。封闭电器是指用于规定的形式和尺寸的外壳中的电器或用于多个形式的外壳中的电器。

约定封闭发热电流值应至少等于封闭电器在 8 小时工作制下的最大额定工作电流值。约定封闭发热电流不是额定值，可不必标在电器上。

如果电器一般不用在规定的外壳中且约定自由空气发热电流试验已通过，则约定封闭发热电流试验不必进行。在这种情况下，制造厂应提供约定封闭发热电流值或降容系数。

约定封闭发热电流值是对无通风电器而言的，试验时采用的外壳应是制造厂规定的实际应用的最小尺寸的外壳。对于通风电器，该值可采用制造厂规定的数据。

3）额定工作电流或额定工作功率

电器的额定工作电流由制造厂规定，额定工作电流的确定应考虑额定工作电压、额定频率、额定工作制、使用类别和外壳防护的形式（如有）。

对于直接开闭单独电动机的电器，额定工作电流指标可在考虑额定工作电压的条件下由该电器所控制的电动机的最大额定输出功率指标代替或补充。制造厂应规定工作电流与工作功率（如有）间的关系。

4）额定不间断电流

额定不间断电流是由制造厂规定的电器能在不间断工作制下承载的电流值。

5）控制设备中某一条电路的额定电流

控制设备中的某一电路的额定电流由制造商根据其内装电气设备的额定值及其布置和应用情况来确定。当进行验证时，必须通此电流，且装置内各部件的温升不超过标准所规定的限值。

设备的额定电流符合国家标准《标准电流等级》的规定。具体选用时，应在产品技术文件中作出明确规定。由于确定额定电流的因素很复杂，因此不可能给出标准值。

6）控制设备中某一条电路的额定短时耐受电流

控制设备中某一条电路的额定短时耐受电流是由制造商给出的、该电路在规定的试验条件

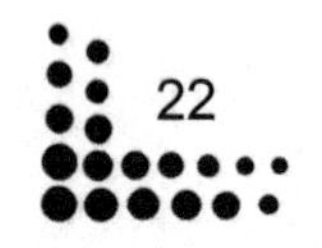

下能安全承载的短时耐受电流的方均根值。除非制造商另外规定，该时间为 1s。对于交流，此电流值是交流分量的方均根值，并假设可能出现的最高峰值不超过此方均根值的 n 倍，系数 n 在相关标准中给出。

如果时间小于 1s，建议规定额定短时耐受电流及时间，如 20kA，0.2s。

当试验在额定工作电压下进行时，额定短时耐受电流可以是预期电流；当试验在较低电压下进行时，它可以是实际电流。如果试验在最大额定工作电压下进行，此额定值与本标准中确定的额定预期短路电流相同。

7）控制设备中某一条电路的额定峰值耐受电流

控制设备中某一条电路的额定峰值耐受电流是指在规定的试验条件下，制造商规定此电路能够圆满地承受的峰值电流。

8）控制设备中某一条电路的额定限制短路电流

控制设备中某一条电路的额定限制短路电流是指在规定的试验条件下，用制造商规定的短路保护器件进行保护的电路在保护装置动作的时间内能够圆满承受的预期短路电流值。

关于短路保护器件的详细规定应由制造商给出。对于交流而言，额定限制短路电流是交流分量的方均根值。短路保护器件既可以作为控制设备的组成部分，也可以作为独立的单元。

9）控制设备中某一条电路的额定熔断短路电流

控制设备中某一条电路的额定熔断短路电流是指当短路保护器件是熔断器时，此电路的额定限制短路电流。

3. 额定分散系数

控制设备中或其一部分中（如一个柜架单元或框架单元）有若干主电路，在任一时刻所有主电路预计电流最大总和与控制设备或其选定部分的所有主电路额定电流之和的比值，即为额定分散系数。

如果制造商给出了额定分散系数，此系数将用于按照标准进行的温升试验中。在没有实际电流资料的情况下，额定分散系数应采用表 1.2.2 给出的数据。

表 1.2.2 额定分散系数值

主电路数	2 与 3	4 与 5	6～9（包括 9）	10 及以上
额定分散系数	0.9	0.8	0.7	0.6

4. 额定频率

控制设备的额定频率是指设备标明的与其工作条件有关的频率值。同一电控设备可以有一组额定频率或额定频率范围，也可交直流两用。

额定频率用于设计电器且与其他特性值有关的电源频率。如果控制设备的电路选用了不同的频率值并依此而设计，则应给出各条电路的额定频率值。

频率值允许限制在内装电气元件相应的国家标准中所规定的范围以内。如果控制设备的制造商没有其他规定，则假定限制在额定频率的 98%～102%范围内。

1.2.3.3　正常负载和过载特性

电气控制设备及电器在正常负载和过载条件下应考虑以下基本要求。

如果适用，规定的使用类别可以包括过载条件下的相应的性能要求，具体要求如下。

1．耐受通断电动机的过载电流能力

用于通断电动机的电器应能耐受启动和加速电动机至正常转速产生的热应力和操作过载产生的热应力。满足上述条件的具体要求在有关产品标准中规定。

2．额定接通能力

控制设备及电器的额定接通能力是指在规定的接通条件下电器能良好接通的电流值，该值由制造厂规定。应规定的接通条件为：

（1）外施电压；

（2）试验电路的特性。

应根据有关的产品标准规定且考虑额定工作电压和额定工作电流来确定电器的接通能力。

如果适用，有关产品标准应规定额定接通能力和使用类别的关系。

对于交流电，额定接通能力用电流（假设为稳态的）的对称分量有效值表示。

对于交流电，在电器的主触点闭合后第一个半波的电流峰值（峰值的大小取决于电路的功率因数和闭合瞬间的电压相位）可能明显大于接通能力中所用的稳态条件下的电流峰值。无论固有的直流分量是多少，只要在有关产品标准的规定的功率因数范围内，电器应能接通等于其额定接通能力的交流分量电流。

3．额定分断能力

控制设备及电器的额定分断能力是指在规定的分断条件下能良好分断的电流值，该值由制造厂规定。应规定的分断条件为：

（1）试验电路的特性；

（2）工频恢复电压。

应根据有关产品标准的规定及额定工作电压和额定工作电流来确定额定分断能力。

控制设备及电器应能分断小于和等于其额定分断能力的电流值。

开关电器可能有多个分断能力，每一分断能力对应一个工作电压和一个使用类别。

对于交流电，额定分断能力用电流对称分量的有效值表示。

如果适用，有关产品标准应规定额定分断能力与使用类别的关系。

1.2.3.4　短路特性

控制设备及电器在短路条件下应考虑以下基本要求。

1．额定短时耐受电流

控制设备及电器的额定短时耐受电流是指在有关产品标准规定的试验条件下电器能够无损地承载的短时耐受电流值，该值由制造厂规定。

2. 额定短路接通能力

控制设备及电器的额定短路接通能力是在额定工作电压、额定频率、规定的功率因数（交流）或时间常数（直流）下由制造厂对电器所规定的短路接通能力电流值。在规定的条件下，它用最大预期峰值电流表示。

3. 额定短路分断能力

控制设备及电器的额定短路分断能力是在额定工作电压、额定频率和规定的功率因数（交流）或时间常数（直流）下由制造厂对电器所规定的短路分断能力电流值。在规定的条件下，它用预期分断电流值（对于交流电，用交流分量有效值）表示。

4. 额定限制短路电流

控制设备及电器的额定限制短路电流是在有关产品标准规定的试验条件下，用制造厂指定的短路保护电器进行保护的控制设备及电器，在短路保护电器动作时间内能够良好地承受的预期短路电流值，该值由制造厂规定。

指定的短路保护电器的具体要求应由制造厂规定。

对于交流，额定限制短路电流用交流分量有效值表示。

短路保护电器可以构成控制设备及电器的一部分或为一个独立单元。

1.2.3.5　绝缘电阻与介电性能

1. 绝缘电阻

设备中带电回路之间，以及带电回路与裸露导电部件之间，应用相应绝缘电压等级（至少500V）的绝缘测量仪器进行绝缘测量。测得的绝缘电阻按标称电压至少为1000Ω/V。

2. 冲击耐受电压

试验电压施加于以下位置。

（1）设备的每个带电部件（包括连接在主电路上的控制电路和辅助电路）和内连的裸露导电部件之间。

（2）在主电路每个极和其他极之间。

（3）没有正常连接到主电路上的每个控制电路和辅助电路与主电路、其他电路、裸露导电部件，以及外壳或安装板之间。

试验电压值按《电气控制柜设计制作——调试与维修篇》第 3 章 3.2 中的规定。

3. 工频耐受电压

试验电压应施加于以下位置。

（1）设备的所有带电部件与相互连接的裸露导电部件之间。

（2）在每个极和为此试验被连接到控制设备相互连接的裸露导电部件上的所有其他极之间。

试验电压值对主电路及与主电路直接连接的辅助电路的试验电压值，按《电气控制柜设计制作——调试与维修篇》第 3 章第 2 节相关规定。

制造厂已指明不适于由主电路直接供电的辅助电路，按《电气控制柜设计制作——调试与维修篇》第 3 章第 2 节相关规定。

1.2.3.6 温升

在按指定的条件下进行试验时，测量电器各部件的温升，其值不应超过《电气控制柜设计制作——调试与维修篇》中表 3.2.1 中的规定。

正常使用条件下的温升可能与试验值有所差异，这取决于安装条件和连接导体的尺寸。

温升极限适用于全新的和完好的条件下进行试验的电器。产品标准对不同的试验条件和小尺寸（容积）的器件可以规定不同温升值，但不可超过上述温升值 10K。

1.2.3.7 EMC 环境

在没有专门协议的情况下，对电气控制设备及电器，要考虑下面两种电磁环境条件中的使用情况。

（1）环境 1：主要与低压公共电网有关。例如，在居民区，商业区和轻工业区安装使用。本环境不包括强干扰源，如弧焊机。环境 1 适合 GB-4824 中的 B 类设备。

（2）环境 2：主要与低压非公共电网或工业电网有关，包括强干扰源，如弧焊机。环境 2 适合 GB-4824 中的 A 类设备。

1.2.3.8 噪声

噪声危害有以下两方面。

（1）噪声污染致耳聋。噪声强度越大，频率越高，噪声性耳聋发病率越高。

（2）噪声污染致病。“噪声病”已成为医学专门名词，其发病率与日俱增，被人视为能致人死亡的一种疾病。

设备在正常工作时所产生的噪声，用声级计测量应不大于 70dB（A 声级）。

对于不需要经常操作、监视的设备，经制造厂与用户协议，其噪声值可高于上述值。

1.2.4 智能型控制设备要求

1.2.4.1 一般要求

智能型控制设备应满足一般电气控制设备的要求。

1.2.4.2 功能要求

智能型控制设备除应满足一般电气控制设备的要求外，还应满足以下要求。

1. 通信方式

智能型控制设备的通信系统可采用总线方式或其他数字通信方式。

2. 遥调功能

控制设备系统中动力中心应能通过上位机远程调节各从站的设定值、特件曲线等，如对某一回路框架断路器进行参数设定等。

3．遥测功能

通过上位机远程测量各回路、各从站（控制单元的）电量参数：

（1）主进线电路：三相电流、三相电压（相电压、线电压）、有功功率、有功电能、无功电能。

（2）配电电路：三相电流、三相电压（相电压/线电压）、有功电能、无功电能。

（3）动力照明：三相电流。

（4）电动机回路：三相电流、一相电流、三相电压（相电压、线电压）、功率因数、有功功率。

（5）补偿回路：三相电压（相电压、线电压）、功率因数（实际值/设定值）。

（6）其他：电网频率、谐波。

可遥测的具体参数应根据用户需要确定。

4．遥控功能

通过上位机对各从站实现以下控制功能。

（1）动力中心电路：控制开关的储能、合闸、分闸。

（2）配电回路：控制开关的分闸、合闸。

（3）电动机控制电路：电动机的启动、停车等操作。

（4）补偿电路：能选择自动/手动补偿。手动方式下，远程可控制电容器的投切等。

可遥控的具体功能应根据用户需要确定。

5．遥信功能

通过上位机提供系统的各种信息资源。

（1）通信状态、开关状态、报警/故障标识、电动机回路操作次数/运行时间等。

（2）各类信息资源查询、记录、日记报表等。

（3）电能管理、成本分析、电能质量和负荷分析等。

可遥信的具体功能应根据用户需要确定。

6．实时控制功能

对特定的控制对象（从站）能进行自动控制，满足从站对可靠性和足够短响应时间的要求。

1.3 影响电气控制柜制作的因素

1.3.1 电气控制柜的制作方式

产品的生产数量决定了电气控制柜的制作方式。

1.3.1.1 生产类型

按照生产批量的大小可以划分成 3 种不同的生产类型，不同的生产类型的工艺过程有不同的特点。

在每天有一定的工作班数的情况下，每年要求制造的产品数量称为年产量。根据年产量大小的不同，制造业一般可分为3种不同的生产类型，即单件生产、成批生产和大量生产。

1．单件生产

单个地制造结构和尺寸不同的产品，并且很少重复，甚至不重复生产，称为单件生产。一般进行技术革新、老设备技术改造或进行新产品试制都属于单件生产。

如果是技术革新及老设备技术改造，不存在后续生产问题，电气控制柜可能在使用草图的状态下就制作完成了。而新产品试制则需要为后续生产准备出完整的技术资料，因此必须有正规的设计图纸及工艺文件，以便在试制过程中对这些设计图纸及工艺文件进行修改和完善。

2．成批生产

成批地制造相同的工件，每隔一定的时间又重复进行，这种生产称为成批生产。每批所制造的相同工件的数量称为批量。批量是根据工件的订货合同、年产量及产品装配周期确定的。按照批量的大小，成批生产又可分为大批、中批和小批生产3种。

大批生产类似大量生产，小批生产类似单件生产，中批生产介于单件生产和大量生产之间。由于电气控制柜具有品种繁多、一般批量有限的特点，一般电气控制设备制造厂多是成批生产的工厂。

3．大量生产

当一种产品的制造数量较多时，大多数工作地点经常是在重复进行一种工件的某一工序的加工，这种生产称大量生产。如汽车制造厂、拖拉机制造厂、家用电器制造厂等都是属于大量生产的工厂。除了标准化程度比较高的一些高低压开关柜产品外，电气控制设备制造厂极少处于此状态。

目前，按照产品的年产量划分生产类型，尚无十分严格的标准，在划分时可参考表1.3.1。

表1.3.1　生产类型划分参考表

生产类型		产品的年产量（件）		
		重型零件	中型零件	轻型零件
单件生产		5以下	10以下	100以下
成批生产	小批	5～100	10～200	100～500
	中批	100～300	200～500	500～5000
	大批	300～1000	500～5000	5000～50000
大量生产		1000以上	5000以上	50000以上

1.3.1.2　不同生产类型的工艺特点

从表1.3.1可见，在不同的生产类型情况下的加工方案，包括所使用的设备、工量夹具、原材料等各方面都有很大的不同。当产品固定、产量很大时，应该采用各种高生产率的专用设备和夹具，这样劳动生产率高，成本也能降低。但在产量较小时，若用专用设备，则由于调整设备的时间长，设备利用率低，平均的单件折旧费就高，成本反而增加，所以一般常用通用设备，主要依靠工人的操作技术水平保证产品的质量和生产效率。由此说明，生产类型不同对工件的工艺过程及设备的选用有很大影响。各种生产类型特征见表1.3.2。

表1.3.2 各种生产类型特征

生产类型 特征	单件生产	成批生产	大量生产
产品数量	产品或工件的数量少，品种多，生产不一定重复	产品或工件的数量中等，品种不多，周期地成批生产	产品或工件的数量多，品种单一，长期连续生产固定产品
设备加工对象	经常变换	周期性变换	固定不变
所用设备	通用的（万能的）	通用的和部分专用的	广泛使用高效率专用设备
工艺装备	很少用	广泛使用	广泛使用高效率专用夹具
工具与量具	一般工具，通用量具	专用工具与量具	高效率专用工具与量具
零件互换性	很少用完全互换，用钳工试配	普遍应用完全互换，有时有些试配	完全互换
设备布局	按设备类型及尺寸布置成机群式	基本上按工件制造流程布置	按工艺路线布置，呈流水线或自动线
对工人技术要求	需要技术熟练的工人	需要一定技术熟练程度的工人	调整工作要求技术熟练，操作工作要求技术一般
工艺规程	简单	比较详细	详细编写

1.3.2 客户的要求

电气控制设备无论是作为商品还是自己使用，都必须满足客户或自己的一定要求，只有这样才能使客户或自己满意。客户的要求一般在生产厂与客户在签订供货合同时，通过签订合同附加的技术协议来规范。自己使用的电气控制设备可以省去签订合同这一步，但最好也要形成一个文档，以便验收时心中有数。客户的要求一般应包含以下项目。

1.3.2.1 执行标准

1. 产品标准化

产品标准化是指工业产品和零部件的性能、结构、质量、尺寸、工艺设备、工艺方法、技术条件、试验方法及原材料等规定统一标准，并付诸实施的一项技术组织措施。产品标准化有广义和狭义之分。狭义的产品标准化是指全面推行技术标准的过程；广义的产品标准化包括技术标准和管理标准。标准化按其内容分为基础标准、产品标准、工艺标准、工艺装备标准、零部件标准和原材料标准等。

产品标准化是一项重要的技术经济政策，是现代化工业生产发展的客观需要，是生产上技术上实现集中统一协调和互换的保证，也是组织和管理现代化生产的重要手段。实行产品标准化对发展国民经济、促进技术进步具有重要作用。

2．产品标准化的具体表现

（1）有利于保证和提高产品质量，合理发展产品品种。
（2）有利于简化产品品种，加快产品设计和工艺准备工作。
（3）便于产品的使用和维修。
（4）有利于组织专业化生产，减少劳动消耗，提高劳动生产率，缩短生产周期。
（5）有利于节约原材料，合理利用国家资源，降低产品成本。
（6）有利于扩大对外经济和技术交流。

3．产品标准化的层次

电气控制设备的设计制造标准按其适用范围分为国际标准、国家标准、部颁标准、行业标准、企业标准 5 个层次。通常所称的标准化是指全国范围的标准化。供货合同的技术协议中必须明确电气控制设备的设计制造按照哪一层次的标准，国家标准还需要明确是哪一国家的国家标准；同时在供货合同的技术协议中应标明标准的代号。电气控制设备的设计制造企业必须严格按照要求的标准进行方能满足用户的要求。

1.3.2.2　控制要求

各层次的标准一般只对电气控制设备设计制造的具有共性的问题进行规范，如安全问题、电气强度问题、绝缘问题、结构问题等。由于电气控制设备广泛应用于各个领域，各种电气控制设备难免会有一些自己特有的控制要求。对于电气控制设备设计制造标准没有涉及的一些问题，应在供货合同的技术协议中确定。通常应该解决下面这些问题，但并非全部。

1．控制目标要求

控制目标通常可以理解为控制对象，实际控制目标比控制对象更为具体。例如，翱翔在太空的人造卫星是控制对象，而人造卫星的飞行姿态是控制目标；飞速行进的高速列车是控制对象，而高速列车运行状态（加速、匀速、减速、制动、停车等）是控制目标；电动机是控制对象，而电动机的转速、扭矩或温度是控制目标。

2．控制方式要求

各种电气控制设备都有其特定的控制方式要求，常见控制方式如下。

1）手动控制方式

手动控制方式是最基本的控制方式。一般手动控制方式将一个完整的控制过程分解为相对独立的控制环节，每个控制环节的转换通过人的干预操作实现。

2）自动控制方式

自动控制方式是各种控制方式中最为高级的控制方式。自动控制方式只有启动和停止两个状态通过人的干预操作实现，电气控制设备将自动完成一个完整的控制过程。

很显然，自动控制方式可以有效地减轻人的劳动强度，降低劳动力成本。但是自动控制方式要求电气控制设备必须具有完善的安全保护及检测监控系统，这必然会导致电气控制设备的复杂化，使电气控制设备的成本大幅提高。

3）调整控制方式

调整控制方式只会出现在具有自动控制方式的电气控制设备上。设置调整控制方式是为了便于进行生产时或维修后进行调整。由于在自动控制方式下有众多的保护及监控电路工作，而这些电路的工作往往会造成调整工作的复杂化，甚至可能使调试工作根本无法进行。因此在调整控制方式时会将一些妨碍调试工作的保护及监控电路切除，以提高调试工作的效率。

4）遥控控制方式

上面所讲的手动、自动和调整三种控制方式设置在一般控制柜的控制面板上、中央控制台或被控制设备的按钮站上。对于一些大型成套设备，一条生产线有几十米甚至几百米长，为了便于故障时的紧急停机，往往需要按一定距离设置很多个按钮站。即使这样，也会出现巡检人员走在两个按钮站之间时发生异常的情况。紧急停机操作是减少损失的唯一办法，因此遥控控制方式应需而生。

遥控控制方式可以随时随地在需要时进行各种操作，既提高了效率，又可以减少不必要的损失。由于遥控控制方式可以使操作人员与生产设备保持一定距离，因此当异常发生时，可以避免处理故障时可能出现的对操作人员的人身伤害。

3. 控制精度要求

一些只对负载的开关量进行控制的系统可能没有控制精度要求，但是对于具有反馈环节的控制系统，控制精度要求是必不可少的。例如，太空舱与宇宙飞船对接的伺服系统、数控机床的仿形系统等。控制精度主要要求下面一些技术指标。

1）响应时间

控制系统的响应时间是指从控制指令发出到被控制对象开始执行所需要的时间。响应时间对于那些有比较多的控制对象且它们的动作必须协调的场合，是一项必须重视的技术指标，否则可能出现动作的错乱，甚至会造成设备的损坏。

2）跟踪精度

对于具有伺服回路的电气控制设备，必然有跟踪精度要求。我国的远望号科学考察船就用于对航天器进行跟踪，如果远望号科学考察船上的跟踪设备没有足够的跟踪精度，便无法对航天器进行准确的跟踪，甚至会出现无法跟踪到目标或丢失跟踪目标的问题。

3）定位精度

定位精度有时是指控制系统将运动中的控制目标准确停止在某一特定位置的精度，有时是指控制系统将两个运动中的控制目标准确停止在某一相对位置的精度。宇宙飞船与太空舱的对接要求有很高的定位精度，电梯的平层操作也要求有比较高的定位精度。

4. 控制成本要求

控制成本实际上就是电气控制设备的制造成本与其维护、修理成本的总和。

电气控制柜的制造成本与电气控制系统的复杂程度成正比，而电气控制系统的复杂程度与控制精度正相关。因此，要想降低控制成本，应在满足基本控制要求的前提下，尽可能地降低控制精度要求，使电气控制系统达到最简化，只有这样，电气控制柜的制造成本与其维护、修理成本才能最低。

1.3.2.3 可靠性要求

电气控制系统的可靠性是对电气控制柜的基本要求，没有任何企业或个人敢于购买和使用不可靠的电气控制设备，因为不可靠的电气设备不但不可能帮人们的忙，还会给人们添乱，甚至危及人们的人身安全。

电气控制系统的可靠性是其各个子系统的可靠性的乘积，而各个子系统的可靠性又是构成各个子系统的所有元器件的可靠性的乘积，同时还必须考虑各个子系统及各个元器件之间电气连接的可靠性问题。因此要想提高电气控制系统的可靠性，首先必须要求设计的电气控制电路是可靠的，同时必须选择可靠性高的电器及元器件，在制作过程中还必须采用精良的工艺才能达到预期的可靠性要求。

可靠性要求越高，电气控制柜的制造成本也越高，因此应根据实际情况提出可靠性要求。例如，宇宙飞船对控制系统的可靠性要求最高，因为只要发射升空后出现故障便无法处理；飞机对控制系统的可靠性要求也很高，如果飞机升空后出现故障便很难处理，可能造成机毁人亡；火车控制系统的可靠性要求相对就差一些了，因为火车在地面上运行，出现故障也就是不能动了，除非出现两车相撞的灾难性事故，一般不会出现车毁人亡的情况。可靠性与故障率成反比，可靠性高的电气控制设备出现故障的概率低，因此其维护、修理成本低。

1.3.2.4 寿命要求

一般要求电气控制设备的使用寿命与其控制的设备使用寿命相同，盲目追求电气控制设备的长寿命没有任何意义。电气控制设备的长寿命意味着电气元件在选用时降额幅度增大，必将导致电气控制设备的体积增大、成本增加。

1.3.2.5 安全性要求

电气控制设备的安全性关系着被控制设备及人的生命安全，没有任何企业或个人敢于购买和使用安全性差的电气控制设备。尽管提高电气控制设备的安全性意味着电气控制电路的复杂化，制造成本的上升，但是任何一个电气控制设备都不能在安全性问题上打折扣。

鉴于安全性问题的重要性，在解决安全性问题时成本问题往往被放在次要位置，也就是说解决安全性问题应该不计血本。不同的使用场合和环境中，存在的安全性问题会有差异，但是也存在诸如触电、过电压、过电流、雷击、电磁干扰这样一些共性的问题。这些具有共性的安全问题一般都已经有比较成熟的解决方案，在各种技术标准中都有明确的要求。

保证电气控制设备的安全性，必须从控制电路的安全设计开始，并贯穿于整个制造过程中。电气控制设备的安全设计包括电路的安全设计及结构的安全设计两个方面。制造过程对安全性的影响同样不可小觑，因为再好的安全设计如果没有制造工艺的可靠保障也会化为乌有。

试验和检验是保证安全性必不可少的关键环节。试验的目的是验证控制电路安全设计的正确性和可靠性；检验则偏重于消除电气控制柜加工制造过程中产生的可能危害安全性的情况。

1.3.3 使用条件

1.3.3.1 环境对电气控制设备的影响

1．温度

高温造成设备散热困难、电参数变化、元器件热击穿等；低温造成材料变质、出现凝露受潮现象等。温度剧烈交变对电子电气设备影响更大。

对电子元器件而言，温度每超过额定温度 8℃，其寿命将降低一半。

在昼夜温差达到或超过 30℃的地区使用电子电气设备时应进行温度交变试验。

2．干燥和湿热

干燥造成塑料、橡胶等有机材料变干发脆，导致某些部件（密封件、绝缘件、弹性件等）失效。湿热造成材料受潮变质，绝缘能力下降，元器件电参数变化、短路、腐蚀、霉菌、昆虫侵蚀等。对于工作在湿热地区的电子电气设备，必须进行湿热交变试验。

3．气压

气压降低，电子元件抗电强度下降，易导致飞弧、击穿等；同时由于大气密度减小，设备对流散热能力变差。

在海拔 5000m 以下，每升高 100m 抗电强度下降 1%，设备温度升高 0.4～1℃；在 30 000m 高空抗电强度为地面的 9.9%，其对流散热能力约为地面的 50%。

4．盐雾和大气中的有害物质

盐雾使设备绝缘性降低，盐雾沉积在设备、元件和零件上会使其加速腐蚀。沿海和海用设备应进行盐雾试验。

部分工业环境中的空气含有如 SO_2、HCl 等各种化学反应形成的烟雾，这些含有酸、碱、盐成分的雾能引起设备金属部件的腐蚀，并使有机材料变质。

工业环境中的工业粉尘、生物碎屑、霉菌孢子，随空气四处传播，它们侵入设备后，能加速设备运动部件的磨损，破坏绝缘。

1.3.3.2 机械因素对电气控制设备的影响

机械因素主要包括振动、碰撞冲击、离心力等。机械因素施加在设备上时可能引起以下情况。

（1）机械性损坏。例如，结构件破裂、变形、疲劳损坏，元器件引线断裂、焊点脱焊等。

（2）电性能变化、工作点变化。例如，可变电容片因谐振造成电量变化；电感回路因磁芯移动造成回路失谐；等等。

（3）电接触和电连接失效。例如，接触不良、继电器误动作。

（4）其他。例如，腐蚀加重、涂覆层破坏、内应力变化加剧。

1.3.4 设备条件和技术水平

电气控制设备的生产从工艺角度可以分成电气装配和机柜制作两个部分。电气控制柜的电气装配属于劳动密集型的工作，人的工作目前仍然无法由机械设备所替代。机柜制作需要使用钣金加工设备，不同生产类型电气控制设备生产企业的生产设备有很大的差异。

1．设备条件

生产设备对于生产企业来讲属于前期投资，如果生产设备先进精良却只进行单件生产，其结果只能是赔钱。较小的生产规模如果采用较先进的工艺装备，虽然生产效率高、产品质量好，但设备投资大、设备利用率低，势必造成极大的浪费。因此电气控制设备的生产工艺装备应与生产规模相适应，才能取得最佳的经济效益。

电气控制设备的主要生产设备由机柜的生产规模决定。较小的生产规模使用通用钻床、剪板机、冲床和折弯机。中等生产规模时采用分散安装的数控钻床、数控剪板机、数控冲床和数控折弯机。大规模生产应采用由机械手、传送带、开卷机、钢板校平机、数控剪板机、数控联动冲床、多工位数控冲床、剪切校正机、数控折弯机、自动焊接机、箱体成形机、箱体自动焊接机组成的流水生产线，采用人工装卡和运送半成品。而超大规模生产则应使用由机械手、传送带连接开卷机、钢板校平机、数控剪板机、数控联动冲床、多工位数控冲床、剪切校正机、数控折弯机、自动焊接机、箱体成形机、箱体自动焊接机等设备构成的自动化生产线，工人只需进行监控。

先进的生产设备可以形成较强的生产能力，产品的质量也可以得到较好的保障。设备的自动化程度越高，对操作工人的技术水平要求越高，工人的费用也要增加。设备的自动化程度越高，进行维修的难度越大、时间越长、会导致费用增加，使生产成本增加。

2．技术水平

技术水平主要是指生产技术人员的技术水平。没有高水平的生产技术人员不可能生产出先进精良的电气控制设备。生产技术人员的技术水平关键在于其在电气控制设备制造行业的知识和工作经验的积累。

电气控制设备的单件生产，对生产人员的技术水平要求较高。因为在单件生产状态下，生产人员可能需要参与从设计到制作完成的全过程，当出现问题时也需要自己解决。

对于批量生产的电气控制设备生产企业，其人员分工很细。有专门的技术人员进行产品及零部件设计，并负责解决生产中出现的问题。在这种情况下，对操作工人的技术水平要求并不高，只要能够识图便可以满足生产要求。

1.3.5 技术文件与标志

用户安装、操作和维护机械电气设备所需的资料，应以简图、图、表图、表格和说明书的形式提供。这些资料应使用供方和用户共同商定的语言，提供的资料可因提供的电气设备的复杂程度而异。对于很简单的设备，有关资料可以包容在一个文件中，只要这个文件能显示电气设备的所有器件并使之能够连接到供电网上即可。

供方应确保随每台电气控制设备提供用户要求的技术文件。对于出口产品，有些国家要求使用由法律要求所覆盖的特定语言。技术文件与标志应满足下列要求。

1.3.5.1 技术文件

1. 需要为用户提供的资料

随电气设备提供的资料应包括以下内容。

1）主要文件（元器件清单或文件清单）

制造商应在其技术文件或产品目录中规定成套设备及设备内电气元件的安装、操作和维修条件。

如果有必要，成套设备的运输、安装和操作说明书上应指出某些方法，这些方法对合理地、正确地安装、交付使用与操作成套设备是极为重要的。

必要时，上述文件中应给出推荐的维修范围和维修周期。

如果电气元件的安装排列使电路的识别不很明显，则应提供有关资料，如接线图或接线表。

2）配套文件

配套文件包括以下几种。

（1）设备、装置、安装及电源连接方式的清楚、全面的描述。

（2）电源的技术要求。

（3）实际环境（如照明、振动、噪声级、大气污染）的资料（在适当的场合）。

（4）概略图或框图（在适当的场合）。

（5）电路图。

（6）下述有关资料（在适当的场合）：编制的程序（当使用设备需要时）；操作顺序；检查周期；功能试验的周期和方法；调整维护和维修指南，尤其是对保护器件及其电路；元器件和备用件清单。

（7）安全防护装置、连锁功能、具有潜在危险运动的防护装置，尤其是以协作方式工作的机械防护装置的连锁的详细说明（包括互连接线图）。

（8）安全防护的说明和有必要暂停安全防护功能时（如手工编程、程序验证）所提供措施的说明。

（9）保证机械安全和安全维护的程序说明。

（10）搬运、运输和存放的有关资料。

（11）负载电流、峰值启动电流和允许电压降的有关资料（当适用时）。

（12）由于采取的保护措施引起遗留风险的资料，指出是否需要任何特殊培训的信息和任何需要个人保护设备的资料。

（13）控制设备制造厂应提供对控制设备使用的特殊条件和智能元器件（如总线接口、智能马达控制器等）的说明书，以及使用中的有关信息和标准。

2. 适用于所有文件的要求

除非制造商和用户之间另有协议，否则应符合下列要求。

（1）文件应依照 GB/T 6988 的相关部分制定。

（2）参照代号依照 GB/T 5094 的相关部分制定。

（3）说明书/手册应依照 GB/T 19678—2005 制定。

（4）元器件清单应依照 GB/T 19045—2003 中的 B 类提供。

为了便于查阅各种文件，供方应选用下述方法之一。

（1）文件由少量文件（如少于 5）组成时，每个文件应附有属于电气设备的所有其他文件作为相互参考的文件号。

（2）只对于单层主要文件，应将图或文件清单中带文件号和标题的全部文件列出。

（3）在属于同一层次的元器件清单中，应列出文件结构某些层次的文件号和标题的全部文件。

3．安装文件

安装文件应给出安装机械（包括试车）所需的全部资料。在复杂情况下，可能还需要参阅详细的装配图。

应清楚地表明现场安装电源电缆的推荐位置、类型和截面积。

应说明机械电气设备电源线用的过电流保护器件的形式、特性、额定和调定值的选择所需的数据。

如必要，应详细说明由用户准备的地基中的通道的尺寸、用途和位置。

应详细说明由用户准备的机械和关联设备之间的管道、电缆托架或电缆支撑物的尺寸、类型及用途。

如必要，图上应标明移动或维修电气设备所需的空间。

在需要的场合应提供互连接线图或互连接线表。这种图或表应给出所有外部连接的完整信息。如果电气设备预期使用一个以上电源供电，则互连接线图或表应指明使用的每个电源所要求的变更或连接方法。

4．概略图和功能图

如果需要了解操作的原理，则应提供概略图。概略图象征性地表示电气设备及其功能关系，而无须示出所有互连关系。

功能图可用作概略图的一部分，或除了概略图之外还有功能图。

5．电路图

应提供电路图，这些图应示出机械及其关联电气设备的电气电路。GB/T 4728 中没有的图形符号应单独指明，并在图上或支持文件上说明。机械上的和贯穿于所有文件中的器件和元件的符号和标志应完全一致。

如必要，应提供表明接口连接的端子图。为了简化，这种图可与电路图一起使用。这种图应包括所标明的每个单元所涉及的详细电路图。

在机电图上，开关符号应展示为电源全部断开（如电、空气、水、润滑剂的开关），而机械及其电气设备应显示为正常启动的状态。

电路图的展示应使其能便于了解电路的功能、便于维修和便于故障位置测定。有些控制器件和元件的功能特性，若从它们的符号表示法不能明显表达出来，则应在图上其符号附近说明或加注脚注。

6．操作说明书

技术文件中应包含一份详述安装和使用设备的正确方法的操作说明书。应特别注意所提出的安全措施。

如果能为设备操作编制程序，则应提供编程方法、需要的设备、程序检验和附加安全措施的详细资料。

7. 维修说明书

技术文件中应包含一份详述调整、维护、预防性检查和修理的正确方法的维修说明书。对维修间隔和记录的建议应为该说明书的一部分。如果提供正确操作的验证方法（如软件测试程序），则这些方法的使用应详细说明。

8. 元器件清单

如果提供元器件清单，至少应包括订购备用件或替换件所需的信息（如元件、器件、软件、测试设备和技术文件）。这些文件是预防性维修和设备保养所需的，其中包括建议设备用户在仓库中储备的元器件。

元器件清单应为每个项目列出：

（1）文件中所用的项目代号；

（2）形式代号；

（3）供方或可买到的代替货源；

（4）在适当的场合的一般特性。

1.3.5.2 标志

1. 铭牌

每台电气控制设备应配备一个或数个铭牌，铭牌应坚固、耐久，其位置应该是在控制设备安装好后易于看见的地方，而且字迹要清楚。

为了尽可能从制造厂获得全部资料，制造厂的名称和商标及产品的设计型号或系列号必须标在电器上，最好是在铭牌上。

下面（1）和（2）项的资料应在铭牌上标出。

另外，（3）～（19）项的数据，如果适用，可以在铭牌上给出，也可以在制造商的技术文件中给出。

（1）制造商（生产厂）或商标。注意：制造商是对完整的控制设备承担责任的机构。

（2）型号或标志号，或其他标记，据此可以从制造商得到有关的资料。

（3）执行标准。

（4）电流类型（及在交流情况下的频率）。

（5）额定工作电压。

（6）额定绝缘电压。如制造商已标明，可标为额定冲击耐受电压。

（7）辅助电路的额定电压（如适用）。

（8）工作限值。

（9）每条电路的额定电流（如适用）。

（10）短路耐受强度。

（11）防护等级。

（12）对人身的防护措施。
（13）户内使用条件、户外使用条件和特殊使用条件，如制造商已标明，则为污染等级。
（14）为控制设备所设计的系统接地形式。
（15）外形尺寸，其顺序为高度、宽度（或长度）、深度。
（16）质量。
（17）内部隔离形式。
（18）功能单元的电气连接形式。
（19）环境 1 或环境 2。

2．标志

在控制设备内部，应能辨别出单独的电路及其保护器件。

如果要标明控制设备电气元件，所用的标记应与控制设备接线图上的标记一致。如需要标志在电器上，则有关产品标准应符合相应的规定。

标志应不易磨灭和易于识别。电器上还应标志下列数据且保证在安装后是易见的。
（1）操动器的运动方向（如适用）。
（2）操动器位置标记。
（3）合格标记和认证标志（如适用）。
（4）对于微型电器，则标以符号、颜色代号或字母代号。
（5）接线端子的识别和标志。
（6）IP 代号和防电击保护等级（当适用时）。（尽可能标在电器上）
（7）隔离适用性（当适用时），其隔离功能符号如下。

隔离用断路器：　　　　隔离开关：

上述符号应达到：

- 清楚、明显；
- 当电器按使用要求安装且接近操动器时符号应是可见的。

无论电器是不封闭的还是封闭的，上述要求均适用。

如果上述符号作为线路图的一部分，且该线路图仅用于标志隔离的适用性，则上述要求同样适用。

1.4　电气控制柜设计制作的原则

1.4.1　技术设计的一般原则

1．事先进行试验和进行评价的原则

对于缺乏实践考验和实用经验的材料、元器件、单元电路和设计加工方法，必须事先进行试验和科学评价，然后根据其可靠性和安全性选用。

2. 预测和预防的原则

要事先对电气控制系统及其组成要素的可靠性和安全性进行预测。对已发现的问题加以必要的改善，对易于发生故障或事故的薄弱环节和部位也要事先制定预防措施和应变措施。

3. 技术经济性原则

不仅要考虑可靠性和安全性及寿命，还必须考虑系统的质量因素和输出功能指标，其中包括技术功能和经济成本。

4. 审查原则

既要进行安全性、可靠性设计，又要对设计进行安全性、可靠性审查和其他专业审查（如标准化），也就是要重申和贯彻各专业、各行业提出的评价指标。

5. 整理准备资料和交流信息原则

为便于电气控制设备设计工作者进行分析、设计和评价，应充分收集和整理设计者所需要的数据和各种资料，以有效地利用已有的实际经验。

6. 信息反馈原则

应对实际使用的经验进行分析，并将分析结果反馈给有关部门。

1.4.2 安全设计原则

1.4.2.1 人员和财产的安全性

作为产品风险评价的整个技术要求的一部分，应对与电气设备危害有关的危险进行评价。这将确定风险的可接受程度及对可能遭受危害人员的必要保护措施，并要求机械及电气设备的性能保持在令人满意的水平。

事故起因有下列几种，但不限于这些。

（1）电气设备失效或故障，从而导致电击或电火花的产生。

（2）控制电路（或与其有关的元器件） 失效或故障，从而导致机械误动作。

（3）电源干扰或故障，以及动力电路失效或故障造成的机械误动作。

（4）滑动或滚动接触的电路连续性损失所引起的安全功能失效。

（5）电气设备外部或内部产生的电干扰（如电磁、静电、射频干扰）。

（6）噪声达到危害人员健康的程度。

（7）会引起伤害的外表温度。

安全措施包括设计阶段和要求用户配置的综合设施。

在设计和研制过程中，应首先识别源于机械及电气设备的危险和风险。在本质安全设计方法不能消除危险或充分降低风险的场合，应提供降低风险的保护措施（如安全防护）。在需要进一步降低风险的场合，应提供额外的方法（如警示方法），此外，降低风险的工作程序是必要的。

推荐使用 GB 7251.1—2005 的附录 B 的查询表，以便于拟定用户和供方间的协议。协议是根据电气设备的有关基本条件和用户的附加技术要求制定的，这些附加要求包括：

（1）根据机械（或一组机械）的类型和使用，提出附加的安全要点；

（2）便于维护或修理；

（3）提高操作的可靠性和简易性。

1.4.2.2　电气产品安全设计基本要求

安全性是保证机电设备能够可靠地完成其规定功能，同时保证操作和维护人员的人身安全的重要特性。安全性设计应使产品达到本质安全化的要求。

（1）设备的操作者或维护者不具备电的基本常识，仍能保证最大安全性。

（2）设备的操作者或维护者粗心大意时仍能保证最大安全性。

本质安全是指操作失误时，设备能自动保证安全；当设备出现故障时，能自动发现并自动消除，能确保人身和设备的安全。为使设备达到本质安全而进行的研究、设计、改造和采取各种措施的最佳组合称为本质安全化。

设备是构成控制系统的物质系统，由于物质系统存在各种危险与有害因素，为事故的发生提供了物质条件。要预防事故发生，就必须消除物质系统的危险与有害因素，控制物质系统的不安全状态。本质安全的设备具有高度的可靠性和安全性，可以杜绝或减少伤亡事故，减少设备故障，从而提高设备利用率，实现安全生产。本质安全化正是建立在以物质系统为中心的事故预防技术的理念上的，它强调先进技术手段和物质条件在保障安全生产中的重要作用。它希望通过运用现代科学技术，特别是安全科学的成就，从根本上消除能引发事故的主要条件。如果暂时达不到，则采取两种或两种以上的安全措施，形成最佳组合的安全体系，达到最大限度的安全。同时，尽可能采取完善的防护措施，增强人体对各种伤害的抵抗能力。设备本质安全化的程度并不是一成不变的，它将随着科学技术的进步而不断提高。

从人机工程理论来说，伤害事故的根本原因是没有做到人-机-环境系统的本质安全化。因此，本质安全化要求对人-机-环境系统作出完善的安全设计，使系统中物的安全性能和质量达到本质安全程度。从设备的设计、使用过程分析，要实现设备的本质安全，可以从三方面入手。

（1）设计阶段：采用技术措施来消除危险，使人不可能接触或接近危险区，如在设计中对齿轮系采用远距离润滑或自动润滑，即可避免因加润滑油而接近危险区。又如，将危险区完全封闭，采用安全装置，实现机械化和自动化等，都是设计阶段应该解决的安全措施。

（2）操作阶段：建立有计划的维护保养和预防性维修制度；采用故障诊断技术，对运行中的设备进行状态监督；避免或及早发现设备故障，对安全装置进行定期检查；保证安全装置始终处于可靠和待用状态；提供必要的个人防护用品；等等。

（3）管理措施：指导设备的安全使用，向用户及操作人员提供有关设备危险性的资料、安全操作规程、维修安全手册等技术文件；加强对操作人员的教育和培训，提高工人发现危险和处理紧急情况的能力。

根据事故致因理论，事故是由于物的不安全状态和人的不安全行为在一定的时空里的交叉所致。据此，实现本质安全化的基本途径有：从根本上消除发生事故的条件（即消除物的不安全状态，如替代法、降低固有危险法、被动防护法等）；设备能自动防止操作失误和设备故障（即避免人操作失误或设备自身故障所引起的事故，如联锁法、自动控制法、保险法）；通过时空措施防止物不安全状态和人不安全行为的交叉（如密闭法、隔离法、避让法等）；通过人-机-环境系统的优化配置，使系统处于最安全状态。

总之，本质安全化从控制导致事故和“物源”方面入手，提出防止事故发生的技术途径与方法，对于从根本上发现和消除事故与危害的隐患，防止误操作及设备故障可能发生损坏具有重要作用。它贯穿于方案论证、设计、基本建设、生产、科研、技术改造等一系列过程的诸多方面，是确保安全生产所须遵循的“物的安全原则”。

1.4.2.3 电气产品有哪些安全风险

任何在正常使用条件或故障条件下使用的电气产品都存在以下危险。

1. 通过人体的危险电流（触电）

（1）防电击——电气设备的电击危险直接威胁着使用者的安全，所以防电击（防触电）也就成为对所有用电设备的最起码要求。为此，任何电子产品都必须具有足够的防电击措施。

（2）防能量危险——大电流的输出端短路或大容量电容器（如大容量电解电容）端子短路会形成大电流甚至产生火花，冒出熔融金属，引起燃烧。就此而言，也不能一概而论，认为低压电路就是没有危险的。所以在这方面必须有一定的保护措施。

2. 温度过高及起火

温度过高会造成电气元件绝缘的老化，缩短电气元件的使用寿命，并使电气控制设备的可靠性降低，可能危及人员和财产的安全。

外露部件或材料的温度过高容易导致着火燃烧。除此之外，外露部件的温度过高还有可能造成人员烫伤，特别是导热性能良好的外露金属零部件。

燃烧除了直接威胁使用者人身安全之外，还直接威胁周围环境的安全，从而威胁更多人员和公共环境的安全。着火燃烧过程的二次生成物的影响：烟雾浓度影响着火现场人员的逃生；二次生成物的毒性直接危及现场人员的生命；二次生成物的腐蚀性威胁着现场的人员及现场环境的设备。所以，燃烧历来是电气控制设备产品设计中必须认真防范的。

3. 内爆或爆炸的影响

高压及真空状态都存在内爆或爆炸的危险。它们在受到震动、撞击、高温等情况时可能发生内爆或爆炸，会有爆炸伤人的危险。

4. 辐射危险

可能对人员造成伤害的辐射包括声频辐射、光辐射（含红外光和紫外光）、电离辐射等。由于电子技术应用越来越普遍，带有以上辐射源的电子、电器产品的使用者可能对其中的辐射毫不了解，更没有保护意识。设计人员应对此引起重视。

5. 机械危险

（1）机械不稳定性：对静止部件或设备整体，如果重心过高或重心不稳，都有倾倒伤人的危险。

（2）机械零部件引起的伤害：无意接触到运动部件有可能会造成人身伤害。例如，接触到功率较大、转速较高，其叶片硬度超过一定值的风扇，就可能造成严重后果。由于设计不周或加工不良，至使边、角太锐利而划伤使用人员。

6. 化学危险

接触某些液态危险化学物质（如酸、碱、汞）或其蒸气、气体化学物质或烟雾、盐雾等（如氯化氢气体、氯气等）会造成人身伤害。当产品含有或可能产生这类物质时，必须考虑采取足够的防护措施。

1.4.2.4 应首先采用改变产品的危险性特征的方法消除安全隐患

（1）选择其他的工作机理。

（2）使用过程中发生损坏和伤害事故之前，使产品钝化。

（3）将操作者与危险源隔离。

（4）减少操作者随意改动产品的可能性。纠正或预防操作者的危险行为。

（5）通过产品对操作者的行为施加影响。

（6）从人体工程学或认识能力的角度挑选操作者。改造或杜绝危险的环境条件。

（7）通过产品来对选择使用场所施加影响。

1.4.2.5 安全技术措施选择顺序

在电气控制设备的安全设计中，会出现安全技术和经济利益之间的矛盾，这时应优先考虑安全技术上的要求，并按以下顺序考虑安全技术措施。

1. 直接安全技术措施

直接安全技术措施指在结构等方面采取安全措施，将设备设计得无任何危险和隐患。

2. 间接安全技术措施

间接安全技术措施指在不可能或不完全可能实现直接安全技术措施时所采用的特殊安全技术措施。这种措施只具有改进和保证安全使用设备的目的而不带有其他功能。

3. 提示性安全技术措施

若上述两种措施都达不到目的，或不能完全充分达到目的，可以采取这种以说明书、标记、符号等形式简练地说明在什么条件下采取何种措施，才能安全地使用设备的安全技术措施。例如，设备必须进行某种定位、安装、维护；必须按某种程序操作；必须采取某种运输、储存方式；使用维修中必须注意何种规则才能预防某种危险；等等。

1.4.2.6 进行电路设计和结构设计时安全性设计的优选顺序

（1）设计使危险最小。

（2）使用安全装置。

（3）安装警报设备。

（4）使用安全操作规程和注意防护。

1.4.2.7 安全设计必须考虑环境条件和应用条件，特别应考虑特殊条件

所谓环境条件是指电气设备所承受的周围的物理、化学和生物的条件。这些条件是由单一环境参数及其严酷程度组合而成的。它们通常包括自然界中出现的和产品自身或外部产生的条件。

1. 单一环境参数

单一环境参数包括如下几点。

（1）气候环境。温度、温度变化、湿度、压力、压力变化、环境介质（气体/液体）的运行（包括产品相对于环境介质的运行）、降水（包括雨、雪、冰雹）、辐射（包括太阳辐射、太阳辐射以外的热辐射、离子辐射）、水（除了雨以外的滴水、溅水、喷水、射水、水浪、浸水）、湿润等。

（2）生物环境。包括各种霉菌和真菌、昆虫及鸟、鼠、蛇等动物。

（3）化学（包括微粒）环境。包括海盐、二氧化硫、硫化氢、氧化氮、臭氧、有机碳氢化合物、氨、机械活性粒子（沙、尘、泥浆）等。

（4）机械环境。包括冲击的非稳态振动、周期性（正弦的）和非周期性（随机的）的稳态振动、自由跌落、外物的碰撞、滚动和倾斜、稳态加速度和静负荷的稳态力。

（5）电气和电磁环境。静态和交变电场、静态和交变磁场、传输导线的干扰。

电气设备的单个环境参数的严酷程度应符合现行国标《电工电子产品环境参数分类及其严酷程度分级》。产品所处的实际环境条件通常是复杂的，往往同时暴露在若干个环境条件之内。因此在设备的安全设计中应当确知产品同时暴露在哪几种环境条件中，以及每种环境条件的严酷程度。

2. 特殊的环境或运行条件

特殊的环境或运行条件有以下几种：易燃和易爆危险；异常高或异常低的温度；异常的潮湿；特殊的化学、物理和生物作用。

在特殊条件下运行的电气控制设备除应遵守一般安全设计规则外，还必须制订和遵守相应标准。例如，在爆炸危险环境下的电气设备必须遵守现行国家标准《爆炸性环境用防爆电气设备》的要求。

1.4.2.8 安全设计必须考虑设备在制造过程中的安全

这个要求可能需要从设备结构设计和制造工艺设计两方面来考虑。设备的安全设计还应考虑其他一些因素或条件。例如，操作人员的素质、人机工效学的要求、产品对环境的影响等。

1.4.2.9 电气控制设备安全设计方法

任何电气控制设备都是在一定的环境下工作的，而潮湿、盐雾和霉菌会降低材料的绝缘强度，引起漏电，从而导致故障。因此，必须采取防止或减少环境条件对机电产品安全稳定性影响的各种方法，以保证机电产品的性能。

1. 防止电危险的安全性设计

防止电危险的安全性设计主要包括以下几点。

（1）设计操作方便的电源开关，以便能及时切断电源。

（2）全部外露金属件都要可靠接地。

（3）设置过压、过流和漏电保护装置。

（4）设置高压电容器自动放电装置。

（5）电源和高压部位应当设置明显标志，如电源进出线的“相”“零”“地”，蓄电池的“正”“负”，以防误操作。

（6）特别要注意高压部件的绝缘设计。

（7）露天使用的机电产品应设置避雷装置。

（8）多个电连接器应有防差错设计。

（9）如果设备运行中有静电产生，必须防止危险的静电集聚，否则必须采取放电或隔离安全技术措施。

（10）供维修使用的照明电源应为安全电压。

（11）尽量减少电弧放电，为此尽量不用触点闭合器件。

2. 防止机械危险的安全性设计

防止机械危险的安全稳定性是产品在规定条件下和规定时间内，完成规定功能的能力。安全稳定性是产品质量的时间指标，是产品性能能否在实际使用中得到充分发挥的关键之一。安全稳定性设计必须与控制产品的功能设计同步进行，设计人员必须掌握其设计方法。

防止机械危险的安全稳定性设计主要包括以下几点。

（1）运动部件应当加防护和限位装置以保证人身安全。

（2）设备的边角应当倒圆以防伤人。

（3）门、抽屉及其他运动部件，应当加连锁装置以防意外脱落。

（4）设备的稳定性。

立式设备不允许由于振动、大风或其他外界作用力而翻倒。如果通过结构设计和元器件质量分布不能或不完全能满足这一要求，则必须采取特殊安全措施。例如，采用平衡砝码，使其有较合理的重心位置。对于有驾驶位置的活动式设备，要考虑采用防倾覆措施。如果设备的稳定性只有通过在安装和使用现场采取一定的方式或特殊措施才能实现时，则应在设备上或使用说明书中加以说明。固定式设备可留固定孔，在固定点埋设地脚螺钉或其他限位部件，以保证稳定性。

（5）设备的运输。设备的外形结构应便于移动和搬运。标明质量，注明装卸部分位置及重心。

（6）有危险的部位，应当设置明显标志，如吊装索具位置。

3. 防止火灾和爆炸危险的安全性设计

防止火灾和爆炸危险的安全性设计主要包括以下几点。

（1）有爆炸危险的器件，对其使用、运输和存储都应有相应的安全措施。

（2）有易燃危险的器件，应有相应的防范措施。

（3）对电气设备，应当加强维护和检修，以防引起火灾。

（4）尽量采用阻燃性好的材料。

（5）设置灭火装置。

4. 防止辐射危险的安全性设计

防止辐射危险的安全性设计主要包括以下几点。

（1）微波辐射功率密度大于 10mW/cm^2，应当加装防护衰减装置。

（2）磁通量大于 0.1T，应当加装防护衰减装置。

（3）因为激光进入人眼的密度不能大于 5×10^{-6}J/cm^2，因此，产生激光的部位应设置明显标志；X 射线每周累计照射量一般不能大于 5.58×10^{-2}C/kg。

（4）有防差错的安全性设计，就不会发生灾难性后果。

5．防潮设计的原则

（1）采用吸湿性小的元器件和材料。

（2）采用喷涂、浸渍、灌封等处理。

（3）局部采用密封结构。

（4）改善整机使用环境，如采用空调、安装加热去湿装置。

（5）经常在潮湿环境条件下使用的控制设备，选用元器件时要特别注意其密封性和耐潮性。

（6）在潮湿环境下或在海上及沿海地区应用的设备，应尽量使用密封的继电器和光电耦合固体继电器。

6．防霉设计的原则

（1）采用抗霉材料，如无机矿物质材料。

（2）采用防霉剂进行处理。

（3）控制环境条件来抑制霉菌生长，如采用防潮、通风、降温、降湿等措施。

7．防盐雾设计的原则

（1）采用防潮和防腐能力强的材料。

（2）采用密封结构。

（3）易腐蚀表面进行重防腐处理。

（4）岸上设备应当远离海岸。

8．抗震设计

任何机电产品都要经过从厂家到用户的装运过程，特别是在振动场合下应用的机电设备，必须采取防止或减少振动环境条件对机电产品可靠性影响的各种方法，以保证电气控制设备工作中的性能。为此应当充分注意以下几个方面。

（1）印制电路板上的元器件引脚线长应当尽量短，以增强抗振能力。

（2）印制电路板应当竖放并进行加固。

（3）较重的器件应当进行加固。

（4）悬浮的引线不宜拉得过紧，以防振动时断裂。

（5）运输机电产品时，应当加强防震措施。

（6）振动场合应用的机电产品，应当采用防震措施。

9．电磁兼容性设计

电磁兼容性是指控制设备在电磁环境中正常工作的能力。电磁干扰是对控制设备工作性能有害的电磁变化现象。电磁干扰不仅影响控制设备的正常工作，甚至造成控制设备中的某些元器件损害。因此，对控制设备的电磁兼容技术要给予充分的重视。既要注意控制设备不受周围电磁干扰正常工作，又要注意控制设备本身不对周围其他设备产生电磁干扰，影响其他设备的正常运行。

电磁兼容性设计应包括以下几个方面。

（1）电磁兼容性的预测和分析。

（2）制定项目的电磁兼容性标准。

（3）进行相同的频谱管理。

（4）制定电源、结构、工艺、布局等电磁兼容性的要求。

（5）拟制电磁兼容性试验大纲。

10. 设备运行中危险因素的防护设计

（1）电气设备在运行时，工件、工具、部件和所产生的金属屑有可能飞甩出去，应该使用诸如防护罩等特殊安全技术措施。设备的设计必须使其发出的噪声和振动保持在尽可能低的水平上。

（2）如果设备的灼热或过冷部分能造成危险，则应采取隔离措施。伸臂范围之内的设备可触及部分的最高温度应控制在表 1.4.1 所示的范围内。

表 1.4.1　伸臂范围内的设备可触及部分在正常运行中的最高温度

可触及部分	可触及表面的材料	最高温度/℃
手握式操作工具	金属的	55
	非金属的	65
规定要接触的，但非手握的部分	金属的	70
	非金属的	80
正常操作中，不需要接触的部分	金属的	80
	非金属的	90

（3）不要在经常工作的部件旁安置高温零件。

（4）凡是需在极热或极冷条件下使用的工具或控制器，都不要安装金属把手。

（5）应对使用和维护设备提供温度适宜的环境，过冷或过热都是不允许的，应增设空调设备。

（6）设计时应使一切外露部分（包括机箱）在 35℃环境温度下，它们的温度不超过 60℃。面板和控制器不应超过 43℃。

（7）要控制振动，大振幅、低频率对人体是有害的，应采取措施限制。

（8）设备运行中所需的工作介质不得对人和周围环境产生有害影响。如果不能避免危险的工作介质（如淬火设备、喷漆设备、电镀设备等所用工作介质），则必须采取特殊安全技术措施或操作说明，在什么条件下才能无危险作用。

如果在工作过程中产生有害的粉尘、蒸气和气体，必须将其密闭起来或使其变为无害后排出。如果采用这些措施有困难或这些措施还不能保证安全，则必须在使用说明书中指出应采取的其他措施。

带有液体的设备，在正常使用中，当液体溢出时，不得损害电气绝缘。在发生故障和事故时，不得致使液体流到工作间或喷溅到工作人员身上。如果采取措施有困难或采取了措施还不能保证安全，则必须在使用说明书中指出应采取的其他措施。如果在运行中出现有害的液体，则必须将其密闭起来，或者使其变为无害后排出。

（9）必须防止危险的静电集聚。如果设备运行中有静电产生，可能导致危险，则必须采取特殊安全技术措施。

（10）应对设备内各种噪声源进行控制，同时应增设消音设备。

11．开关、控制和调节装置的设计

（1）控制和调节装置

电能的接通、分断和控制，必须保证可靠和安全，调节部分的设计要防止误接通和误分断。手动控制的操作件运动方向和最终效应应符合表1.4.2所示的规定，必要时应辅以容易理解的图形符号和文字说明。自动或部分自动开关和控制过程，必须排除由于过程重叠或交叉可能造成的危险，为此要有相应的连锁或限位装置。控制系统的设计，要保证即使在导线损坏的情况下也不致造成危险。复杂的安全技术系统要装设监控装置。

表1.4.2　手动控制的操作件运动方向和最终效应

最终效应	操作件运动方向	最终效应	操作件运动方向
开	向上、向右、向前、右转、拉	打开	向下、向前、按压、左转
关	向下、向左、向后、左转、按压	增加	向前、向上、向右、右转
向右	向右、右转	减小	向后、向下、向左、左转
向左	向左、左转	前进	向上、向右
向上、升	向上	后退	向下、向左
向下、降	向下	开车	向上、向右、向前、右转
关闭	向上、向后、拉、右转	刹车	向下、向左、向后、左转

如果在设备上装有控制装置和作为特殊安全技术措施的离合器或连锁机构，这些机构必须具有强制作用，为此应当做到：

① 特殊安全技术装置要与工作过程和运行过程的开始同时起作用；

② 特殊安全技术装置起作用之后，工作过程和运行过程才开始起作用；

③ 在工作人员接近危险的区域时，先强制性地停止工作过程和运行过程。

（2）紧急开关

在下列情况下，设备必须装设紧急开关。

① 在可能发生危险的区域内，工作人员不能快速地操纵操作开关以终止可能造成的危险。

② 设备中有几个可能造成危险的部分存在时，工作人员不能快速地操纵一个公用的操作开关来终止可能造成的危险。

③ 切断供电可能造成更大危险。

④ 工作人员在控制台处不能看到所控制的全套设备。

必须有足够数量的开关装设在各个控制位置上人手能迅速摸到的地方，紧急开关应采用醒目的红色标记。无论是被接通还是被分断电源的设备，都不允许由于启动紧急开关而造成危险。紧急开关应当手动复位。

（3）防止误启动

对于在安装、维护、检验时，人体或人体部分需要伸入危险区域的设备，必须防止设备的误启动。可采取以下措施。

① 首先强制分断设备的电能输入。

② 在“断开”位置采用多重闭锁的总开关。

③ 将控制或连锁元器件布置在危险区域，且只能在此区域闭锁或启动。

④ 装入或拔出的开关钥匙。

1.4.3 可靠性设计原则

1.4.3.1 系统的整体可靠性原则

从人机系统的整体可靠性出发，合理确定人与机器的功能分配，从而设计出经济可靠的人机系统。

一般情况下，机器的可靠性高于人的可靠性，实现生产的机械化和自动化，就可将人从机器的危险点和危险环境中解脱出来，从根本上提高人机系统的可靠性。

1.4.3.2 高可靠性组成单元要素原则

（1）控制设备要优先采用经过时间检验的、技术成熟的、高可靠性的元器件及单元要素来进行设计。

（2）在满足技术性要求的情况下，尽量简化方案及电路设计和结构设计，减少整机元器件数量及机械结构零件。

（3）电路设计和结构设计应容许元器件和机械零件有最大的公差范围。

（4）电路设计和结构设计应把需要调整的元器件（如电位器、需整定电器等）减到最小程度。

（5）电路设计应保证电源电压和负荷在通常可能出现极限变化的情况下，电路仍能正常工作。

（6）设计设备和电路时，应尽量放宽对输入及输出信号临界值的要求。

1.4.3.3 具有安全系数的设计原则

由于负荷条件和环境因素随时间而变化，所以可靠性也是随时间变化的函数，并且随时间的增加，可靠性在降低。因此，设计的可靠性和有关参数应具有一定的安全系数。

1.4.3.4 高可靠性方式原则

为提高可靠性，宜采用冗余设计、故障安全装置、自动保险装置等高可靠度结构组合方式。

1．系统“自动保险”装置

自动保险，就是即使是不懂业务的人或不熟练的人进行操作，也能保证安全，不受伤害或不出故障。这是机器设备设计和装置设计的根本性指导思想，是本质安全化追求的目标。要通过不断完善结构尽可能地接近这个目标。

2．系统“故障安全”结构

故障安全，就是即使个别零部件发生故障或失效，系统性能不变，仍能可靠工作。

系统安全常常是以正常、准确地完成规定功能为前提的。可是，由于组成零件产生故障而引起误动作，常常导致重大事故发生。为达到功能准确性，采用保险结构方法可保证系统的可靠性。

3. 从系统控制的功能方面来看，故障安全结构的种类

（1）消极被动式。组成单元发生故障时，机器变为停止状态。

（2）积极主动式。组成单元发生故障时，机器一面报警，一面还能短时运转。

（3）运行操作式。即使组成单元发生故障，机器也能运行到下次定期检查。

通常在控制系统中，大多为消极被动式结构。

1.4.3.5 元器件的选择对机电产品可靠性的影响

元器件的选择是电气控制设备可靠性的基础之一，很多机电产品的失效是由元器件的性能和质量问题造成的。元器件的选用应遵循下述原则。

（1）根据产品要实现的功能要求和环境条件，选用相应种类、型号规格和质量等级的元器件。

（2）根据元器件使用时的应力情况，确定元器件的极限值，按降额设计技术选用元器件。

（3）根据产品要求的可靠性等级，选用与其适应的并通过国家质量认证合格单位生产的元器件。

（4）尽量选用标准的、系列化的元器件，重要的关键件应选用军用级以上元器件。

（5）对非标准的元器件要进行严格的验证，使用时要经过批准。

（6）根据国家或本单位的元器件优选手册选用。

（7）结构件降额一般指增加负载系数和安全裕量，但也不能增加过大，否则会造成设备体积、质量、成本的增加。

1.4.4 节能环保绿色设计原则

电气控制产品的绿色设计包含两方面含义：环保与节能。

电气控制产品的绿色设计要求从产品设计源头入手进行产品生态设计，将产品的设计、制造、使用、维护、回收、后期处理等生命周期各环节的环保要求纳入设计考虑，全方位监控产品对环境的影响，达到产品尽量减少环境破坏的目的。节能方面则要求生产低功耗、高能效的综合产品，以绿色设计为指导原则设计出的产品是功能、性能、能耗三者的平衡。

1.4.4.1 环保型材料的利用

符合环保法规要求的产品，必须在产品设计之初的原材料供应商选择时就要按照环保法规操作。有些材料在不利的工作条件下会释放出气体或液体，而这些气体或液体又会和周围的大气组成可燃混合物时，应避免使用这些材料。对那些自称抗火焰、抗燃烧或自灭火的塑料必须严加注意，不可轻信。如果安全设计确实需要这样的性能，应先对材料进行实地实验。

产品制造所使用的材料应满足产品的强度、刚度、硬度、耐磨性、无毒、阻燃性、绝缘能力等要求；应能承受按规定条件使用时可能出现的物理和化学作用；并应考虑材料对人体的危害、材料的老化、材料防腐蚀等因素。最好是可以回收、再生利用，在满足设计要求的前提下成本应该是最低的。

1．尽量采用可再生利用的材料和资源

控制系统及部件设计所选用的材料尽量是可回收、易分解、能再生且在加工和使用过程对环境无害的材料，特别是结构件的设计，应尽可能采用比较容易装配和分解的大模块化结构和无毒材料，提高控制设备材料的再生率。

2．长寿命、低能耗及减轻质量的设计原则

通常来说，延长产品寿命就等于减少了设备的生产量并降低其报废量；降低产品能耗可减少对环境的污染，而减轻产品质量即可减少材料和资源的消耗。要从减少环境负荷的角度，尽可能考虑各系列产品同类零部件的互换性和通用性。为此应在保持设备各项性能参数前提下，尽量减少设备和附属装置的体积和质量，提高系统零部件的强度和耐久性能，实现设备的轻量化和高效率。

3．尽量采用低环境负荷材料

控制设备零部件设计应尽可能不使用氟利昂（空调）、含氯橡胶、树脂及石棉等有害材料。控制设备上使用难以自然分解且对环境有害的工程塑料及其他一些非金属材料，都加重了资源浪费和环境污染。仪表、散热器及蓄能电池等的采购生产，应尽可能减少或替代铅的使用量。因此在控制设备设计一些附属零部件中选用新型环保型材料很重要。

设计电气控制设备时应优先选用清洁产品。清洁产品包括以下类型。

（1）回收利用型，如再生产品等。

（2）低害低毒型，如水性漆等。

（3）低排放型，如低排放产品等。

（4）低噪声型，如低噪声产品等。

（5）节水型，如节水型产品等。

（6）节能型，如节能灯等。

（7）可生物降解型，如可降解薄膜等。

4．废弃零部件处理的污染最小化及综合成本最优化

控制设备产品在设计初始阶段就要考虑报废件处理简单、费用低和污染小，零部件要解体方便、破碎容易，能焚烧处理或可作为燃料回收。

1.4.4.2 节约能源设计

节能降耗是缓解资源压力的有效途径。节能方面要求生产低功耗、高能效的综合产品，而以绿色设计为指导原则设计出的产品是功能、性能、能耗三者的平衡。节能降耗不仅提高了资源的利用效率，同时也意味着创造了经济效益和环境效益。

节能是指采取技术上可行、经济上合理及环境和社会可接受的一切措施以更有效地利用能源资源。节能不仅可以缓解能源供需矛盾，促进经济持续、快速、健康地发展，而且是减少有害气体排放、降低大气污染的最现实、最经济的途径。

节能材料包括：保温隔热材料；抗磨减阻材料；除垢清渣剂（除去传热面上的高热阻水垢和灰渣）；低电阻、低磁阻、高磁力材料；膜分离材料；等等。在设计电气控制设备时应优先采用节能材料。

发展循环经济是节能降耗的重要途径。循环经济是以低消耗、低排放、高效率为基本目标的经济，是符合可持续发展理念的经济增长方式，也是节能降耗的重要途径。要按照减量化、再利用、资源化的要求进行生产，全面促进节能生产，从源头上降低能源消耗。

必须解决好低功耗与高性能要求的矛盾。作为用户从主观上对性能的要求是没有上限的，而高性能的需求带来的直接影响就是设备功耗的提升。提高设备能效比已成为一个时髦又困难的课题。

（1）低功耗设计的宗旨是保证电能的使用“按需所取”。要实现“按需所取”，必须嵌入能效设计，根据需求使用电能，减少不必要的消耗。在实际设计中要注意设计细节，多方面贯彻低功耗设计思想。

（2）器件选型：在满足产品性能要求的条件下选择低功耗的器件和支持低功耗模式的器件。

（3）动态调整设备状态：根据设备实际运行情况，动态调整部分模块/端口的运行状态，达到降低功耗的目的。

（4）选择合适的信号处理方式，减少因处理不合理而带来的能耗。

1.4.5 控制功能设计原则

1. 满足用户要求

电气控制设备的功能设计应根据与用户签订的技术协议满足用户预期的控制要求。

2. 符合国家标准的电气设备

所设计的电气控制设备必须是符合国家标准的。GB 7251 系列标准规定的设备要求覆盖了尽可能宽的开关设备和控制设备范围。

3. 一个成功的设计方案在于几个方面的综合

一个成功的设计方案在于几个方面的综合，如可生产性、技术操作、使用难易、使用寿命、节能环保、经济效益、心理学特征等。然而，测定产品使用的安全性具有重要的意义。同时，在安全评价中，还要对安全标准和法规等限制加以考虑。电气控制设备应满足风险评价所确定的安全要求。

4. 共存性

控制设备的一些特性可能通过电网对其他电气设备造成有害影响，也可能恶化供电电源质量，所以必须在控制设备的安全设计中降低这些特性。必要时应对这些特性作评估，这些特性有：①瞬时过电压；②快速波动负载；③启动电流；④谐波电流；⑤直流反馈；⑥高频振荡；⑦对地泄漏电流；⑧附加接地的必要性。

5. 额定运行状态

（1）设备在额定参数下按规定使用时，不得对人体造成危害。只要安全上有要求，设计额定参数应有适当容差。为了保证设备的稳定性，电路设计时，要有一定功率裕量，通常应有 20%～30%的裕量，重要地方可用 50%～100%的裕量，要求稳定性、可靠性越高的地方，裕量越大。

（2）结构件降额一般指增加负载系数和安全裕量，但也不能增加过大，否则会造成设备体积、质量和成本的增加。

1.4.6 可加工性、可装配性和可维修性设计原则

1. 标准化设计原则

为便于检修故障，且在发生故障时易于快速修复，同时为考虑经济性和备用方便，应采用零件标准化、部件通用化、设备系列化的产品。

（1）产品的设计应符合相关国际、国家、行业及企业标准及规范。

（2）为减少故障环节，应尽可能简化结构，尽可能采用标准化结构和方式。

（3）尽量采用国家标准和专业标准元器件。

（4）在电路设计中应尽量选用无源器件，将有源器件减少到最小程度。

2. 人机工效学原则

人机工效学是包括人体科学、劳动科学、技术科学等多学科，实践性很强的一门科学。主要研究人的本质和能力；研究人-机-环境的相互作用着的各个组成部分，包括效率、健康、安全、舒适等在工作和日常生活中如何达到最优化的。

电气控制设备的设计，应当考虑人机工效学的安全要求方面，主要包括：工位、一般人机工效学要求、操纵器的操作方向和最终效应、安全距离、噪声限值、人体全身振动暴露的评价等。

（1）不可要求操作人员同时做太多的工作。不能希望设备太快地处理信息。必须记住人的能力是不一样的。应从正确处理人-机-环境的合理关系出发，采用人类易于使用并且差错较少的方式。

（2）电气控制设备的操控器及报警装置的形状、尺寸、颜色、安装位置、操动方向应该符合人机工效学的要求和人的生理特点。

（3）控制器上要标明操作方向。同一个设备上的控制器运动方向必须一致。

（4）设计时要注意不要让手和胳臂妨碍了眼睛的工作。一般来说，控制和显示的互相位置应该是显示器处于中心，眼睛平视的高度，控制器则在下方或四周。

（5）控制面板上的标记要一看就懂，应按照国际惯例、国家标准和人机工效学的统一标准进行设计。

（6）不同的控制器不但要能用眼睛分辨出来，而且要能用手一摸就能区别。不同的操作控制器要能从颜色、大小、形状和位置上区别出来。

（7）凡是按钮操作，要能指示动作效果（如跳动感、听见咔嚓声，或发光显示）。

3. 可接近性设计

（1）需要常更换的部件应配置在易于更换处。部件和元器件的分布应便于装配、安装、操作、测试、检查、维修。

（2）为了便于接近，只要无碍于设备的性能，应按下列优先次序设计安装方法。

① 敞开，不用盖子；

② 如果需防潮或防止异物侵入，可安装滑动式或铰链式门盖；如果不能满足对应力或密封

的要求，可采用能迅速打开的盖子。

（3）设备表面应避免过于粗糙，不得有尖角和利棱。

（4）设计应避免将零件重叠在一起，可更换的元件应安装在底板上而不要重叠地安装在一起。

（5）元件或部件不要被其他大的不易移动的元件、部件或结构阻挡住。

（6）在安装板上设计安装把柄或环扣，以便将其自箱柜内移动出来。

（7）设计设备时，应注意使维修人员能看见全部零件，以便迅速找出明显的故障（如损坏的零件、烧毁的电阻或断了的线路）。

（8）设计接线板和测试点，应使其在打开设备进行维修时不用拆卸电缆或电缆引入板就能接近。

（9）插头插座连接方式优选顺序：徒手操作→卡锁→旋转几分之一圈→通用工具操作→旋转多圈→需用专用工具。

4．可维修性设计

（1）应尽量使设备的结构简单以便维修，降低维修技术要求与工作量。

（2）应保证即使在维修人员在缺乏经验、人手短缺而且在艰难的恶劣环境条件下也能进行维修。只要可能，应使一切维修工作都能方便且迅速地由一个人（不包括监护人员）完成。

（3）应做到不需要复杂的相关设备就可以在紧急的情况下进行关键性调整和维修。

（4）为便于检修故障，且在发生故障时易于快速修复，同时为考虑经济性和备用方便，应采用零件标准化、部件通用化、设备系列化的产品。

（5）尽可能设计少需要或不需要预防性维修的设备，使用不需要或少需要预防性维修的部件。

（6）应使需要维修的零、部、整件尽量采用快速解脱装置，以便于分解和结合。

（7）应使用最少种类和数量的紧固件，分解结合时最好不用工具或尽量不动用工具。

（8）如果维修规程必须按特定步骤进行，就将设备设计成只能按这种步骤进行维修。

（9）设计模件和分组件时，需使它们在脱离设备时易于检查和调整。在把它们装到设备上以后，应不再需要调整。

5．故障诊断设计

（1）设计应提供简便、实用的自动诊断故障和核准测试设备。

（2）在总体设计方案上，应使各部分采取故障隔离措施。

（3）应确定需通过预防维修与监视或检查的参数与条件。

（4）为了能够迅速进行故障定位，最好采用计算机或微处理器参与的故障自动检测、显示、打印并自动切换。

（5）如果不能采用计算机或微处理器进行故障定位，至少机内应设有故障检测电路，用发光二极管、表头等指示故障并设计有报警装置。

（6）应提供迅速、确定的故障鉴别方法。如提供计算机判断故障语言或提供故障树形式的逻辑故障判断表，列出可能产生的故障、排除方法和排除故障时间等。

（7）应在每一主要部分、模块、分机的输入或输出部位设置检测点。

（8）机内监控装置必须易于拆卸，以便校准和修理。

第 2 章　电气原理图设计

2.1　电气控制系统设计概述

2.1.1　控制系统概述

1．控制系统

控制系统是指通过所希望的方式保持和改变机器、机构或其他设备内任何感兴趣或可变的量。控制系统同时是为了使被控制对象达到预定的理想状态而实施的，控制系统使被控制对象趋于某种需要的稳定状态。

例如，假设有一个汽车驱动系统，汽车的速度是其加速器位置的函数。通过控制加速器踏板的压力可以保持所希望的速度（或可以达到所希望的速度变化）。这个汽车驱动系统（加速器、汽化器和发动机车辆）便组成一个控制系统。

2．控制系统的方框图

在研究自动控制系统时，为了更清楚地表示控制系统各环节的组成、特性和相互间的信号联系，一般都采用方框图。每个方框表示组成系统的一个环节，两个方框之间用带箭头的线段表示信号联系；进入方框的信号为输入环节，离开方框的信号为输出环节。液位自动控制系统方框图如图 2.1.1 所示。

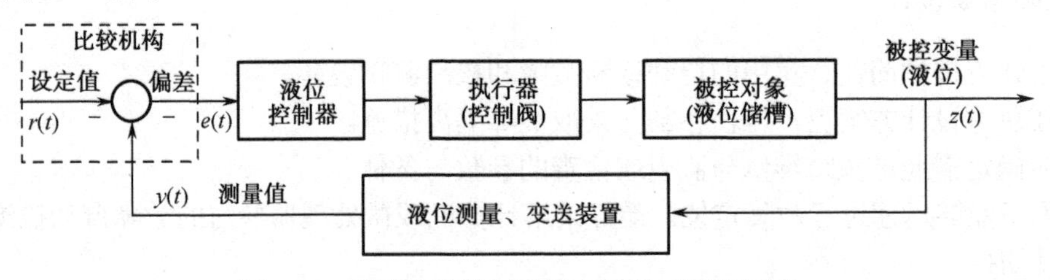

图 2.1.1　液位自动控制系统方框图（闭环控制）

3．控制系统的分类

1）机械控制系统

机械控制系统是第一次工业革命的产物。机械控制系统利用杠杆、棘轮、凸轮、齿轮、链

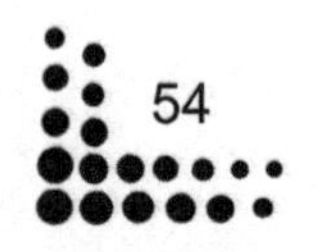

轮、链条、齿条、螺母、丝杠等机械零件，以杠杆传动、棘轮传动、凸轮传动、齿轮齿条传动、链轮链条传动、螺母丝杠传动等机械原理来实现目标控制。

机械控制系统属于硬碰硬的控制方式，一种机械控制系统只能控制特定目标，因此工作可靠，但机械磨损将影响其控制精度及控制装置的使用寿命。机械控制装置只能进行近距离控制，无法进行远距离控制；机械控制装置的响应速度比较慢。蒸汽机、内燃机、制钉机等是机械控制系统的典型应用。

2）气、液控制系统

气、液控制系统也称为气、液压控制系统，因为它是利用气体或液体的压力来实现控制功能的。

气、液控制系统具有较大的放大能力，液压机是其典型应用；气、液控制系统可以进行一定距离的控制，广泛应用于工程机械；气、液控制由于工作压力高，因此具有爆炸的危险性。

3）电气控制系统

电气控制系统是第二次工业革命的产物。电气控制系统是以电工学、电子学、电路分析理论为基础，利用电气元件和电子元器件所构成的控制系统。

电气控制系统具有可以进行远距离控制、柔性强、质量小、成本低、调整方便等优势，因此目前应用十分广泛。

4．控制元件分类

控制系统中控制对象以外的零部件统称为控制元件。根据控制元件在系统中的功能和作用，可将控制元件分成 4 大类。

1）执行元件

执行元件的功能是直接驱动被控制对象或直接改变被控制变量。例如，机电控制系统中的各种电动机、液压控制系统中的液压电动机、温度控制系统中的加热器等都属于执行元件。

2）放大元件

放大元件的功能是将微弱信号放大，使信号具有足够大的幅值或功率。例如，由功率晶体管组成的功率放大器输出足够大的电压和电流，直接带动直流电动机转动。

3）测量元件

测量元件的功能是将一种物理量检测出来，并且按着某种规律转换成容易处理和使用的另一种物理量并输出。过程控制中的变送器、传感器都属于测量元件。

4）补偿元件

由上述 3 大类元件与控制对象组成的系统往往不能满足技术要求。为了保证系统能正常工作并提高系统的性能，控制系统中还要另外补充一些元件，这些元件统称为补偿元件，又称校正元件。常用的补充元件有模拟电子线路、计算机、部分测量元件等。

2.1.2 自动控制系统

电气控制系统是实现自动化的主要手段，简称自控系统。自动控制系统是指在无人直接参与下可使生产过程或其他过程按期望规律或预定程序进行的控制系统。自动控制系统已被广泛应用于人类社会的各个领域。

2.1.2.1 自动控制系统的组成

国际公认自动控制系统一般由以下 7 部分组成，如图 2.1.2 所示。

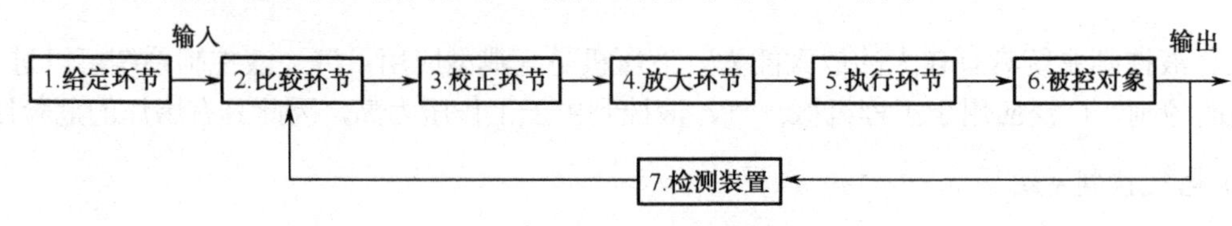

图 2.1.2 自动控制系统组成

2.1.2.2 自动控制系统的分类

常用的自动控制系统分类方法如下。

1．按控制原理的不同

自动控制系统分为开环控制系统和闭环控制系统 。

1）开环控制系统

在开环控制系统中，系统输出只受输入的控制，控制精度和抑制干扰的特性都比较差。开环控制系统中，基于按时序进行逻辑控制的称为顺序控制系统，由顺序控制装置、检测元件、执行机构和被控工业对象所组成。主要应用于机械、化工、物料装卸运输等过程的控制及机械手和生产自动线。

2）闭环控制系统

闭环控制系统是建立在反馈原理基础之上的，利用输出量同期望值的偏差对系统进行控制，可获得比较好的控制性能。闭环控制系统又称反馈控制系统。

2．按给定信号（输入量）的变化规律分类

自动控制系统可分为恒值控制系统 、随动控制系统和程序控制系统。

1）恒值控制系统

若系统输入量为一定值，要求系统的输出量也保持恒定，此类系统称为恒值控制系统。这类控制系统的任务是保证在扰动作用下被控量始终保持在给定值上，在生产过程中的恒转速控制、恒温控制、恒压控制、恒流量控制、 恒液位高度控制等大量的控制系统都属于这一类系统。

对于恒值控制系统，着重研究各种扰动对输出量的影响，以及如何抑制扰动对输出量的影响，使输出量保持在预期值上。恒值控制系统又称为自动调节系统，其主要特征是给定量不变。

2）随动控制系统

给定值按未知时间函数变化，要求输出跟随给定值的变化而变化，如跟踪卫星的雷达天线系统。

随动系统的输入信号是一个随时间任意变化的函数（事先无法预测其变化规律），系统的任务是在存在扰动的情况下，保证输出量以一定的精度跟随输入信号的变化而变化。在这种系统中，输出量通常是机械位移、速度或加速度。随动系统中，若给定量变化是任意的，则称为自动跟踪系统或伺服系统，研究的重点是系统输出量跟随输入量的准确性和快速性。

随动系统在工业、交通和国防等部门有着极为广泛的应用，如机床的自动控制、舰船的操舵系统、火炮控制系统及雷达导航系统等。

3）程序控制系统

若系统的输入量按一定的时间函数变化，但其变化规律是预先知道和确定的，给定值按一定时间函数变化，要求输出量与给定量的变化规律相同，此类系统称为程序控制系统。

例如，程控机床，热处理炉温度控制系统的升温、保温、降温过程都是按照预先设定的规律进行控制的，所以该系统属于程序控制系统。此外，数控机床的工作台移动系统、自动生产线等都属于程序控制系统。程序控制系统可以是开环系统，也可以是闭环系统。

2.1.2.3 自动控制系统的性能要求

各种自动控制系统为了完成一定的任务，要求被控量必须迅速而准确地随给定量变化而变化，并且尽量不受任何扰动的影响。然而，实际系统中，系统会受到外界作用，其输出必将发生相应的变化。因控制对象、控制装置及各功能部件的特征参数匹配不同，系统在控制过程中性能差异很大，甚至因匹配不当而不能正常工作。因此，工程上对自动控制系统性能提出了一些要求，主要有以下 3 个方面。

1. 稳定性

所谓系统稳定是指受扰动作用前系统处于平衡状态，受扰动作用后系统偏离了原来的平衡状态，如果扰动消失以后系统能够回到受扰以前的平衡状态，则称系统是稳定的。如果扰动消失后，不能够回到受扰以前的平衡状态，甚至随时间的推移对原来平衡状态的偏离越来越大，这样的系统就是不稳定的系统。稳定是系统正常工作的前提，不稳定的系统是根本无法应用的。

2. 准确性

准确性是对稳定系统稳态性能的要求。稳态性能用稳态误差来表示，所谓稳态误差是指系统达到稳态时被控量的实际值和希望值之间的误差，误差越小，表示系统控制精度越高。一个暂态性能好的系统既要过渡过程时间短（快速性，简称“快”），又要过渡过程平稳、振荡幅度小（平稳性、简称“稳”）。

3. 快速性

快速性是对稳定系统暂态性能的要求。因为工程上的控制系统总存在惯性，如电动机的电磁惯性、机械惯性等，致使系统在扰动量或给定量发生变化时，被控量不能突变，需要有一个过渡过程，即暂态过程。这个暂态过程的过渡时间可能很短，也可能经过一个漫长的过渡才能达到稳态值，或经过一个振荡过程才达到稳态值，这反映了系统的暂态性能。

在工程上，快速性能是非常重要的。一般来说，为了提高生产效率，系统应有足够的快速性，但是如果过渡时间太短，系统机械冲击会很大，容易影响机械寿命，甚至损坏设备；反之，过渡时间太长，会影响生产效率等。所以，对暂态过程应有一定的要求，通常用超调量、调整时间、振荡次数等指标来表示。

综上所述，对控制系统的基本要求是：响应动作要快、动态过程平稳、跟踪值要准确。也就是，在稳定的前提下，系统要稳、快、准。这些基本要求通常称为系统的动态品质。

同一个系统，稳、快、准是相互制约的。提高了快速性，可能会引起系统强烈振荡；改善了平稳性，控制过程又可能很迟缓，甚至精度也差。

2.1.2.4　自动控制线路的基本组成

自动控制系统的线路一般具有自动循环、半自动循环、手动调整、紧急快退、保护性连锁、信号指示和故障诊断等功能，以最大限度地满足控制要求。一般电气控制线路的基本回路由以下几部分组成。

1．电源供电回路

电源是驱动电气控制设备能够正常进行工作的保障，电源供电回路是任何一台（套）电气控制设备都必不可少的组成部分。常见供电回路的供电电源有 AC 380V、AC 220V、DC 24V 和 DC 12V 等多种。

2．保护回路

保护（辅助）回路的工作电源有单相交流 220V、36V 或直流 220V、24V 等多种，对电气设备和线路进行短路、过载和失压等各种保护，由熔断器、热继电器、失压线圈、整流组件和稳压组件等保护组件组成。

3．信号回路

信号回路是能及时反映或显示设备和线路正常与非正常工作状态信息的回路，如不同颜色的信号灯、不同声响的音响设备等。

4．自动与手动回路

电气设备为了提高工作效率，一般都设有自动环节，但在安装、调试及紧急事故的处理中，控制线路中还需要设置手动环节，通过组合开关或转换开关等实现自动与手动方式的转换。

5．制动停车回路

制动停车指当设备出现故障时，需要紧急切断电路的供电电源，并采取某些制动措施，使电动机迅速停车的控制环节，如能耗制动、电源反接制动、倒拉反接制动和再生发电制动等。制动停车回路属于设备必不可少的安全保护环节。

6．自锁及闭锁回路

自锁及闭锁回路的作用是提高控制电路的可靠性。启动按钮松开后，线路保持通电，电气设

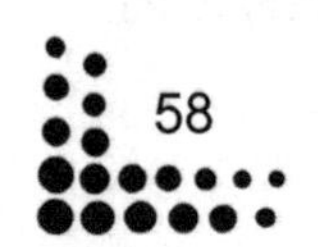

备能继续工作的电气环节叫自锁环节，如接触器的动合触点串联在线圈电路中。具有两台或两台以上的电气装置和组件，为了保证设备运行的安全与可靠，只能一台通电启动，另一台不能通电启动的保护环节，叫闭锁环节，如两个接触器的动断触点分别串联在对方线圈电路中。

2.1.2.5　常用控制方法

1．过程控制系统

过程控制系统指以表征生产过程的参量为被控制量，使之接近给定值或保持在给定范围内的自动控制系统，等同于前面分类中的恒值控制系统。这里的“过程”是指在生产装置或设备中进行的物质和能量的相互作用和转换过程。表征过程的主要参量有温度、压力、流量、液位、成分、浓度等。通过对过程参量的控制，可使生产过程中产品的产量增加、质量提高、能耗减少。一般的过程控制系统通常采用反馈控制的形式，这是过程控制的主要方式。

2．可编程控制器

可编程控制器（PLC）一直保持了其简单至上的原则。过去，PLC 适用于离散过程控制，如开关、顺序动作执行等场所，但随着 PLC 的功能越来越强大，PLC 也开始进入过程自动化领域。PLC 的产品系列对于用户来说是一个非常节约成本的控制系统。PLC 与继电控制相比具有以下优势。

（1）功能强、性能价格比高、可靠性高、抗干扰能力强、体积小、能耗低。

（2）系统的设计、安装、调试工作量少，维修工作量少，维修方便。

（3）具有网络通信功能。

（4）PLC 可以代替复杂的继电器逻辑回路的控制功能，小型的、低成本的 PLC 可以代替 4～10 个继电器。

（5）对未来设备升级很方便。高密度的 I/O 系统、改进设计的输入/输出模块和端子结构，使端子更加集成，以低成本提供了节省空间的接口。

（6）硬件配套齐全，用户使用方便，适应性强。基于微处理器的智能 I/O 接口扩展了分布式控制能力，典型的接口如 PID、网络、CAN 总线、现场总线、ASCII 通信、定位、主机通信模块和语言模块（如 BASIC、PASCALC）等。

（7）编程方法简单。梯形图逻辑中可以实现高级的功能块指令，可以使用户用简单的编程方法实现复杂的软件功能。外部设备改进了操作员界面技术，系统文档功能成为 PLC 的标准功能。

（8）诊断和错误检测功能。从简单的系统控制器的故障诊断扩大到对所控制的机器和设备的过程和设备诊断。

3．集散控制系统

集散控制系统是以微处理器为基础的对生产过程进行集中监视、操作、管理和分散控制的集中分散控制系统，简称 DCS 系统。该系统将若干台微机分散应用于过程控制，全部信息通过通信网络由上位管理计算机监控，实现最优化控制，整个装置继承了常规仪表分散控制和计算机集中控制的优点，克服了常规仪表功能单一、人机联系差及单台微型计算机控制系统危险性高度集中的缺点，既实现了在管理、操作和显示三方面的集中，又实现了在功能、负荷和危险性三方面的分散。DCS 系统在现代化生产过程控制中起着重要的作用。

集散控制系统一般由以下四部分组成：①现场控制级；②过程控制级；③过程管理级；

④经营管理级。

DCS 控制系统与常规模拟仪表及集中型计算机控制系统相比，具有的显著特点是：①系统灵活；②操作便捷；③功能丰富；④资源共享；⑤使用方便；⑥安全性高。

4．现场总线控制系统

现场总线控制系统的突出特点在于它把集中与分散相结合的DCS集散控制结构变成新型的全分布式结构，把控制功能彻底下放到现场，依靠现场智能设备本身实现基本控制功能。现场总线的特点主要表现在以下几个方面：

（1）以数字信号完全取代传统的模拟信号；

（2）现场总线实现了结构上的彻底分散；

（3）总线网络系统是开放的。

2.1.3 电气控制设备设计的原则与内容

电气控制设备设计包括电气原理图设计和电气工艺设计两个方面。电气原理图设计是为满足被控制设备各种控制要求而进行的电气控制系统设计，电气原理图设计的质量决定着一台（套）设备的实用性、先进性和自动化程度的高低。电气工艺设计是为满足电气控制系统装置本身的制造、使用、运行及维修的需要而进行的生产工艺设计，包括安装布置图设计、机柜设计、布线工艺设计、保护环节设计、人体工效学设计及操作、维修工艺设计等。电气工艺设计则决定着电气控制设备的制造、使用、维修等的可行性，直接影响电气原理图设计的性能目标及经济技术指标的实现。

电气控制系统设计要全面考虑两方面的内容。设计者应能在熟练掌握典型环节控制电路的基础上，具有对一般电气控制电路分析能力，并应能举一反三，灵活运用。

2.1.3.1 电气控制设备设计的一般原则

被控制设备种类繁多，其电气控制方案各异，但电气控制系统的设计原则和设计方法基本相同。设计工作的首要问题是树立正确的设计思想和工程实践的观念，它是高质量地完成设计任务的基本保证。

（1）最大限度地满足被控制设备对电气控制系统的要求。电气控制系统设计的依据主要来源于被控制设备的控制要求。

（2）设计方案要合理。在满足控制要求的前提下，设计方案应力求简单、经济，便于操作和维修，不要盲目追求高指标和自动化。

（3）机械设计与电气设计应相互配合。许多生产机械采用机电结合控制的方式来实现控制要求，因此要从工艺要求、制造成本、结构复杂性、使用维护方便等方面协调处理好机械和电气的关系。

（4）确保控制系统安全、可靠地工作。

2.1.3.2 电气控制设备设计的任务及内容

1．电气控制设备设计的基本任务

电气控制设备设计的基本任务是根据控制要求设计、编制出设备制造和使用维修过程中所

必需的图纸、资料等。图纸包括电气原理图、电气系统的组件划分图、元器件布置图、安装接线图、电气箱图、控制面板图、电气元件安装底板图和非标准件加工图等，另外，还要编制外购件目录、单台材料消耗清单、设备说明书等文字资料。

2. 电气控制设备设计的内容

电气控制设备设计的内容主要包含原理设计与工艺设计两个部分，以电力拖动控制设备为例，设计内容主要有以下几点。

1）电气原理图设计内容

电气原理图设计的主要内容包括：

（1）拟订电气设计任务书；

（2）确定电力拖动方案，选择电动机；

（3）设计电气控制原理图，计算主要技术参数；

（4）选择电气元件，制订元器件明细表；

（5）编写设计说明书。

电气原理图是整个设计的中心环节，它为工艺设计和制定其他技术资料提供依据。

2）工艺设计内容

进行工艺设计主要是为了便于组织电气控制系统的制造，从而实现原理设计提出的各项技术指标，并为设备的调试、维护与使用提供相关的图纸资料。工艺设计的主要内容有：

（1）设计电气总布置图、总安装图与总接线图；

（2）设计组件布置图、安装图和接线图；

（3）设计电气箱、操作台及非标准零件；

（4）列出零件清单；

（5）编写使用维护说明书。

2.1.4 电气控制设备设计的一般步骤

1. 拟订设计任务书

设计任务书是整个电气控制设备的设计依据，也是设备竣工验收的依据。设计任务的拟定：一般由技术领导部门和任务设计部门会同用户，通过协商，供需双方签订技术要求协议；然后生产企业根据供需双方签订的技术要求协议，根据本企业的设计能力、工艺条件编制出设计任务书，将数据任务下达给技术设计部门。电气控制设备的设计任务书主要包括以下内容：

（1）设备名称、用途、基本结构、控制动作要求及工艺过程介绍；

（2）设备的控制方式及控制精度要求等；

（3）安全保护要求；

（4）自动化程度、稳定性及抗干扰要求；

（5）操作台、照明、信号指示、报警方式等要求；

（6）设备验收标准；

（7）其他要求。

2. 确定电气控制方案

电气控制系统方案必须充分满足现场对控制设备的需求，主要设计需要考虑到实现简便、可靠、经济、适用等特点，保证控制方式与控制需要相适应、与通用化程度相适应，以及充分满足被控制设备要求，具有良好的通用性和灵活性。

设备的电气控制方法很多，有继电器接触器的有触点控制、无触点逻辑控制、可编程序控制器控制、计算机控制等。因此，对被控制设备的控制方案并不是唯一的。只有选择合理的控制方案，才能够低成本并且可靠地实现控制目标；也只有确定了控制方案，才能够在约束条件下开始电气原理图的设计工作。合理地确定控制方案，是设计实现简便、可靠、经济、适用的电气控制设备的重要前提。控制方案的确定应遵循以下原则。

1）控制方案与控制目标需要相适应

控制方式并非越先进越好，而是应该以经济效益为标准。控制设备的成本低，说明控制设备的经济效益好。决定控制设备的成本的主要因素是控制目标。对控制方案制定影响较大的控制目标因素有下面几个。

（1）控制目标的类型

从实用角度出发，一般把控制目标分为恒值控制、随动控制和程序控制。不同控制目标所对应的自动控制系统可分为恒值控制系统、随动控制系统和程序控制系统。一般按照控制目标为哪种物理量及控制特点作为确定控制方案的选择标准，根据控制目标选定控制系统类型，见表2.1.1。

表2.1.1 根据控制目标选定控制系统类型

序号	控制目标	适用类型	特点	典型应用
1	速度、稳定、压力、流量等	恒值控制系统	给定量不变	恒速、恒温、恒压、恒流控制，成分、浓度等控制
2	机械位移、转角、速度或加速度	随动控制系统	给定量变化是任意的	自动跟踪系统或伺服系统，如机床的自动控制、舰船的操舵系统、火炮控制系统及雷达导航系统
3	随时间变化的特定操作序列	程序控制系统	给定量按一定的时间函数变化	程控机床，热处理炉温度控制系统的升温、保温、降温过程，自动生产线

（2）控制目标数量

控制目标数量决定了控制系统的大小和控制系统的层级数量。一般把简单的只有一个控制目标的系统称为最小系统，它只有一个控制层级。复杂的控制系统一般具有多个控制目标，而且这些控制目标往往是互相嵌套的，分别处于不同的控制层级。一般根据控制系统在控制层级的多少，把控制系统分为小型控制系统、中型控制系统和大型控制系统。

PLC通常根据CPU所带的I/O点数的规模分为微型PLC、小型PLC、中型PLC、大型PLC、PC插卡式PLC及PC兼容的PLC。各种规模分类标准如表2.1.2所示。

表 2.1.2　PLC 规模分类标准

	PLC 种类	外　观	典型 I/O 点数范围	典 型 应 用
1	微型 PLC 固定 I/O 点	砖块式	<32 点	替代继电器，分布式 I/O
2	小型 PLC	砖块式、模块式	33～128 点	工业机器开关控制和商业用途
3	中型 PLC	模块式，小机架	129～512 点	复杂机器控制和一些分布式系统
4	大型 PLC	大机架	>513 点	分布式系统、监控系统
5	PC 插卡式 PLC	ISA 或 PCI 总线卡式	>129 点	机器控制，监控系统
6	PC 兼容控制器	模块式，大或小机架	>129 点	机器控制，监控系统

（3）控制现场的分布

对于只有一个控制现场的情况，一般采用集中控制系统；对于有两个以上控制现场的情况，如果控制现场距离比较近，一般也采用集中控制系统，若控制现场距离比较远，就必须采用集散控制系统。

在设备操作人员可以到达的控制现场，一般采用人工控制系统；而在设备操作人员无法到达的控制现场，一般采用远程控制系统或遥控控制系统。

（4）安全和可靠性要求

如果停电不会对设备和人员造成损害，说明设备对安全和可靠性要求不太高，安全和可靠性要求在最低层级，只要在进行电路和工艺设计时稍微采取一些技术措施就可以了。

如果电气控制设备在运行时死机和控制失灵的现象是绝对不允许的，这表明对设备的安全和可靠性要求很高。因此需要掉电保护、抗干扰、防爆等技术设计，而且都应很有效且可靠，才能满足用户要求。这些要求意味着比较复杂的安全保护电路才能满足安全和可靠性要求。

例如，当控制设备突然断电时，即使设备允许紧急停机，设备控制系统也必须设有备用电源，在出现问题时自动切换。切换完成后，需要在最短的时间内记录必需的检测数据，同时采取必要的安全措施（如紧急制动等）。如果备用电源为电池，应紧急停机。若设备不允许紧急停机，必须连续运行，则设备必须安装双电源，在出现问题时自动切换。为防止控制系统本身故障，可采取双机冗余、热备份等设计。

上述情况由于安全和可靠性要求本身就具有很多控制目标，因此安全和可靠性要求本身就需要占用很多资源，安全保护电路本身就构成 2～3 个控制层级。即使单一的控制目标，由于安全和可靠性要求较高，也会构成一个比较大的控制系统。

（5）选择控制方法

控制方法要实现拖动方案的控制要求。控制方法有控制器控制、网络控制和遥控 3 种。不同控制条件及要求应选定的控制方法见表 2.1.3。

表 2.1.3　不同控制条件及要求应选定的控制方法

序　号	控制现场要求	控 制 方 法	特　点
1	操作人员现场监控，抵近控制	控制器控制	硬件控制
2	有网络传输条件，需远程监控	网络控制	软件控制
3	无法布线，无法现场或远程监控	遥控	软件控制

2）控制方案与通用化程度相适应

继电器、PLC 及微型计算机都是大批量工业化生产的、通用化程度高的控制电器。但是在控制设备实际使用中，它们的设计及加工工作量、各自环境适应性有很大差异，因此它们各自适用于不同的控制场合。

目前，在电气控制领域应用最为广泛的控制方式为 PLC 与继电器接触器控制，它们均为大批量工业生产的电气控制标准件。另外，单片机控制也占有比较少的市场份额。主要是因为单片机控制系统不是大批量工业生产的电气控制标准件，因此单片机控制系统的设计制作工作量很大，对设计制作及维修人员的要求比较高，一般多用于年产量不超过一千件的专门产品控制。因此，PLC 与继电器接触器控制方式应该作为优先选择方向。

通用化是指生产机械加工不同对象的通用化程度，它与自动化是两个不同概念。对于某些加工一种或几种零件的专用机床，它的通用化程度很低，但它可以有较高的自动化程度，这种机床宜采用固定的控制电路；对于单件、小批量且可以加工形状复杂零件的通用机床，则采用数字程序控制，或采用可编程序控制器控制，因为它们可以根据不同的加工对象而设定不同的加工程序，因而有较好的通用性和灵活性。

3）控制方案应最大限度地满足控制过程要求

根据被控制设备控制过程要求，电气控制线路可以具有自动循环、半自动循环、手动调整、紧急快退、保护性连锁、信号指示和故障诊断等功能，以最大限度地满足设备使用、维护和修理要求。

在自动控制设备中，根据控制要求和联锁条件的复杂程度不同，可采用分散控制或集中控制的方案。但是各台单机的控制方案和基本控制环节应尽量一致，以便简化设计和制造过程。

在控制方案中还应考虑工序变更、系统的检测、各个运动之间的联锁、照明及人机关系等。

4）控制设备电源的可靠性

简单的控制设备可直接用电网电源，元件较多、电路较复杂的控制装置，控制电路可将电网电压隔离降压，以降低故障率。对于自动化程度较高的生产设备，可采用直流电源，这有助于节省安装空间，便于同无触点元件连接，元件动作平稳，操作维修也比较安全。对于有较高可靠性要求的控制电路，必须配备不间断电源，不间断电源的容量应能保证电气控制设备与被控制设备的安全，使其能从容地处理必需的安全处理工作。

对于使用继电器、PLC 及微型计算机就可以实现的控制目标，一般按照下面的原则进行选定。

控制逻辑简单、控制过程基本固定的设备，采用继电器接触器控制方式比较合理。虽然这种控制系统接线“固定”，但它能控制的功率大、简单、价廉、可靠性好，目前使用很广。

对于控制过程中需要进行模拟量处理及数学运算的、输入/输出信号多、控制要求复杂，经常改变控制程序或控制逻辑复杂的，控制系统要求体积小、动作频率高、响应时间快的，视情况采用可编程控制器、数控及微机控制方案较为合理。

3. 控制方式的选择

电气设备控制方法很多，包括控制器控制、继电器接触器控制、无触点逻辑控制、可编程控制及计算机控制。不同的控制目标应采用不同的控制方法。随着现代电气技术的迅速发展，生产机械电力拖动的控制方式从传统的继电接触器控制向PLC控制、CNC控制、计算机网络控制等方面发展，控制方式越来越多。控制方式的选择应在经济、安全的前提下，最大限度地满足控制目标的要求。

1）影响控制方式选择决策的因素

PLC 与继电器控制系统两者之间既有相似性又有很多不同之处，但是它们从来没有抵触过。PLC和继电器在控制系统中是相辅相成的，继电器从来没有停止进一步的发展。包括西门子公司在内的业界巨头，从来没有承诺普通 PLC 是安全的。设备的安全控制（停电、重起、人身防护）都是由专门安全继电器来保证的，所以至今世界上还有许多生产商在专门生产、研发继电器。

（1）从成本考虑

目前名牌大厂商的I/O点数最少的小型PLC价格为800元左右，小生产商的价格为500元左右。相对于价格只有几十元的继电器和接触器，当使用接触器和继电器数量在10个以内时，PLC 价格还是比较高的。如果控制系统使用的接触器和继电器数量很多，PLC 的价格优势将会凸显。

（2）从 I/O 点数考虑

根据经验，I/O 点数小于 50 点的电气控制系统一般应优先采用继电接触控制方式，I/O 点数大于 50 点的电气控制系统一般应优先采用 PLC。PLC 的 I/O 点数是在产品上标明的，继电接触控制方式的 I/O 点数可以通过电气控制柜上外接的接线端子数量确定。

一个最简单的控制目标至少需要两个输入、两个输出即总共四个 I/O 端口，一个要求严格的控制目标可能需要几十个 I/O 端口。

（3）从负载能力考虑

PLC 的负载能力比继电接触控制的负载能力小得多，因此当负载功率较大时一般采用继电接触控制方式。当采用 PLC 控制方式时，若负载功率较大，可以通过接触器或自动开关装置进行放大，组成一个 PLC 与继电接触控制的混合控制方式。

（4）从控制电路复杂程度考虑

根据经验，一般把控制目标小于 8 个开关量的控制，且没有子目标的控制系统视为比较简单的控制系统。简单的控制系统一般应优先采用继电接触控制方式。控制目标大于 8 个且有子目标的控制系统视为复杂的控制系统。复杂的控制系统应优先采用 PLC 控制方式。

单纯开关量的控制比较简单，开关量和模拟量的混合控制就比较复杂。有控制精度要求、定位精度要求、监测监控要求、网络通信要求的控制系统必定采用闭环的反馈环节和比较应答机制，这样的控制系统一般都比较复杂。

（5）从设计制作维修人员素质考虑

继电接触控制系统采用硬接线方式，看得见摸得着，因此对设计制作维修人员素质要求比较低。PLC 的控制逻辑靠虚拟的继电器和接线，看不见摸不着，因此对设计制作维修人员素质要求比较高。

设计制作继电接触控制系统，只需画出电气原理图、元器件布置图和接线图基本上就可以解决问题了。设计制作 PLC 控制系统，除了画出电气原理图、元器件布置图和接线图外，还必须画出梯形图，编制控制程序。

PLC 和继电器各有好处，继电器经济实惠，PLC 功能强大、技术先进，但它们都有各自的局限性。到底采用哪种控制方式，应根据应用环境和控制要求的具体情况来确定。PLC 不是完全顶替继电器电路，只不过是顶替多设备电路中的连锁及关联关系的这一部分，单台设备的手动现场控制是必不可少的，也只有靠继电器回路控制才是更好的选择。

2）控制方式选择的实例

（1）继电器控制实现阻降压启动和反接制动

下面以定子回路中串电阻降压启动和反接制动为例，分析由继电器接触器电路实现的异步电动机的启、制动控制过程。

如图 2.1.3 所示，此控制电路含有 3 个接触器和 1 个中间继电器，12 个可动作的硬触点。启动时，接触器 KM2、KM3 均处于断开状态，按下启动按钮 SB1，KM1 通电并自锁，电动机串入电阻减压启动。当电动机转速上升到某一定值时（此值为速度继电器 KS1 的设定值，此设定值可调整），速度继电器 KS1 的常开触点闭合，中间继电器 KA 通电并自锁，KA 的常开触点闭合，接触器 KM3 通电，KM3 的主触点短接主电路中的定子电阻 R，电动机定子中的电阻减小，电流增大，转速上升，到设定的转速时，电动机稳定运行。

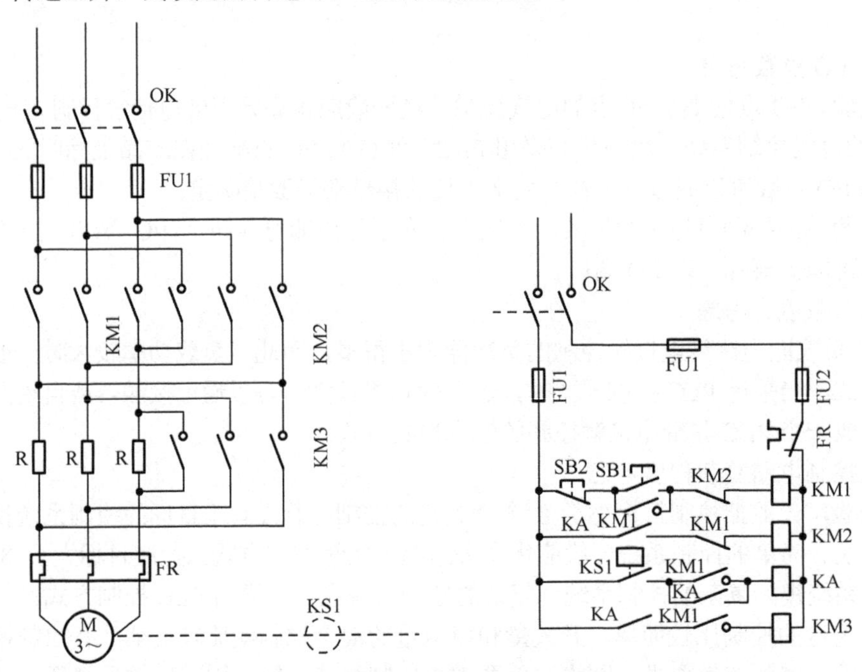

图 2.1.3　继电器接触器控制的主电路与控制电路

制动时，按下停止按钮 SB2，KM1 断电，其主触电断开，切断电动机的电源，电动机处于无电状态，由于惯性继续运行，但转速越来越慢。同时由于 KM1 断电，KM3 失电，主电路中的 KM3 的主触点断开，限流电阻 R 又串入。另外 KM1 断电又带来接触器 KM2 通电，在主电路中 KM2 的主触点闭合，电动机的供电电源的两个相序对调，电动机处于反接制动状态。当转速下降到设定值时，KS1 常开触点断开，中间继电器 KA 失电，进而断开 KM2 的电源，电动机失电，迅速停机。

这种传统的继电接触控制方式的控制逻辑清晰，采用了机电组合方式，便于普通机电类技术人员的维修，但由于使用的电气元件体积大、触点多、故障率高、寿命短，因此运行的可靠性低。

（2）采用 PLC 实现异步电动机的启动、制动控制

可编程序控制器是在继电器和计算机控制基础上开发的产品，所以它在继电器控制逻辑清晰的基础上，使用计算机软件控制实现了控制方式的灵活改进。因此与传统的继电接触控制系统相比较，采用 PLC 实现异步电动机启动、制动控制是最佳选择。下边以三菱系列的 PLC 为例，电动机的主电路接线图不变，如图 2.1.3 所示；改进的控制接线图如图 2.1.4 所示；软件梯形图及程序如图 2.1.5 所示，此梯形图的控制过程如下。

启动时，按下启动按钮 SB1，X400 的常开触点闭合，Y430 被激励并且自锁，接触器 KM1 通电，其主触点 KM1 闭合，电动机串入限流电阻 R 并开始启动，同时 Y430 的常开的触点也闭合。当电动机转速上升到某一定值时，速度继电器的常开触点 KS1 闭合，那么对应的 X402 就闭合，M100 被激励并自锁，Y432 被激励，这样使得接触器 KM3 通电，其主触点 KM3 闭合，主电路中限流电阻 R 被短路，电动机的电流增大，转速上升直到初始设定值，电动机开始稳定运行。

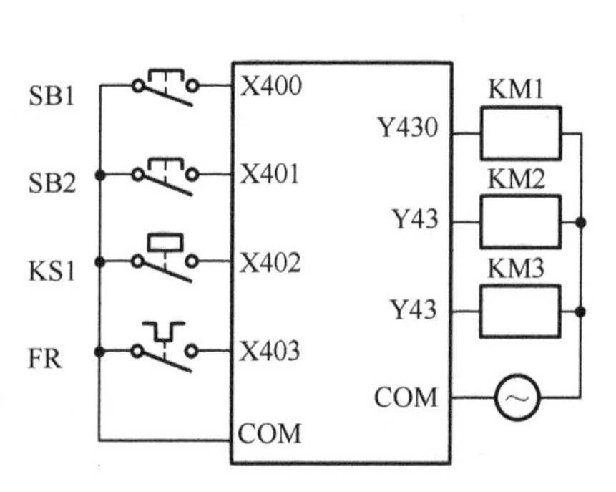

图 2.1.4 PLC 硬件接线图

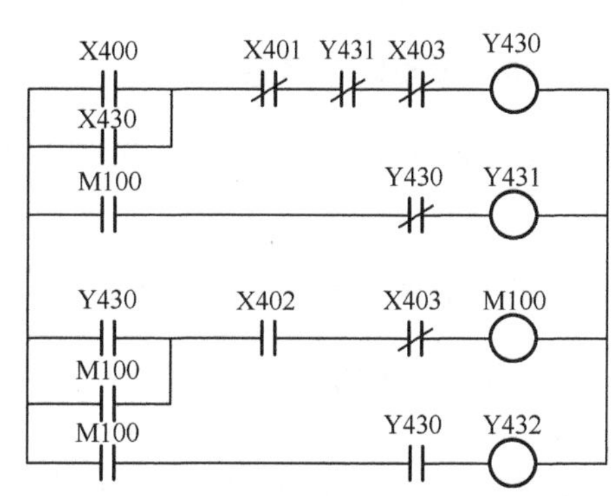

图 2.1.5 PLC 控制的软件梯形图

制动时，按下停止按钮 SB2，即 X401 常闭触点断开，进而 Y430 不被激励，使得接触器 KM1 失电，对应的触点释放，这样 Y430 的常闭触点复位，则 Y431 被激励，接触器 KM2 通电，对应的触点 KM2 吸合，把电动机电源的两个相序对调，电动机处于反接制动状态。与此同时，Y430 常开触点断开，Y432 不被激励，接触器 KM3 失电，主电路中又串入限流电阻 R，使得电动机的电流减小，转速变慢。当电动机转速下降到设定值时，速度继电器的硬触点 KS1 释放，即 X402 常开触点断开，M100 不被激励，其对应触点动作，使得 Y431 不再被激励，接触器 KM2 失电，其触点释放，电动机快速停下来。过载时热继电器 FR 常开触点闭合，即常闭触点 X403 断开，使得 Y430、M100 都不再被激励，进而接触器 KM1 或 KM2 失电，断开对应的触点，电动机电源断开，起到过载保护的作用。

（3）两种控制方案的比较

① 可靠性。

PLC 在硬件方面设置了特定的电源，采用了隔离和屏蔽技术，设置了联锁功能、环境检测和诊断电路及“看门狗”电路。在软件方面，软件与硬件相配合，在受到强干扰而导致工作进程混乱甚至停止时会自动保护，采用扫描方式进行工作，编程简单，不易出错。

PLC 控制比继电控制所使用的触点数目减少了三分之二以上，因此 PLC 控制比继电控制系统可靠性高。

② 在成本方面。

两种控制方式都需要使用 3 个规格型号相同的交流接触器，继电控制系统还使用了一个速度继电器和一个中间继电器，继电控制系统的成本为 500 元。PLC 控制系统的成本为 1000 元左右，因此继电控制是比 PLC 控制更为经济实惠的控制方案。

③ 控制方案的选择。

两种控制方案的孰优孰劣，在此难以断言。因为判定一个控制方案是否可取，取决于用户的要求及其经济能力。

如果为了省钱，显然继电控制系统应该是首选方案。如果为了保证可靠性，且可以不计成本，则 PLC 控制系统应该是最佳方案。相对于 PLC 控制这种复杂的控制电路，按照当前比较普遍的使用情况来看，还是以采用继电控制系统为主。

4．设计电气控制原理图

电气控制原理图的设计将在本书后续章节中进行详细介绍。

5．设计电气设备的各种施工图纸

电气设备的各种施工图纸的设计在本丛书的另一分册《电气控制柜设计制作——结构与工艺篇》中详细介绍。

6．编写设计说明书和使用说明书

设计说明和使用说明是设计审定、调试、使用、维护过程中必不可少的技术资料。设计和使用说明书应包含拖动方案的选择依据、本系统的主要原理与特点、主要参数的计算过程、各项技术指标的实现、设备调试的要求和方法、设备使用和维护要求、使用注意事项等。

2.1.5 电动机拖动方案的确定方法

在实际应用中，电动机作为被控制目标最为普遍。因此电力拖动方案选择是电气控制系统设计的主要内容之一，也是以后各部分设计内容的基础和先决条件。所谓电力拖动方案是指根据零件加工精度、加工效率要求、生产机械的结构、运动部件的数量、运动要求、负载性质、调速要求及投资额等条件，去确定电动机的类型、数量、传动方式及拟订电动机启动、运行、调速、转向、制动等控制要求。

应根据设备的控制要求及结构来选用电动机的数量及类型，然后根据各电动机的调速要求来确定调速方案，同时，应当考虑电动机的调速特性与负载特性相适应，以求得电动机充分合理的应用。

1．拖动方式的选择

电力拖动方式有单独拖动与分立拖动两种。电力拖动发展的趋向是电动机逐步接近工作机构，形成多电动机的拖动方式，这样，不仅能缩短机械传动链，提高传动效率，便于实现自动化，而且能使总体结构得到简化。在具体选择时，应根据工艺要求及结构具体情况确定电动机的数量。

2. 调速方案的选择

对于生产机械设备，从生产工艺出发往往要求能够调速，不同的设备有不同的调速范围、调速精度等，为了满足一定的调速性能，应选用不同的调速方案，如采用机械变速、多速电动机变速、变频调速等方法。随着交流调速技术的发展，其经济技术指标不断提高，采用各种形式的变频调速技术将是机械设备调速的主流。

大型、重型设备的主运动和进给运动应尽可能采用无级调速，有利于简化机械结构、降低成本；精密机械设备为保证加工精度也应采用无级调速；对于一般中小型设备，在没有特殊要求时，可选用经济、简单、可靠的三相笼形异步电动机。

1）无电气调速要求的生产机械

在不需要电气调速和启动不频繁的场合，应首先考虑采用笼形异步电动机。在负载静转矩很大的拖动装置中，可考虑采用绕线式异步电动机。在负载很平稳、容量大且启停次数很少时，则采用同步电动机更为合理，它不仅可以充分发挥同步电动机效率高、功率因数高的优点，还可以调节励磁，使它工作在过励情况下，提高电网的功率因数。

2）要求电气调速的生产机械

应根据生产机械的调速要求（如调速范围、调速平滑性、机械特性硬度、转速调节级数及工作可靠性等）来选择拖动方案，在满足技术指标的前提下，进行经济比较。最后确定最佳拖动方案。

调速范围 D=2～3，调速级数≤2～4，一般采用改变磁极对数的双速或多速笼形异步电动机拖动。

调速范围 D<3，且不要求平滑调速时，采用绕线式转子感应电动机拖动，但只适用于短时负载和重复短时负载的场合。

调速范围 D=3～10，且要求平滑调速时，在容量不大的情况下，可采用带滑差离合器的异步电动机拖动系统。需长期运转在低速时，也可考虑采用晶闸管直流拖动系统。

调速范围 D=10～100 时，可采用直流拖动系统或交流调速系统。

三相异步电动机的调速，以前主要依靠改变定子绕组的极数和改变转子电路的电阻来实现。目前，变频调速和串级调速已得到广泛应用。

3）电动机调速性质的确定

电动机的调速性质应与生产机械的负载特性相适应。对于双速笼形异步电动机，当定子绕组由 Δ 连接改为 YY 接法时，转速由低速转为高速，功率却变化不大，适用于恒功率传动；当定子绕组由 Y 连接改为 YY 接法时，电动机输出转矩不变，适用于恒转矩传动。对于直流他励电动机，改变电枢电压调速为恒转矩输出，改变励磁调速为恒功率调速。

若采用不对应调速，即恒转矩负载采用恒功率调速或恒功率负载采用恒转矩调速，都使电动机额定功率增大 D 倍（D 为调速范围），且部分转矩未得到充分利用。所以电动机调速性质是指电动机在整个调速范围内转矩、功率与转速的关系。究竟是容许恒功率输出还是恒转矩输出，在选择调速方法时，应尽可能使它与负载性质相同。

4）电动机调速性质应与负载特性相适应

机械设备的各个工作机构具有各自的负载特性，如机床的主运动为恒功率负载，而进给运动为恒转矩负载。

在选择电动机调速方案时，要使电动机的调速性质与生产机械的负载特性相适应，以使电动机获得充分合理的使用。如双速笼形异步电动机，当定子绕组由三角形连接改成双星形连接时，转速增大一倍，功率却增大很少，适用于恒功率传动；对于低速为Y形连接的双速电动机改成双星形连接后，转速和功率都增大一倍，而电动机输出的转矩保持不变，适用于恒转矩传动。

影响方案确定的因素很多，最后选定方案的技术水平和经济水平取决于设计人员的设计经验和设计方案的灵活运用。

3．拖动电动机的选择

电动机的选择主要考虑电动机的类型、结构形式、容量、额定电压与额定转速。

电动机选择的基本原则有以下三点。

1）根据生产机械调速的要求选择电动机的种类

电动机的机械特性应满足生产机械提出的要求，要与负载的负载特性相适应，保证运行稳定且具有良好的启动、制动性能。

2）电动机容量的选择

正确选择电动机容量是电动机选择中的关键问题。工作过程中电动机容量要得到充分利用，使其温升尽可能达到或接近额定温升值。

（1）分析计算法

根据生产机械负载图预选一台电动机，再利用该电动机的技术数据和生产机械负载图求出电动机的负载图。最后按电动机的负载图从发热方面进行校验，并检查电动机的过载能力与启动转矩是否满足要求，若不合格，另选一台电动机重新计算，直到合格为止。此法计算工作量大，负载图的绘制较为困难。对于比较简单、无特殊要求、生产数量不多的电力拖动系统，电动机容量往往采用统计类比法。

当机床的主运动和进给运动由同一台电动机拖动时，则应按主运动电动机功率计算。若进给运动由单独一台电动机拖动，并具有快速运动功能，则电动机功率应按快速移动所需功率来计算。

（2）统计类比法

通过对长期动作的同类生产机械的电动机容量调查，并对机械主要参数、工作条件进行类比，确定电动机的容量。将同类型设备的机床电动机容量进行统计和分析，从中找出电动机容量与机床主要参数间的关系，再根据实际情况得出相应的计算公式来确定电动机容量。

在比较简单、无特殊要求、生产数量又不多的电力拖动系统中，电动机容量的选择往往采用统计类比法，或者根据经验采用工程估算的方法来选用，通常选择较大的容量，预留一定的裕量。

3）根据工作环境选择电动机的结构形式

电动机结构形式必须满足机械设计提出的安装要求，并能适应周围环境工作条件。在满足设计要求情况下优先考虑采用结构简单、价格便宜、使用维护方便的三相交流异步电动机。

2.2　电路图的设计方法

电路是由各种电器、电子元件或电气设备按一定方式连接起来的一个整体，如电源、断路器、继电器、负载、半导体器件、电阻器、电容器、导线等，可以实现预期的电气控制功能。

电路设计的一个重要方法是把实际的电路系统抽象为电路模型，用理想元件或理想元件的组合去代替实际电路系统中的实际元件。电路图是用规定的电路符号表示各种理想元件而画出的电路模型图样。电路图只反映各种理想元件在电路中的作用及其相互连接方式，并不反映实际元件的内部结构。

2.2.1　电气控制电路设计概述

电气原理图设计是为满足设备及其工艺要求而进行的电气控制系统设计。电气原理图设计的质量决定着一台（套）电气控制设备的实用性、先进性和自动化程度，是电气控制系统设计的核心。

任何被控制设备功能的实现主要取决于电气控制系统的正常运行，电气控制系统的任一环节的正常运行都将保证被控制设备功能的实现。相反，电气控制系统的非正常运行将会造成事故甚至重大的经济损失。任何一项工程设计的成功与否必须经过安装和运行才能证明，而设计者也只能从安装和运行的结果来验证设计工作，一旦发生严重错误，必将付出代价。因此，保证电气控制系统的正常运行首先取决于严谨而正确的设计，总体设计方案和主要元器件的选择应正确、可靠、安全及稳定，无安全隐患，这就要求设计者应正确理解设计任务、精通生产工艺要求、准确计算、合理选择产品的规格型号并进行校验。正确的设计思想和工程意识是高质量地完成设计任务的基本保证。

2.2.1.1　电气原理图设计的内容

电气设计的基本任务是根据控制要求设计和编制设备制造和使用维修过程中所必需的图纸、资料，包括总图、系统图、电气原理图、总装配图、部件装配图、元器件布置图、电气安装接线图、电气箱（柜）制造工艺图、控制面板及电气元件安装底板、非标准件加工图等，以及编制外购器件目录、单台材料消耗清单、设备使用维修说明书等资料。

电气控制系统设计中，原理图是所有图纸的灵魂，它是设计者构思的体现。原理图可以反映出电气系统的功能、电气逻辑。电气原理图是整个设计的中心环节，因为它是工艺设计和制订其他技术资料的依据。电气控制系统原理设计主要包括以下内容。

1．制订电气设计任务书（技术条件）

设计任务书或技术建议书是整个电气控制系统设计的依据，同时又是今后设备竣工验收的依据，因此设计任务书的拟订是十分重要的，必须认真对待。在很多情况下，设计任务下达部门对本系统的功能要求、技术指标只能给出一个大致轮廓，设计应达到的各项具体的技术指标及其他各项要求实际是由技术部门、用户及设计部门共同协商，最后以技术协议形式予以确定的。

一个电气控制系统的设计，应根据工程需要提出的技术要求、工艺要求，拟订总体技术方案，并与机械结构设计协调，才能开始进行设计工作。一项机电一体化设计的先进性和实用性是由被控制设备的结构性能及其电气自动化程度共同决定的。电气设计任务书中除简要说明所设计任务的用途、工艺过程、动作要求、传动参数、工作条件外，还应说明以下主要技术经济指标及要求：

（1）电气控制的基本特性要求、自动化程度要求及控制精度；

（2）目标成本与经费限额；

（3）设备布局、安装要求、控制柜（箱）及操作台布置、照明、信号指示、报警方式等；

（4）工期、验收标准及验收方式。

2. 选择电气控制方式与电气控制方案

电气控制方案与控制方式的确定是设计的重要部分，方案确定以后，就可以进一步选择被控制对象的类型、数量、结构形式及容量等。例如，电动机选择的基本原则是：

（1）电动机的机械特性应满足生产机械的要求，要与被拖动负载特性相适应，以保证运行稳定并具有良好的启动、制动性能，对有调速要求时，应合理选择调速方案；

（2）工作过程中电动机容量能得到充分利用，使其温升尽可能达到或接近额定温升值；

（3）电动机的结构形式应满足机械设计要求，选择恰当的使用类别和工作制，并能适应周围环境工作条件。

在满足设计要求的情况下，应优先采用结构简单、使用维护方便的笼形三相交流异步电动机。

3. 确定被控制对象的类型及其技术参数

电气控制的被控制对象的范围很广，包括电动机、电磁铁、电磁阀等实体被控制对象，及温度、湿度、速度、时间、压力、空间位置、光照强度等物理量。被控制对象又分为直接被控制对象和间接被控制对象，间接被控制对象往往容易被遗漏，因此必须高度重视。

这些被控制对象的技术参数表述必须准确，不但要定性而且必须定量。

4. 设计电气控制原理框图，确定各部分之间的关系，拟订各部分技术指标与要求

通过绘制电原理框图可以确定控制电路各部分之间的逻辑关系、主从关系、层次关系，以便于将总的控制目标的技术参数分解成控制电路各部分技术指标与要求。

5. 设计并绘制电气原理图，计算主要技术参数

为了保证实现设计功能，设计者还应精心设计施工图样，并进行全面的核算，有时会在其中找到纰漏，只有这样才能保证设计质量和工程质量，保证电气控制系统的正常运行。

6. 选择电气元件，编制元器件明细表

通过上述工作设计出的电路是用理想元件或理想元件的组合去代替实际电路系统中的实际元件组成的电路模型，必须选择能够购买到的电气元件，并在电路图上标注它们的规格型号，这样才能够成为有实际使用价值的工程设计图纸。

7. 编写设计说明书

编写电路图的设计说明书有两个作用：一是对图纸上无法表达清楚的一些问题进行说明，使后续工作能够顺利进行；二是对电路图的设计工作进行总结，以便在以后的设计工作中汲取经验教训。此项工作应参照相关国家标准进行。

2.2.1.2 电气原理图设计的基本步骤

电气原理电路设计是控制系统设计的核心内容，各项设计指标均通过它来实现，它又是工艺设计和各种技术资料的依据。

完整的设计程序一般包括初步设计、技术设计和施工图设计 3 个阶段。初步设计完成后经过技术审查、标准化审查、技术经济指标分析等工作，才能进入技术设计和施工图设计阶段。但对于比较简单的设计，可以直接进入技术设计工作。我们讨论的是各阶段的共性问题，不涉及各阶段的设计程序。实际上根据不同行业特点，设计程序是有差异的。

（1）根据选定的控制方案及控制方式设计系统的原理框图，拟订出各部分的主要技术要求和主要技术参数。

（2）根据各部分的要求，设计出原理框图中各个部分的具体电路。每一部分的设计总是按主电路、控制电路、辅助电路、联锁与保护、总体检查、反复修改与完善的步骤进行。

（3）绘制总原理图。按系统框图结构将各部分连成一个整体。

（4）正确选用原理线路中每一个电气元件，并编制元器件目录清单。

对于比较简单的控制线路，如普通机床的电气配套设计，可以省略前两步，直接进行原理图设计和选用电气元件。但对于比较复杂的自动控制线路，如专用的数控生产机械或采用微机或电子控制的专用检测与控制系统，要求有程序预选、刀具调整与补偿和一定的加工精度、生产效率、自动显示、各种保护、故障诊断、报警、打印记录等，就必须按上述过程一步一步进行设计。只有各个独立部分都达到技术要求，才能保证总体技术要求的实现，保证总装调试的顺利进行。

2.2.2 电气原理图的设计方法

现代工业生产和生活中，所用的机电设备品种（类）繁多，其电气控制设备类型也千变万化，但电气控制系统的设计规则和方法是有一定规律可循的，这些规则、方法和规律是人们通过长期的实践而总结和发展的。作为电气工程技术人员，必须掌握这些基本原则、规则和方法，并通过工作实践取得较丰富的实践经验后才能做出满意的工程设计。

电气原理图的设计方法主要有经验设计法和逻辑设计法两种，分别介绍如下。

2.2.2.1 经验设计法

1. 概述

经验设计法又称为分析综合设计法，是根据生产工艺的要求选择适当的基本控制环节（单元电路）或将比较成熟的电路按其联锁条件组合起来，并经补充和修改，将其综合成满足控制要求的完整电路。当没有现成的典型环节时，可根据控制要求边分析边设计。经验设计法只适合不太复杂的控制线路设计。

经验设计法通常要求设计人员必须具备一定的阅读、分析电气控制线路的经验和能力，积累多种典型电气控制线路的设计资料，熟练掌握各种典型电气控制线路的基本环节、基本电路和控制方法，同时具有丰富的设计经验。同时还必须深入了解生产第一线，熟悉现场，掌握控制过程，了解控制对象的性能特点。经验设计法的特点是无固定的设计程序和设计模式，灵活性很大，但相对来说设计方法简单。

用经验设计方法初步设计出来的控制线路并不是唯一的，可能有很多种，需要加以比较分析并反复地修改简化，甚至要通过实验加以验证，才能使控制线路符合设计要求。

经验设计法的优点是设计方法简单，无固定的设计程序，它是在熟练掌握各种电气控制电路的基本环节和具备一定的阅读分析电气控制电路能力的基础上进行的，容易被初学者所掌握，对于具备一定工作经验的电气技术人员来说，能较快地完成设计任务，因此在电气设计中被普遍采用。

其缺点是设计出的方案不一定是最佳方案，当经验不足或考虑不周全时会影响电路工作的可靠性。为此，应反复审核电路工作情况，有条件时还应进行模拟试验，发现问题并及时修改，直到电路动作准确无误，满足生产工艺要求为止。

2. 基本控制环节和基本控制电路

1）基本控制环节

基本控制环节包括点动、长动、停止、自锁、互锁、逻辑与、逻辑或等控制环节。

逻辑与控制环节的实质就是控制开关触点的串联。在采用经验设计法进行控制电路设计的综合环节发挥着十分重要的作用。逻辑与所构成的电路实际上属于条件判断电路，只有当所有条件都满足时电路才能实现接通状态。例如：

（1）将各个检测元件（时间继电器、速度继电器、温度压力继电器、电压继电器、电流继电器、电接点温度表等）的常闭触点串联在控制电路的电源输入电路中，就可以对上述物理量进行控制；

（2）将检测各个基本控制电路上工作正常的检测元件的常闭触点串联在总控制电路的电源输入中，就可以对有多个组成部分的控制电路进行控制，如自动生产线中的每一台设备及机械手，只要其中一台出现故障，则自动线全部停止工作；

（3）将多个主令电器（按钮、组合开关等）的常闭触点串联在控制电路的电源输入中，就可以进行多地的停止控制。

逻辑或控制环节的实质就是控制开关触点的并联，利用它可以进行多地的启动控制。

2）基本控制电路

基本控制电路包括单相及三相交流异步电动机、单相及三相交流直流电动机、三相线绕转子电动机、步进电动机等各种类型电动机的启动停止控制电路、正反转控制电路、调速电路、制动电路等控制电路，以及正反馈控制电路、负反馈控制电路、开环控制电路、闭环控制电路、温度控制电路、位置控制电路、压力控制电路、速度控制电路、单片机最小控制系统等。

基本控制电路的种类很多，由于本书篇幅限制不可能一一列举。在实际工作中完全将基本控制电路熟记于心也是不太现实的，一般通过查找相关资料获得。但是基本控制电路知识的积累是必不可少的，至少要做到头脑中对各种基本控制电路有印象，知道应该到哪里查找。

3．经验设计法步骤

（1）先根据生产工艺的要求画出功能流程图。

（2）采用一些成熟的典型线路环节来实现某些基本要求，确定适当的基本控制环节。

当找不到现成的典型环节时，可根据控制要求，将主令信号经过适当的组合和变换，在一定的条件下得到执行元件所需要的工作信号，再套用典型控制电路完成设计。

（3）根据生产工艺要求逐步完善其功能要求，并适当配置联锁、检测、保护、信号和照明等环节。设计过程中要随时增减元器件和改变触点的组合方式，以满足被拖动系统的工作条件和控制要求，经过反复修改得到理想的控制线路。

（4）利用基本绘制原则把它们综合地组合成一个整体，成为满足控制要求的完整线路。

连接各单元环节，构成满足整机生产工艺要求，实现加工过程自动或半自动和调整的控制电路。在进行具体线路设计时，一般先设计主电路，然后设计控制电路、信号电路、局部特殊电路等。

（5）初步设计完成后，应当仔细检查、反复验证，看线路是否符合设计要求，并进一步使之完善和简化。最好采用逻辑分析的方法进一步进行逻辑分析，以优化设计。

应特别注意，电气控制系统在工作过程中因误操作、突然失电等异常情况下不应发生事故，或所造成的事故不应扩大，力求完善整个系统的控制电路。

（6）最后选择恰当的电气元件的规格型号，使其能充分实现设计功能。

这种设计方法简单，容易为初学者所掌握，在电气控制中被普遍采用。其缺点是不易获得最佳设计方案，当经验不足或考虑不周时会影响电路工作的可靠性。因此，应反复审核电路工作情况，有条件时应进行模拟试验，发现问题及时修改，直到电路动作准确无误，满足生产工艺要求为止。

4．经验设计法实例

1）皮带运输机的控制电路

下面通过皮带运输机的实例介绍经验设计方法。

皮带运输机根据不同的使用场合有不同的控制线路，本例重点是从清楚层次、易于理解的角度讲述了经验设计法的运用，设备元件的选型、计算等问题在此省略。

在建筑施工企业的沙石料场，普遍使用皮带运输机对沙和石料进行传送转运，图 2.2.1 是两级皮带运输机示意图，M1 是第一级电动机，M2 是第二级电动机。

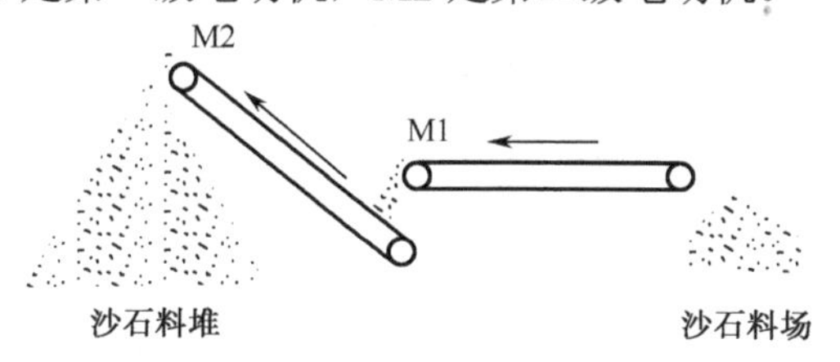

图 2.2.1　皮带运输机示意图

（1）皮带运输机的基本工作特点和控制要求

① 两台电动机都存在重载启动的可能；

② 任何一级传送带停止工作时，其他传送带都必须停止工作；

③ 控制线路有必要的保护环节；

④ 有故障报警装置。

（2）主电路设计

电动机采用三相笼形异步电动机，接触器控制启动、停止，线路应有短路、过载、缺相、欠压保护，两台电动机控制方式一样。基本线路如图 2.2.2 所示。

线路中采用了自动空气开关、熔断器、热继电器，可满足上述保护需要。

（3）控制电路设计

直接启动的基本线路如图 2.2.3 所示，为操作方便，线路中设计了总停按钮 SB5。

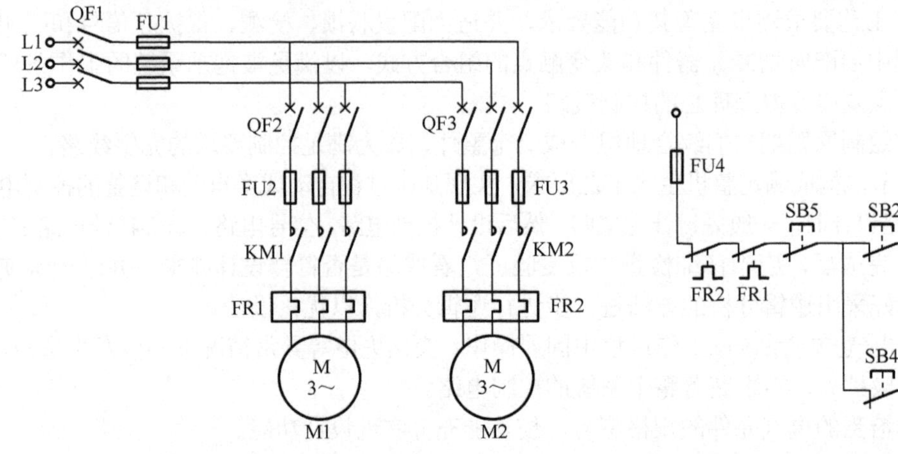

图 2.2.2 皮带运输机主电路

图 2.2.3 皮带运输机控制电路（一）

考虑到皮带运输机随时都有重载启动的可能，为了防止在启动时热继电器动作，有两个解决办法：第一是把热继电器的整定电流调大，使之在启动时不动作，但这样必然降低过载保护的可靠性；第二是启动时将热继电器的发热元件短接，启动结束后再将其接入，这就需要用时间继电器控制。如图 2.1.4（a）所示，启动时按下 SB1，接触器 KM1、KM3 和时间继电器 KT1 同时得电，KM3 主触点闭合短接热继电器发热元件，经过一段时间电动机完成启动，时间继电器 KT1 常闭触点延时断开，KM3 失电，主触点断开，热继电器发热元件接入，线路正常工作。此时主电路如图 2.2.4（b）所示。

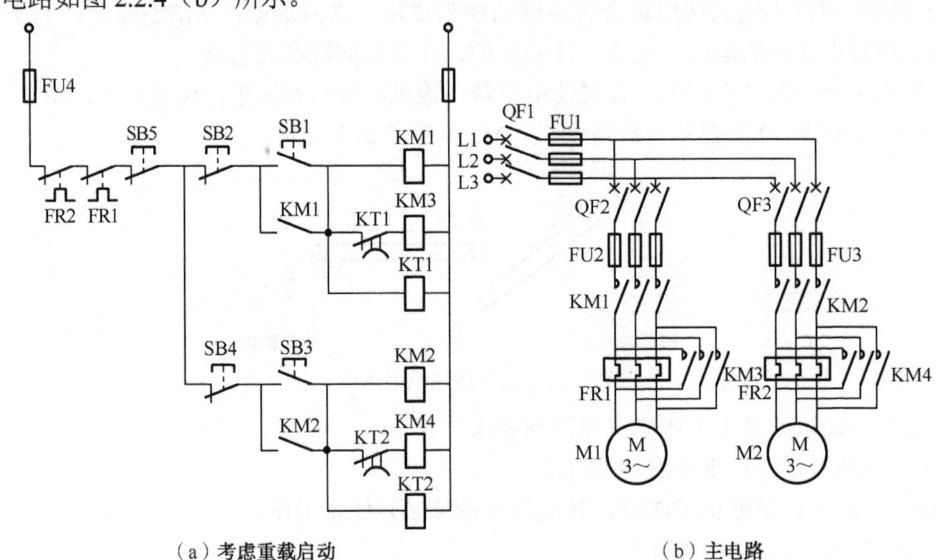

（a）考虑重载启动　　（b）主电路

图 2.2.4 皮带运输机控制电路（二）

若遇故障，某级传送带停转，要求各级传送带都应停止工作，控制线路应能做到自动停车，同时发出相应警示。在发生故障停车时，皮带会因沙石自重而下沉，可以在皮带下方恰当位置安装限位开关 SQ1、SQ2，由它来完成停车控制和报警。

皮带运输机主线路如图 2.2.5 所示，线路中增加了接触器 KM 和总启动按钮 SB6，只有当 SQ1、SQ2 没有动作，常闭触点闭合时，按下 SB6，得电，主电路和控制线路才有电。反之，当故障停车时，SQ1（SQ2）动作，KM 失电，主电路和控制线路电源被切断。

如遇临时停电，由于有了 SQ1、SQ2 的保护作用，线路将无法再启动，因此 SQ1、SQ2 只能在电动机完成启动后才能投入，为此增加了时间继电器 KT，如图 2.2.6 所示，利用常闭（延时断开）触点短接 SQ1、SQ2，保证线路能顺利进行重载启动，启动结束后传送带正常运行，在时间继电器触点延时断开之前，SQ1、SQ2 常闭触点已复位，线路正常工作。

（4）设计线路的验证

设计完主线路（见图 2.2.5）和控制线路（见图 2.2.6）后，根据四项设计要求逐一验证。

① 线路中采用了自动空气开关、熔断器、热继电器，可满足线路保护需要。

② 两台电动机重载启动措施：由 KM3（KM4）在启动时切除热继电器发热元件；由时间继电器 KT 短接 SQ1（SQ2），保证 KM 得电，线路通电。

③ 任何一级皮带输送机出现故障停止工作时，传送带受重下沉，使 SQ1（SQ2）动作，KM 失电，主电路和控制线路同时断电。

④ 故障指示灯 HL1、HL2 显示相应传送带故障。

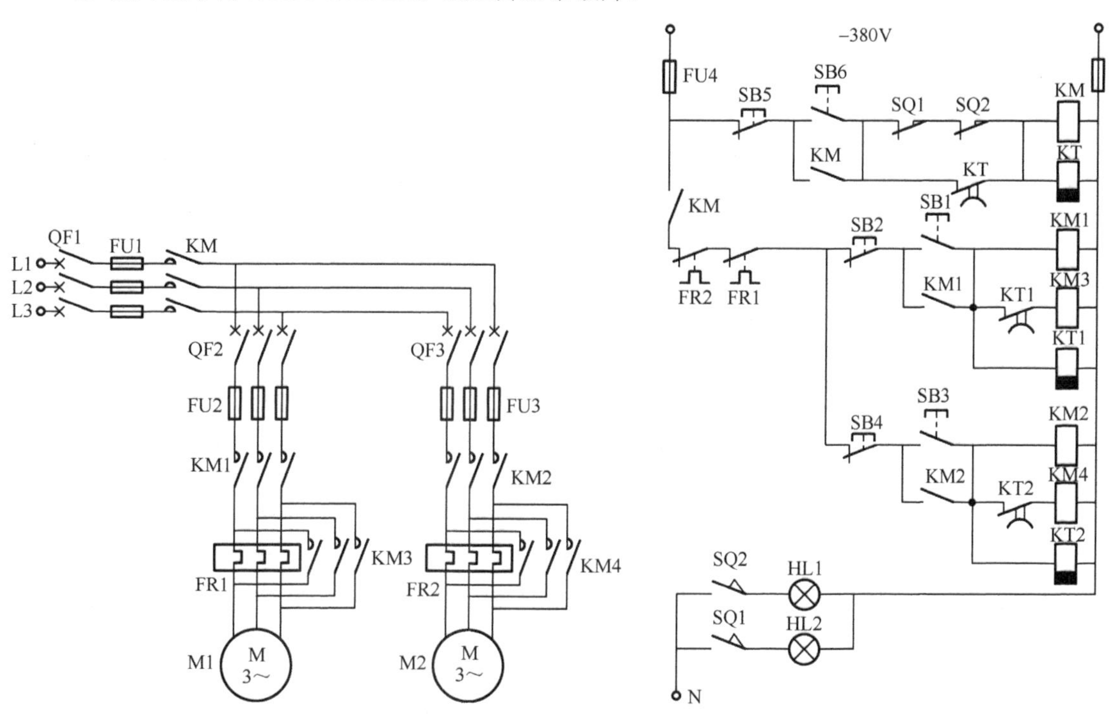

图 2.2.5　皮带运输机主线路（考虑故障停车后）　　图 2.2.6　皮带运输机控制线路（考虑停电再启动）

2）C534J1 立式车床横梁升降电气控制原理图的设计

下面通过 C534J1 立式车床刀架横梁升降电气控制原理线路的设计实例，进一步说明经验设计法的设计过程。这种结构在机械传动和电力传动控制的设计中都有普遍意义，在各种设备中普遍采用类似的结构和控制方法。

（1）电力拖动方式及其控制要求

为适应立式车床对不同高度工件加工时对刀具的需要，要求安装有左、右立刀架的横梁能通过丝杠传动快速作上升下降的调整运动。丝杠的正反转由一台 2JH61-4 型三相交流异步电动机（13kW，380/660V，27.6/16A，1330r/min）拖动，同时，为了保证零件的加工精度，当横梁移动到需要的高度后应立即通过夹紧机构将横梁夹紧在立柱上。每次移动前要先放松夹紧装置，因此设置另一台 JD42-4 型三相交流异步电动机（2.8kW，220/380V，10.5/6.1A，1430r/min）拖动夹紧放松机构，以实现横梁移动前的放松和到位后的夹紧动作。在夹紧、放松机构中设置两个行程开关 SQ1 与 SQ2，如图 2.2.7 所示，分别检测已放松与已夹紧信号。

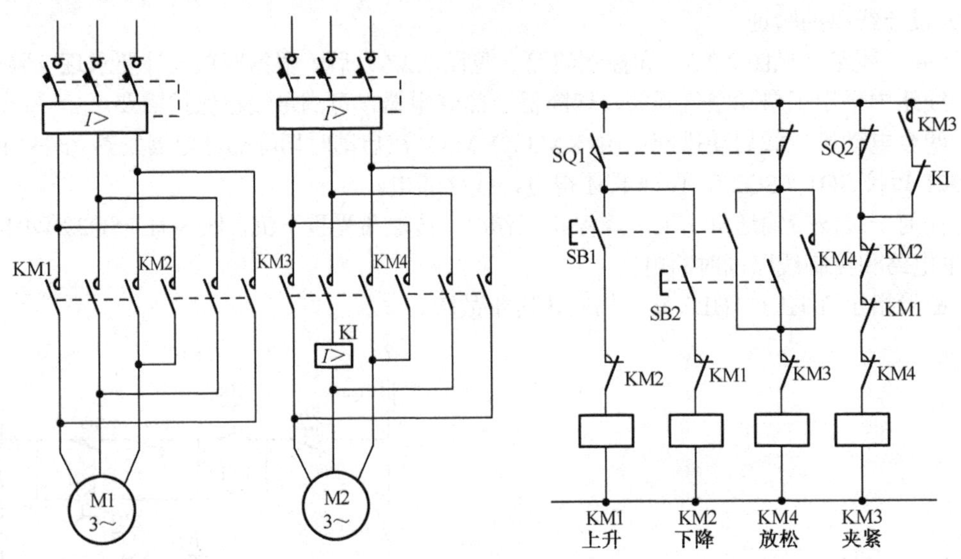

图 2.2.7　主电路及控制电路设计草图之一

（2）横梁升降控制要求

① 采用短时工作的点动控制。

② 横梁上升控制动作过程：按上升按钮→横梁放松（夹紧电动机反转）→压下放松位置开关→停止放松→横梁自动上升（升/降电动机正转）→到位后松开上升按钮→横梁停止上升→横梁自动夹紧（夹紧电动机正转）→已放松位置开关松开，已夹紧位置开关压下，达到一定夹紧紧度→上升过程结束。

③ 横梁下降控制动作过程：按下降按钮→横梁放松→压下已放松位置开关→停止放松，横梁自动下降→到位后松开下降按钮→横梁停止下降并自动短时回升（升/降电动机短时正转）→横梁自动夹紧，已放松位置开关松开，已夹紧位置开关压下并夹紧至一定紧度→下降过程结束。

可见下降与上升控制的区别在于到位后多了一个自动的短时回升动作，其目的在于消除移动螺母上端面与丝杠的间隙，以防止加工过程中因横梁倾斜造成的误差，而上升过程中移动螺母上端面与丝杠之间不存在间隙。

④ 横梁升降动作应设置上、下极限位置保护。

（3）设计过程

① 根据拖动要求设计主电路。由于升、降电动机 M1 与夹紧放松电动机 M2 都要求正反转，

所以分别采用典型的电动机正反转控制电路。

考虑到横梁夹紧时有一定的夹紧力的要求，故在 M2 正转即 KM3 动作时，其中一相串联过电流继电器 KI，检测电流信号，当 M2 处于堵转状态，电流增长至动作值时，过电流继电器 KI 动作，使夹紧动作结束，以保证每次夹紧紧度相同。据此便可设计出如图 2.2.8 所示的主电路。

② 设计控制电路草图。

如果暂不考虑横梁下降控制的短时回升，则上升与下降控制过程完全相同。当发出“上升”或“下降”指令时，首先夹紧放松电动机 M2 反转（KM4 吸合），由于平时横梁总是处于夹紧状态，行程开关 SQ1（检测已放松信号）不受压，SQ2（检测已夹紧信号）处于受压状态，将 SQ1 常开触点串在横梁升降控制回路中，SQ2 常闭触点串于放松控制回路中（SQ2 常开触点串在立车工作台转动控制回路中，用于联锁控制），因此在发出上升或下降指令时（按 SB1 或 SB2），先放松，KM4 吸合（SQ2 立即复位），当放松动作完成时 SQ1 受压，KM4 释放，KM1（或 KM2）自动吸合，实现横梁自动上升（或下降）。上升（或下降）到位，放开 SB1（或 SB2）停止上升（或下降），由于此时 SQ1 受压，SQ2 不受压，所以 KM3 自动吸合，夹紧动作自动发出，直到压下，再通过 KI 常闭触点与 KM3 的常开触点串联的自锁回路，继续夹紧至过电流继电器动作（达到一定的夹紧力），控制过程自动结束。按此思路设计的控制回路设计草图如图 2.2.7 所示。

③ 完善设计草图。图 2.2.7 的草图功能不完善，主要是未考虑下降的短时回升。下降到位的短时回升是满足一定条件的结果，此条件与上升指令是“或”的逻辑关系，因此它应与 SB1 并联，应该是下降动作结束后即用 KM2 常闭触点与一个短时延时断开的时间继电器 KT 触点的串联组成，回升时间由时间继电器控制。于是便可设计出如图 2.2.8 所示的设计草图之二。

④ 检查并改进设计草图。检查图 2.2.8，在控制功能上已达到上述控制要求，但仔细检查会发现 KM2 的辅助触点使用已超出接触器拥有数量，同时考虑到一般情况下不采用二常开二常闭的复合式按钮，因此可以采用一个中间继电器来完善设计。

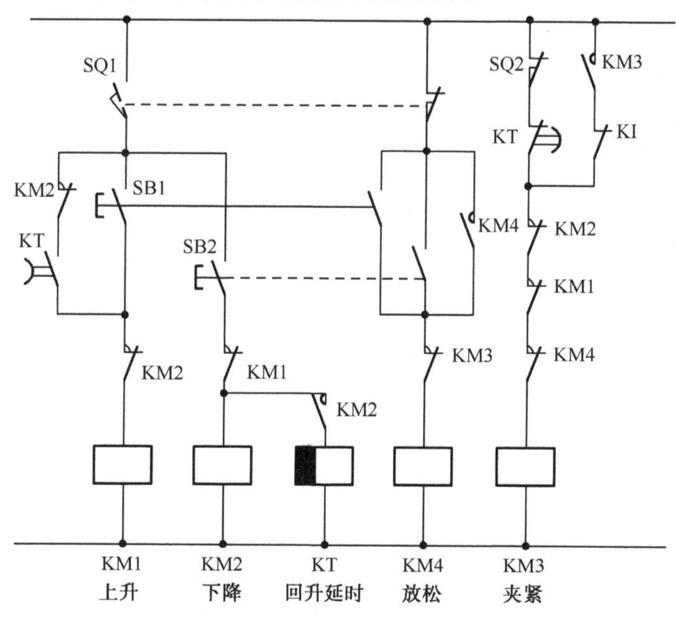

图 2.2.8 控制回路设计草图之二

控制回路设计草图之三如图 2.2.9 所示。其中 R-M、L-M 为工作台驱动电动机 M 正反转联锁触点，即保证机床进入加工状态，不允许横梁移动。反之，横梁放松时就不允许工作台转动。

这些是通过行程开关 SQ1 的常闭触点串联在 R-M、L-M 的控制回路中来实现的。另外，在完善控制电路设计过程中，进一步考虑横梁的上、下极限位置保护，采用限位开关 SQ3（上限位）与 SQ4（下限位）的常闭触点串联在上升与下降控制回路中。

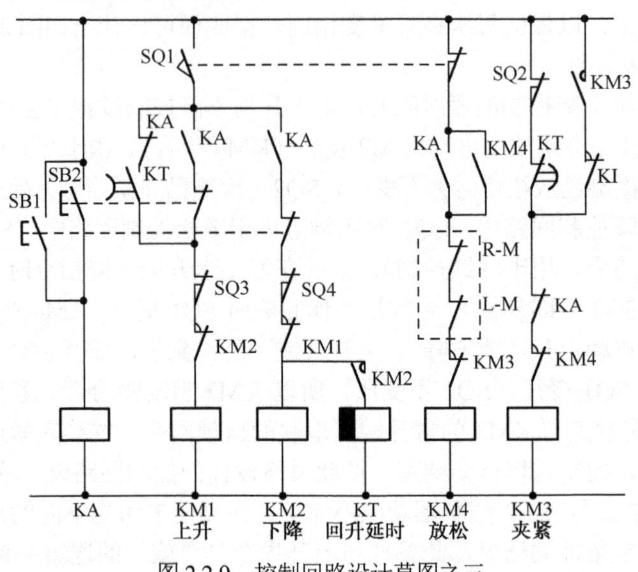

图 2.2.9 控制回路设计草图之三

⑤ 总体检查设计线路。

控制线路设计完毕，最后必须经过总体检查，因为分析设计往往会考虑不周而存在不合理之处或有进一步简化的可能。主要检查内容有：是否满足拖动要求与控制要求；触点使用是否超出允许范围；电路工作是否安全可靠；联锁保护是否考虑周到；是否有进一步简化的可能；等等。

2.2.2.2 逻辑设计法

1．概述

逻辑设计法又称逻辑分析设计法，逻辑设计法利用逻辑代数这一数学工具来进行电气控制电路设计。对于只有开关量的自动控制系统，其控制对象与控制条件之间只能用逻辑函数式来表示，所以才适用逻辑设计法。而对于连续变化的模拟量（如温度、速度、位移、压力等），逻辑分析设计法是不适用的。

由接触器、继电器组成的控制电路属于开关电路。在电路中，电气元件只有两种状态：线圈通电或断电，触点闭合或断开。这种“对立”的两种不同状态，可以用逻辑代数来描述这些电气元件在电路中所处的状态和连接方法。

对于继电器、接触器、电磁铁等元件，将通电规定为“1”状态，断电则规定为“0”状态；对于按钮、行程开关等元件，规定压下时为“1”状态，复位时为“0”状态；对于元件的触点，规定触点闭合状态为“1”状态，触点断开状态为“0”状态。

分析继电器、接触器控制电路时，元件状态常以线圈通电或断电来判定。该元件线圈通电时，常开触点闭合，常闭触点断开。因此，为了清楚地反映元件状态，元件的线圈和其常开触点的状态用同一字符来表示，如 K，而其常闭触点的状态用该字符的“非”来表示，如 $\overline{K}$（K

上面的一杠表示“非”，读非)。若元件为“1”状态，则表示其线圈通电，继电器吸合，其常开触点闭合，其常闭触点断开。通电、闭合都是“1”状态，断开则为“0”状态。若元件为“0”状态，则相反。根据这些规定，再利用逻辑代数的运算规律、公式和定律，就可以进行电气控制系统的设计了。

逻辑设计方法可以使继电接触系统设计得更为合理，设计出的线路能充分发挥元件作用，使所用的元件数量最少。逻辑设计法不仅可以进行线路设计，也可以进行线路简化和分析。逻辑分析法的优点是各控制元件的关系一目了然，不会遗漏。这种设计方法能够确定实现一个开关量自动控制线路的逻辑功能所必需的、最少的中间记忆元件（中间继电器）的数目，然后有选择地设置中间记忆元件，以达到使逻辑电路最简单的目的。采用逻辑设计法能获得理想、经济的方案，所用元件数量少，各元件能充分发挥作用，当给定条件变化时，能指出电路相应变化的内在规律。

虽然逻辑设计法有上述优点，但是在实际工作中，直接使用逻辑设计法还是比较麻烦的，初学者应用起来还是比较困难的。一般情况下往往采用经验设计法初步设计出控制电路，接着使用逻辑设计法进行验证分析，然后进行控制电路的修改完善，最后设计出比较简化、合理、科学的控制电路。

逻辑电路有组合逻辑和时序逻辑两种基本类型，对应的设计方法也各有不同。

2. 逻辑设计法进行控制电路设计的步骤

逻辑分析设计法将执行元件需要的工作信号及主令电器的接通与断开状态看成逻辑变量，并根据控制要求将它们之间的关系用逻辑函数关系式来表达，然后再运用逻辑函数基本公式和运算规律进行简化，使之成为需要的最简“与”、“或”关系式，根据最简式画出相应的电路结构图，最后再作进一步的检查和完善，即能获得需要的控制线路。逻辑设计法进行控制电路设计的步骤如图 2.2.10 所示。

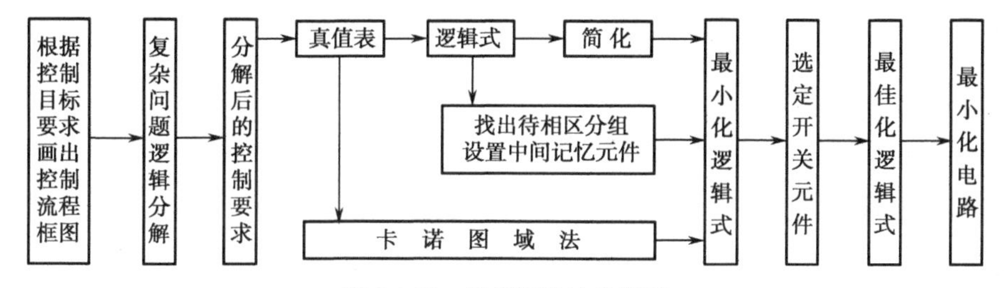

图 2.2.10 逻辑设计法的步骤

1）问题的确定

根据控制目标要求画出控制流程方框图；界定目标函数的功能说明、条件说明、性能说明。

2）对复杂问题进行逻辑分解

当设计的控制线路比较复杂时，逻辑设计法显得十分烦琐，工作量也大，而且容易出错，所以一般应对复杂问题进行逻辑分解。就是将一个较大的、功能较为复杂的控制系统分为若干个互相联系的控制单元，用逻辑设计的方法先完成每个单元控制线路的设计，然后再用经验设计法把这些单元综合起来，各取所长，可以获得理想经济的方案。这种办法可以使所用元件数量少，各元件能充分发挥作用。当给定条件变化时，容易找出电路相应变化的内在规律，在设计复杂控制线路时更能显示出它的优点。

3）根据控制要求列出真值表

编制出执行元件节拍表及检测元件状态表的转换表，然后列出元件动作状态表。

4）中间记忆元件

由于逻辑（开关）元件在改变状态时都有一定的过渡时间，电路由一种状态转换到另一种状态时，必然会出现相同的状态真值，则电路的输出端必然会出现竞争冒险。找出待相区分组，确定必要的中间记忆元件的开关边界线，并据此设置中间记忆元件，利用中间记忆元件引入一个附加的输入信号到组件的输入端就可以消除。

在实际工作中最为现实、可靠的方法是用实验通过调试来发现竞争冒险的存在，然后利用时序波形图来分析判断发生竞争及临界竞争所在的区间，然后通过改变某个信息传输时间来消除这个竞争冒险。

5）列出逻辑表达式

列写出中间记忆元件的开关逻辑函数式及执行元件动作的逻辑表达式或卡诺图。

尽量选用速度独立的逻辑函数（如异或函数、或与函数等）组成不包含竞争冒险的电路。

6）化简

利用逻辑代数法化简或卡诺图域法求出最小化逻辑表达式，再以最小化逻辑表达式构成或产生实现逻辑函数的算法或逻辑电路形式。

7）电路设计

选定开关元件的类型，根据最佳化逻辑表达式绘制控制线路图；进行整体或局部的电路构造的设计。

8）验证

进一步检查、化简和完善，并校验线路；测试与验证逻辑电路的功能、性能仿真。

3. 组合逻辑设计方法

1）组合逻辑电路

组合逻辑电路是指在电路中没有反馈回路，因而对于任何信息都没有记忆能力的逻辑电路。

组合逻辑电路的特点是执行元件的输出状态只与同一时刻控制元件的状态有关，输入、输出呈单方向关系，即输出量对输入量无影响。它的设计方法比较简单，可以作为经验设计法的辅助和补充，用于简单控制电路的设计，或对某些局部电路进行简化，进一步节省并合理使用电气元件与触点。

2）组合逻辑设计方法

组合逻辑设计就是在给定逻辑功能和要求的前提下，通过某种设计方式，得到满足功能要求的最简逻辑电路。在组合逻辑设计中，重要的问题在于：首先，要确定设计目标问题，常用的两种设计方式是功能表和布尔表达式；其次，优化逻辑，化简表达式。

① 功能表。

功能表就是扩展到任意函数的真值表。如图 2.2.11（a）所示的逻辑模块，它有 3 个输入变量 A、B 和 C，其输出函数为 f（A、B、C）。由于输入共有 2^3=8 种可能的二进制组合，因此完全确定问题需要 8 个项，如图 2.2.11（b）所示。对于每个输入项，输出的值为 f=0 或 f=1。

② 布尔表达式。

用一个或多个布尔方程作为确定问题的起始点常常是可行的。一旦有了布尔（逻辑）表达式，就可根据需要进一步采用布尔代数的定律对函数进行处理。可以直接从方程中实现逻辑门的选择及实现逻辑网络的构造。

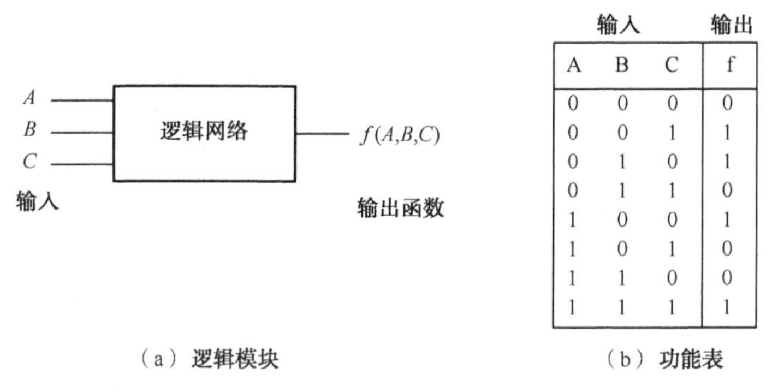

输入			输出
A	B	C	f
0	0	0	0
0	0	1	1
0	1	0	1
0	1	1	0
1	0	0	1
1	0	1	0
1	1	0	0
1	1	1	1

（a）逻辑模块　　　（b）功能表

图 2.2.11　逻辑功能表表示举例

4．时序逻辑设计方法

1）时序逻辑电路

时序逻辑电路是在网络中接有反馈回路，因而使电路具有记忆功能的逻辑电路。其特点是输出状态不仅与同一时刻的输入状态有关，而且还与输出量的原有状态及其组合顺序有关，即输出量通过反馈作用，对输入状态产生影响。这种逻辑电路设计要设置中间记忆元件（如中间继电器等），记忆输入信号的变化，以达到各程序两两区分的目的。

2）时序逻辑电路的设计方法

时序逻辑电路由组合逻辑电路和存储电路两大部分组成，其结构如图 2.2.12 所示。存储电路由触发器构成，是时序逻辑电路不可缺少的部分；时钟电路是时序逻辑设计的核心。

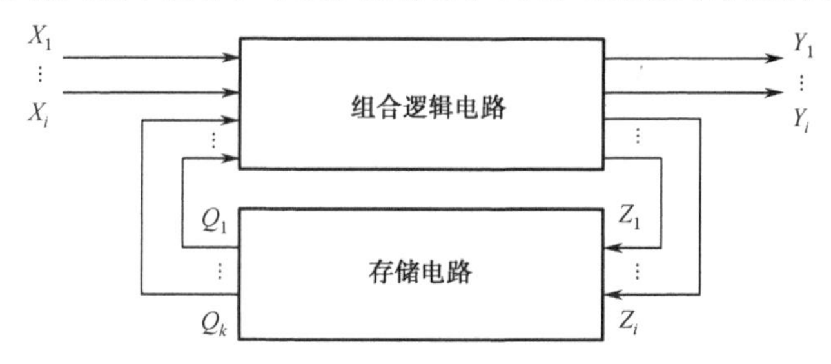

图 2.2.12　时序逻辑电路的结构图

与组合逻辑电路类似，时序逻辑电路也可以用多种方法描述，如逻辑关系表达式、状态转化表、状态转化图、时序图等。其中，时序图是描述时序逻辑电路特有的方法，它直观地表示了时序逻辑电路的特点和逻辑功能。时序逻辑电路的分析，就是要找出给定电路的逻辑功能，找出在输入变量和时钟信号作用下电路状态和输出状态的变化规律。其设计方法可简述如下：

（1）从给定的逻辑图中写出电路的输出方程和触发器的驱动方程，将触发器的驱动方程带入特性方程得到状态方程；

（2）经过一系列计算得到状态转换表；

（3）用时序图或状态转换图表示状态的变化规律；

（4）根据状态转换图或时序图说明电路的逻辑功能。

在时序逻辑电路的设计中，时钟频率是个重要的参数，它是系统运算速度快慢的量度。在许多数字系统中，增加时钟频率将导致系统每秒进行运算的数目按比例增加。

5. 逻辑设计法实例

前面设计所得 C534J1 立式车床刀架横梁升降控制电路（见图 2.2.9）中，横梁上升与下降动作发生条件与电路动作可以用下面的逻辑函数式来表示。

$$\mathrm{KA} = \mathrm{SB1} + \mathrm{SB2}$$

$$\mathrm{KM4} = \overline{\mathrm{SQ1}} \bullet (\mathrm{KA} + \mathrm{KM4}) \bullet \overline{\mathrm{RM}} \bullet \overline{\mathrm{LM}} \bullet \overline{\mathrm{KM3}}$$

在横梁动作之初总处于夹紧状态，SQ1 为 0（不受压），SQ2 为 1（受压），因此，在 R-M、L-M、KM3 均为 0 的情况下，只要发出上升或下降指令，KM4 得电放松（夹紧解除），SQ2 由 1→0，直到 SQ1 受压（状态由 0→1），放松动作才结束。

$$\mathrm{KM1} = \mathrm{SQ1} \bullet (\overline{\mathrm{SB2}} \bullet \overline{\mathrm{KA}} + \mathrm{KA} \bullet \mathrm{KT}) \bullet \overline{\mathrm{KM2}} \bullet \overline{\mathrm{SQ3}}$$

$$\mathrm{KM2} = \mathrm{SQ1} \bullet \overline{\mathrm{SB1}} \bullet \overline{\mathrm{SB4}} \bullet \mathrm{KA} \bullet \overline{\mathrm{KM1}}$$

$$\mathrm{KM3} = \overline{\mathrm{KA}} \bullet \overline{\mathrm{KM4}} \bullet (\overline{\mathrm{SQ2}} \bullet \overline{\mathrm{KT}} + \mathrm{KM3} \bullet \overline{\mathrm{KI}})$$

可见，上升与下降动作只有在完全放松即 SQ1 受压情况下才能发生，发出上升指令（SB1 为 1）只可能使 KM1 为 1，发出下降指令只可能使 KM2 为 1。放松结束后实现自动上升或下降的目的。达到预期高度，解除上升，KA 为 0，上升动作立即停止。KM3 得电自动进入夹紧状态，直至恢复原始状态，即 SQ1 不受压，SQ2 受压，自动停止夹紧动作。

若解除的是下降指令，KA 为 0，下降动作立即停止，但由于 KT 失电时其触点延时动作，在延时范围内 KM1 短时得电使横梁回升，KT 触点延时动作后，回升结束，KM3 得电自动进入夹紧状态，直至过电流继电器动作，夹紧结束。

2.3 电路设计的注意事项

2.3.1 电气控制电路设计中应注意的问题

电气控制设计中应重视设计、使用和维护人员在长期实践中总结出来的许多经验，使设计线路简单、正确、安全、可靠、结构合理、使用维护方便。通常应注意以下问题。

1. 电气控制应最大限度地满足被控制设备的要求

最大限度地满足被控制设备对电气控制系统的要求是电气设计的依据，这些要求常常以工作循环图、执行元件动作节拍表、检测元件状态表等形式提供，有调速要求的设备还应给出调速技术指标。其他如启动、转向、制动、跟踪、定位、仿形等控制要求应根据生产需要充分考虑。

设计前，应对被控制设备的工作性能、结构特点、运动情况、加工工艺过程、加工情况及工作环境有充分的了解，并在此基础上设计控制方案，考虑控制方式、启动、制动、反向和调速的要求，安置必要的联锁与保护，确保满足被控制设备的要求。

2. 控制电源的选择

1）尽量减少控制电源的种类

尽量减少控制线路中电源的电流、电压种类，控制电源用量，控制电压等级应符合标准等级。当控制系统需要若干电源种类时，应按国标电压等级选择。

2）控制电路比较简单时

在控制线路比较简单的情况下，可直接采用电网电压，即交流 220V、380V 供电，以省去控制变压器。但动力电源电路中的过电压将直接引进控制线路，这对元件的可靠工作不利。另外，由于控制线路电压较高，对维护与安全不利，因此必须引起注意。

3）控制电路比较复杂时

当控制系统使用电器数量比较多、控制电路比较复杂时（当电气系统的电磁线圈超过 5 个时），控制电路应采用控制电源变压器，将控制电压降到 12V 或 24V。这种方案对维修与操作元件均有利。应采用控制变压器降低控制电压，或用直流低电压控制，既节省安装空间，又便于采用晶体管无触点器件，具有动作平稳可靠、检修操作安全等优点。对于微机控制系统，应注意弱电控制与强电电源之间的距离，不能共用零线，避免引起电源干扰。照明、显示及报警等电路应采用安全电压。

4）对于操作比较频繁的直流电力传动的控制线路，常用直流电源供电

若控制电压过高，在电器线圈断电的瞬间将产生很高的过电压（可达额定电压的十倍以上），这将对电器的可靠性及使用寿命有影响。若控制电压过低，电器触点不易可靠地接通，影响系统的正常工作。直流电磁铁及电磁离合器的控制线路常用 24V 直流电源供电。

5）设计的电路应能适应所在电网情况

在确定电动机的启动方式是直接启动还是降压启动时，应根据电网或配电变压器容量的大小、电压波动范围及允许的冲击电流数值等因素全面考虑，必要时应进行详细计算，否则将影响设计质量，甚至发生难以预测的事故。

3. 控制电路力求简单、经济

越是简单的电路使用的元器件越少，出现故障的概率越低，可靠性越高。因此，在满足控

制要求的前提下，设计方案应力求简单、经济。在电气控制系统设计时，为满足同一控制要求，往往要设计几个方案，应选择简单、经济、可靠和通用性强的方案，不要盲目追求自动化程度和高指标。

1）尽量缩短连接导线的长度并减少导线数量

设计控制电路时，应考虑各电气元件的安装位置，尽可能地减少连接导线的数量，缩短连接导线的长度。

设计控制线路时，应考虑各个元件之间的实际接线。特别要注意控制柜、操作台和按钮、限位开关等元件之间的连接线，如按钮一般均安装在控制柜或操作台上，而接触器安装在控制柜内，这就需要经控制柜端子排与按钮连接，所以一般都先将启动按钮和停止按钮的一端直接连接，另一端再与控制柜端子排连接，这样就可以减少一条引出线。

2）选择电气元件尽量减少品种、规格和数量

尽量减少电气元件的品种、规格与数量。同一用途尽可能选用相同型号的，将电气元件数量减少到最低限度。在电气元件选用中，尽可能选用性能优良、价格便宜的新型器件，电气控制系统的先进性总是与电气元件的不断发展、更新紧密联系在一起的，因此，设计人员必须密切关注电机、电器技术、电子技术的新发展，不断收集新产品资料，以便及时应用于控制系统设计中，使控制线路在技术指标、稳定性、可靠性等方面得到进一步的提高。

3）尽可能减少通电电器的数量

使设计的电气控制系统在正常工作中尽可能减少通电电器的数量，以利节能，延长电气元件寿命及减少故障。

4）妥善处理机械与电气的关系

机械或设备与电气控制已经紧密结合并融为一体，传动系统为了获得较大的调速比，可以采用机电结合的方法实现，但要从制造成本、技术要求和使用方便等具体条件去协调平衡。

4. 合理使用电器触点

在复杂的继电接触控制线路中，各类接触器、继电器数量较多，使用的触点也多，线路设计应注意以下问题。

1）合理使用电器触点

尽量减少控制线路所用的控制电器数量和触点数量，在满足动作要求的条件下，所用的电器越少、触点越少，控制线路的故障机会率就越低，工作的可靠性也就越高。在复杂的电气控制系统中，各类接触器、继电器数量较多，使用的触点也多，在设计中应注意尽可能减少触点使用数量，以简化线路。

2）主副触点的使用量不能超过限定对数

因为各类接触器、继电器的主副触点数量是一定的，设计时应注意尽可能减少触点使用数量。可采用逻辑设计化简方法，改变触点的组合方式，以减少触点使用数量，或增加中间继电器。

3）在设计控制线路时，应考虑电器触点的接通和分断能力

如果容量不够，可在线路中加接中间继电器，增加线路中触点数目。增强接通能力则用多触点并联，增强分断能力则用多触点串联。控制线路的换接应当尽可能在电流较小的控制电路内进行，这样安全可靠。

4）使用触点容量、断流容量应满足控制要求

避免因使用不当而出现触点磨损、触点烧坏、熔焊而出现黏滞和释放不了等故障，要合理安排接触器主副触点的位置，避免用小容量继电器去切断大容量负载。应计算触点断流容量是否满足被控制负载的要求，还要考虑负载性质（阻性、容性、感性等），避免使用不当，以保证系统工作寿命和可靠性。

5．确保控制电路工作的安全性和可靠性

1）合理安排电气元件及触点位置

触点在连接设计时应分布在不同位置，将各电器触点的位置合理安排，可以减少连接导线的数量。对于一个串联回路，各电气元件或触点位置互换，并不影响其工作原理，从实际连线上却影响到安全、节省导线等各方面的问题。触点的连接如图 2.3.1 所示。

同一电器的不同触点在线路中应尽可能具有更多的公共连接线，这样可以简化接线并减少导线段数和缩短导线的长度。电器触点尽量接在同一组上，以免在电器触点上引起短路。交流接触器是两个行程控制电器，在电器控制线路中，应尽量将所有电器的控制触点接在线圈的左端，线圈的右端直接接到电源。这样可以减少在线路内产生虚假回路的可能性，还可以简化控制屏的出线和外部连接。

设计时，应使分布在电路中不同位置的同一电器触点接到电源的同一相上，以避免在电器触点上引起短路故障。

2）正确连接电器线圈

两个型号相同的交流接触器电压线圈不能串联后接于其两倍额定电压的交流电源上使用。由于接触器线圈上的电压是依线圈阻抗大小正比分配的，电器动作总有先后之差，当其中一个接触器先工作后，这个接触器的阻抗要比没吸合的接触器的阻抗大，其分压将超过额定电压，这时线圈电流将增加，有可能将线圈烧毁。另一个接触器线圈电压达不到额定电压而不吸合。

所以，应将接触器线圈并联后再连接到其额定电压值的交流电源上。对于电感较大的电器线圈，如电磁阀、电磁铁或直流电机励磁线圈等则不宜与相同电压等级的接触器或中间继电器直接并联工作，否则在接通或断开电源时会造成后者的误动作。

线圈的连接如图 2.3.2 所示。即使外加电压是两个线圈额定电压之和也是不允许的，因为每个线圈上所分配到的电压与线圈阻抗成正比，由于制造上的原因，两个电器总有差异，不可能同时吸合。假如交流接触器 K2 先吸合，由于 K2 的磁路闭合，线圈的电感显著增加，因而在该线圈上的电压降也相应增大，从而使另一个接触器 K1 的线圈电压达不到动作电压。因此，需要两个电器同时动作，则其线圈应并联。

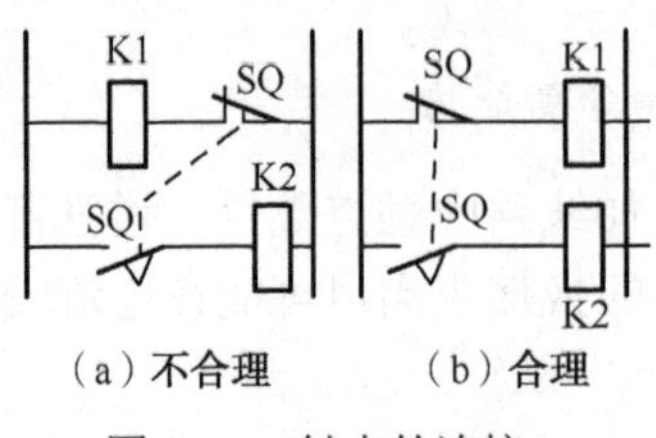

（a）不合理　（b）合理

图 2.3.1　触点的连接

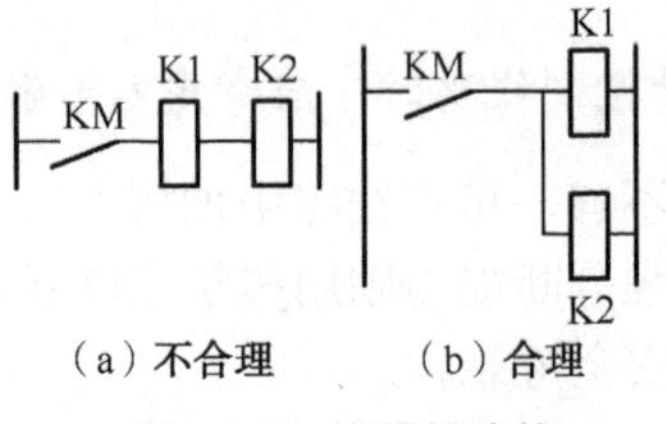

（a）不合理　（b）合理

图 2.3.2　线圈的连接

3）注意避免出现寄生回路

控制电路在正常工作或事故情况下，出现的不是由于误操作而产生的意外接通的电路，称为寄生回路。若控制电路中存在寄生电路，将破坏电器和线路的工作顺序，造成误动作。

图 2.3.3 所示是一个具有指示灯和热继电器保护的正反向控制电路。在正常工作时，能完成正反向启动、停止和信号指示。但当热继电器 FR 动作时，线路就出现了寄生电路（图 2.3.3 中虚线所示），使正向接触器 K1 不能释放，起不了保护作用。在设计电气控制线路时，严格按照“线圈、能耗元件右边接电源（零线），左边接触点”的原则，就可降低产生寄生回路的可能性。另外，还应注意消除两个电路之间产生联系的可能性，否则应加以区分、联锁隔离或采用多触点开关分离。如将图 2.3.3 中指示灯分别用 K1、K2 的其他常开触点直接连接到左边控制母线上，加以区分就可消除寄生回路。

4）避免发生触点“竞争”、“冒险”现象

在电气控制电路中，在某一控制信号作用下，电路从一个状态转换到另一个状态时，常常有几个电器的状态发生变化，由于电气元件总有一定的固有动作时间，往往会发生不按预定时序动作的情况，触点争先吸合，发生振荡，这种现象称为电路的“竞争”。另外，由于电气元件的固有释放延时作用，也会出现开关电器不按要求的逻辑功能转换状态的可能性，这种现象称为“冒险”。“竞争”与“冒险”现象都将造成控制回路不能按要求动作，引起控制失灵。如图 2.3.4 所示电路，当 KM 闭合时，K1、K2 争先吸合，只有经过多次振荡吸合竞争后，才能稳定在一个状态上。同样，在 KM 断开时，K1、K2 又会争先断开，产生振荡。

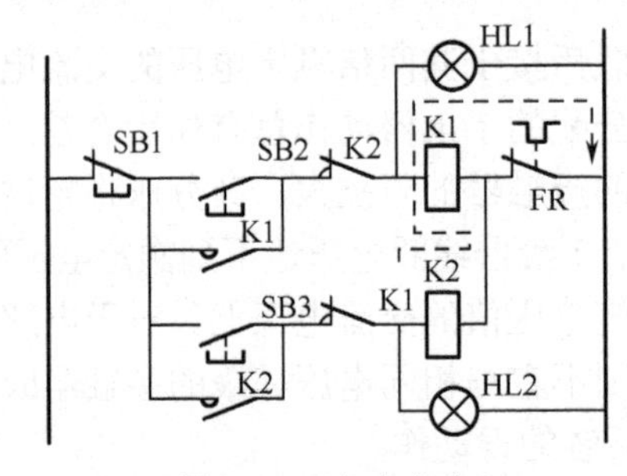

图 2.3.3　寄生电路

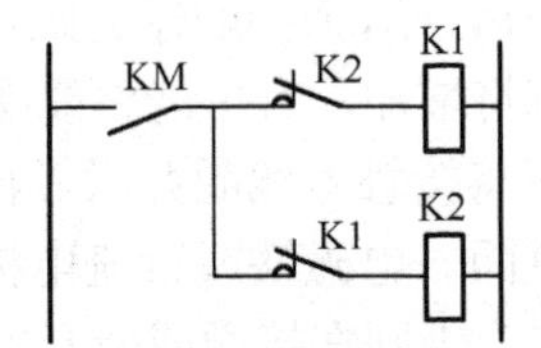

图 2.3.4　触点的“竞争”与“冒险”现象

5）采用电气联锁与机械联锁的双重联锁

在频繁操作的可逆线路、自动切换线路中，正、反向（或两只）接触器之间至少要有电气联锁，必要时要有机械联锁，以避免误操作可能带来的危害，特别是一些重要设备应仔细考虑每一控制程序之间必要的联锁，即使发生误操作也不会造成设备事故。重要场合应选用机械联锁接触器，再附加电气联锁电路。

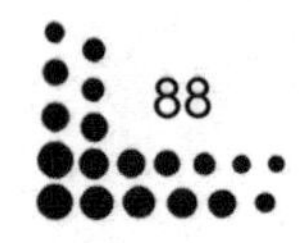

6. 应具有完善的保护环节，提高系统运行可靠性

要预防可能出现的故障，防止发生人身事故和设备损坏事故，电气控制电路应具有完善的保护环节及防护措施。所以电气控制系统的安全运行主要靠完善的保护环节，包括过载、短路、过流、过压、欠压与失压、弱磁、联锁与限位保护等电气方面的保护功能，有时还应设有工作状态、合闸、断开、事故等必要的指示信号。

保护环节应工作可靠，满足负载的需要，做到动作准确。正常操作下不发生误动作，并按整定和调试的要求可靠工作，稳定运行，能适应环境条件，抵抗外来干扰；事故情况下能准确可靠动作，切断事故回路。经常使用的保护环节如下。

1）电流型保护

在正常工作中，电气设备通过的电流一般不超过额定电流，若少量超过额定电流，在短时间内，只要温升不超过允许值也是允许的，这也是各种电气设备或元件应具有的过载能力。但若通过电气设备或元件的电流过大，将因发热而使温升超过绝缘材料的承受能力，就会造成事故，甚至烧毁电气设备。在散热条件一定的情况下，温升取决于发热量，而发热量不仅取决于电流大小，而且还与通电时间密切相关。电流型保护就是基于这一原理构成的，它通过传感元件检测过电流信号，经过信号变换、放大后控制执行机构及被保护对象动作，切断故障电路。属于电流型保护的主要有短路、过流、过载和断相保护等。

（1）短路保护

当电器或线路绝缘遭到损坏、负载短路或接线错误时将产生短路现象。短路时产生的瞬时故障电流可达到额定电流的十几倍到几十倍，使电气设备或配电线路因过流产生的电动力而损坏，甚至因电弧而引起火灾。短路保护要求具有瞬动特性，即要求在很短时间内切断电源。当电路发生短路时，短路电流引起电气设备绝缘损坏和产生强大的电动力，使电路中的各种电气设备产生机械性损坏。因此，当电路出现短路电流时，必须迅速、可靠地断开电源。

短路保护的常用方法是采用熔断器、低压断路器或专门的短路保护装置。在对主电路采用三相四线制或对变压器采用中性点接地的三相三线制的供电电路中，必须采用三相短路保护。若主电路容量较小，其电路中的熔断器可同时作为控制电路的短路保护；若主电路容量较大，则控制电路一定要单独设置短路保护熔断器。

（2）过流保护

过流保护是区别于短路保护的一种电流型保护。所谓过流，是指电动机或电气元件超过其额定电流的运行状态，不正确地启动和负载转矩过大也常常引起电动机出现很大的过流，由此引起的过流一般比短路电流小，不超过 6 倍额定电流。在过电流情况下，电气元件并不是马上损坏，只要在达到最大允许温升之前电流值能恢复正常就是允许的。较大的冲击负载将使电路产生很大的冲击电流，以致损坏电气设备，同时，过大的电流引起电路中的电动机转矩很大，也会使机械的转动部件受到损坏，因此要瞬时切断电源。在电动机运行中产生这种过流比发生短路的可能性要大，频繁启动和正反转、重复短时工作的电动机更是如此。

通常，过流保护可以采用低压断路器、热继电器、电动机保护器、过电流继电器等。其中，过电流继电器与接触器配合使用，即将过电流继电器线圈串联在被保护电路中，电路电流达到其整定值时，过电流继电器动作，其常闭触点串联在接触器控制回路中，由接触器切断电源。这种控制方法既可用于保护，也可达到一定的自动控制目的。这种保护主要应用于绕线转子异

步电动机控制电路中。

（3）过载保护

过载保护是过流保护的一种，也属于电流型保护。过载是指电动机的运行电流大于其额定电流，但超过额定电流的倍数更小些，通常在 1.5 倍额定电流以内。引起电动机过载的原因很多，如负载的突然增加、缺相运行及电网电压降低等。若电动机长期过载运行，其绕组的温升将超过允许值而使绝缘老化、损坏。异步电动机过载保护应采用热继电器或电动机保护器作为保护元件。热继电器具有与电动机相似的反时限特性，但由于热惯性的关系，热继电器不会受短路电流的冲击而瞬时动作。当有 6 倍以上额定电流通过热继电器时，需经 5 s 才动作，这样，在热继电器动作前就可能使热继电器的发热元件先烧坏，所以，在使用热继电器作过载保护时，还必须与熔断器或低压断路器配合使用。由于过载保护特性与过电流保护不同，故不能采用过电流保护方法来进行过载保护，因为引起过载保护的原因往往是一种暂时因素，如负载的临时增加而引起过载，过一段时间又转入正常工作，对电动机来说，只要在过载时间内绕组不超过允许温升就是允许的。如果采用过电流保护，势必影响生产机械的正常工作，生产效率及产品质量会受到影响。过载保护要求保护电器具有与电动机反时限特性相吻合的特性，即根据电流过载倍数的不同，其动作时间是不同的，它随着电流的增大而减小。

图 2.3.5 是交流电动机常用保护类型示意图，具体选用时应有取舍。

图 2.3.5（a）中采用低压断路器作为短路保护，热继电器用作过载保护。当线路发生短路故障时，低压断路器动作，切断故障；当线路发生过载故障时，热继电器动作，事故处理完毕，热继电器可以自动复位或手动复位，使线路重新工作。当低压断路器的保护范围不能满足要求时，应采用熔断器作为短路主保护，而使低压断路器作为短路保护的后备保护。

图 2.3.5（b）中电压继电器用于低电压保护，过电流继电器用作电动机工作时的过电流保护。当电动机工作过程中由某种原因而引起过电流时，过电流继电器动作，其动断触点断开，电动机便停止工作，起到保护作用。当用过电流继电器保护电动机时，其线圈的动作电流可按下式计算：

$$电流继电器的动作电流\ I = 1.2\times 电动机的启动电流$$

应当指出，过电流继电器不同于熔断器和低压断路器，它是一个测量元件，低压断路器把测量元件和执行元件装在一起，熔断器的熔体本身就是测量和执行元件。过电流保护要通过执行元件接触器来完成，因此，为了能切断过电流，接触器触点容量应加大，但不能可靠地切断短路电流。为避免启动电流的影响，通常将时间继电器与过电流继电器配合，启动时，时间继电器的动断触点闭合，动合触点尚未闭合时，过电流继电器的线圈不接入电路，尽管电动机的启动电流很大，过电流继电器也不起作用。启动结束后，时间继电器延时结束，动断触点断开，动合触点闭合，过电流继电器线圈得电，开始起保护作用。工作过程中，由于某些原因而引起过电流时，过电流继电器动作，其动断触点断开，电动机便停止工作，起到保护作用。

（4）断相保护

异步电动机在正常运行中，由于电网故障或一相熔断器熔断引起对称三相电源缺少一相，电动机将在缺相电源中低速运转或堵转，定子电流很大，这是造成电动机绝缘及绕组烧损的常见故障之一。断相时，负载的大小及绕组的接法等因素引起相电流与线电流的变化差异较大，对于正常运行采用三角形连接的电动机（我国生产的三相笼形异步电动机在 4.5 kW 以上均采用三角形连接），如负载在 53%～67%之间发生断相故障，会出现故障相的线电流小于对称性负载保护电流动作值，但相绕组最大一相电流已超过额定值。热继电器热元件串联在三相电流进线中，其断相保护功能采用专门为断相运行而设计的断相保护机构。图 2.3.6 是一种电子式电动机断相、过载、短路保护电路原理图。电路由断相取样、短路取样、电流取样、延时、射极耦合双稳态触发器、功率推动晶体管 V3、继电器 KM、直流稳压电源等部分组成。在正常运行时，接触器 K 工作，电动机运转。触发器 V1 管的基极输入信号较小，V1 截止，V2 和 V3 导通，使继电器 KM 动作，KM 的常开触点闭合，将启动自锁，维持 K 吸合。

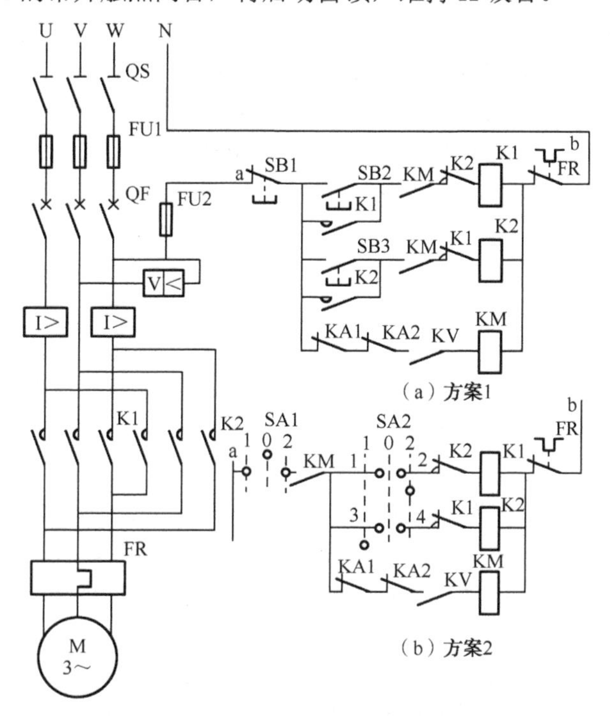

图 2.3.5　交流电动机常用保护类型示意图

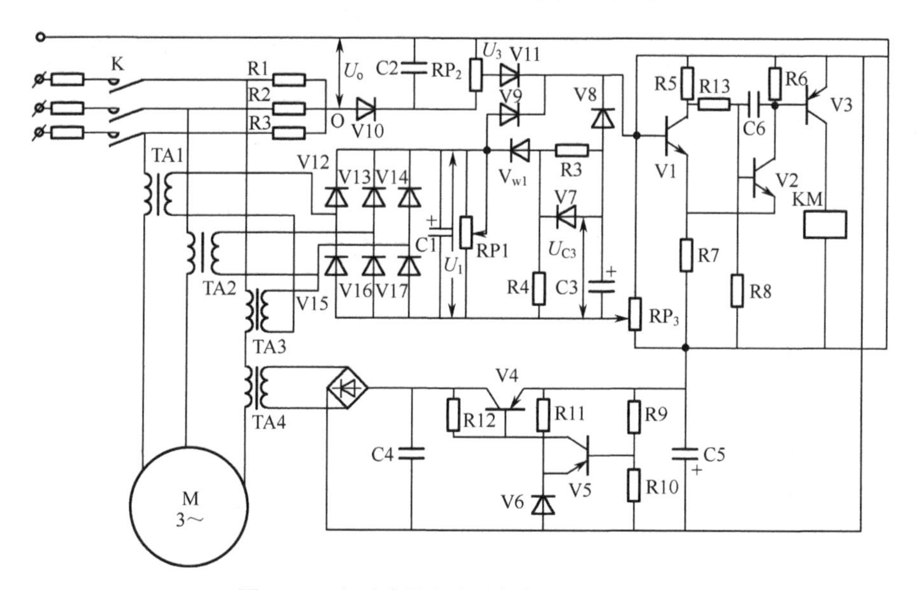

图 2.3.6　电子式异步电动机保护电路原理图

根据三相交流平衡时其零序电压为零的原理，用 R1、R2、R3 三个电阻形成一个零序点。

相电压平衡时该点电位趋于零，当发生断相或三相严重不平衡时，U_0升高，经 V10，C2 滤波后送至电位器 RP2，在 RP2 上取出电压 U_3经二极管 V11 加到 V1 的基极，使 V1 导通，V2 和 V3 截止，继电器 KM 释放，K 断开，将电源切除，达到断相保护的目的。调节 RP2 使三相不平衡值小于某值，如 5%时，U_3不足以使 V1 导通。电流信号由三个电流变换器 TA1～TA3 取得，电流变换器的一次绕组串联在电动机定子三相电路里，三次绕组产生的交流电压经三相桥式整流、滤波后得到一直流电压 U_1。当电动机短路时，电枢电流很大，U_1升高，由电位器 RP1 上引出的电压 U_2也随即升高，它经二极管 V9 加到 V1 基极，使 V1 导通，V2、V3 截止，KM 释放，K 断开，以实现过载保护。RP1 用以调整被保护电路的短路电流值，当电动机电流超过额定值时，增大的 U_1克服稳压管 Vw1 的稳压值，经电阻 R3 和电容 C3 组成的充电延时环节使 U_{c3}升高，它经二极管 V8 使 V1 导通，V2、V3 截止，KM 释放，K 断开，达到短路保护的目的。其他部分请读者自行分析。

2）电压型保护

电动机或电气元件在一定的额定电压下才能正常工作，电压过高、过低或工作过程中非人为因素的突然断电都可能造成生产机械的损坏或人身事故，因此，在电气控制线路中应根据要求设置失压保护、过压保护及欠压保护。

（1）失压保护

电动机正常工作时，如果因为电源电压的消失而停转，那么在电源电压恢复时就可能启动，电动机的自行启动将造成人身事故或机械设备损坏。对电网来说，许多电动机同时启动也会引起不允许的过电流和过大的电压降。为防止恢复时电动机的自行启动或电气元件自行投入工作而设置的保护，称为失压保护。

采用接触器和按钮控制电动机的启、停就具有失压保护作用。因为，如果正常工作中电网电压消失，接触器就会自动释放而切断电动机电源，当电网恢复正常时，由于接触器自锁电路已断开，不会自行启动。但如果不是采用按钮而是用不能自动复位的手动开关、行程开关等控制，接触器必须采用专门的零压继电器。对于多位开关，要采用零位保护来实现失压保护，即电路控制必须先接通零压继电器。工作过程中一旦失电，零压继电器释放，其自锁也释放，当电网恢复正常时，就不会自行投入工作。

（2）欠压保护

电动机或电气元件在有些应用场合下，当电网电压降到额定电压以下，如 60%～80%时，就要求能自动切除电源而停止工作，这种保护称为欠压保护，如图 2.3.5 所示。因为电动机在电网电压降低时，其转速、电磁转矩都将降低甚至堵转，在负载一定的情况下，电动机电流将增加，不仅影响产品的加工质量，还会影响设备的正常工作，使机械设备损坏，造成人身事故。另外，由于电网电压的降低，如降到额定电压的 60%，控制线路中的各类交流接触器、继电器既不释放又不能可靠吸合，处于抖动状态并产生很大的噪声，线圈电流增大，甚至过热造成电气元件和电动机烧毁。

除上述采用接触器及按钮控制方式时利用接触器本身的欠压保护作用外，还可以采用低压断路器或专门的电磁式电压继电器来进行欠压保护，其方法是将电压继电器线圈跨接在电源上，其常开触点串联在接触器控制回路中。当电网电压低于整定值时，电压继电器动作使接触器释放。

（3）过压保护

电磁铁、电磁吸盘等大电感负载及直流电磁机构、直流继电器等在通断时会产生较高的感

应电动势，易使工作线圈绝缘击穿而损坏，因此，必须采用适当的过压保护措施。通常过压保护的方法是在线圈两端并联一个二极管、电阻串电容或二极管串电阻等形式，以形成一个放电回路，如图 2.3.7 所示。

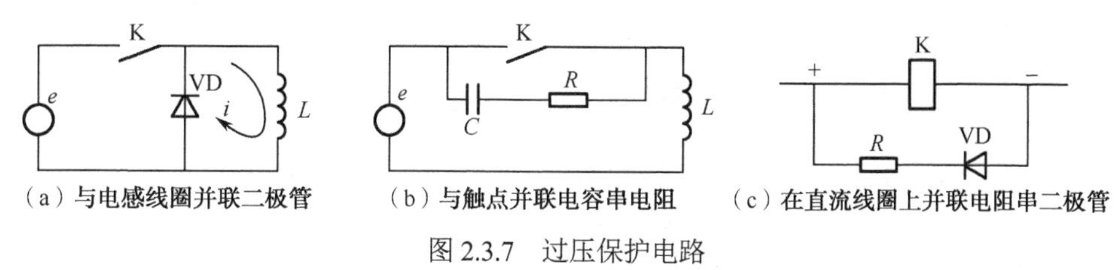

（a）与电感线圈并联二极管　（b）与触点并联电容串电阻　（c）在直流线圈上并联电阻串二极管

图 2.3.7　过压保护电路

3）位置控制与保护

一些被控制设备运动部件的行程及相对位置往往要求限制在一定范围内，如直线运动切削机床、升降机械等需要有限位控制，有些生产机械工作台的自动往复运动需要有行程限位等，如起重设备的左右、上下及前后运动行程都必须有适当的位置保护，否则就可能损坏生产机械并造成人身事故，这类保护称为位置保护。位置保护、限位控制和行程限位在控制原理上是一致的，可以采用限位开关、干簧继电器、接近开关等电气元件构成控制电路，当运动部件到达设定位置时，开关动作，其常闭触点通常串联在接触器控制电路中，因常闭触点打开而使接触器释放，于是运动部件停止运行。

图 2.3.8 是一种自动往返循环控制线路，电路的原理适用于各种控制进给运动到预定点后自动停止的限位控制保护电路等，其应用相当广泛。图示控制线路是采用行程开关来实现的，这种控制将行程开关安装在事先安排好的位置，当装于生产机械运动部件上的撞块压合行程开关时，行程开关的触点动作，从而实现电路的切换，以达到控制的目的。也可以采用非接触式接近开关代替行程开关。限位开关 SQ1 放在左端需要反向的位置，而 SQ2 放在右端需要反向的位置，机械挡铁装在运动部件上。启动时，利用正向或反向启动按钮，如按正转按钮 SB2，

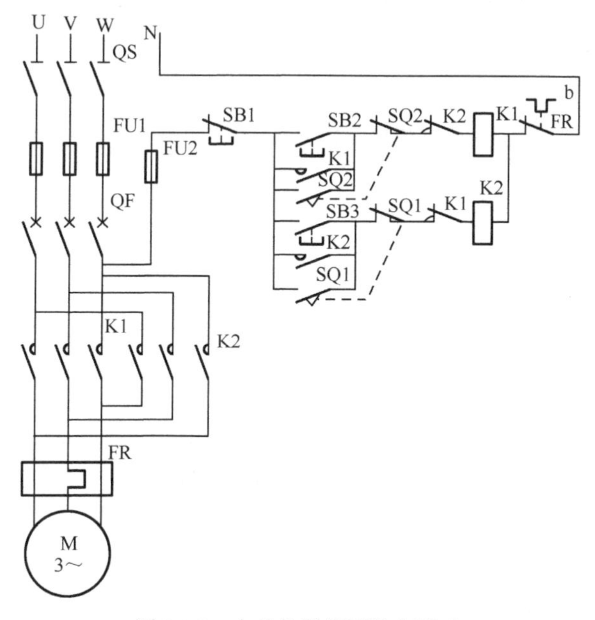

图 2.3.8　自动往返循环控制线路

接触器 K1 通电吸合并自锁，电动机作正向旋转，带动机械运动部件左移，当运动部件移至左端并碰到 SQ1 时，将 SQ1 压下，其常闭触点断开，切断接触器 K1 线圈电路，同时其常开触点闭合，接通反转接触器 K2 线圈电路，此时电动机由正向旋转变为反向旋转，带动运动部件向右运动，直到压下 SQ2 限位开关，电动机由反转又变成正转。

7. 电路设计要考虑操作、使用、调试与维修的方便

电路设计要考虑操作、使用、调试与维修的方便。例如，设置必要的显示，随时反映系统的运行状态与关键参数；考虑到运动机构调整、修理，设置必要的单机点动；必要的易损触点及电气元件的备用等。

2.3.2 PLC 控制系统设计的注意事项

PLC 控制系统的设计具有传统电气控制系统设计的一般规律，但由于 PLC 控制属于软件控制，因此 PLC 控制系统的设计又具有其自身的特点。下面就 PLC 控制系统设计的基本原则、基本内容及步骤进行阐述，以便初学者掌握。当然，要设计一个经济、实用、可靠、先进的 PLC 控制系统，还需要有丰富的专业知识和实际工作经验。

2.3.2.1 PLC 控制系统设计的基本原则

任何一种电气控制系统都为了实现被控对象（生产设备或生产过程）的工艺要求，以提高生产效率和产品质量。因此，在设计 PLC 控制系统时，应遵循以下基本原则。

（1）最大限度地满足被控对象的控制要求。设计前，应深入现场进行调查研究，收集资料，并与机械部分的设计人员和实际操作人员密切配合，共同拟定电气控制方案，协同解决设计中出现的各种问题。

（2）在满足控制要求的前提下力求使控制系统简单、经济、实用、维修方便。

（3）保证控制系统的安全、可靠。

（4）考虑到生产发展和工艺的改进，在选择 PLC 容量时，应留有适当的余量。

2.3.2.2 PLC 控制系统设计的基本内容

1. 总体方案的确定

熟悉控制对象和控制要求，分析控制过程，确定总体方案。

2. 正确选用电气控制元件和 PLC

PLC 控制系统是由 PLC、用户输入及输出设备、控制对象等连接而成的。应认真选择用户输入设备（按钮、开关、限位开关和传感器等）和输出设备（继电器、接触器、信号灯、电磁阀等执行元件）。要求进行电气元件的选用说明，必要时应设计好系统主电路图。

根据选用的输入/输出设备的数目和电气特性，选择合适的 PLC。PLC 是控制系统的核心部件，对于保证整个控制系统的技术经济性能指标起着重要作用。选择 PLC 应包括机型、容量、I/O 点数、输入/输出模块（类型）、电源模块及特殊功能模块等的选择。

3．分配 I/O 端口

根据选用的输入/输出设备、控制要求，确定 PLC 外部 I/O 端口分配。

（1）作 I/O 分配表，对各 I/O 点功能作出说明。

（2）画出 PLC 外部 I/O 接线图，依据输入/输出设备和 I/O 口分配关系，画出 I/O 接线图。接线图中各元件应有代号、编号等，并在电气元件明细表中注明规格数量等。

4．PLC 控制流程图及说明

绘制 PLC 控制系统程序流程图，完成程序设计过程的分析说明。

5．程序设计

利用 CX-Programmer 编程软件编写控制系统的梯形图程序。在满足系统技术要求和工作情况的前提下，应尽量简化程序，尽量减少 PLC 的输入/输出点，设计简单、可靠的控制程序。注意安全保护（检查联锁要求、防误操作功能等能否实现）。

6．调试、完善控制程序

（1）利用 CX-Programmer 在计算机上仿真运行，调试 PLC 控制程序。

（2）让 PLC 与输入及输出设备联机进行程序调试。调试中对设计的系统工作原理进行分析，审查控制实现的可靠性，检查系统功能，完善控制程序。控制程序必须经过反复调试、修改，直到符合要求为止。

7．撰写设计报告

设计报告内容中应有控制要求、系统分析、主电路、控制流程图、I/O 分配表、I/O 接线图、内部元件分配表、系统电气原理图、用 CX-Programmer 打印的 PLC 程序、程序说明、操作说明、结论、参考文献等。要突出重点，图文并茂，文字通畅，并着重阐述本人工作内容和心得体会。

2.3.2.3　PLC 控制系统设计的一般步骤

设计 PLC 控制系统的一般设计步骤如图 2.3.9 所示。

1．PLC 硬件设计的步骤

（1）根据生产的工艺过程分析控制要求，如需要完成的动作（动作顺序、动作条件及必需的保护和联锁等）、操作方式（手动、自动；连续、单周期及单步等）。

（2）根据控制要求确定所需的用户输入、输出设备，据此确定 PLC 的 I/O 点数。

（3）选择 PLC。

（4）分配 PLC 的 I/O 点，设计 I/O 电气接口连接图（这一步也可以结合第 2 步进行）。

（5）进行 PLC 程序设计，同时可进行控制台（柜）的设计和现场施工。

2．PLC 程序设计的步骤

（1）对于较复杂的控制系统，需绘制系统流程图，用以清楚地表明动作的顺序和条件。对于简单的控制系统，也可以省去这一步。

（2）设计梯形图。这是程序设计的关键一步，也是比较困难的一步。要设计好梯形图，首先要十分熟悉控制要求，同时还要有一定的电气设计的实践经验。

（3）根据梯形图编制程序清单。

（4）用编程器将程序输入到PLC的用户存储器中，并检查输入的程序是否正确。

（5）对程序进行调试和修改，直到满足要求为止。

（6）待控制台（柜）及现场施工完成后，就可以进行联机调试。如不满足要求，再修改程序或检查接线，直到满足为止。

（7）编制技术文件。

（8）交付使用。

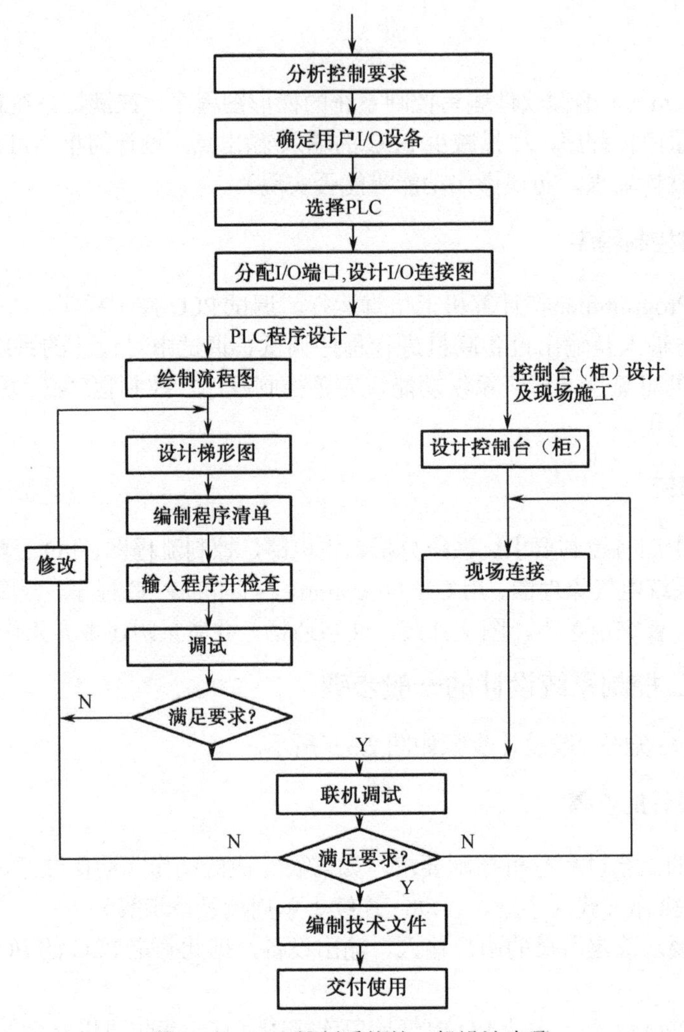

图2.3.9　PLC控制系统的一般设计步骤

2.3.2.4　PLC机型的选择

1. PLC选型的基本原则

一般从系统控制功能、指令和编程方式、PLC 存储量和响应时间、通信联网功能等几个方

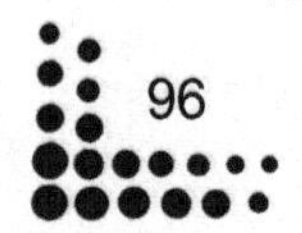

面综合考虑。所选 PLC 应能够满足控制系统的功能需要。

从应用角度来看，PLC 可按控制功能或 I/O 点数分类。

从 PLC 的物理结构来看，PLC 分为模块式和整体式。

PLC 的指令系统一般包括逻辑指令、运算指令、控制指令、数据处理和其他特殊指令，这些指令能完成诸如开平方、对数运算、网络通信（PLC 联网已成为一种发展趋势）等功能。

用户可从便于控制系统编程的角度来加以选择，只要能满足实际需要就可以了。PLC 的编程有在线编程和离线编程两种方式。采用离线编程可降低成本，对大多数应用系统来说都可以满足生产需要，因而较多的中小型 PLC 都使用这种方法。

2. 输入/输出模块的选择

输入模块将现场设备（如按钮开关）的信号进行检测并转换成 PLC 机内部的电平信号，它按电压分为交流式和直流式，按电路形式分为汇点输入式和分隔输入式。选择输入模块时应考虑输入信号电压的大小、信号传输的距离长短、是否需要隔离及采用何种方式隔离、内部供电还是外部供电等问题。

输出模块把 PC 内部信号转换为外部过程的控制信号，以驱动外部负载。

输入/输出模块是可编程序控制器与被控对象之间的接口，按照输入/输出信号的性质一般可分为开关量（或数字量）模块和模拟量模块。

开关量模块包括输入模块和输出模块，有交流、直流和交直流三种类型。开关量输入模块按输入点数分为 4、8、16、32、64 等，按电压等级分为直流 24V、48V、60V 和交流 110V、230V 等。模块密度要根据实际需要来选择，一般以每块 16～32 点为好。如果是长距离传输通信，开关量输入模块的门槛电平也是不容忽视的一个因素。直流开关量输入模块的延迟时间较短，可直接与接近开关、光电开关等电子装置相连。

开关量输出模块按输出点数分有 16、32、64 点，按输出方式分有继电器输出、晶体管输出和晶闸管输出。选择的输出模块的电流值必须大于负载电流的额定值。对于频繁通断、低功率因数的感性负载，应采用无触点开关器件，即选用晶闸管输出（交流输出）或晶体管输出（直流输出），这样做的缺点是价格较高。继电器输出属于有触点器件，其优点是适应电压的范围大，价格便宜，但存在寿命短、响应速度较慢的缺点。

模拟量模块也包括输入模块和输出模块。

模拟量输入模块把来自于传感器等的电压、压力、流量、位移等电量或非电量转变为一定范围内的电压或电流信号，所以它分为电压型和电流型。电流型又分为 0～20mA、4～20mA 两种，电压型分为 1～5V、-10～+10V、0～5V 等多种型号。通道有 2、4、8、16 个。在选用时应注意外部物理量的输入范围，模拟通道循环扫描的时间和信号的连接方式。一般来说，电流型的抗干扰能力优于电压型。模拟量输出模块能输出被控设备所需的电压或电流，它的电压型和电流型的型号与模拟量输入模块的大体相似，选用输出模块驱动执行机构时，中间有可能要增加必要的转换装置，还要注意信号的统一性和阻抗的匹配性。

3. 对程序存储器容量的估算

PLC 的程序存储器容量通常以字节或步为单位。用户程序所需存储器容量可以预先估算。一般情况下用户程序所需存储的字节数可按照如下经验公式来计算。

1）开关量输入/输出系统

输入：用户程序所需存储的字节数=输入点总数×10。

输出：用户程序所需存储的字节数=输出点总数×8。

2）模拟量输入/输出系统

每一路模拟量信号大约需要 120 字节的存储容量，当模拟输入和输出同时存在时，应有所需内存字节数=模拟量路数×250。

3）定时器和计数器系统

所需内存字节数=定时器/计数器数量×2

4）含有通信接口的系统（多指 PC 网络系统）

所需存储字节数=通信接口个数×300

另外，根据系统控制要求的难易程度也可采用另一种方法进行估算：

程序容量=K×总输入/输出点数

对于简单控制系统来说，K=6；若为普通系统，则 K=8；若为较复杂系统，则 K=10；若为复杂系统，则 K=12。

2.3.3 单片机控制电路设计的注意事项

2.3.3.1 单片机控制电路设计的基本要求

（1）在可以看清的情况下，小电路一般采用 A4 版面；不使用网格，底色为白色。

（2）每个模块独立画出，用虚线框好，分清输入/输出，一般左侧输入、右侧输出。

（3）每个模块要标注模块名称。原则上将各功能部分模块化，以便于通用与借用。

（4）单片机最小系统不能做任何更改，各系统中相同 MCU 的最小系统保持一致。

（5）以单片机为中心扩展其他模块，形成分级结构。网标命名原则是下一级硬件对象迁就上一级硬件对象，如某一单片机的 PTA1 引脚控制 1 个 LED 灯，应该在 LED 的引脚上标 PTA1，而不是在 PTA1 引脚上标 LED。

（6）对外接口的设计，原则上必须采用防止反插的功能。

（7）设计时，每个电路板都应该设计有电源指示灯、故障指示灯等来表达电路的运行状态。实际使用时，若确实不需要这些指示灯，可以不焊接。

（8）文字标注可使用五号或小五号字体，电路原理图中的说明只使用汉字。

（9）电路绘制完成后，需要根据规定填写版权框中的有关信息，如对应图纸的功能、文件名、设计人名等。

（10）接插口（如电源插座、IN/OUTPUT、各端子口等）原则上分布在图纸的四周，示意出实际接口外形及每一引脚的功能。

（11）可调元件（如电位器）、切换开关等对应的功能需标识清楚。

（12）每一部件（如传感器、IC 等）电源的去耦电阻/电容需置于对应脚的最近处。

（13）滤波器件（如高/低频滤波电容、电感）需置于作用部位的最近处。

（14）重要的控制或信号线需标明流向及用文字标明功能。

（15）CPU 为整机的控制中心，接口线最多，故 CPU 周边需多留一些空间进行布线及相关标注，而不致显得过分拥挤。

（16）对于 CPU 的设置二极管（如 AREA1/AREA2，CLOCK1/CLOCK2 等），需在旁边做一表格进行对应设置的说明。

（17）去耦电容。电源输入端、数字电路、集成电路的电源和地线之间均应设置合适容量的去耦电容。去耦电容应尽可能采用高频特性较好的瓷片电容或多层陶瓷电容。

（18）为了减少干扰，必要时应对继电器动作电路和通过大电流的继电器接点设置阻尼电路。

（19）数字集成电路的无用端不能悬空。

（20）运放电路的闲置正输入端要接地，闲置的负输入端与输出端连接。

（21）地线设置要求：信号频率小于 1MHz 时采用单点接地法；信号频率大于 10MHz 时采用就近接地的多点接地法。

（22）数字地与模拟地分开设置，但允许用磁环电感形成一个连接点。

（23）保证系统各模块资源不能冲突，如同一 I^2C 总线上的设备地址不能相同等。

（24）在不影响电路指标的前提下，能用低速芯片的就不用高速芯片。

（25）使用串联电阻的方法，降低控制电路中信号上升沿和下降沿的跳变速率。

（26）系统时钟频率尽可能低。

（27）高频区的退耦电容要选低 ESR 的电解电容或钽电容。

（28）退耦电容容值确定时在满足纹波要求的条件下选择更小容值的电容，以提高其谐振频率点。

（29）各芯片的电源都要加退耦电容，同一芯片中各模块的电源要分别加退耦电容；如果为高频，则须在靠电源端加磁珠/电感。

（30）在高频信号输出匹配无法准确仿真的情况下，可在其输出端串联一非线绕电阻。

2.3.3.2 单片机（MCU）选择设计要求

（1）对选定的 CPU 参考设计原理图外围电路进行修改。修改时对于每个功能模块都要找至少 3 个相同外围芯片的成功参考设计案例，如果找到的参考设计连接方法是完全一样的，那么基本可以参照设计，但即使只有一个参考设计与其他的不一样，也不能简单地按少数服从多数的原则，而是要细读芯片数据手册，深入理解引脚含义，多方讨论，联系芯片厂技术支持，最终确定科学、正确的连接方式，如果仍有疑义，可以做兼容设计。

（2）所选的元器件应是被广泛使用验证过的。

（3）在功能、性能、使用率都相近的情况下，尽量选择价格比较好的元器件，降低成本。

（4）原则上必须选择容易买到、供货周期相对短的元器件。

（5）原则上必须选择引脚到引脚兼容芯片品牌比较多的元器件。

（6）原则上必须选择以前老产品用过的元器件。

2.3.3.3 电源部分的设计要求

（1）要考虑系统对电源的需求，如系统需要几种电源，如 36V、15V、12V 或 5V 等，估计各组别需要多少功率或最大电流（mA）。在计算电源总功率时要预留一定的余量，可取 2 倍，即：电源总功率=2×器件总功率。

（2）考虑芯片与器件对电源波动性的需求。一般要求在±5%以内，对于 A/D 转换芯片的参考电压一般要求在±1%以内。

（3）考虑使用电源模块还是外接电源的方式提供工作电源。

2.3.3.4 时钟设计要求

（1）20MHz 以下的晶体晶振基本是基波型器件，稳定度好，20MHz 以上的多为谐波型泛音晶振（如 3 次谐波、5 次谐波等），稳定度差，因此强烈建议使用较低频率的器件，毕竟倍频用的 PLL 电路需要的周边配置主要是电容、电阻、电感，其稳定度和价格方面远远好于晶体晶振器件。

（2）泛音晶振需要加接一基波抑制电感（2.5～10μH）。

（3）如果电路对时序有严格要求，可采用有源晶振。

（4）对晶振温漂有严格要求者，可采用温补型晶振。

2.3.3.5 I/O 口设计要求

（1）上拉、下拉问题：考虑用内部或外部上/下拉电阻，内部上/下拉阻值一般在 700Ω 左右，低功耗模式不宜使用。外部上/下拉阻值根据需要可选 1kΩ～10kΩ 之间。

（2）开关量输入：一定要保证高低电压分明，理想情况下高电平就是电源电压，低电平就是地的电平。如果外部电路无法正确区分高低电平，但高低仍有较大压差，可考虑用 A/D 采集的方式设计处理。对分压方式中的采样点，要考虑分压电阻的选择，使该点通过采样端口的电流不小于采样最小输入电流，否则无法进行采样。

（3）开关量输出：基本原则是保证输出高电平接近电源电压，低电平接近地电平。I/O 口的吸纳电流一般大于放出电流，对小功率元器件控制是最好采用低电平控制的方式。一般情况下，负载要求小于 10mA 时可用芯片引脚直接控制；电流在 10mA～100mA 时可用三极管控制，100mA～1A 时用 IC 控制；更大的电流则用继电器加以控制，同时还需要使用光电隔离芯片。

2.3.3.6 上/下拉电阻要求

（1）输出高电平时要能满足其后的输入口，输出低电平时要满足其灌电流的最大值（否则多余的电流要流向级联的输入口，高于低电平门限值就不可靠了）。

（2）对于高速电路，大于 10kΩ 的上/下拉电阻可能会使边沿变平缓。

（3）设输入端电流每端口不大于 100μA，设输出口驱动电流约 500μA，标准工作电压是 5V，输入口的高低电平门限为 0.8V（低于此值为低电平）、2V（高电平门限值）。选上拉电阻时，500μA×8.4kΩ＝4.2V 即选大于 8.4kΩ 时输出端能下拉至 0.8V 以下，此为最小阻值，再小就拉不下来了。如果输出口驱动电流较大，则阻值可减小，保证下拉时能低于 0.8V 即可。

当输出高电平时，忽略管子的漏电流，两输入口电流需 200μA。200μA×15kΩ=3V 即上拉电阻压降为 3V，输出口可达到 2V，此阻值为最大阻值，再大就拉不到 2V 了。

2.3.3.7 通信接口

通信接口有 USB、RS-232/485、CAN、以太网接口等。设计接口时考虑按照模块板设计，各模块之间要独立。增加或删除某一接口时按模块取舍。

2.4 元器件的选择原则

电气原理图的设计中，会使用大量的电气控制元器件，将这些电气控制元器件按照一定要求和规范连接起来，就构成了电气原理图。但此时的电气原理图只能算是一张裸图，是无法满足客户要求的，因为还缺少一个重要的环节——进行电气控制元器件参数的标注，只有进行完元器件参数标注的电气原理图才具有使用价值。而进行电气控制元器件参数的标注就必须首先进行电气控制元器件的选型，即选用哪种规格、型号的元器件。

电路系统性能的稳定可靠与选用的元器件参数、等级、质量等密切相关。设计人员应根据产品应用环境及电路性能的要求，准确提出对元件参数的具体要求，包括标称值、精度和误差要求、稳定性要求、温度范围要求、安装尺寸及与电路性能密切相关的其他要求。因此，选型尤为重要。

2.4.1 控制电器

2.4.1.1 控制电器的作用

低压电器能够依据操作信号或外界现场信号的要求，自动或手动改变电路的状态、参数，实现对电路或被控对象的控制、保护、测量、指示、调节。低压电器的作用有以下几点。

1. 控制作用

如电梯的上下移动、快慢速自动切换与自动停层等。

2. 保护作用

能根据设备的特点，对设备、环境及人身实行自动保护，如电动机的过热保护、电网的短路保护、漏电保护等。

3. 测量作用

利用仪表及与之相适应的电器，对设备、电网或其他非电参数进行测量，如电流、电压、功率、转速、温度、湿度等。

4. 调节作用

低压电器可对一些电量和非电量进行调整，以满足用户的要求，如柴油机油门的调整、房间温湿度的调节、照度的自动调节等。

5. 指示作用

利用低压电器的控制、保护等功能，检测设备运行状况与电气电路工作情况，如绝缘监测、保护掉牌指示等。

6．转换作用

在用电设备之间转换或对低压电器、控制电路分时投入运行，以实现功能切换，如励磁装置手动与自动的转换、供电的市电与自备电的切换等。

2.4.1.2 常用低压电器的主要种类和用途

常用低压电器的主要种类及用途如表 2.4.1 所示。当然，低压电器作用远不止这些，随着科学技术的发展，新功能、新设备会不断出现。

表 2.4.1 常见的低压电器的主要种类及用途

序 号	类 别	主要品种	用 途
1	断路器	塑料外壳式断路器、框架式断路器、限流式断路器、漏电保护式断路器、直流快速断路器	主要用于电路的过负荷保护、短路、欠压、漏电压保护，也可用于不频繁接通和断开的电路
2	刀开关	开关板用刀开关、负荷开关、熔断器式刀开关	主要用于电路的隔离，有时也能分断负荷
3	转换开关	组合开关、换向开关	主要用于电源切换，也可用于负荷通断或电路的切换
4	主令电器	按钮、限位开关、微动开关、接近开关、万能转换开关	主要用于发布命令或程序控制
5	接触器	交流接触器、直流接触器	主要用于远距离频繁控制负荷，切断带负荷电路
6	启动器	磁力启动器、星-三角启动器、自耦自动控制系统的分类方法较多	主要用于电动机的启动
7	控制器	凸轮控制器、平面控制器	主要用于控制回路的切换
8	继电器	电流继电器、电压继电器、时间继电器、中间继电器、温度继电器、热继电器	主要用于控制电路中，将被控量转换成控制电路所需电量或开关信号
9	熔断器	有填料熔断器、无填料熔断器、半封闭插入式熔断器、快速熔断器、自复熔断器	主要用于电路短路保护，也用于电路的过载保护
10	电磁铁	制动电磁铁、起重电磁铁、牵引电磁铁	主要用于起重、牵引、制动等

对低压配电电器要求是灭弧能力强、分断能力好、热稳定性能好、限流准确等。对低压控制电器，则要求其动作可靠、操作频率高、寿命长并具有一定的负载能力。

2.4.2 开关器件和元件的选择

开关器件和元件是电气控制设备产品可靠性的基础之一，很多电气控制设备产品的失效是由元器件的性能和质量问题造成的。控制设备内装的开关器件和元件应符合其相关标准。

开关器件和元件的额定电压（额定绝缘电压、额定冲击耐受电压等）、额定电流、使用寿命、接通和分断能力、短路耐受强度等应适合于控制设备外形设计的特殊用途（如开启式和封闭式）。

开关器件和元件的短路耐受强度或分断能力不足以承受安装场合可能出现的应力时，应利用限流保护器件（如熔断器或断路器）对元件进行保护。为内装的开关器件选择限流保护器件时，为了照顾到协调性，应当考虑到元件制造商规定的最大允许值。

开关器件和元件的协调，如电动机启动器和短路保护器件的协调，应符合相关的标准。

在制造商标明了额定冲击耐受电压的电路中，其开关器件和元件不应产生高于该电路的额定冲击耐受电压的开关过电压。而且，也不应承受高于该电路的额定冲击耐受电压的开关过电压。在选择用于给定电路上开关的器件和元件时，应考虑后一点。

例如，额定冲击耐受电压 U_{imp}=4000V，额定绝缘电压 U_i=250V 和最大开关过电压为 1200V（在 230V 额定工作电压时）的开关器件和元件可以用于过电压类别Ⅰ、Ⅱ、Ⅲ的电路中，甚至用于采用了适当的过电压保护措施的Ⅳ类别的电路中。

2.4.2.1 开关器件和元件的选用原则

开关器件和元件的选用要遵循下述原则：

（1）根据产品要实现的功能要求和环境条件，选用相应种类、型号规格质量等级的元器件；

（2）根据元器件使用时的应力情况，确定元器件的极限值，按降额设计技术选用元器件；

（3）根据产品要求的可靠性等级，选用与其相适应的并通过国家质量认证合格单位生产的元器件；

（4）尽量选用标准的、系列化的元器件，重要的关键件应选用军用级以上元器件；

（5）对非标准的元器件要进行严格的验证，使用时要经过批准；

（6）根据国家或本单位的元器件优选手册选用。

2.4.2.2 器件封装结构和质量等级的选择

1. 开关器件封装结构的选择

环氧树脂塑封器件为非气密性结构，易受潮气、盐雾和其他腐蚀性气体的侵蚀而失效。因此，对使用环境苛刻的产品，应当选用金属、陶瓷或低熔点玻璃封装的器件。

2. 质量等级的选择

质量等级是指元器件装机使用前，在制造、检验和筛选过程中质量的控制等级。我国电子元器件分为 A、B、C 三个质量层次，每个质量层次包含几个质量等级，每个质量等级都有相应的质量系数。

质量等级的选择原则为：

（1）对可靠性要求高的产品，优先选用通过生产线军用标准认证并已上 QPL（质量认证合格产品目录）表的元器件；

（2）关键件、重要件、分配可靠性高、基本失效率高的元器件应当选用质量等级高的元器件；

（3）其他元器件可按其生产执行标准，参照国标中质量等级顺序选用。

2.4.2.3 降额设计

1. 降额设计的依据

开关器件和元件在使用或储存过程中，总存在着某种比较缓慢的物理化学变化。这种变化发展到一定程度时，会使元器件的特性退化、功能丧失，即失效了。而这种变化的快慢，与温度和施加在元器件上的应力大小直接相关。为此，应当对元器件实行降额设计。

2. 降额等级

对不同的开关器件和元件，应用在不同的场合，实行不同的降额等级：

（1）Ⅰ级降额，是最大降额，应用于最关键设备；

（2）Ⅱ级降额，是中等降额，应用于重要设备；

（3）Ⅲ级降额，是最小降额，应用于一般设备。

3. 降额注意事项

降额注意事项如下：

（1）有些元器件的应力是不能降额的，如电子管的灯丝电压、继电器线圈的吸合电流；

（2）有些元器件应力的降额是有限度的，如薄膜电阻器的功率减到 10%以下时，二极管的反向电压减到 60%以下时，失效率将不再下降；

（3）有些电容器的降额可能发生低电平失效，即当电容器两端电压过低时呈现开路失效。

4. 降额系数

降额系数是依靠试验数据和使用的环境来确定的。确定降额系数的方法如下：

（1）数学模型及基本失效率与温度、降额系数之间的关系曲线；

（2）降额曲线给出了为保证元器件可靠工作所选择的降额系数与温度之间的函数关系，当在该降额曲线上工作的半导体结温达到其最高结温时，其失效率仍然较高；

（3）应用降额图，即在降额曲线的下方，通过试验找到一条半导体结温较低的降额曲线；

（4）各种元器件的降额系数参见国家标准。

2.4.3 开关器件和元件参数的选择

2.4.3.1 在空载、正常负载和过载条件下接通、承载和分断电流的能力

1. 接通和分断能力

电器在有关产品标准规定的条件下应能接通和分断负载和过载电流而不发生故障，接通和分断所要求的使用类别和操作次数应在有关产品标准中规定。

2. 操作性能

与电器操作性能有关的试验是用来验证电器在对应于规定使用类别的条件下能够接通、承载和分断其主电路的电流而不发生故障的试验。

操作性能的特殊要求和试验条件应在有关产品标准中规定，并可涉及以下两点。

（1）空载操作性能是在控制电路通电而主电路不通电的条件下进行试验的，目的是验证电器的闭合和断开操作符合控制回路规定的外施电压和/或气压的上限和下限的操作条件。

（2）有载操作性能是验证电器接通和分断对应于有关产品标准规定的使用类别下的电流和操作次数。

如果相关产品标准有规定，则有载和空载操作性能验证可组合在同一顺序试验中进行。

3. 寿命

选用术语“寿命”代替“耐磨损”，以表示电器在修理或更换部件前能完成的操作循环次数的概率，另外，术语“耐磨损”也通常用于涉及技术标准规定的操作性能，所以本部分中不采用术语“耐磨损”，以免混淆两种概念。

1）机械寿命

关于电器的抗机械磨损能力，可用有关产品标准规定的空载操作循环（即主触点不通电流）次数来表征，该次数是电器在需要修理或更换任何机械部件前能达到的机械寿命次数，如果电器设计成可维修的，则按制造厂的说明书进行正常的维护是允许的。

每次操作循环包括一次闭合操作和伴随着的一次断开操作。

试验时电器应按制造厂的说明书安装。有关产品标准应规定电器无载操作循环次数的优先值。

2）电寿命

电器的抗电磨损能力用有关产品标准规定的使用条件下的有载操作循环次数来表征，该次数是电器在不修理或不更换部件前能达到的电寿命次数。

有关产品标准应规定电器的有载操作循环次数的优先值。

2.4.3.2　接通、承载和分断短路电流的能力

电器应能够承受在有关产品标准规定的条件下承载短路电流引起的热效应、电动力效应和电场强度效应。特别指出的是应验证电器在按规定进行试验时满足相应的要求。

电器可能在下列情况下承受短路电流：

（1）在接通电流时；

（2）在闭合位置承载电流时；

（3）在分断电流时。

电器的接通、承载和分断短路电流能力用以下一个或几个参数来确定。

（1）额定短路接通能力。

（2）额定短路分断能力。

（3）额定短时耐受电流。

（4）在电器与短路保护电器（SCPD）配合的情况下：

① 额定限制短路电流；

② 其他配合形式，在有关产品标准单独规定。

按照上述①和②中的额定值和极限值，制造厂应规定电器保护所需 SCPD 的形式和特性（如额定电流、分断能力、截断电流、I^2t 等）。

2.4.3.3　通断操作过电压

过电压与设备的额定冲击耐受电压之间的关系见表 3.1.1 和表 3.1.2。

2.4.3.4　开关器件及元件动作条件

1．动作条件的一般要求

电器的操作应按制造厂的说明书或有关产品标准的要求进行，尤其是人力操作电器，其接通和分断能力可能与操作者的操作技巧熟练程度有关。

2．动力操作电器的动作范围

除非产品标准另有规定，电磁操作和电控气动操作的电器在周围空气温度为-5℃～+40℃范围内、在控制电源电压为额定值的85%～110%范围内均应可靠吸合。此极限范围适用于交流或直流。

除非另有规定，气动和电控气动电器在施加气压范围为额定气压的85%～110%范围内均应可靠吸合。在规定的动作范围情况下，额定值的85%应该是下限值，而额定值的110%应是上限值。

对锁扣式电器，其动作值由制造厂与用户协商确定。

电磁操作电控气动电器的释放电压应不高于75%额定控制电源电压，对交流在额定频率下其释放电压应不低于20%额定控制电源电压，或对直流应不低于10%额定控制电源电压。

除非另有规定，电控气动和气动电器应在75%～10%额定气压下断开。

在规定的动作（释放）范围情况下，10%或20%（对交流或直流情况下）应是上限值，而75%应是下限值。

对动作线圈而言，上述释放电压极限值适用于当线圈电路的电阻等于-5℃下所得的阻值。可以在正常周围温度下测得的电阻值为基础进行计算验证。

3．欠电压继电器和脱扣器的动作范围

1）动作电压

欠电压继电器或脱扣器与开关电器组合在一起，当外施电压下降，甚至缓慢下降至额定电压的70%～35%范围时，与开关电器组合在一起的欠电压继电器和脱扣器应动作，使电器断开。

零电压（失压）脱扣器是一种特殊形式的欠电压脱扣器，其动作电压在额定（电源）电压的35%～10%之间。

当外施电源电压低于欠电压继电器或脱扣器的额定电压的35%时，欠电压继电器或脱扣器应防止电器闭合。当电源电压等于或高于其额定电压的85%时，欠电压继电器和脱扣器应保证电器能闭合。

除非产品标准另有规定，外施电源电压的上限值应是欠电压继电器或脱扣器额定值的110%。

以上数据适用于直流，也适用于在额定频率下的交流。

2）动作时间

对于延时欠电压继电器或脱扣器，其延时的测定应从电压达到动作值瞬时开始，至继电器或脱扣器操动电器的脱扣器件（脱扣机构）动作瞬时为止。

4．分励脱扣器的动作范围

当分励脱扣器的电源电压（在脱扣动作期间测得）保持在额定控制电源电压的 70%～110% 之间时（交流在额定频率下），在电器的所有工作条件下分励脱扣器应脱扣，使电器断开。

5．电流动作继电器和脱扣器的动作范围

电流动作继电器和脱扣器的动作范围应在有关产品标准中规定。

术语“电流动作继电器和脱扣器”包括过电流继电器或脱扣器、过载继电器或脱扣器、逆电流动作继电器和脱扣器等。

2.4.3.5 操动器

1．操动器的绝缘

电器及控制设备的操动器应与带电部件绝缘，电气绝缘按额定绝缘电压和额定冲击耐受电压（如适用）确定。此外：

（1）如果操动器由金属制成，则应良好地接至保护导体，除非已装有附加的可靠绝缘；

（2）如果操动器由绝缘材料制成或用绝缘材料覆盖，一旦绝缘损坏，将使内部金属部件有可能触及，所以内部金属部件也应与带电部件绝缘，其电气绝缘按额定绝缘电压确定。

2．操动器的运动方向

操动器的运动方向应符合 GB/T 4205 的要求。对于不能符合 GB/T 4205 规定的电器及控制设备，若具有特殊用途或电器及控制设备具有不同的安装位置，则这些电器及控制设备应明确无误地标明闭合和断开位置和运动方向。

2.4.3.6 触点位置指示

1．指示方法

当电器及控制设备带有指示其闭合和断开位置的装置时，这些位置都应明显而清楚地指示出来。位置指示器可用作指示装置。对具有外壳的电器及控制设备，位置指示可以从外部看得见或看不见。

有关产品标准可规定电器及控制设备是否具有位置指示器。

如果采用符号，采用下述符号分别表示电器及控制设备的闭合和断开位置：

1——闭合（电源）；0——断开（电源）。

对于用两个按钮来操作的电器及控制设备，只允许做断开操作的按钮采用红色或标有符号“0”。

红色不能用于其他按钮。其他按钮、指示灯式按钮和指示灯的颜色应按 IEC 60073 的规定来选择。

2．用操动器来指示触点位置

用操动器来指示触点位置，释放时操动器应自动地占据或停留在对应于动触点的位置，在这种情况下，操动器应有两个对应于动触点的不同休止位置，但对于自动断开，操动器可以保

持在第三个不同位置。

2.4.3.7 适用于隔离的电器的附加要求

1. 适用于隔离的电器的附加结构要求

适用于隔离的电器在断开位置时必须具有符合隔离功能安全要求的隔离距离，并应提供一种或几种方法显示主触点的位置：

（1）用操动器的位置；

（2）独立的机械式指示器；

（3）动触点可视。

电器提供的每种指示方式的有效性和机械强度应根据规定进行验证。

当制造厂规定或提供在断开位置锁定电器的方式时，在断开位置的锁定只在主触点处于断开位置时是可能的，这一结构方式应根据规定进行验证。

电器应设计成操动器、前面板或盖板的安装能确保正确指示触点位置和锁定的方式（如提供）。

用于特殊用途也允许在闭合位置上锁扣。如果辅助触点用于联锁用途，制造厂应提供辅助触点和主触点的动作时间。更详细的要求可在有关产品标准中规定。

2. 对与接触器或断路器具有电气联锁要求的适用于隔离的电器的补充要求

如果适用于隔离的电器，具有用于与接触器或断路器电气联锁的辅助触点，且该电器用于电动机电路，本部分规定如下要求（除电器及控制设备用于 AC-23 使用类别以外）。

（1）根据制造厂要求，适用于隔离的电器的辅助触点应满足技术标准的要求。

（2）适用于隔离的电器辅助触点的断开与其主触点的断开之间应有足够的时间间隔，以确保与其联锁的接触器或断路器在适用于隔离的电器的主触点断开之前分断电流。

（3）除非制造厂的技术文件另有规定，当适用于隔离的电器根据制造厂的说明书操作时，其主触点断开与辅助触点断开的时间间隔不应小于 20ms。

（4）适用于隔离的电器应根据制造厂说明书在无载条件下验证其辅助触点断开瞬间与主触点断开瞬间的时间间隔。

（5）在闭合操作过程中，适用于隔离的电器的辅助触点应在其主触点闭合后闭合或同时闭合。

也可用一个中间位置（适用于隔离的电器的接通和断开状态之间）来提供一个适当的断开时间间隔。在此位置，联锁用辅助触点断开而其主触点保持闭合。

3. 具有在断开位置锁定装置的适用于隔离的电器的补充要求

适用于隔离的电器锁定装置应设计成不能与安装的相应挂锁一起移去。当适用于隔离的电器及控制设备仅具有一个挂锁时，操作其操动器不应使其断开触点间的电气间隙小于额定冲击耐受电压的规定。此外，也可设计一个挂锁装置防止接近适用于隔离的电器的操动器。

验证用锁定装置锁住适用于隔离的电器的操动器是否满足要求应采用以下方法：用一个制造厂规定的挂锁或一个相当的量规（在适用于隔离的电器的操动器处于最不利的条件下）模拟锁扣，将规定的力施加到操动器上，操作该电器从断开位置向闭合位置运动。当施加力时，在适用于隔离的电器的断开触点间施加试验电压，应能承受《电气控制柜设计制作——调试与维修篇》表 3.1.5 规定的额定冲击耐受电压。

2.4.3.8　具有中性极电器及控制设备的附加要求

当电器及控制设备有一个极专门作为中性极时，此极的标志应能清楚地识别，并以字母“N”表示。可以通断的中性极不允许比其他极先分断后接通。

如果一个具有短路分断和接通能力的极被用作中性极，则所有极（包括中性极）要同时动作。

中性极可以装备过电流脱扣器。

对约定发热电流（自由空气或封闭发热电流）不超过 63 A 的电器及控制设备，其所有极的约定发热电流值应相同。约定发热电流较大的电器及控制设备，其中性极的约定发热电流可以与其他极不同，但不小于其他极的约定发热电流的 1/2 或 63 A（二者取较大者）。

2.4.4　控制电器接线端子的选择

2.4.4.1　接线端子的结构要求

接线端子的结构应保证良好的电接触和预期的载流能力，其所有的接触部件和载流部件都应由导电的金属制成，并应有足够的机械强度。

接线端子的连接应该用螺钉、弹簧或其他等效方法与导体连接，以保证维持必要的接触压力。

接线端子的结构应能在适合的接触面间压紧导体，而不会对导体和接线端子有任何显著的损伤。

接线端子应设计成不允许导体移动或其移动不应有害于电器的正常运行及不应使绝缘电压值下降至低于额定值。

如果需要，接线端子和导体之间可仅通过铜导体的电缆接线片连接，结构要求应通过实验来验证。

2.4.4.2　接线端子连接导线的能力

制造厂应规定接线端子适用连接的导线的类型（硬线或软线，单芯线或多股线）、最大和最小导线截面及同时能接至接线端子的导线根数（如适用）。接线端子能够连接的最大截面导线应不小于温升试验所规定的导线截面，可用于接线端子的导体应是同一类型的（硬线或软线，单芯线或多股线），而相同导线类型的最小截面应至少比温升试验规定小两个等级的标准截面尺寸。

在不同的产品标准中，可以要求导线截面小于规定的最小截面。考虑电压降和其他因素，产品标准可以要求接至接线端子的导线截面积大于温升试验所规定的截面积。导线截面与额定电流之间的关系可以在有关产品标准中规定。

圆铜导线（公制尺寸和 AWG/MCM 尺寸）的标准截面积见表 2.4.2，表中列出了 ISO 公制尺寸和 AWG/MCM 尺寸之间的近似关系。

表 2.4.2　圆铜导线的标准截面积

ISO 截面积（mm^2）	KWG/MCM		ISO 截面积（mm^2）	KWG/MCM	
	线　号	等效截面积（mm^2）		线　号	等效截面积（mm^2）
0.2	24	0.205	25	4	21.2
—	22	0.324	35	2	33.6

续表

ISO 截面积（mm^2）	KWG/MCM		ISO 截面积（mm^2）	KWG/MCM	
	线　号	等效截面积（mm^2）		线　号	等效截面积（mm^2）
0.5	20	0.519	50	0	53.5
0.75	18	0.82	70	00	67.4
1	—	—	95	000	85
1.5	16	1.3	—	0000	107.2
2.5	14	2.1	120	250MCM	127
4	12	3.3	150	300MCM	152
6	10	5.3	185	350MCM	177
10	8	8.4	240	500MCM	253
16	6	13.3	300	600MCM	304
注：当出现“—”时，也作为考虑连接能力的一个规格。					

2.4.4.3　接线端子的连接

用于连接外部导线的接线端子在安装时应容易进入并便于接线。

接线端子紧固用螺钉和螺母除固定接线端子本身就位或防止其松动外，不应作为固定其他任何零部件之用。

2.4.4.4　接线端子的识别和标志

除非产品标准另有规定，接线端子的标志应清楚和永久地识别。

专门用于中性线的接线端子按要求应标以字母“N”来识别。

2.4.4.5　外接导线端子

（1）制造商应指出端子是适合于连接铜导线，还是适合于连接铝导线，或者两者都适用。端子应能与外接导线进行连接，如采用螺钉、连接件等，并保证维持适合于电器及控制设备元件和电路的额定电流和短路强度所需要的接触压力。

（2）在制造商与用户之间无专门协议的情况下，端子应能适用于连接随额定电流而定的最小至最大截面积的铜导线和电缆。接线端子连接用铜导线的最小和最大截面积如表 2.4.3 所示。

表 2.4.3　接线端子连接用铜导线的最小和最大截面积

额定电流（A）	单芯或多芯导线截面积（mm^2）		软导线截面积（mm^2）	
	最小	最大	最小	最大
6	0.75	1.5	0.5	1.5
8	1	2.5	0.75	2.5
10	1	2.5	0.75	2.5
12	1	2.5	0.75	2.5
16	1.5	4	1	4
20	1.5	6	1	4

续表

额定电流（A）	单芯或多芯导线截面积（mm^2）		软导线截面积（mm^2）	
	最小	最大	最小	最大
25	2.5	6	1.5	4
32	2.5	10	1.5	6
40	4	16	2.5	10
63	6	25	6	16
80	10	35	10	25
100	16	50	16	35
125	25	70	25	50
160	35	95	35	70
200	50	120	50	95
250	70	150	70	120
315	95	240	95	185
注 1：如果外接导体直接连接在内装器件上，有关规定中给出的截面积应适用。				
注 2：如果要选用表中规定值以外的导体，建议由制造商和用户签订专门的协议。				

如果使用铝导线，表 2.4.3 给出的最大尺寸的单芯或多芯导线的端子通常是能满足要求的。当使用最大尺寸的铝导线仍不能充分利用电路的额定电流时，应遵循制造商与用户之间的协议，有必要提供更大尺寸的铝导线的连接方法。

当低压小电流（小于 1A，且交流电压低于 50V 或直流低于 120V）的电子电路外接导线必须连接到控制设备上时，表 2.4.3 不再适用（见表中注 2）。

（3）用于接线的有效空间应使规定材料的外接导线和芯线分开的多芯电缆能够正确地连接。导线不应承受影响其寿命的应力。

（4）如果制造商与用户间无其他协议，在带中性导体的三相电路中，中性导体的端子应允许连接具有下述载流量的铜导线：

① 如果相导体的截面积大于 10mm^2，则载流量等于相导体载流量的一半，但最小为 10mm^2；

② 如果相导体的截面积等于或小于 10mm^2，则载流量等于相导体的载流量。

对于非铜质导线，上述截面积建议以等效导电能力的截面积代替，此时可能需要较大尺寸的端子。

在某些使用场合，中性导体电流可能达到很高的数值，如大的荧光灯照明装置，此时中性线的载流量须与相导线的载流量相同，为此，制造商与用户之间应有专门的协议。

（5）如果需要提供一些用于中性导体、保护导体和 PEN 导体出入的连接设施，它们应安置在相应的相导线端子附近。

（6）电缆入口、盖板等应设计成在电缆正确安装好后，能够达到所规定的防触电措施和防护等级，也就是说电缆入口方式的选择要适合制造商规定的使用条件。

（7）端子标志。端子标志应符合国家标准《人机界面标志标识的基本和安全规则　设备端子和导体终端的标识》的规定。

第3章　电路设计规范

3.1　功能电路设计规范

电路图的设计不是电气控制元器件的简单堆砌，电气控制元器件的简单堆砌将会产生很多问题。前人通过大量的实践，把他们发现的问题记录下来，并找出了解决办法。对于一些无法解决的问题，则作为电路设计中元器件使用的禁忌提示给我们，使我们少走弯路。依据前人进行电气控制设计的经验和教训，把电路设计中元器件使用的禁忌作为在电路设计中的使用原则，国际和我国的标准化组织机构制定出了大量的有关电气控制设计的标准。按照这些有关电气控制设计的标准来规范电路图的设计工作，可以使我们少走弯路，取得事半功倍的效果。

电路的控制功能是设计电气控制柜的主要目的，下面将对有关电路功能设计的标准和规范进行详细的介绍。

3.1.1　电源及引入电源线端接法和切断开关

3.1.1.1　电源

电气控制设备应设计成能在下列电源条件下正常运行，专用电源（如车载发电机）由供方规定。

1．交流电源

电压：稳态电压值为0.9～1.1倍标称电压。

频率：0.99～1.01倍标称频率（连续的）；0.98～1.02倍标称频率（短时工作）。

谐波：2～5次畸变谐波的总和不超过线电压方均根值的10%；对于6～30次畸变谐波的总和，允许最多附加线电压方均根值的2%。

不平衡电压：三相电源电压的负序和零序成分都不应超过正序成分的2%。

电压中断：在电源周期的任意时间，电源中断或零电压持续时间不超3ms，相继中断间隔时间应大于1s。

电压降：电压降不应超过大于1周期的电源峰值电压的20%，相继降落间隔时间应大于1s。

2．直流电源

1）由电池供电

电压：0.85～1.15倍标称电压；0.7～1.2倍标称电压（在使用由电池组供电的运输工具的情

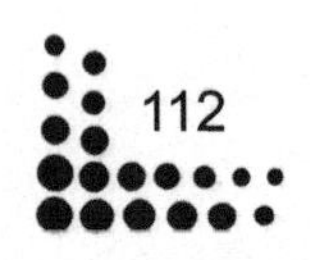

况下）。

电压中断时间不超过 5ms。

2）由换能装置供电

电压：0.9～1.1 倍标称电压。

电压中断时间不超过 20ms，相继中断间隔时间应大于 1s。

纹波电压（峰-峰值）：不超过额定电压的 0.15 倍。

3．车载电源

专用电源系统（如车载发电机）可以超过前两条交流电源和直流电源所规定的限值，设备应设计成在所提供的条件下能正常运行。

3.1.1.2 对电子设备供电电路的要求

1．输入电压的变化

（1）由蓄电池供电的电压变化范围等于额定供电电压的±15%，此范围不包括蓄电池充电要求的额外电压变化范围。

（2）直流电压的变化范围也即由交流电源整流而获得的变化范围。

（3）交流电源的电压变化范围等于额定输入电压的±10%。

（4）如果需要更宽的变化范围，则应服从制造商与用户之间的协议。

2．过电压

在采用符合规定的浪涌抑制器进行过电压保护时，电源系统的标称电压与设备额定冲击耐受电压之间的关系要求达到表 3.1.1 的要求。

表 3.1.1 电源系统的标称电压与设备额定冲击耐受电压之间的关系（一）

额定工作电压最大值交流均方根或直流（V）	电源系统的标称电压（<设备的额定绝缘电压）（V）				额定冲击耐受电压（1.2/50μs）优先值（kV）（Z 在海拔 2000m 时）			
					过电压类别			
					Ⅳ	Ⅲ	Ⅱ	Ⅰ
	交流均方根值	交流均方根值	交流均方根值或直流	交流均方根值或直流	电源进点（进线端）水平	配电电路水平	装置设备负载水平	特殊保护水平
50	—		12.5,24.25 30,42,48		1.5	0.8	0.5	0.33
100	66/115	66	60	—	2.5	1.5	0.8	0.5
150	120/208 127/220	115,120, 127	110,120	220～110 240～120	4	2.5	1.5	0.8
300	220/380,230/400 240/415,260/400 277/480	347,380,400 415,440,480 500,577,600	220	440～220	6	4	2.5	1.5

续表

额定工作电压最大值交流均方根或直流（V）	电源系统的标称电压（<设备的额定绝缘电压）（V）				额定冲击耐受电压（1.2/50μs）优先值（kV）（Z在海拔2000m时）			
					过电压类别			
					Ⅳ	Ⅲ	Ⅱ	Ⅰ
	交流均方根值	交流均方根值	交流均方根值或直流	交流均方根值或直流	电源进点（进线端）水平	配电电路水平	装置设备负载水平	特殊保护水平
600	347/600,380/660 400/690,415/720 480/830	347,380,400 415,440,480 500,577,600	480	960～480	8	6	4	2.5
1000	—	600,690,720 830,1000	1000	—	12	8	6	4

采用击穿电压与额定电压比值低于规定值的涌浪抑制器进行过电压保护的情况下，电源系统的标称电压与设备额定冲击耐受电压之间的相应关系如表3.1.2所示。

表3.1.2 电源系统的标称电压与设备额定冲击耐受电压之间的关系（二）

额定工作电压对最大值交流均方根或直流（V）	电源系统的标称电压（<设备的额定绝缘电压）（V）				额定冲击耐受电压（1.2/50μs）优先值（kV）（Z在海拔2000m时）			
					过电压类别			
					Ⅳ	Ⅲ	Ⅱ	Ⅰ
	交流均方根值	交流均方根值	交流均方根值或直流	交流均方根值或直流	电源进点（进线端）水平	配电电路水平	装置设备负载水平	特殊保护水平
50	—		12.5,24.25 30,42,48		0.8	0.5	0.33	—
100	66/115	66	60	—	1.5	0.8	0.5	0.33
150	120/208 127/220	115,120, 127	110,120	220～110 240～120	2.5	1.5	0.8	0.5
300	220/380,230/400 240/415,260/400 277/480	347,380,400 415,440,480 500,577,600	220	440～220	4	2.5	1.5	0.8
600	347/600,380/660 400/690,415/720 480/830	347,380,400 415,440,480 500,577,600	480	960～480	6	4	2.5	1.5
1000	—	600,690,720 830,1000	1000	—	8	6	4	2.5

注：本表还适用于由地下配电系统进行过电压保护或暴露于一较低的雷击电压（≤25kV）的情况。

3．波形

给带有电子器件的控制设备供电的输入交流电压的谐波受下述限制：
（1）相对谐波分量不应超过 10%，即相对基波分量的 99.5%；
（2）交流电源电压的最大周期瞬时值不大于上述基波峰值的 20%。

4．电压和频率的短时变化

出现下述情况的短时变化时，设备的运转不应受到任何破坏：
（1）在不超过 0.5s 的时间内，电压降不超过额定电压的 15%；
（2）电源频率的偏差不得超过额定频率的±1%，如果需要更大偏差范围，则要服从制造商和用户的协议；
（3）设备电源电压的最大允许断电时间由制造商给出。

3.1.1.3　引入电源线端接法和切断开关

1．引入电源线端接法

建议把电气控制设备连接到单一电源上。如果需要用其他电源给电气控制设备的某些部分（如不同工作电压的电子设备）供电，这些电源应尽可能取自机械电气设备一部分的器件（如变压器、换能器等）。对于大型复杂机械，包括许多以协同方式一起工作且占用较大空间的机械，可能需要一个以上的引入电源，这要由场地电源的配置来定。

除非机械电气设备采用插头/插座直接连接电源处，否则建议电源线直接连到电源切断开关的电源端子上。

使用中线时应在设备的技术文件（如安装图和电路图）上表示清楚，并应对中线提供标有 N 的单用绝缘端子。在电气设备内部，中线和保护接地电路之间不应相连，也不应使用 PEN 兼用端子。

例外情况：TN-C 系统电源到电气设备的连接点处，中线端子和 PE 端子可以相连。

所有引入电源端子都应做出清晰的标记。

2．连接外部保护接地系统的端子

电气设备应根据配电系统和有关安装标准连接外部保护接地系统或连接外部保护导线，该连接的端子应设置在各引入电源有关相线端子的邻近处。

这种端子的尺寸应适当按表 3.1.3 规定截面积的外部保护铜导线相连。

表 3.1.3　外部保护铜导线的最小截面积

设备供电相线的截面积 S（mm^2）	$S \leqslant 16$	$16 < S \leqslant 35$	$S > 35$
外部保护导线的最小截面积 S_p（mm^2）	$S_p=S$	$S_p=16$	$S_p=S/2$

如果外部导线不是铜的，则端子尺寸应适当选择。

每个引入电源点，连接外部保护导线的端子应使用字母标志 PE 来指明，以避免与电气设备和固定装置间的连接点相混淆。

3. 电源切断（隔离）开关

1）概述

下列情况应装电源切断开关。

（1）设备的每个引入电源。

引入电源可直接连接到设备或通过供电系统供电。设备的规定系统可包含导线、导体排、汇流环、软电缆系统（卷绕式的、花彩般垂挂的）或感应电电源系统。

（2）每个车载电源。

当需要时（如机械及电气设备工作期间），电源切断开关将切断（隔离）机械电气设备的电源。

当配备两个或两个以上的电源切断开关时，为了防止出现危险情况、损坏机械或加工件，应采取联锁保护措施。

2）形式

电源切断开关应是下列形式之一：

（1）符合 GB 14048.3—2008 的隔离开关，使用类别 AC-23B 或 DC-23B；

（2）符合 GB 14048.3—2008 的隔离器，带辅助触点的隔离器，在任何情况下辅助触点都使开关器件在主触点断开之前先切断负载电路；

（3）绝缘符合 IEC 60947-2：2008 的断路器；

（4）任何符合 IEC 产品标准和满足 GB 14048.1—2008 隔离要求，又在产品标准中定义适合作为电动机负荷开关或其他感应负荷应用类别的开关电器；

（5）通过软电缆供电的插头/插座组合。

3）技术要求

电源切断开关应满足下述全部要求。

（1）把电气设备从电源上隔离，仅有一个“断开”和“接通”位置，清晰地标记“0”和“1”。

（2）有可见的触点间隙或位置指示器，并已满足隔离功能的要求，指示器在所有触点没有确实断开前不能指示断开（隔离）。

（3）有一个外部操作装置（如手柄）（例外：动力操作的开关设备可用其他办法断开，这种操作不必一定要从电柜外部进行）。在外部操作装置不打算供紧急操作使用时，外部操作装置的颜色最好使用黑色或灰色。

（4）在断开（隔离）位置上提供能锁住的机构（如挂锁）。锁住时，应防止遥控及在本地使开关闭合。

（5）切断电源电路的所有带电导线。但对于 TN 电源系统，中线既可以切断，也可以不切断。但要注意，在有些国家中采用中线时强制要求切断中线。

（6）有足以切断最大电动机堵转电流及所有其他电动机和负载的正常运行电流总和的分断能力。计算的分断能力可以用验证过的差异因素适当降低。当联锁开关电器为电动操作（如接触器）时，其应具有与之相适应的使用类别。

（7）在电源切断开关为插头/插座组合场合，应提供适当使用类别的开关电器，用于机械的“通”和“断”。采用上述联锁开关电器可达到这一要求。

4）例外电路

下列电路不必经电源切断开关切断：

（1）维修时需要的照明电路；

（2）供给维修工具和设备（如手电钻、试验设备）专用连接的插头/插座电路；

（3）仅用于电源故障时自动脱扣的欠压保护电路；

（4）为满足操作要求应经常保持通电的设备电源电路（如温度控制器件、加工中的产品加热器、程序存储器件）；

（5）联锁控制电路。

但是建议给这些电路配备自己的切断开关。这种不通过电源切断开关切断的电路应满足下列要求。

① 在电源切断开关邻近设置符合要求的永久性警告标志。

② 在维修说明书中相应说明，并应提供下列一项或多项内容：

a．在例外电路附近设置符合要求的永久性警告标志；

b．使例外电路与其他电路隔离；

c．用颜色标识导线时，应考虑推荐的颜色。

4．防止意外启动的断开器件

1）应配备防止意外启动的断开器件（如维修时机械的启动可能发生危险）

在由于内部故障或危及设备安全的跳闸而引起关机的情况下，电气控制设备应不能自动重新启动。防止意外启动的断开器件应方便、适用，安装位置合适并易于识别它们的功能和用途。

（1）控制和安全保护系统的调定值应予以保护，防止在非授权情况下随意改动。

（2）手动或自动控制应不损害安全保护系统的功能。手动控制的任何装置应在必要处做出适当标记，以便于识别。

（3）可导致机组关机的紧急关机按钮应优先于自动控制系统的功能，并应安装在每个重要的工作地点。

2）可满足防止意外启动要求的断开器件的条件

（1）隔离器取出熔丝或移开连接线后也可起断开器件的作用，但只限于安装在封闭的电气工作区。

（2）应采取措施防止这些器件因来自控制器或其他位置的疏忽或错误而闭合。

满足隔离功能的下列器件可满足这些要求。

（1）仅安装在封闭的电气工作区的隔离器、可插拔式熔断体或可插拔式连接件。

（2）检查。

（3）调整。

（4）电气设备作业场合为：

① 无电击和灼伤的危害；

② 在整个作业中，切断方法保持有效；

③ 辅助性质的作业（如不扰乱现存配线就可以更换插入式器件）。

应根据风险评价选择器件，并考虑器件的预期使用。例如，装在封闭的电气工作区使用的隔离器、可插拔式熔断体或可插拔式连接件由清洁工人操作是不允许的。

5．断开电气设备的器件

当电气设备要求断开和隔离时，应配备电气设备的断开（隔离）器件并使其工作。这样的断开器件应满足以下条件：

（1）对预期使用适当而方便；

（2）安排合适；

（3）对电气设备的电路或部件进行维修时可以快速识别（如在必要处设置符合要求的永久性标志）。

应提供措施以防止断开器件来自控制器或其他位置的疏忽或错误造成的闭合。

电源切断开关在有些情况下能满足切断功能的要求，而在有些场合需要由公共汇流排或汇流线系统向机械电气设备的单独工作部件或多台机械馈电时，应该为需要隔离开的每个部件或每台机械配备断开器件。

除电源切断开关器件外，下列器件可以达到断开的目的和满足切断功能要求。

（1）防止意外启动的断开器件。

（2）仅安装在封闭的电气工作区的隔离器、可插拔式熔断体或可插拔式连接件，并随电气设备提供相关信息。在已提供符合电击防护要求的场合，可插拔式熔断体或可插拔式连接件由熟练或受过训练的人员使用。

6．对未经允许、疏忽和错误连接的防护

装在电气封闭工作区外的开关器件在其断开位置（或断开状态）应提供安全措施（如提供挂锁、陷阱钥匙联锁），这种安全措施应防止遥控及在本地使开关闭合。

非锁住断开器件（如可插拔式熔断体或可插拔式连接件）可采用其他防止连接的保护措施（如符合要求的警告标志）。但是，按照要求使用插头/插座时，只要其位置处于工作人员的即时监督之下，不需要提供断开位置的保护措施。

3.1.2 控制电路和控制功能

3.1.2.1 控制电路

控制电路的设计应做到在各种情况下（即使是操作错误）确保人身安全。当电器故障或操作错误时，不应使设备受到损坏。对可能危及人身安全、损坏设备或破坏生产的情况，应采用联锁装置，使事故立即停止或采取其他应急措施。

1．控制电路电源

控制电路电源应由变压器供电。这些变压器应有独立的绕组，如果使用几个变压器，建议这些变压器的绕组按使二次侧电压同相位的方式连接。用单一电动机启动器和不超过两个控制器件（如联锁装置、启/停控制台）的机械，不强制使用变压器。

如果直流控制电路连接到保护联结电路，它们应由交流控制电路变压器的独立绕组或另外的控制电路变压器供电。符合国家标准要求的带有独立绕组变压器的开关型单元满足这一要求。

2．控制电路电压

控制电路电压的标称值应与控制电路的正确运行协调一致。当用变压器供电时，控制电路的标称电压不应超过 277V。

3．保护

控制电路应按要求提供过电流保护。

4．电气控制电路

电气控制电路的特性包括：
（1）电流种类；
（2）额定频率，如果是交流；
（3）额定控制电路电压（电压性质，如为交流，指明频率）；
（4）额定控制电源电压（电压性质，如为交流，指明频率）。
控制电路电压和控制电源电压是有区别的，控制电路电压是电路中接通触点两端出现的电压，控制电源电压是施加到电器控制电路输入端的电压。
额定控制电路电压和额定频率（如适用）决定控制电路的工作和温升特性参数。正确的工作条件是控制电源电压值既不应小于 85%的额定控制电源电压（当控制电路通过最大电流时），也不应超过 110%的额定控制电源电压。
制造厂应提供额定控制电源电压下的控制电路的电流值。
控制电路电器的额定值和特性应满足相关标准的要求。

5．压缩空气（液压油）源控制电路（气动或电控气动的电器）

压缩空气（液压油）源控制电路的特性包括：
（1）额定压强及其极限值；
（2）在大气压力下，每次闭合和断开操作所需的空气（液压油）量。
气动（液压）或电控气动电器的额定压缩空气（液压油）源的压强是指决定气动（液压）控制系统工作特性的压强。

6．辅助电路

辅助电路的特性为每个电路中的触点（a 触点、b 触点等）数量和种类及其额定值。
辅助触点和辅助开关的特性应满足 GB 14048.5—2006 的要求。

7．继电器和脱扣器

在有关产品标准中应规定继电器和脱扣器的特性（如适用），其特性如下：
（1）继电器或脱扣器的形式；
（2）额定值；
（3）电流整定值或电流整定范围；
（4）时间/电流特性；
（5）周围空气温度的影响。

8．与短路保护电器（SCPD）的协调配合

制造厂应规定与控制设备及电器配合使用的 SCPD 或用在电器内部的 SCPD（当有这种情况时）的形式和特性，以及在额定工作电压下适用于电器（包括 SCPD）的最大预期短路电流。

本部分推荐时间—电流特性采用对数坐标，电流用横坐标，时间用纵坐标。推荐在标准的坐标纸上电流用电流的整定倍数表示，时间用秒表示。

3.1.2.2　控制功能

本部分未对用于执行控制功能的设备要求做出规定。

1．工作方式

每台机械可能有一种或多种工作方式，这取决于机械及其应用的类型。当工作方式选择会引发险情时，应采取合适的措施（如钥匙操作开关、通路编码）来防止这种选择。

工作方式选择本身不引发机械运转，启动控制应单独操作。

对于每个规定的工作方式，应执行有关安全功能和/或安全防护措施。

应配备选择工作方式指示（如方式选择器位置、指示灯准备、显示器指示）。

2．操作

1）概述

应为安全操作提供必要的安全功能和保护措施（如联锁等）。

机械意外停止（如制动状态、电源故障、更换电池、无线控制时信号丢失的情况）时，应采取措施防止机械运动。

机械有多个控制站时，应采取措施保证来自不同控制站的启动指令不导致危险情况。

2）启动功能

启动功能应通过给有关电路通电来实现。运转的启动应只有在安全防护装置全部就位并起作用后才能进行，但下面叙述的情况除外。

有些机械（如活动机械）上的安全观念和（或）保护措施不适合某些操作，这类操作的手动控制应采用保持运转控制。必要时与使能装置一起使用。

应提供恰当的联锁以确保正确的启动顺序。

机械要求使用多个控制站操纵启动时，每个控制站应有独立的手动操作的启动控制器件；操作启动应满足如下条件：

① 应满足机械运行的全部必要条件；

② 所有启动控制器件应处于释放（断开）位置；

③ 所有启动控制器应联合引发。

3）停止功能

（1）有下列 3 种类别的停止功能。

① 0 类：用即刻切除机械致动机构动力的办法停车（即不可控停止）；

② 1 类：给机械致动机构施加动力去完成停车，并在停车后切除动力的可控停止；

③ 2 类：利用储留动能施加于机械致动机构的可控停止。

（2）根据机械的风险评价及机械的功能要求，应提供 0 类、1 类或 2 类停止。无论使用哪种工作方式，0 类和 1 类停止都应是可供使用的，但应优先选用 0 类。停止功能应否定有关的启动功能。

在需要的场合，应提供连接保护器件的便利条件和联锁装置。如果这种保护器件或联锁装置会引起停车，那么应将状态信号发至控制系统逻辑单元。停止功能的复位不应引发任何危险情况。

3. 紧急操作（紧急停止、紧急断开）

1）概述

本部分规定紧急操作的紧急停止功能和紧急断开功能的技术要求，本部分中的这两项功能均由单人引发。

紧急操作包括紧急停止、紧急启动、紧急断开、紧急接通。可以是单独一种，也可以是几种组合。

2）紧急停止

（1）预期停止要出现的危险过程或运动的紧急操作。

（2）紧急停止设备（含功能方面）的设计原则：急停应起 0 类或 1 类停止功能的作用；急停的类别选择应取决于机械的风险评价。

除上述停止的要求之外，紧急停止功能还有下列要求：

① 紧急停止功能应否定所有其他功能和所有工作方式中的操作；

② 能够引起危险情况的机械制动机构的动力，应尽可能快地切除（0 类停止）或采用尽快停止危险运动的可控方式（1 类停止），且不引起其他危险；

③ 复位不应引起重新启动。

3）紧急启动

预期启动过程或运动以去除或避免危险情况的紧急操作。

4）紧急断开

预期切断设备的全部或部分电源，避免电击危险或其他由电引起的危险的紧急操作。

下列场合应提供紧急断开：

① 直接接触防护（如电气工作区有汇流线、汇流排、汇流环和控制设备）只是通过置于伸臂以外的防护或阻挡物防护来达到的；

② 电可能会引起的其他伤害或危险。

紧急断开由 0 类停止引起机械引入电源的断开来完成。如果机械不允许采用 0 类停止，就需要有其他保护，如直接接触防护，使得不需要紧急断开。

5）紧急接通

预期接通部分设备的电源，是预期用作紧急情况的紧急操作。

一旦紧急停止或紧急断开操动器的有效操作中止了后续命令，该操作命令在其复位前一直有效。复位应只能在引发紧急操作命令的位置用手动操作，命令的复位不应重新启动机械，而只能允许再启动。

所有紧急停止命令复位后才允许重新启动机械，所有紧急断开命令复位后才允许向机械重新通电。

紧急停止和紧急断开是辅助性保护措施，对于某些危险（如陷入、缠绕、电击或灼伤），这些措施不是降低风险的根本办法。

6）安全功能和/或安全防护措施暂停

如果需要暂停安全功能和/或安全防护措施（如设置或维修目的），应确保如下保护。

（1）其他所有工作（控制）方式都不能使用。

（2）可能包括下列一条或多条其他相关措施：

① 利用“保持—运转”或相同功能的控制器件开动运转；

② 带急停器件的移动操纵站（如悬挂），并包括合适的启动器件；若使用移动操纵站，则只能从此站开动运转；

③ 符合要求的带引发停止功能装置的无线控制站及使能装置（适当场合），使用无线控制站的场合应只能从控制站启动运行；

④ 限制运动速度或功率；

⑤ 限制运动范围。

7）急停后正常功能的恢复

急停器件的操动器未经手动复位前应不能恢复急停电路。如果在电路中设置几个急停器件，则在所有操动器复位前电路不应恢复。

4. 指令动作的监控

当机械或机械部件的运动或动作可能导致危害情况时，应对运动或动作进行监控，如超程限制器及电动机超速检测、机械过载检测或防碰撞器件等装置。

有些手动控制的机械，由操作者提供监控。

5. 其他控制功能

1）“保持—运转”控制

“保持—运转”控制要求该控制器件持续激励直至工作完成。

“保持—运转”控制可用器件完成。

2）双手控制

可以使用以下定义的三种形式的双手控制，其选择取决于风险评价。

形式I：这种形式要求具有以下特点。

① 提供需要双手联合引发的两个控制引发器件。

② 在危险情况期间持续操作。

③ 当危险情况依然存在时，释放任一个控制引发器件都应中止机械运转。

Ⅰ型：双手控制器件，不适合引发危险操作。

Ⅱ型：是Ⅰ型的另一种控制，当要求进行重新启动运转时，需先释放两个控制引发器件。

Ⅲ型：是Ⅱ型的另一种控制，控制引发器件联合引发的要求如下。

① 在一定时限内启动两个控制引发器件应不超过0.5s；

② 如果超过时限，应先释放两个控制引发器件，方可启动运转。

3）使能控制

使能控制是一个附加手动激励的控制功能联锁，即：

（1）被激励时，允许机械运转由单独的启动控制引发；

（2）去激励时，引发停止功能，防止机械运转。

当使能器件作为系统的一部分时，应设计成只在一个位置启动时才允许运动，在其他任何位置运动应停止。

使能控制的配置应使其失效的可能性最小，如在机械运转可能被重新启动前，要求使能控制器件去激励。借助简单装置的使能功能不应有失效的可能。

4）启动与停止兼用的控制

交替控制启动和停止运转的按钮和类似控制器件只应用作不会在运行中引起危险情况的功能。

在设计时，应使控制电路与危险报警电路不相互混淆，以免报警电路出现虚警。

6. 无线控制

1）概述

本部分叙述使用无线（如无线电、红外线）技术在机械控制系统和操作控制站之间传输指令和信号的控制系统的功能要求。

这些应用和系统的完整性也适用于使用串行数据通信技术的控制功能，此处的通信链路使用电缆（如同轴电缆、双绞线、光缆）。

应该有易于拆除或断开操作控制站电源的措施。

如有必要，应提供手段（如操作键开关、存取代码）防止未经准许使用操作控制站。

每一台操作控制站应配备预期受该控制站控制的机械的清晰指示。

2）控制限制

应采取措施保证控制指令只对预期使用的机械起作用，只对预期使用的功能起作用。

应采取措施防止机械对其他的信号响应，应该响应预期使用操作控制站的信号。

如果必要，应提供手段使机械在一个或多个区域或位置上接受操作控制站的控制。

3）停止

对于引发机械的停止功能或对会引起危险情况的所有运动引发的停止功能，操作控制站应包含单独和清晰可辨的装置。引发这种停止功能的激励装置，即使对机械引发的停止功能可能是急停功能，也不必像急停器件那样标志或标记。然而，如果无线控制系统至少满足作为急停功能的要求，该停止器件的操作装置应按急停器件标志或标记。

配备有无线控制的机械在下列情况下应该有自动引发机械停止和防止潜在危险操作的装置：

① 收到停止信号时；

② 系统中检测出故障时；

③ 在指定的时间周期内，未检测出有效信号，但不包括机械正执行预编程任务而被占用时，因为此时超出了无线控制范围，又没有出现危险情况。

有效信号包括已建立的通信确认信号和维修信号。

4）使用多操作控制站

如果设备有多个操作控制站（包括一个或多个无线控制站），应采取措施使在给定时间内只有一个控制站起作用。由机械风险评价确定在适当位置，对哪一个操作控制站正在控制机械要有指示。

例外：按照设备风险评价的要求，来自任何一个控制站的停止指令均应有效。

5）电池供电的操作控制站

电池电压变化不应引发危险情况。如果用电池供电的操作控制站控制一个或多个可能有危险的运动，那么当电池电压的变化超过规定的限值时，应给操作者发出清晰的警告。此时操作控制站应保持其功能直到机械脱离危险情况。

3.1.2.3 联锁保护

1. 联锁安全防护装置的复位

联锁安全防护装置的复位不应引发机械的运转和工作，以免发生危险情况。

对具有启动功能（可控防护装置）联锁安全防护装置的要求如下，当下列条件全部得到满足时，才能使用具有启动功能的联锁防护装置。

（1）满足对联锁安全防护装置的全部要求（见 GB/T 18831—2010）。

（2）机器的工作循环时间短。

（3）将防护装置打开的最长时间设为低值（等效于循环时间）。一旦超过该时间，通过关闭具有启动功能的联锁防护装置将不能触发危险功能，且重新启动前必须进行复位。

（4）当防护功能关闭后，机器的尺寸或形状不允许操作者或其身体某部分停留在危险区内或危险区和防护装置之间。

（5）所有其他防护装置，无论固定式（可拆卸式）还是活动式均为联锁防护装置。

（6）在与具有启动功能的联锁防护装置相伴的联锁装置的设计上，借助诸如加倍设置位置检测器及使用自动监控的方法，使得其失效不能导致意外的启动。

（7）防护装置采用稳定的打开方式（如借助弹簧或配重），使得不会因其自身重量掉下时触发启动。

2. 超过工作极限值

超过工作极限值（如速度、压力、位置）可能导致危险情况，当超过预定的限值时应提供检测手段并引发适当的控制作用。

3. 辅助功能的工作

应通过适当的器件（如压力传感器）去检验辅助功能的正常工作与否。

如果辅助功能（如润滑、冷却、排屑）的电动机或器件不工作，则有可能发生危险情况或损坏机械和加工件，此时则应提供适当的联锁。

4. 不同工作和相反运动间的联锁

所有接触器、继电器和其他控制器件同时动作会带来危险时（如启动相反运动），应进行联锁，防止不正确的工作。

控制电动机换向的接触器应联锁（如控制电动机的旋转方向），使得在正常使用中切换时不会发生短路。

如果为了安全或持续运行，机械上的某些功能需要相互联系，则应用适当的联锁以确保正常的协调。

对于在协调方式中同时工作并具有多个控制器的一组机械，必要时应对控制器的协调操作做出规定。

如果机械制动机构的故障会产生制动，此时有关的机械致动机构已供电而且可能出现危险情况时，则应配备联锁，用来切断机械致动机构。

5. 反接制动

如果电动机采用反接制动，则应采取有效措施防止制动结束时电动机反转，这种反转可能会造成危险情况或损坏机械和加工件。为此，不允许采用只按时间作用原则的控制器件。

控制电路的安排使电动机轴转动（如手动）时，都不应发生危险情况。

3.1.2.4 故障情况的控制功能

1. 一般要求

电气设备中的故障或干扰会引发危险情况或损坏机械和加工件时，应采取适当措施以减少这些危险出现的可能性。所需的措施及其实现，无论是单独或结合使用，均依赖于有关应用的风险评价等级。

电气控制电路应有适当的安全性能水平，这由机械的风险评价确定。

减少这些危险的措施包括（但不限于）：

① 机械上采用保护器件（如联锁防护装置、脱扣器件）；

② 电路的保护联锁；

③ 采用成熟的电路技术和元件；

④ 提供部分或完整的冗余技术或相异技术；

⑤ 提供功能试验。

存储器记忆，如由电池供电保持的场合，应采取措施防止由于电池失效或摘除而引发危险情况。应提供措施（如使用按键、通路编码或工具）防止未经授权或意外修改存储器的内容。

2. 失效情况下减低风险的措施

1）采用成熟的电路技术和元件

这些措施包括（但不限于）：

① 工作器件的控制电路接地；
② 用断电的方式停车；
③ 切断被控制器件的所有通电导线；
④ 使用强制（或直接）断开操作的开关电器；
⑤ 电路设计上要减少意外操作引起的故障的可能性。

2）部分或完整采用冗余技术

通过提供部分或完整的冗余技术可能使电路中单一故障引起危险的可能性减至最小。正常操作中的冗余技术可能是有效的（在线冗余），或设计成专用电路，仅在操作功能失效时去接替保护功能（离线冗余）。

在正常工作期间离线冗余技术不起作用的场合，在需要时应采取措施确保这些控制电路可供使用。

3）采用相异技术

采用有不同操作原理或不同类型器件的控制电路，可以减少故障和失效可能引起的危险。例如：

① 由联锁防护装置控制的常开和常闭触点的组合；
② 电路中不同类型控制电路元件的运用；
③ 在冗余结构中机电和电子电路的组合。

电和非电（如机械、液压、气压）系统的结合可以执行冗余功能和提供相异技术。

4）功能试验的规定

功能试验可用控制系统自动进行，也可在启动时和按预定间隔手动检查或试验，或以适当方式组合。

3. 接地故障和电压中断及电路连续性损坏引起误操作的防护

1）接地故障

控制电路接地的要求如图 3.1.1 所示。

控制电路的接地故障不应引起意外的启动、潜在的危险运转或妨碍机械的停止。

满足这些要求可采用（但不限于）下列方法。

方法 A：由控制变压器供电的控制电路。

（1）控制电路电源接地的情况，在电源点，共用导体联结到保护联结回路。所有预期要操作电磁或其他器件（如继电器、指示灯）的触点、固态元件等应插入控制电路电源有开关的导线一边与线圈或器件的端子之间。线圈或器件的其他端子（最好是同标记端）直接连接控制电路电源且没有任何开关要素的共用导体（见图 3.1.2（a））。

例外，保护器件的触点可以接在共用导线和线圈之间，以达到：

① 在接地故障事件中，自动切断电路；
② 连接非常短（如在同一电柜中）以致不大可能有接地故障（如过载继电器）。

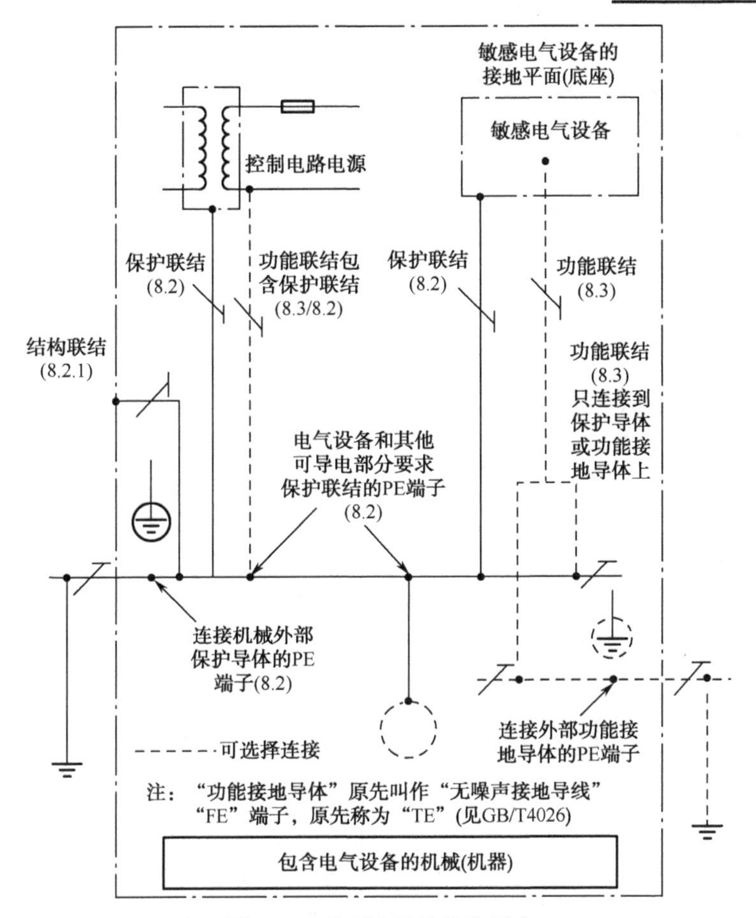

图 3.1.1 控制电路接地的要求

（2）控制电路由控制变压器供电且不连接保护联结回路，接线如图 3.1.2（a）所示，并配备有在接地故障中自动切断电路的器件。

方法 B：控制电路由控制变压器供电，变压器带中心抽头绕组，中心抽头连接保护接地电路，接线如图 3.1.2（b）所示，图中的所有控制电路电源导线中，有包含开关元素的过电流保护器件。

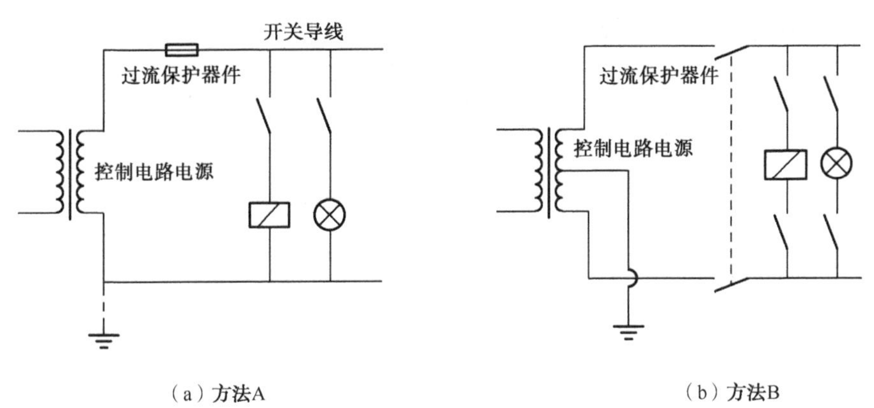

图 3.1.2 接地故障引起误操作的防护

对有中心抽头的接地控制电路，一个接地故障会在继电器线圈上留下 50%的电压。在这种情况下，继电器会保持，导致不能停机。线圈或器件可在一边或两边接通（或断开）。

方法C：控制电路并不经控制变压器供电，而是下列情况中的一种。

（1）直接连接到已接地电源的相导体之间；

（2）直接连接到相导体之间、连接到不接地或高阻抗接地的电源相导体和中性导体之间。

在意外启动或停止失效事件中，或在方法 C 的 2）情况中，可能引发危险情况或损坏机械功能的启动或停止，应使用切换所有带电体的多极开关，在接地故障事件中应使用自动切断电路的器件。

2）电压中断

应满足零电压和欠电压保护的要求。

如果采用存储器，一旦电源发生故障，应确保正常功能（如用非易失性存储器），否则记忆消失，会发生危险情况。

3）电路连续性丧失

当有关安全的控制电路连续性损坏取决于滑动触点时，就可能引发危险情况，此时应采取适当措施（如采用双重滑动触点）。

3.2 防护电路设计规范

虽然防护电路的功能不是我们设计电气控制柜的主要目的，但是防护电路对于保证电气控制柜的安全可靠运行，以及设备操作人员的人身安全起着关键作用。因此，防护电路对于电气控制设备不是可有可无的，而是构成现代自动控制系统必不可少的重要组成部分。

3.2.1 电击防护的设计

3.2.1.1 概述

1．对不同防触电类别设备的防触电特征及安全措施

防触电类别见表 3.2.1，表 3.2.1 给出了设备按防触电保护分类的主要特征，对不同防触电类别设备的防触电特征及安全措施，并指出了一旦基本绝缘失效所需的安全措施。

表 3.2.1 设备主要特征及安全措施表

项　目	防触电类别			
	0类	Ⅰ类	Ⅱ类	Ⅲ类
设备主要特征	没有保护接地	有保护接地	有附加绝缘，不需要保护接地	设计成由安全特低电压供电
安全措施	使用环境要与地绝缘	接地线与固定布线中的保护（接地）线连接	双重绝缘或加强绝缘	由安全特低电压供电

2．应采取保护措施防止意外触及电压超过 50V 的带电部件

电气设备应具备在下列情况下保护人免受电击的能力。

（1）直接接触。

（2）间接接触。建议使用 3.2.1.3 节规定的防护措施。对于这些防护措施不适用的场合，普遍可接受的防护措施可参照 IEC 60364-4-41。

当按照有关规定将控制设备安装在一个系统中时，考虑到控制设备的特殊要求，那些对于控制设备尤为重要的防护措施详细描述如下。

3.2.1.2　直接接触的防护

直接接触的防护主要是利用电气控制设备的外壳进行隔离。但是残余电压的防护必须在进行电路设计时考虑。

如果控制设备中包含断电后存在危险电荷的设备（如电容器等），则要求装警告牌。

切断电路时，电荷能量大于 0.1J 的电容器应具有放电回路。

电源切断后，任何残余电压高于 60V 的外露可导电部分，都应在 5s 之内放电到 60V 或 60V 以下，但是这种放电速率不应妨碍电气设备的正常功能（元件存储电荷小于等于 60μC 时可免除此要求）。如果这种防护办法会干扰电气设备的正常功能，则应在容易看见的位置或在装有电容的外壳邻近处，做耐久性警告标志提醒注意危险，并说明在打开以前的必要延时。

用于灭弧和继电器延时动作等的小电容器，不应认为是有危险的设备。如果在切断电源后的 5s 之内，由静电产生的电压降至直流 120V 以下时，无意识的接触不认为是有危险的。

对于插头/插座或类似的器件，拔出它们会裸露出导体件（如插针），放电时间不应超过 1s，否则这些导体件应加以防护，直接接触的防护等级至少为 IP2X 或 IPXXB。对于放电时间不小于 1s，最低防护等级又未达到 IP2X 或 IPXXB 的器件，应采用附加的断开器件或适当的警告标志。

3.2.1.3　间接接触的防护

1．概述

间接接触的防护用来预防带电部分与外露可导电部分之间由于绝缘失效所产生的危险情况。

由触摸电压引起有害的生理效应的风险取决于触摸电压及暴露的持续时间。对电气设备的每个电路或部件，至少应采用下列间接接触的防护措施之一。

（1）防止出现危险触摸电压。

（2）触及触摸电压可在造成危险之前自动切断电源。

（3）设备和保护措施的分类见国家标准《电击防护装置和设备的通用部分》。

用户应说明适合于控制设备安装的防护措施，尤其要注意 IEC 60364-4-41 中规定的对整个装置防止间接接触的要求，如采用保护导体。

2．利用保护电路进行防护

控制设备中的保护电路可由单独的保护导体或导电结构部件组成，或由两者共同组成。它提供下述保护：

1）防止由控制设备内部故障引起的后果；

2）防止由控制设备供电的外部电路故障引起的后果。

在下述条款中给出了保护电路的要求。

1）应在结构上采取措施以保证控制设备裸露导电部件之间，以及这些部件和保护电路之间的电连续性。对于PTTA，除非采用形式试验的方案或可以免除进行短路强度的验证，否则，保护电路应使用单独的保护导体，而且把它安置在母线电磁力的影响可以被忽略的位置。

2）控制设备的裸露导电部件在下述情况下不会构成危险，则不需与保护电路连接：

（1）不可能大面积接触或用手抓住；

（2）由于裸露导电部件很小（大约50mm×50mm），或者被固定在其位置上时，不可能与带电部件接触。

这适用于螺钉、铆钉和铭牌，也适用于接触器或继电器的衔铁、变压器的铁芯（除非它们带有连接保护电路的端子）、脱扣器的某些部件等，不论其尺寸大小。

3）手动操作装置（手柄、转轮等）应：

（1）安全可靠地与已连接到保护电路上的部件进行电气连接；

（2）带有辅助绝缘物，以使手动操作装置与控制设备的其他导电部件互相绝缘，此绝缘物至少应与手动操作装置所属器件的最大绝缘电压等级一样。

操作时通常用手握的手动操作的部件最好采用符合控制设备的最大绝缘电压的绝缘材料来制作或包覆。

4）用漆层或搪瓷覆盖的金属部件一般认为没有足够的绝缘能力以满足这些要求。

5）应通过直接的或由保护导体完成的相互有效连接来确保保护电路的连续性。

（1）当把控制设备的一个部件从外壳中取出时，如进行例行维修，控制设备其余部分的保护电路不应当被切断。

如果采用的措施能够保证保护电路有持久良好的导电能力，而且载流容量足以承受控制设备中流过的接地故障电流，组装控制设备的各种金属部件则被认为能够有效地保证保护电路的连续性。建议软金属管不用作保护导体。

（2）如果可移式或抽出式部件配备有金属支撑表面，而且它们对支撑表面上施加的压力足够大，则认为这些支撑面能充分保证保护电路的连续性，此时有必要采取一定的措施以保证有持久良好的导电性。从连接位置到分离（隔离位置）位置，抽出式部件的保护电路应一直保持其有效性。

（3）在盖板、门、遮板和类似部件上，如果没有安装电气设备，通常的金属螺钉连接和金属铰链连接则被认为足以能够保证电的连续性。

如果在盖板、门、遮板等部件上装有电压值低于超低压限值的电器，应采取措施，以保证保护电路的连续性。建议给这些部件装配上一个保护导体（PE、PEN），此保护导体的截面积取决于所属电器电源引线截面积的最大值，并且符合规定的要求。为此目的而设计的等效电连接方式（如滑动触点、防腐蚀铰链）也认为是满足要求的。

（4）控制设备内保护电路所有部件的设计，应使它们能够承受在控制设备的安装场地可能遇到的最大热应力和动应力。

（5）如果将外壳当作保护电路的一部分使用，其截面积与规定的最小截面积在导电能力方面应是等效的。

（6）当利用连接器或插头插座切断保护电路的连续性时，只有在带电导体已被切断后，保护电路才能断开，并且在带电导体重新接通以前，应先恢复保护电路的连续性。

（7）原则上，控制设备内的保护电路不应包含分断器件（开关、隔离器等），但上一条中提及的情况例外。在保护导体的整个回路中，唯一允许的措施是设置连接片，这种连接片只有经过批准的人才可借助于工具来拆卸（某些试验可能需要此种连接片）。

6）用于连接外部保护导体的端子和电缆套的端子应是裸露的，如无其他规定，应适用于连接铜导体。应该为每条电路的出线保护导体设置一个尺寸合适的单独端子。对铝或铝合金的外壳或导体，应特别注意电腐蚀的危险。在控制设备具有导电结构、外壳等部件的情况下，应采取措施以保证控制设备的裸导电部件（保护电路）和连接电缆的金属外皮（钢管、铅皮等）之间的电连续性，用于保证裸露导体与外部保护导体的电连续性而采取的连接措施不得用作其他用途。

7）外部导体所连接的控制设备内保护导体（PE、PEN）的截面积应按下述方法中的一种来确定。

（1）保护导体（PE、PEN）的截面积不应小于表3.2.2中给出的值。如果表3.2.2用于PEN导体，在中性电流不超过相电流的30%的前提下是允许的。

如果应用此表得出非标准尺寸，那么应采用最接近的较大的标准截面积的保护导体（PE、PEN）。

只有在保护导体（PE、PEN）的材料与相导体的材料相同时，表3.2.2中的值才有效。如果材料不同，保护导体（PE、PEN）截面积的确定要使之达到与表3.2.2相同的导电效果。

对于PEN 导体，下述补充要求应适用：

① 最小截面积应为铜10mm²，或铝16mm²；

表3.2.2 保护导体的截面积（PE、PEN）

相导体的截面积 S（mm²）	S<16	16<S<35	35<S<400	400<S<800	800<S
相应保护导体的最小截面积 S_p（PE、PEN）（mm²）	$S_p=S$	$S_p=16$	$S_p=S/2$	$S_p=200$	$S_p=S/4$

② 在控制设备内PEN导体不需绝缘；

③ 结构部件不应用作PEN导体，但铜制或铝制安装轨道可用作PEN导体；

④ 在某些应用场合，如大的荧光照明装置，PEN导体的电流可能达到较高值，可以根据制造商与用户之间的专门协议，配备载流量等于或高于相导体的PEN导体。

（2）保护导体的截面积还可用规定的公式计算求得，或用其他方法获得，如通过试验获得。确定保护导体的截面积，必须同时满足下述条件：

① 进行保护电路有效性试验时，故障电路阻抗值应满足保护器件动作时所要求的条件；

② 电力保护器件动作条件，即不能因保护导体（PE、PEN）中故障电流所引起的温升损坏该导体或其电连续性。

8）如果控制设备中带有由导电材料构成的结构部件、框架、外壳等，保护导体则不需要与这些部件绝缘。

9）接至某些保护电器的导体，包括连接这些器件至单独接地电极的导体，都必须细致地进行绝缘。这适用于诸如电压型故障检测器，同时也适用于变压器中性点的接地线。

在实施关于这类器件的技术要求时，要注意采用专门的措施。

10）某一器件，如果其可接近导电部件不能用固装方式与保护电路连接，则应用导线连接到控制设备的保护电路上，导线的截面积根据表3.2.3选择。

表 3.2.3 铜连接导线的截面积

额定工作电流 I_e（A）	I_e<20	20<I_e<25	25<I_e<32	32<I_e<63	63<I_e
连接导线的最小截面积 S（mm^2）	S	2.5	4	6	10
S 为相导体的截面积。根据 IEC 60364-4-4 中的 413.2.1，它等同于第Ⅱ类设备。					

3. 用自动切断电源作防护

在故障情况下，保护器件自动操作切断一路或多路相线。切断应在极短时间内出现，以限制触摸电压，使其在持续时间内没有危险。表 3.2.4 给出了 TN 系统的最长切断时间。

表 3.2.4 TN 系统的最长切断时间

U_0（V）	120	230	277	400	>400
切断时间（s）	0.8	0.4	0.4	0.2	0.1
U_0 是对地标称交流电压均方根值。					
注 1：在 GB 156 规定的允许偏差范围内的电压值，切断时间适用于施加的标称电压。					
注 2：对于两级之间的电压值，使用表中紧接在其后的较高值。					

用自动切断电源作防护这种措施需协调以下几个方面的要求：

（1）电源接地系统形式；

（2）不同地基保护联结系统的接地阻抗值；

（3）检测绝缘故障保护器件的特性。

出现绝缘故障后，受其影响的任何电路的电源自动切断，这是为了防止由触摸电压引起的危险情况。这种措施包括以下两个方面。

（1）外露可导电部分的保护联结。

（2）下列任一种方法：

① 在 TN 或 TT 系统中，绝缘失效时用保护器件自动切断电源；

② 在 TT 系统中，检测到带电部分对外露可导电部分或对地的绝缘故障时，引发残余电流保护器件自动切断电源；

③ 采用绝缘监测或残余电流保护器件引发 IT 系统自动断开。此外，如果设置的保护器件在首次接地故障情况下切断电源，应提供绝缘监测器件以指示来自带电部分对外露可导电部分或对地发生的首次故障。这种绝缘监测器件应发出听觉的和/或视觉的信号，随着故障持续而连续。

在大型机器中，接地故障定位系统的预防措施能便于设备的维护。

在配有满足上述要求的自动切断，而不能确保在表 3.2.4 规定的时间内切断的场合，应提供满足要求所必需的辅助联结。

3.2.1.4 采用安全超低压（PELV）作防护

1. 基本要求

应采用安全特低电压保护人身免于间接接触和有限区间直接接触的电击防护。PELV 电路应满足下列全部条件。

（1）额定电压不应超过：

① 当设备在干燥环境正常使用，但带电部分与人体无大面积接触时，不超 25Va.c 均方根值或 60Vd.c 无纹波；

② 其他情况，6Va.c 均方根值或 15Vd.c 无纹波。

说明：无纹波一般定义为正弦波的纹波电压的纹波含量不超过 10%均方根值。

（2）电路的一端或该电路电源的一点应连接到保护接地电路上。

（3）PELV 电路的带电体应与其他带电回路电气隔离，电气隔离不应低于安全隔离变压器初级和次级电路之间的技术要求。

（4）PELV 电路的导线应与其他电路的导线相隔离。

（5）PELV 电路用插头/插座应遵守下列规定：

① 插头应不能插入其他电压系统的插座；

② 插座应不接受其他电压系统的插头。

2. PELV 电源

PELV 电源应为下列的一种：

（1）符合要求的安全隔离变压器；

（2）安全等级等效于安全隔离变压器的电流源（如带等效绝缘绕组的发电机）；

（3）电化学电源（如电池）或其他独立的较高电压电路电源（如柴油发电机）；

（4）符合适用标准的电子电源，该标准规定要采取的措施，以保证即使出现内部故障，输出端子的电压也不超过规定值。

3.2.2 电气设备的保护与等电位联结

3.2.2.1 电气设备的保护

电气控制设备的保护措施应考虑以下情况：

（1）由于短路而引起的过电流；

（2）过载或电动机冷却功能损失；

（3）异常温度；

（4）失压或欠电压；

（5）机械或机械部件超速；

（6）接地故障/残余电流；

（7）相序错误；

（8）闪电和开关浪涌引起的过电压。

1. 过电流保护

1）概述

控制电路中的电流如果会超过元件的额定值或导线的载流能力，则应按下面的叙述配置过电流保护。使用的额定值或整定值应符合要求。

2）电源线

除非用户另有要求，否则电气设备供方不负责向电气设备电源线提供过电流保护器件。电气设备供方应在安装图上说明这种过电流保护器件的必要数据。

3）动力电路

每根带电导线应装设过电流检测和过电流断开器件并按规定选择。

下列导线在所有关联的带电导线未切断之前不应断开。

(1) 交流动力电路的接地导线；

(2) 直流动力电路的接地导线；

(3) 连接到活动机器的外露可导电部分的直流动力导线。

如果中线的截面积至少等于或等效于有关相线，则在中线上不必设置过电流检测和切断器件。

对于截面积小于有关相线的中线，应采取 IEC 60364-5-52 中 524 所述的保护措施。

在 IT 系统中，建议不采用中线，然而，如果采用中线，应采取 IEC 60364-4-43 中 431.2.2 所述的保护措施。

4）控制电路

直接连接电源电压的控制电路和由控制电路变压器供电的电路，其导线应依照上一条要求配置过电流保护。

由控制电路变压器或直流电源供电的控制电路导线应提供防止过电流保护措施：

(1) 在控制电路连接到保护联结电路场合，在设有开关的导线上插接过电流保护器件；

(2) 在控制电路未连接到保护联结电路场合；

(3) 当所有控制电路中采用相同截面积导线时，在设有开关的导线上插接过电流保护器件；

(4) 当不同分支控制电路中采用不同截面积导线时，在设有开关的导线和各分支电路的公共导线上都应插接过电流保护器件。通过变压器供电的控制电路，二次测线圈一侧连接保护联结电路，过电流保护器件仅要求设在另一侧电路导线上。

5）插座及其有关导线

主要用来给维修设备供电的通用插座，其馈电电路应有过电流保护。

这些插座的每个馈电电路的未接地带电导线上均应设置过电流保护器件。

6）照明电路

供给照明电路的所有未接地导线，应使用单独的过电流保护器件防止短路，与防止其他电路的防护器件分离。

7）变压器

变压器应按照制造厂说明书设置过电流保护。下面情况的保护应避免：

(1) 变压器合闸电流引起误跳闸；

(2) 受二次侧短路的影响使绕组温升超过变压器绝缘等级允许的温升值。

过电流保护器件的形式和整定值应采用变压器供方的推荐值。

8）半导体器件的故障电流保护

故障电流保护措施包括下列三种类型和它们的合理组合，即：
（1）降低半导体元件的使用容量；
（2）采用限时器件；
（3）采用限流器件。

故障电流保护措施的选择，取决于预期的故障电流类型、为使变流器重新工作而采用的办法、安全的经济效果及保护装置的造价等。

变流器的故障短路有内部短路和外部短路两种。前者由换相故障、直通、失通和击穿等变流器本身的故障所引起，其短路电流一般由交流电源供馈，但在某些情况下，如当双变流器在反电势下做逆变运行时，其内部短路电流由交流电网和直流电路同时供馈。此时，其保护措施应做相应考虑。对外部短路采取保护措施时，应区别下列不同情况：
（1）短路阻抗与变流器内部阻抗相比可以忽略不计的短路情况，即完全短路；
（2）短路阻抗大到足以限制故障电流时的情况，即有限的短路；
（3）负载的支路中发生的短路情况（该支路额定直流电流比馈电变压器容量小得多，且具有单独保护器件），称为支路短路。

设计变流器时，应针对在运行过程中可能发生的短路形式，以及要求变流器恢复正常运行所采用的方法（如有），选取适当的保护措施，供方应在合同或有关技术文件中按上述概念详细说明所采用的措施是针对哪一种故障电流的。

9）过电流保护器件的设置

过电流保护器件应安装在导线截面积减小或导线载流容量减小处。满足下列条件的场合除外：
（1）支线路载流容量不小于负载所需容量；
（2）导线载流容量减小处与连接过电流保护器件之间的导线长度不大于 3m ；
（3）采用较小短路可能性的方法安装导线，如导线用外壳或通道保护。

10）过电流保护器件

额定短路分断能力应不小于保护器件安装处的预期故障电流。流经过电流保护器件的短路电流除了来自电源的电流外，还包括附加电流（如来自电动机、功率因数补偿电容器），这些电流均应考虑进去。

如果在电源侧已设有保护器件，且具有必要的分断能力，则负载侧允许选用较小分断能力的保护器件。此时，两套器件的特性应相互协调，以便经过两套串接器件的能量不超过耐受值，不损伤负载侧过电流保护器件和由其保护的导线。使用这种协调安排的过电流保护器件可能会引发两个过电流保护器件工作。

如果采用熔断器作为过电流保护器件，应选取用户地区容易买到的类型或为用户安排备件的供应。

11）过电流保护器件的额定值和整定值

熔断器的额定电流或其他过电流保护器件的整定电流应选择得尽可能小，但要满足预期的过电流要求，如电动机启动或变压器合闸期间的过电流要求。选择这些器件时应考虑到控制开关电器由于过电流引起损坏的保护问题，如防备控制开关器件触点的熔焊。

过电流保护器件的额定电流或整定电流取决于受保护导线的载流能力，该保护导线应符合正常工作时的载流容量和最大允许切断时间要求。应考虑到保护电路中其他电器的协调要求。

2．电动机的保护

1）电动机过热保护概述

额定功率大于 0.5kW 以上的电动机应配备电动机过热保护，在工作中不允许切断电动机运转的场合（如泵起火）例外。这种检测方式应发出报警信号，使操作者能够响应。

电动机的过热保护可由下列方式来实现。

（1）过载保护：过载保护器件检测电路负载超过容量时电路中时间—电流间的关系（I^2t），同时做适当的控制响应。

（2）超温度保护：温度检测器件可检测过高温度并引发适当的控制响应。

（3）限流保护：应防止过热保护复原后任何电动机自行启动，以免引发危险情况，损坏机械或加工件。

2）过载保护

被控对象不允许过载运行时，设备应有过载保护。

在提供过载保护的场合所有通电导线都应接入过载检测，中性线除外。然而，在电缆过载保护未采用电动机过载检测的场合，过载检测器件数量可按用户的要求减少。对于单相电动机或直流电源，检测器件只允许用在一根未接地的通电导线中。

若过载是用切断电路的办法作为保护，则开关电器应切断所有通电导线，但中性线除外。

对于特殊工作制要求频繁启动、制动的电动机（快速移动、锁紧、快速退回、灵敏钻孔等电动机），由于保护电器与被保护绕组的时间常数相互差异较大，配置过载保护可能很困难，这时需要采用为特殊工作制电动机或超温度保护专门设计的保护器件。

对于不会出现过载的电动机不要求过载保护。例如，由机械过载保护器件保护的或有足够容量的力矩电动机和运动驱动器。

3）超温度保护

在电动机散热条件差的场合（如尘埃环境），建议采用带超温度保护的电动机。根据电动机的形式，如果在转子失速或缺相条件下超温度保护不总是起作用，则应提供附加保护。

在可能存在超温度场合（如散热不好），对于不会出现过载的电动机也建议设置超温度保护（如由机械过载保护器件保护或有足够容量的力矩电动机和运动驱动器）。

4）限流保护

在三相电动机中用电流限制方法达到防止过热的场合，电流限制器件的数量可从 3 个减少到 2 个。对于单相交流电动机或直流电源，电流限制器件只允许用在未接地带电导体中。

5）电动机的超速保护

如果超速能引发危险情况，则应考虑采取措施提供超速保护。超速保护应激发适当的控制响应，并应防止自行重新启动。

超速保护的运行方式应使电动机的机械速度限值或其负载不被超过。这种保护可由离心式开关或速度极限监视器组成。超速保护的工作中应不超过监视器的机械速度极限或其负载。

3. 异常温度的保护

正常运行中可能达到异常温度，以致会引发危险情况的发热电阻或其他电路（如由于短时间工作制或冷却介质不良），应提供恰当的检测，引发适当的控制响应。

4. 电压异常保护

1）过压保护

当设备的输出电压超过规定的极限值时，应将设备主电路自动断开或采取其他保护措施，以保证设备中的各部件不受损伤。

正常工作时，设备应能承受下列各种过电压而使其各元件不受损伤：

（1）开关操作的过电压；

（2）熔断器或快速开关分断时产生的过电压；

（3）元件换相过程中产生的过电压；

（4）产品技术条件提出的其他过电压（如雷击波形的大气过电压等）。

闪电和开关浪涌引起的过电压效应可用保护器件防护：

（1）闪电过电压抑制器应连接到电源切断开关的引入端子；

（2）开关浪涌过电压抑制器应连接到所有要求这种保护设备的端子上；

（3）对电源线、数据线、信号线、各个传感器、计算机宜用电涌保护器加以保护。

2）半导体元件的过电压保护

由于变流器中的半导体器件对过电压的耐受能力很小，所以必须注意过电压保护装置与电力半导体器件的电压容量要相匹配。

变流器的过电压保护措施，取决于预期的变流器的内部浪涌电压和外部浪涌电压。内部浪涌电压由诸如熔断器熔断、残留空穴复合现象之类的原因所引起，这类电压一般可以在设计变流器时加以控制。外部浪涌电压是由大气放电、断路器操作、负载通断等原因引起，出现于交流网侧或直流侧的浪涌电压。

为上述过电压采取的措施主要有下列几种类型：

（1）分合闸引起的过电压保护；

（2）快速开关引起的过电压保护；

（3）换相过电压保护；

（4）大气过电压保护。

变流器过电压保护装置应能保护变流器免受可能出现的各种浪涌电压之害，而自身又能安全工作。对于频繁承受非周期浪涌电压的变流器，以及有过电压保护装置和其他特殊要求的变流器，应在合同或有关技术文件中说明。

3）零电压和欠压保护

如果电压降落或电源中断会引发危险情况、损坏机械或加工件，则应在预定的电压值下提供欠压保护（如断开机械电源）。

某些设备如果允许电源电压瞬时中断（或瞬时欠压）而不要求断开电路，则可配置带延时的欠压保护器件，只有在欠压超过规定的时限后，才能切断电路。欠压保护器件的工作，不应妨碍机械的任何停车控制的操作。

控制设备应设有零电压保护，如果设备需要，也可配备瞬时失压保护。应防止电压复原或电源接通后机械的自行重新启动，以免引发危险情况。

如果仅是机械的一部分或以协作方式同时工作的一组机械的一部分受电压降落或电源中断的影响，则欠压保护应激发适当的控制响应。

对于某些设备，如果设备在断电后自行运行不对操作者造成危险，同时又不至于对设备本身造成损伤，则可不受本条所限。

5. 安全接地保护

设备的金属构体上应有接地点。与接地点相连接的保护导线的截面积，按表 3.2.2 的规定选取。

如果设备采用黄、绿接地线，则保护导体端子的接地标记符号可省略。

连接接地线的螺钉和接地点不能用作其他用途。

6. 接地故障/残余电流保护

除所述接地故障/残余电流用自动断开电源作保护外，下面的保护用于减少由于接地故障电流小于过电流保护检测水平而对电气设备造成的危险。

保护器件的整定值只要满足电气设备正确运行的要求即可，应尽可能小。

1）隔离电器的泄漏电流

对于额定工作电压高于 50V 的隔离电器，应验证其允许泄漏电流，在每一断开触点间测量泄漏电流。

电器在施加试验电压为额定工作电压的 1.1 倍时，其泄漏电流不应超过以下规定的允许值：

（1）新的电器控制设备，每极的允许泄漏电流为 0.5mA；

（2）按有关产品标准的要求接通和分断试验后的电器，每极的泄漏电流为 2mA。

对于任何情况，隔离电器在 1.1 倍额定工作电压下的极限泄漏电流不应超过 6mA。验证上述要求的试验方法应在有关产品标准中规定。

2）限制大泄漏电流影响的措施

限制大泄漏电流的影响，可用有独立绕组的专用电源变压器对大泄漏电流设备供电来实现。设备的外露可导电部分，以及变压器的二次绕组均应连接到保护联结电路上。设备与变压器的二次绕组间的保护导线应满足表 3.2.2 的要求。

7. 相序保护

电源电压的相序错误会引发危险情况或损坏机械，因此应提供相序保护。

下列使用条件可能引发相序错误：

（1）机械从一个电源转接至另一个电源；

（2）活动式机械配备有连接外部电源设施。

3.2.2.2 短路保护与短路耐受强度

对于设计为耐短路的设备，在其额定运行时输出端发生的短路，均不应对设备及其部件产生不可接受的热和任何损害。短路消除以后，应不用更换任何元件或采取任何措施（如开关操作），设备便能重新运行。

正常和短路条件下导线允许的最高温度见表3.2.5。

表3.2.5 正常和短路条件下导线允许的最高温度

绝缘种类	正常条件下导线的最高温度（℃）	短路条件下导线的短时极限温度（℃[①]）
聚氯乙烯（PVC）	70	160
橡胶	60	200
交联聚乙烯（X LPE）	90	250
丙烯橡胶（EPR）	90	250
硅橡胶（SiR）	180	350

注：当导线的短时极限温度高于200℃时，铜导线应镀银或镀铬，这是因为镀锡或裸导线均不适合应用于温度高于120℃的场合。

① 这些值基于短路时间不超过5s的假定绝热性能。

1. 总则

控制设备必须能够耐受不超过额定值的短路电流所产生的热应力和电动应力。

可以采用保护器件使设备获得短路耐受能力。必要时，应能发出相应的报警及联动信号。用限流装置（如电抗器、限流熔断器或限流开关）可以减少短路电流产生的应力。

可以用某些元器件，如断路器、熔断器或两者的组合保护控制设备，上述元器件可以安装在控制设备的内部或外部。对用于IT系统的控制设备（见IEC 60364-3），短路保护电器在线电压下的每个单相上宜有足够的分断能力，以排除二次接地故障。

用户订购控制设备时，应指出安装地点的短路条件。

在控制设备内部产生电弧的情况下，虽然首要的任务是利用适当的设计来避免这类电弧或限制电弧的持续时间，但仍希望提供尽可能高的人身防护等级。

对于PTTA，建议采用形式试验的方案，如母线的布置方案。在特殊情况下，如果采用形式试验的方案是不可能的，则应利用类似形式试验方案的外推法（见IEC 60865和IEC 61117）来验证这些部件的短路耐受强度。

2. 有关短路耐受强度的资料

1）对于仅有一个进线单元的控制设备，制造商应指出如下短路耐受强度。

（1）对于进线单元具有短路保护装置（SCPD）的控制设备，应标明进线单元的接线端子的预期短路电流的最大允许值。这个值不应超过相应的额定值。

如果短路保护装置是一个熔断器或一个限流断路器，制造商应指明SCPD的特性（电流额定值、分断能力、截断电流、I^2t等）。

如果使用带延时脱扣的断路器，制造商应标明最大延时时间和相应于指定的预期短路电流的电流整定值。

（2）对于进线单元没有短路保护的控制设备，制造商应用下述一种或几种方法标明短路耐受强度。

① 额定短时耐受电流及相关的时间（如果不是1s）、额定峰值耐受电流。

当最大时间不超过3s时，额定短时耐受电流和相关的时间的关系用公式I^2t=常数表示，但峰值不超过额定峰值耐受电流。

② 额定限制短路电流。

③ 额定熔断短路电流。

对于②和③，制造商应说明用于保护控制设备所需要的短路保护装置的特性（额定电流、分断能力、截断电流、I^2t等）。

注意：当需要更换熔芯时，建议采用具有相同特性的熔芯。

2）具有几个不大可能同时工作的进线单元的控制设备，其短路电流耐受强度应在每个进线单元上标出。

3）对于具有几个可能同时工作的进线单元的控制设备，以及有一个进线单元和一个或几个用于可能增大短路电流的大功率电机的出线单元的控制设备，应制定一个专门的协议，以确定每个进线单元、出线单元和母线中的预期短路电流值。

3．保护导体截面积计算方法

必须承受持续时间为0.2s～5s电流热应力的保护导体，其截面积应按下述公式计算：

$$S_p = \frac{\sqrt{I^2 t}}{k}$$

式中，S是截面积，单位为mm^2；I是在阻抗可忽略的故障情况下，流过保护电器的故障电流值（均方根值），单位为A；t是保护电器的分断时间，单位为s；k是系数，它取决于保护导体、绝缘和其他部分的材质及起始和最终温度。

注意：应考虑到电路阻抗的限流作用和保护器件的限流能力。

保护导体或电缆外套的绝缘的系数k值见表3.2.6，不包括在电缆内的绝缘保护导体的k值，或与电缆外皮接触的裸保护导体的k值。

表3.2.6　保护导体或电缆外套的绝缘的系数k值

	保护导体或电缆外套的绝缘的系数k值		
	PVC	XLPE EPR 裸导体	丁烯橡胶
最终温度	160℃	250℃	220℃
导体材料：铜	143	176	166
导体材料：铝	95	116	110
导体材料：钢	52	64	60
注：导体的初始温度假定为30℃。			

4．耐受电流峰值与短路耐受电流之间的关系

为确定电动力的强度，耐受电流的峰值应用短路耐受电流乘系数n获得。系数n的标准值和相应的功率因数在表3.2.7中给出。

表 3.2.7　功率因数和峰值系数 n 的标准值

短路电流的均方根值 I/kA	$I \leqslant 5$	$5 < I \leqslant 10$	$10 < I \leqslant 20$	$20 < I \leqslant 50$	$50 < I$
Cosϕ	0.7	0.5	0.3	0.25	0.2
N	1.5	1.7	2	2.1	2.2
注：表中的值适合于大多数用途。在某些特殊的场合，如在变压器或发电机附近，功率因数可能更低。因此，最大的预期峰值电流就可能变为极限值以代替短路电流的均方根值。					

5．短路保护电器的协调

（1）保护电器的协调应以制造商与用户之间的协议为依据。制造商的产品目录中给出的资料可作为这类协议。

（2）如果工作条件要求供电电源有最大的连续性，控制设备的短路保护电器的整定和选择应是这样的，即在任何一个输出支路中发生短路时，应利用安装在该故障支路中的开关器件使其消除，而不影响其他输出支路，以确保保护系统的选择性。

6．控制设备内的电路

1）主电路

（1）母线（裸露或绝缘的）的布置应使其在正常工作条件下不会发生内部短路；除非另有规定，母线应按照有关短路耐受强度的资料进行计算和设计。并且，应使其至少能够承受由母线电源侧的保护电器限定的短路强度。

（2）在框架单元内部，主母线和功能单元电源侧及包括在该单元内的电气元件之间的连接导体（包括配电母线），应根据每个单元内相关短路电器负载侧衰减后的短路应力来确定，其布置应使得在正常工作条件下，相与相之间及相与地之间发生内部短路的可能性极小。这种导体最好是固体刚性制品。

2）辅助电路

辅助电路的设计应考虑电源接地系统，并保证接地故障或带电部件和裸露导电部件之间的故障不会引起危险的误动作。

一般来讲，辅助电路应给予保护，以防止短路的影响。但是，如果短路保护电器的动作可能造成危险事故，就不应配备保护电器。在此情况下，辅助电路导线应使其在正常工作条件下，不会发生短路。

3）为减少短路的可能性对无防护的带电导体的选择和安装

控制设备内无短路保护器保护的带电导体在整个控制设备内的选择和安装应使其在正常工作条件下，相与相之间或相与地之间内部短路的可能性极小。导体的类型和安装要求见表 3.2.8。

表 3.2.8　导体的类型和安装要求

导体的类型	要　　求
裸导体和带基本绝缘的单芯导体，如符合 GB/T 5023.3—1997 的导线	应避免相互接触或与带电部件接触，如加隔离物

续表

导体的类型	要　求
带基本绝缘和最大容许导体工作温度在 90℃ 以上的单芯导体，如符合 GB/T 5013. 3—1997 的电缆，或符合 GB/T 5023.3—1997 的耐热 PVC 绝缘电缆	在没有施加外部压力的地方相互接触或与带电部件接触是容许的。必须避免与锋利的边缘接触。必须没有机械损害的危险 这些导体加载后，其工作温度不得超过 700℃
带有基本绝缘的导体，如符合 GB/T 5023.3—1997，并带有附加辅助绝缘，如用热缩套管单独覆盖或用塑料导管单独走线 具有非常高的机械强度的材料绝缘的导体，如 FTFE 绝缘，或用于电压在 3kV 以内带有增强外部套管的双重绝缘导体，如符合 IEC 60502 的电缆	如果没有机械损坏的危险，则不需附加要求
单芯或多芯带护套电缆，如 GB/T 5013. 4—1997 或 GB/T 5023. 4—1997 中的电缆	
注：按本表安装的裸导体或绝缘导体，在其负载端接有一个短路保护器件时，其长度可达 3m。	

3.2.2.3　等电位联结

1．概述

本小节提出保护联结和功能联结两者的要求，以图 3.1.1 说明这些概念。

保护联结是为了保护操作人员避免来自间接接触的电击，是故障防护的基本措施。

功能联结的目的是为了尽量减小：

（1）绝缘失效影响机械运行的后果；

（2）敏感电气设备受电干扰而影响机械运行的后果。

通常的功能联结可由保护联结电流来实现，对于保护联结电路的电干扰水平不是足够低的场合，有必要将功能联结电路连接到单独的功能接地导体上。

2．保护联结电路

1）概述

保护联结电路由下列部分组成：

（1）PE 端子；

（2）机械设备上的保护导线，包括电路的滑动触点；

（3）电气设备外露可导电部分和可导电结构件；

（4）机械结构的外部可导电部分。

保护联结电路所有部件的设计，应能够承受保护联结电路中由于流过接地故障电流所造成的最高热应力和机械应力。

电气设备或机械的结构件的电导率小于连接到外露可导电部分最小保护导线的电导率场合，应设辅助联结导线。辅助联结导线的截面积不应小于其相对应保护导线的一半。

如果采用 IT 配电系统，机械结构应作为保护联结电路的一部分，并设置绝缘监控。

采用Ⅱ类设备或等效绝缘作防护设备的可导电结构件，不必连接到保护联结电路上。按Ⅱ类设备或等效绝缘要求设置的所有设备，构成机械结构的外部可导电部分不必连接到保护联结电路上。

符合上述要求设备的外露可导电部分不应连接到保护联结电路上。

“功能接地导体”原先叫作“无噪声接地导线”，“PE”端子原先称为“TE”。

2）保护导线

保护导线应按要求做出标记。

应采用铜导线；在使用非铜质导体的场合，其单位长度电阻不应超过允许的铜导体单位长度电阻，并且它的截面积不应小于 $16mm^2$。

保护导线的截面积应符合表3.2.2的规定。保护导线的截面积与有关相线截面积的对应关系若符合表3.2.2的规定，大多数情况下都能满足这个要求。

3）保护联结电路的连续性

所有外露可导电部分都应按要求连接到保护联结电路上，例外见下面的（5）。

无论什么原因（如维修）要求拆移部件时，不应使余留部件的保护联结电路的连续性中断。

连接件和连接点的设计应确保不受机械、化学或电化学的作用而削弱其导电能力。当外壳和导体采用铝材或铝合金材料时，应特别考虑电蚀问题。

金属软管、硬管和电缆护套不应用作保护导线。这些金属导线管和护套自身（电缆恺甲、铅护套）也应连接到保护联结电路上。

电气设备安装在门、盖或面板上时，应确保其保护联结电路的连续性，并建议采用保护导线，否则紧固件、纹链、滑动接点应设计成低电阻。

有裸露危险的电缆（如拖曳软电缆）应采取适当措施（如监控）确保电缆保护导体的连续性。

当汇流线、汇流排和汇流环作为保护联结电路的一部分安装时，它们在正常工作时不应流过电流。因此，保护导体（PE）和中性导体（N）应各自使用单独的汇流线、汇流排或汇流环。使用滑动触点的保护导体的连续性应采取适当措施（如复式流器，连续性监视）予以保证。

4）禁止开关电器接入保护联结电路

保护联结电路中不应接有开关或过电流保护器件（如开关、熔断器）。

不应设置中断保护联结导线的手段。

例外：试验或测量用的连接线，装在封闭电气工作区内，没有工具不能被打开。

当保护联结电路的连续性可用移动式集流器或接插件断开时，保护联结电路只应在通电导线全部断开之后再断开，且保护联结电路连续性的重新建立应在所有通电导线重新接通之前。该条规定也适用于可移动的或可插拔的插入式器件。

5）不必连接到保护联结电路上的零件

有些零件安装后不会构成危险，那么就不必把它的外露可导电部分连接到保护接地电路上，例如：

（1）不能大面积触摸到或不能用手握住尺寸很小（小于50mm×50mm）的零件；

（2）位于不大可能接触带电部分的位置或绝缘不易于失效的零件。

这适用于螺钉、铆钉和铭牌等小零件，以及装在电柜内的与尺寸大小无关的零件（如接触器或继电器的电磁铁、器件的机械部分）。

6）保护导线的连接点

所有保护导线应按要求进行端子连接。保护导线的连接点不应有其他的作用，如缚系或连接用具零件。

每个保护导线接点都应有标记或标签，采用符号⏚或 PE 字母（图形符号优先），或用黄/绿双色组合，或这些的任一组合进行标记。

7）活动机械

带车载电源的活动机械，电气设备的可导电结构件、保护导线，以及那些机械结构的外部可导电部分，应全部连接到保护联结端子上，以防电击。对于也能从外部引入电源的活动机械，其保护联结端子应为外部保护导线的连接点。

注：当电源为设备的固定、活动或可移动物件内自带的，或无外部引入电源时（如当未连接车载电池充电器时），这种设备不必连接到外部保护导线。

8）电气设备对地泄漏电流大于 10mA（a.c 或 d.c）的附加保护联结要求

对地泄漏电流定义为“在无绝缘故障情况下，从装置的带电部分流入地的电流。”这种电流可以有电容成分，包括有意使用电容产生的电流。

大多数的调速电气传动系统，其对地泄漏电流大于 3.5mA（a.c）。调速电气传动系统对地泄漏电流的测定，按形式试验规定的触摸电流测量方法要求进行。

当电气设备（如可调速电气传动系统和信息技术设备）的对地泄漏电流大于 10mA（a.c 或 d.c）时，在任一引入电源处的有关保护联结电路应满足下列一项或多项要求。

（1）保护导线全长的截面积大于 $10mm^2$（铜质）或 $16\ mm^2$（铝质）。

（2）当保护导线的截面积小于 $10mm^2$（铜质）或 $16\ mm^2$（铝质）时，应提供第二保护导线，其截面积不应小于第一保护导线，两条保护导线的截面积之和不小于 $10mm^2$（铜质）或 $16\ mm^2$（铝质）。

这可能要求电气设备提供连接第二保护导线的独立接线端子。

（3）在保护导线连续性损失的情况下电源应自动断开。

为防止产生电磁干扰问题，电磁兼容性的有关要求也适用于设双重保护导线的设备。

另外，在 PE 端子附近，需要时，邻近电气设备铭牌的地方应设警告标志，按要求提供的信息应包括泄漏电流和外部保护导线的截面积。

3．功能联结

防止因绝缘失效而引起的非正常运行，可按要求连接到公用导线。

有关功能联结的建议是为了避免因电磁干扰而引起的非正常运行。

3.2.3　电磁兼容性（EMC）设计

3.2.3.1　电磁兼容性设计要求

电磁兼容性是指电气控制设备在电磁环境中正常工作的能力。电磁干扰是对电气控制设备工作性能有害的电磁变化现象。电磁干扰不仅影响电子设备的正常工作，甚至造成电气控制设备中的某些元器件损害。因此，对电气控制设备的电磁兼容技术要给予充分的重视。既要注意电气控制设备不受周围电磁干扰而能正常工作，又要注意电气控制设备内的电子设备本身不对周围其他设备产生电磁干扰，影响其他设备的正常运行。

1. 电磁兼容性设计指标

电磁兼容性设计指标可以参照相应的国家标准。

EMC 通用标准给出了 EMC 通用的抗扰度和发射极限值。

为确保电气和电子系统的水平，IEC 61000-5-2 给出了其系统电缆和接地的指南。

如果有产品标准，产品标准优先于通用标准。

2. 电磁兼容性设计方法

电磁兼容性设计方法主要包括以下各项。

1）抑制干扰源

抑制干扰源的主要方法如下：

（1）限制干扰源的电压、电流变化率；
（2）限制干扰源的电压、电流幅度；
（3）限制干扰源的频率；
（4）直流电源的去耦；
（5）交流电源变压器的电磁屏蔽；
（6）对感性负载的干扰源采取相应措施；
（7）采用独立电源。

2）切断干扰的耦合通道

切断干扰的耦合通道的主要方法如下：

（1）完整的电磁屏蔽以切断空间干扰的耦合通道；
（2）合适频谱的滤波以切断线路传导干扰的耦合通道；
（3）适当接地以减少地线干扰的耦合通道；
（4）采用适当的导线以传输不同性质的信号；
（5）注意元器件的布局，以降低干扰耦合；
（6）应用布线技术，以降低干扰耦合；
（7）采用电磁、光电、机械等隔离技术，切断干扰的耦合通道。

3）提高敏感电路的抗干扰能力

提高敏感电路的抗干扰能力的主要方法如下：

（1）选用具有高抗干扰能力的元器件；
（2）采用完整的电磁屏蔽；
（3）采用合适的滤波技术；
（4）限制电路的带宽；
（5）采用合理的去耦措施；

（6）采用合理的接地。

3.2.3.2 提高电磁兼容性（EMC）的措施

1．限制产生电磁干扰的措施

电气设备产生的电磁干扰不应超过其预期使用场合允许的水平。设备对电磁干扰应有足够的抗扰度水平，以保证电气设备在预期使用环境中可以正确运行。

限制产生电磁（即传导和辐射的发射）干扰的措施包括：

（1）电源滤波；

（2）电缆屏蔽；

（3）使射频辐射减至最小的外壳设计；

（4）射频抑制技术。

2．提高设备的抗扰度，抑制传导和射频辐射干扰的措施

提高设备的抗扰度，抑制传导和射频辐射干扰的措施包括以下几个。

（1）功能联结，其应考虑如下要求：

① 敏感电路连接到底板的端子上，这种连接端子应使用的图形符号标记为⊥；

② 应使用尽可能短的低阻抗射频导线连接到底板接地。

（2）为将共模干扰减至最小，将敏感电气设备或电路直接连接到 PE 电路或功能接地（FE）（见图 2.2.2）导体上。这种连接端子应使用图形符号⏚标记。

（3）将敏感电路与干扰源分离。

（4）使射频发射减至最小的外壳设计。

（5）EMC 布线规范。

① 采用双绞线以降低差模干扰的影响；

② 敏感电路的导线与发射干扰的导线保持足够的距离；

③ 电缆交叉走线时，采用尽可能接近 90° 的电缆定向走线；

④ 电缆尽可能接近接地平板走线；

⑤ 对于低射频阻抗端子采用静电屏蔽和/或电磁屏蔽。

3．EMC 设计具体注意事项

（1）在设计初期，应预先研究哪些部件可能产生电磁干扰和易受电磁干扰，以便采取措施，确定要使用哪些抗电磁干扰的方法。

（2）设备内的测试电路应作为电磁兼容性设计的一部分来考虑；如果事后才加上去就可能破坏原先的电磁兼容性设计。

（3）对电磁干扰敏感的部件需加屏蔽，使之与能产生电磁干扰的部件或线路相隔离。如果这种线路必须从部件旁经过，应使它们成 90° 交角。

（4）选择金属屏蔽，其机械性能需能支持自身。这样的屏蔽体应有充分的厚度，除低频以外，应尽可能获得良好的屏蔽。

（5）尽可能减少屏蔽体的接缝数。

设备或屏蔽体应尽量少开洞，开小洞。若必须开洞时可以采取如下减少孔洞泄漏的措施：

在100kHz到100MHz频段内加铜网，可采用金属管做通风管，以衰减低于金属管截止频率的电磁干扰。对设备上装显示元件的大孔，应采取屏蔽法防止泄漏。

（6）如果为了维修或接近的目的经常将金属网取下，则可用足够数目的螺钉或螺栓沿孔口四周严密固定，以保持连续的线接触，螺钉间距不可超过2.5cm。应确保螺钉或螺栓施加的压力均匀。

（7）在开关和闭合器的开闭过程中，为防止电弧干扰，可以接入简单的RC网络、电感性网络，并在这些电路中加入高阻、整流器或负载电阻之类的元件，如果还不行，就对输入和输出引线进行屏蔽。此外，还可以在这些电路中接入穿心电容。

（8）只要能达到预定程度的电磁干扰衰减，就可以使用简单的电容器滤波器，而不采用线路复杂的滤波器。

（9）在电动机与发电机的电刷上安装电容器旁路，在每个绕组支路上串联RC滤波器。在电源入口处加低通滤波抑制干扰也很重要。

（10）在开关或继电器触点上安装电阻电容电路。在继电器线圈上跨接半导体整流器或可变电阻。

3.3 电路原理图的绘制

掌握电路图绘制方法是电气控制设备设计中一项十分重要的技能，是电气技术人员进行电气控制设备设计的基本功。

3.3.1 电气制图规则

电气原理图采用国家标准规定的电气图形、文字符号绘制而成，用以表达电气控制系统原理、功能、用途及电气元件之间的布置、连接和安装关系。电气原理图绘制是进行电气控制柜制作的第一步，也是电气控制柜制作的基础性工作，其重要性不言而喻。

3.3.1.1 电路图的组成

电路图主要由元器件符号标记、连接线、联结点、注释4大部分组成。

1. 元器件符号标记

1）电气原理图元件图形符号库

电气元件图部分参照国家标准《电气简图用图形符号》来执行。在选用图形与符号时，电子元器件部分如果在有关国标里有缺失，可以自己设立标准元件库，大家共同参照实行即可，同时也要顾及到本企业电路设计人员的长期使用习惯。

2）电气图形符号的设计原则

元件符号表示实际电路中的元器件，它的形状与实际的元件不一定相似，甚至完全不一样。但是它一般都表示出了元器件的特点，而且引脚的数目均与实际元件保持一致，一般有电气连接符号、IC符号、离散元器件符号（有源件与无源件）、输入/输出连接器、电源与地等的符号。

对于图形符号库中没有的电气图形符号，必须自己进行设计，设计原则如下。

（1）图形符号的内容应为功能、特定的信息。

（2）图形符号的构形应简单、易理解、易复制、易与含义相联系，便于记忆。

（3）图形符号的含义应能通过前后内容正常识别，如果不能，应提供附加信息。

（4）图形符号的线宽与模数比为1∶10，不同线宽时，两种线宽比应为1∶2。图线的端子应放在网络的网点。

（5）平行线的最小间距至少应为最宽线宽的2倍。平行线间写文字，则线间距离至少为2mm。

（6）文字说明：字体选择国标B型直体。文字书写方向为水平和竖直方向。文字作为图形符号的一部分时，文字优先放上边或中间。输入/输出的文字放在输入/输出的地位。文字与符号的距离不少于最粗线线宽的两倍。

（7）图形符号尺寸无特别要求。

2．连接线

连接线表示的是实际电路中的导线，在原理图中虽然是一条线，但在常用的印制电路板中往往不是单独的线，而是各种形状且联通的块状铜箔导电层。

总线：在电原理图中总线的画法一般是采用一条粗线，在这条粗线上再分支出若干线连到各总线的分支单元。

3．联结点

联结点表示几个元件引脚或几条导线之间相互的连接关系。所有和联结点相连的元件引脚、导线，不论数目多少，都是导通的。在电路中还会有交叉现象，为了区别交叉相连接与不连接，规定如下：

（1）在制作电路图时，以实心圆点表示相连接；

（2）以不加实心圆点或画个半圆表示不相连的交叉点；

（3）也有个别的电路图是用空心圆来表示不相连的；

（4）其中（2）与（3）只能选择一条。

4．注释

注释在电路图中是十分重要的，电路图中的所有文字都归入注释一类。在电路图的各个地方都会有注释存在，它们被用来说明元件的型号、名称等。

如果采用彩色的电路图，一般给某种线路以某种特定颜色来加以区别表示，这也属于注释的一种。一般的约定是：供电的线路使用红色，发射的线路使用橙色，接收的线路使用绿色，时钟线路使用绿色，其他部分可使用黑色。

3.3.1.2 电气原理图符号位置的索引

在较复杂的电气原理图中，在继电器、接触器线圈的文字符号下方要标注其触点位置的索引；而在其触点的文字符号下方要标注其线圈位置的索引。符号位置的索引，用图号、页次和图区编号的组合索引法，索引代号的组成如下。

当与某一元件相关的各符号元素出现在不同图号的图样上，而每个图号仅有一页图样时，索引代号可以省去页次；当与某一元件相关的各符号元素出现在同一图号的图样上，而该图号有几张图样时，索引代号可省去图号。以此类推。当与某一元件相关的各符号元素出现在只有一张图样的不同图区时，索引代号只用图区号表示。

在电气原理图中，接触器和继电器的线圈与触点的从属关系应当用附图表示，即在原理图中相应线圈的下方，给出触点的图形符号，并在其下面注明相应触点的索引代号，未使用的触点用“×”表明。有时也可采用省去触点图形符号的表示法。

3.3.1.3 元器件的标注方法

在图纸上标注元器件最基本的信息，包括元器件位（顺序）号、型号、元器件额定数值等参数。

其中元器件位号一般根据元器件种类以不同的英文字符表示，一般以英文首位字母表示：电阻 R；电容 C；电感 L；变压器 T；二极管 VD；三极管 VT；继电器 RL；集成电路 U；接插件 CB、CZ。

再根据在机器内分板不同或实现功能不同，可在字母前后加一位固定数值，如 1RXX、C2XX 等。长度一般控制在 4 个字符以下，少部分可以用 5 个字符表示。而元器件值应该包含元件值和必要的额定值。

在一个电气控制设备的全套图纸中，元器件的标注方法一旦确定就必须全部按照该方法执行，在一套图纸中不得有两种以上的参数标注方法。

元器件值和普通说明文字一般使用 Arial 字体 10 号字高。标题性字符可自行设定字体和大小。字符的放置应尽可能靠近元件符号，并且注意不和周围字符交叠。

3.3.1.4 电气原理图的绘制原则

1. 图面的布置原则

（1）在原理图上将图分成若干图区，并标明该区电路的用途与作用；在继电器、接触器线圈下方列有触点表，以说明线圈和触点的从属关系。

（2）动力电路的电源电路绘成水平线，受电的动力装置（电动机）及其保护电器支路应与电源电路垂直。

（3）主电路、控制电路和辅助电路应分开绘制。

主电路是设备的驱动电路，是从电源到电动机等大电流通过的路径。控制电路用来改变系统的运行状态，它是由接触器和继电器线圈、各种电器的触点组成的逻辑电路，实现所要求的控制功能。辅助电路包括信号、照明、保护电路。

（4）当主电路、控制电路和辅助电路绘制在一张图纸上时，主电路用垂直线绘制在图的左侧，控制电路用垂直线绘制在图的右侧，控制电路中的耗能（被控制）元件画在电路的最右端。

2. 电气元件触点位置、工作状态和技术数据的绘制原则

1）触点分类

触点分为两类，一类为靠电磁力或人工操作的触点（接触器、电继电器、开关、按钮等）；另一类为非电和非人工操作的触点（非电继电器、行程开关等的触点）。

2）触点表示

（1）接触器、电继电器、开关、按钮等项目的触点符号，在同一电路中，在加电和受力后，各触点符号的动作方向应取向一致，在触点具有保持、闭锁和延时功能的情况下更应如此。

（2）对非电和非人工操作的触点，必须在其触点符号附近表明运行方式。可用图形、操作器件符号及注释、标记和表格表示。

3）元件的工作状态的表示方法

在不同的工作阶段，各个电器的动作不同，触点时闭时开。而在电气原理图中只能表示出一种情况。因此，规定所有电器的触点均表示在原始情况下的位置，即元件、器件和设备的可动部分通常应表示在非激励（没有通电）或不工作（没有发生机械动作时）的状态或位置。

（1）继电器和接触器在非激励的状态，即线圈未通电，触点未动作时的位置。例如，对热继电器来说，是在双金属片没有因受热使常闭触点打开时的位置；对于速度继电器，是指其主轴转速为零时的位置。

（2）断路器、负荷开关、隔离开关、刀开关和组合开关在断开（尚未闭合）的位置。

（3）带零位的手动控制开关在零位位置；不带零位的手动控制开关在图中规定的位置，如对按钮来说，是手指未按下按钮时触点的位置。

（4）机械操作操作开关的工作状态与工作位置的对应关系，一般应表示在其触点符号的附近，或另附说明。例如，对行程开关来说，是没有受到外力时的位置。

（5）事故、备用、报警等开关应表示在设备正常使用的位置，多重开闭器件的各组成部分必须表示在相互一致的位置上，而不管电路的工作状态如何。

4）触点的绘制位置

使触点动作的外力方向必须是：当图形垂直放置时为从左到右，即垂线左侧的触点为常开触点，垂线右侧的触点为常闭触点；当图形水平放置时为从下到上，即水平线下方的触点为常开触点，水平线上方的触点为常闭触点。

5）元件技术数据的标注方法

电气元器件的技术数据一般标在图形符号近旁。当连接线水平布置时，应尽可能标在图形符号的下方；垂直布置时，则标在项目代号的下方；还可以标在方框符号或简化外形符号内。

6）注释和标志的表示方法

（1）注释的两种表示方法：直接放在所要说明的对象附近；将注释放在图中的其他位置。

（2）如果设备面板上有信息标志，则应在有关元件的图形符号旁加上同样的标志。

3．连接线绘制原则

（1）图中自左而右或自上而下表示操作顺序，并尽可能减少线条和避免线条交叉。

（2）图中若有直接电联系的交叉导线的连接点（即导线交叉处），要用黑圆点表示。无直接电联系的交叉导线，交叉处不能画黑圆点。

3.3.2 电气原理图绘制工具

目前不管是个人还是电气控制设备生产企业都已经告别了手工绘图，广泛采用三维立体CAD设计软件，它可将设计、数据库、计算分析及加工等有机地结合起来，大大加快了产品的设计速度和可靠性，降低了技术人员的劳动强度。由于三维立体CAD设计可以进行模拟装配，因此可以及时地发现问题并解决问题。常用的三维立体CAD设计软件有MDT、SolidWorks等软件。

3.3.2.1 CAD绘图软件

由于微型计算机性能的不断提高及价格的不断降低，CAD制图技术已成为学校教授的一门基本技能。作为职业技术院校的毕业生，在校期间至少应该能够熟练使用一到两种CAD制图软件。

在学校作为教材教授最多的是AutoCAD，它的优点是命令功能易学，且符合现有图学教育体系的传统思维，缺点是绘制电气原理图时效率比较低。

在做电气设计时，应该选用专业的电气CAD绘图软件，并且非常需要一些智能功能。这些功能包括自动更新元器件清单及连接清单、自动编排线号、支持相关电气标准、智能复制、精确计算、页面间的信号参考、参考指示、自动导线连接、设计方案间的轻松复制、信号间的参考、自动产生电缆及接线端子布置图、与PLC I/O通信、自动创建和发送采购文件等。

AutoCAD Electrical设计软件专门面向电气控制系统，包含AutoCAD的所有功能，以及整套电气CAD特性。它包含完备的符号库和工具，能够实现电气设计任务的自动化，帮助节省大量时间，因此能够使用户将更多时间用于创新。

3.3.2.2 CAD绘图技巧

绘制电路图是CAD软件的实际应用，在电路图形的绘制中，除了熟练地应用绘图与编辑命令外，还要掌握其一定的技巧与专业知识。绘制电路图时熟练地应用块、对象捕捉功能，将能使绘制图形变得轻松、简单、准确、快捷，在实际设计绘图工作中可以大大提高工作效率。

1. 遵循一定的作图原则

为了提高作图速度，用户最好遵循如下作图原则。

（1）作图步骤：设置图幅→设置单位及精度→建立若干图层→设置对象样式→开始绘图。

（2）绘图始终使用1∶1比例。为改变图样的大小，可在打印时在图纸空间内设置不同的打印比例。

（3）为不同类型的图元对象设置不同的图层、颜色及线宽，而图元对象的颜色、线型及线宽都应由图层控制（BYLAYER）。

（4）需精确绘图时，可使用栅格捕捉功能，并将栅格捕捉间距设为适当的数值。

（5）不要将图框和图形绘在同一幅图中，应在布局（LAYOUT）中将图框按块插入，然后打印出图。

（6）对于有名称的对象，如视图、图层、图块、线型、文字样式、打印样式等，命名时不仅要简明，而且要遵循一定的规律，以便于查找和使用。

（7）将一些常用设置，如图层、标注样式、文字样式、栅格捕捉等内容设置在一个图形模板文件中（即另存为图形文件），以后绘制新图时，可在创建新图形向导中单击“使用模板”来打开它，并开始绘图。

2. 掌握基本的绘图与编辑命令并选用合适的命令

绘制电路图时，要画出所需大小和形状的图样，则必须熟练掌握CAD绘图与编辑命令，如直线的绘制、矩形和圆的绘制、复制、修改、文字标注等命令。掌握CAD绘图软件的使用是电子技术设计人员的基本功，此外，他们还要具备电子电路的分析能力、熟悉电路的基本技术及计算，即要具备一定的专业知识和CAD软件的灵活应用能力。

用户能够控制CAD，是通过向它发出一系列的命令实现的。CAD接到命令后，会立即执行该命令并完成其相应的功能。在具体操作过程中，尽管可有多种途径能够达到同样的目的，但如果命令选用得当，则会明显减少操作步骤，提高绘图效率。下面仅列举了几个较典型的案例。

1）生成直线或线段

（1）在CAD中，使用LINE、XLINE、RAY、PLINE、MLINE命令均可生成直线或线段，但唯有LINE命令使用的频率最高，也最为灵活。

（2）为保证物体三视图之间“长对正、宽相等、高平齐”的对应关系，应选用XLINE和RAY命令绘出若干条辅助线，然后再用TRIM剪截掉多余的部分。

（3）欲快速生成一条封闭的填充边界，或想构造一个面域，则应选用PLINE命令。用PLINE生成的线段可用PEDIT命令进行编辑。

（4）当一次生成多条彼此平行的线段，且各条线段可能使用不同的颜色和线型时，可选择MLINE命令。

2）注释文本

（1）在使用文本注释时，如果注释中的文字具有同样的格式，注释又很短，则选用TEXT（DTEXT）命令。

（2）当需要书写大段文字，且段落中的文字可能具有不同格式，如字体、字高、颜色、专用符号、分子式等时，则应使用MTEXT命令。

3）复制图形或特性

（1）在同一图形文件中，若将图形只复制一次，则应选用COPY命令。

（2）在同一图形文件中，将某图形随意复制多次，则应选用COPY命令的MULTIPLE（重复）选项；或者，使用COPYCLIP（普通复制）或COPYBASE（指定基点后复制）命令将需要的图形复制到剪贴板，然后再使用PASTECLIP（普通粘贴）或PASTEBLOCK（以块的形式粘贴）命令粘贴到多处指定的位置。

（3）在同一图形文件中，如果复制后的图形按一定规律排列，如形成若干行和列，或沿某圆周（圆弧）均匀分布，则应选用ARRAY命令。

（4）在同一图形文件中，欲生成多条彼此平行、间隔相等或不等的线条，或生成一系列同心椭圆（弧）、圆（弧）等，则应选用OFFSET命令。

（5）在同一图形文件中，如果需要复制的数量相当大，为了减少文件的大小，或便于日后统一修改，则应把指定的图形用BLOCK命令定义为块，再选用INSERT或MINSERT命令将块插入即可。

（6）在多个图形文档之间复制图形，可采用两种办法。其一，使用命令操作。先在打开的源文件中使用 COPYCLIP 或 COPYBASE 命令将图形复制到剪贴板中，然后在打开的目的文件中用 PASTECLIP、PASTEBLOCK 或 PASTEORIG 三者之一将图形复制到指定位置。这与在快捷菜单中选择相应的选项是等效的。其二，直接拖拽被选图形。注意，在同一图形文件中拖拽只能是移动图形，而在两个图形文档之间拖拽才是复制图形。拖拽时，鼠标指针一定要指在选定图形的图线上，而不是指在图线的夹点上。同时还要注意的是，用左键拖拽与用右键拖拽是有区别的。用左键是直接进行拖拽，而用右键拖拽时会弹出一个快捷菜单，依据菜单提供的选项选择不同方式进行复制。

（7）在多个图形文档之间复制图形特性，应选用 MATCHPROP 命令（需与 PAINTPROP 命令匹配）。

3. 图块的使用

在电路图中有各种元器件，它们在电路设计中占有十分重要的位置。一般电路图中经常用到的元器件的图形符号在 CAD 的图形符号库中都能找到。

在使用 AutoCAD 绘图时，会遇到图形中有大量相同或相似的内容，这时可以把重复绘制的图形创建成块，在需要时直接插入。例如，在 CAD 中，通过块创建制成的各种专业图形符号库、标准零件库、常见结构库等，通过块的调用进行图形的拼合，可提高绘图效率。在绘制电路图时将常用的元器件或零部件定义成为块，用插入块的方法插入电路图中，将能大大提高绘图效率。

下面以电阻的图形符号为例讲解块的创建与应用方法。

1）绘制要定义为图块的图形

电阻的图形符号用 CAD 中的矩形命令绘制出，电压源的图形符号用 CAD 中的圆命令绘制出。

2）定义块

执行绘图→块→创建命令，弹出块定义对话框，在块定义对话框中定义块名为电阻，指定块的基点，选择矩形图形内部的中点，选择对象即将矩形图形选中。定义好块后还需将块存储起来。执行命令 Wblock，弹出“写块”对话框，在“目标”项中指定文件名和图块的保存路径，单击“确定”按钮，即完成了块的保存。其他电子元件用相同的方法定义，可分别定义不同的块名。这样就可通过块的插入来使用块。

3）绘制线路图

电子元件定义为块后，就可以绘制电路图中的导线，用绘制直线的方法直接给定距离绘制了。直接给定距离方式主要用于绘制直接标出长度尺寸的水平与垂直线段，直接给定距离方式是用鼠标导向，从键盘直接输入相对前一点的距离来绘制。用该方式输入尺寸时，应打开极轴，即能绘制出 1 : 1 大小的线路图。极轴的设置方法为：工具→草图设置→弹出草图设置对话框→在极轴选项卡下选中应用极轴追踪，角增量设为 90°。在绘制直线时打开极轴，用直接给定距离的方法很方便地绘制出线路图。在电路图中，三条或三条以上支路的连接点称为节点，规定用小黑点表示，在导线中可只画出一个节点，其余用复制的方法完成。

4）插入图块

电路图中的电子元件定义为块后，就可在电路图中插入图块了。有七个电阻，分七次执行插入→块→打开插入对话框。选择块名为电阻的元件插入，根据需要设置相关参数（如旋转角度及比例等）。

在电路图中指定插入点位置，插入所有电阻；R1、R4、R6 的旋转角度设置为 0，其余电阻的旋转角度设置为 90°，缩放比例指定为 1∶1，再用相同的方法插入其他各个电子元件，并执行修剪命令。

4．文字标注

电路图中除了线路与电子元件的图形符号外，还要标注出各个电子元件的表示符号，如电阻为 R 等，即要进行文字注写。CAD 中的文字标注方法为：选择绘图→文字→多行文字命令，指定第一个角点，指定对角点，出现文字编辑框，输入文字，确定。

5．利用对象捕捉精确绘图

在 CAD 绘图中，要随时使用定点的位置来作图，利用系统提供的对象捕捉功能捕捉图形对象上的某些特征点，从而快速、精确地绘制图形。对象捕捉的设置方法是：选择工具→草图设置命令（出现草图设置对话框），在对象捕捉选项卡下启用对象捕捉，在对象捕捉模式对话框中选中相应复选框（端点、中点、交点等）。利用对象捕捉功能能增强绘图的准确性，提高绘图效率。对于电路图中的所有节点，为准确定位圆心的位置，复制时必须捕捉交点。

3.3.2.3 CAD 电路原理图的输入方法

要想进行电子电路的仿真，首先必须在电路工作窗口画电路原理图，下面分别介绍如何抓取和放置元器件，如何连接电路。

1．抓取元器件

单击元器件库，在库中选择所需要的元件或仪器，按住左键将其拖至电路工作窗口。

2．调整元件的位置和方向

如果元件的位置不合适，可以用鼠标指针指向该元件，当箭头变成手的形状时，按住左键，就能将元件拖动到电路工作窗口的任何位置；如果元件的方向不符合要求，可以通过单击元件，激活工具条下的旋转、水平旋转和垂直旋转工具，然后单击其中一项命令，即可调整元件的方向；如果元件已经连接到电路中了，要调整元件的位置和方向时，应该先将连线断开，再根据上述方法移动元件的位置或调整元件的方向，否则连线会跟随元件一起移动。

3．设置元件属性

双击元件，在弹出的元件属性对话框中设置元件的数值和模型。

4．删除元件和插入元件

有时由于操作不慎，电路中多接入或少接入了某些元件，这时，就要从电路中将多余元件删除，或者将元件插入电路。删除元件时，先单击要删除的元件，然后选择删除工具并单击之。

删除工具一般有两种，一种是工具条上的剪刀形状按钮；另一种是单击右键，在下拉菜单中选择“Cut”（剪切）命令。元件一旦被删除，其两端的连线将自动连接在一起。插入元件时，拖动元件并将其放在连线上，连线即被元件切断，元件随即被自动连接到电路中。

5．连接电路

1）两个元件之间的连接

将鼠标指针指向一个元件的连接点，该连接点处便会出现一个小黑点，按下左键，拖动鼠标拉出一根线，当此线接近另一个元件的连接点并出现小黑点时，放开左键，这两个元件对应的连接点就会连接在一起。

2）同一个元件两个引脚之间的连接

同一个元件两个引脚之间连接时，需要借助连接器（即黑点，可从元器件库里的基本器件分库中调出），方法是每个引脚分别向连接器引线。

3）移动连线

先单击要移动的连线，连线即变成粗线，然后再在单击该连线的同时按住左键不放，当光标变成上下方向或左右方向的箭头时，拖动鼠标就可移动连线。上下方向的箭头可上下移动连线，左右方向的箭头可左右移动连线。

4）删除连线

单击要移动的连线，连线变成粗线，再用右键菜单中的“Delete”（删除）命令将线删除；或者使光标接近要删除的线和元件引脚的连接处，当出现小黑点时按下左键，然后移动鼠标并松开左键，此时可以看到连线被断开并消失。

5）检查元件是否与连线相连

移动元件，若连线与元件引脚同时移动，则证明元件与连线可靠连接。

6）连线规则

所有的连线都必须起始于一个元件的引脚，终止于一条线或另一个元件的引脚或一个连接器。

7）接地

任何电路都要“接地”，即使用元器件库中电源分库里的“接地”元件，否则得不到正确的仿真结果。

8）元件与仪器的连接

仪器与电路测试点的连接办法与两个元件之间的连接方法相同。

3.3.2.4 电气原理图绘制步骤

（1）设置SCH编辑器的工作参数（也可以采用系统内缺省参数）。
（2）选择图纸的幅面、标题栏式样、图纸的放置方向（横向或纵向）。
（3）放大绘图区，直到绘图区域呈现大小适中的栅格线为止。

（4）在工作区域放置元器件：先放置核心元器件的电气符号图形，再放置其他调整元器件位置。

（5）修改和调整元器件的标号、型号及其字体大小与位置等。

（6）连线，放置电气节点、网络标号及I/O端口。

（7）放置电源及地线符号。

（8）运行电气设计规则检查（ERC），寻找可能存在的设计缺陷。

（9）加注释信息。

（10）生成网络表文件（或直接执行PCB更新命令）。

（11）打印。

3.3.2.5 电气原理图绘制注意事项

（1）绘制主电路时，应依规定的电气图形符号用粗实线画出主要控制、保护等用电设备，如断路器、熔断器、传感器、热继电器、电动机等，并依次标明相关的文字符号。

（2）画控制电路。控制电路一般由开关、按钮、信号指示、接触器、继电器的线圈和各种辅助触点构成，无论简单或复杂的控制电路，一般均由各种典型电路（如延时电路、联锁电路、顺控电路等）组合而成，用以控制主电路中受控设备的启动、运行、停止，使主电路中的设备按设计工艺的要求正常工作。对于简单的控制电路，要依据主电路要实现的功能，结合生产工艺要求及设备动作的先后顺序依次分析，仔细绘制。对于复杂的控制电路，要按各部分所完成的功能，分割成若干个局部控制电路，然后与典型电路相对照，找出相同之处，本着先简后繁、先易后难的原则逐个画出每个局部环节，再找到各环节之间的相互关系。

3.3.2.6 对电气原理图的审核

（1）审核整体电路是否能实现设计目标的功能和目标成本。

（2）审核整体电路是否符合设计目标的使用条件，如温度、湿度、EMC环境、振动与跌落条件、电源环境、设备体积、接口等要求。

（3）审核整体电路是否满足所执行标准的相关指标和法律法规的要求。

（4）审核所有器件和部件的供货、价格、装配使用的难易程度、可靠性等因素是否满足要求。

（5）审核整体电路结构的合理性。

（6）审核整体电路的可操作性，初步评估开发周期是否满足要求。

（7）审核是否尽可能采用一些可靠、成熟、现成的电路或部件。

（8）初步审核各个功能单元设计的合理性和正确性。

（9）审核电路是否能满足重要参数的要求。

（10）对于某些不确定的设计要求，审核电路是否预留了足够的变更空间以方便试制。

（11）对于有EMC、高可靠性、高低温、高湿度、强振动、接口隔离、低功耗等特殊要求的电器，审核电路是否有做相关的设计处理。

（12）对于新手设计的电气原理图，应尽可能详细地审核，包括功能电路单元的器件参数、总线地址分配、重要元部件的选择等，并对PCB图的布局、电源、数字地线与模拟地线LAYOUT设计提出指导意见。

（13）审核图纸格式是否符合有关技术文件管理规定的要求；图形表达方式是否符合GB 4728《电气图用图形符号》标准的要求。

3.3.3　电气原理图的画法

3.3.3.1　概略图的画法

1. 概略图的特点

概略图所描述的内容是系统的基本组成和主要特征，而不是全部组成和全部特征，概略图对内容的描述是概略的，但其概略程度则依描述对象不同而不同。

2. 概略图绘制应遵循的基本原则

（1）概略图可在不同层次上绘制，较高的层次描述总系统，而较低的层次描述系统中的分系统。

（2）概略图中的图形符号应按所有回路均不带电、设备在断开状态下绘制。

（3）概略图应采用图形符号或带注释的框绘制。框内的注释可以采用符号、文字或同时采用符号与文字。

（4）概略图中的连线或导线的连接点可用小圆点表示，也可不用小圆点表示。但同一工程中应统一采用其中一种表示形式。

（5）图形符号的比例应按模数 M 确定。符号的基本形状及应用时相关的比例应保持一致。

（6）概略图中表示系统或分系统基本组成的符号和带注释的框均应标注项目代号。项目代号应标注在符号附近，当电路水平布置时，项目代号应注在符号的上方；当电路垂直布置时，项目代号应注在符号的左方。在任何情况下，项目代号都应水平排列。

（7）概略图上可根据需要加注各种形式的注释和说明。如在连线上可标注信号名称、电平、频率、波形、去向等，也允许将上述内容集中表示在图的其他空白处。概略图中设备的技术数据应标注在图形符号的项目代号下方。

（8）概略图应采用功能布局法布图，必要时也可按位置布局法布图。布局应清晰，并利于识别过程和信息的流向。

（9）概略图中的连线的线型，可采用不同粗细的线型分别表示。

（10）概略图中的远景部分应用虚线表示，原有部分与本期工程部分应有明显的区分。

3.3.3.2　功能图的画法

1. 功能图的基本特点

用理论或理想的电路而不涉及实现方法来详细表示系统、分系统、成套装置、部件、设备、软件等功能的简图，称为功能图。功能图的内容至少应包括必要的功能图形符号及其信号和主要控制通路连接线，还可以包括其他信息，如波形、公式和算法，但一般并不包括实体信息（如位置、实体项目和端子代号）和组装信息。

主要使用二进制逻辑元件符号的功能图称为逻辑功能图。用于分析和计算电路特性或状态表示等效电路的功能图，也可称为等效电路图。等效电路图是为描述和分析系统详细的物理特性而专门绘制的一种特殊的功能图。

2．逻辑功能图绘制的基本原则

按照规定，对实现一定目的的每种组件或几个组件组成的组合件，可绘制一份逻辑功能图（可以包括几张）。因此，每份逻辑功能图表示每种组件或几个组件组成的组合件所形成的功能件的逻辑功能，而不涉及实现方法。图的布局应有助于对逻辑功能图的理解。应使信息的基本流向为从左到右或从上到下。在信息流向不明显的地方，可在载信息的线上加一箭头（开口箭头）标记。

功能上相关的图形符号应组合在一起，并应尽量靠近。当一个信号输出给多个单元时，可绘成单根直线，通过适当标记以 T 形连接到各个单元。每个逻辑单元一般以最能描述该单元在系统中实际执行的逻辑功能的符号来表示。在逻辑图上，各单元之间的连线及单元的输入、输出线通常应标出信号名，以有助于对图的理解和对逻辑系统的维护。

3.3.3.3　电路图的画法

1．电路图的基本特点

用图形符号并按工作顺序排列，详细表示系统、分系统、电路、设备或成套装置的全部基本组成和连接关系，而不考虑其组成项目的实体尺寸、形状或实际位置的一种简图，称为电路图。通过电路图能详细理解电路、设备或成套装置及其组成部分的工作原理；了解电路所起的作用（可能还需要表图、表格、程序文件、其他简图等补充资料）；作为编制接线图的依据（可能还需要结构设计资料）；为测试和寻找故障提供信息（可能还需要诸如手册、接线文件等补充文件）；为系统、分系统、电器、部件、设备、软件等安装和维修提供依据。

2．电路图绘制的基本原则

（1）电路图中的符号和电路应按功能关系布局。电路垂直布置时，类似项目应横向对齐；电路水平布置时，类似项目宜纵向对齐。功能上相关的项目应靠近绘制，同等重要的并联通路应依主电路对称布置。

（2）信号流的主要方向应由左至右或由上至下。如不能明确表示某个信号流动方向，可在连接线上加箭头表示。

（3）电路图中回路的连接点可用小圆点表示，也可不用。但在同一张图样中应采用同一表示形式。

（4）图中由多个元器件组成的功能单元或功能组件，必要时可用点画线框出。

（5）图中不属于该图共用高层代号范围内的设备，可用点画线或双点画线框出，并加以说明。

（6）图中设备的未使用部分可绘出或注明。

第 4 章　低压电器的选与用

从电气控制柜产品的设计、采购到制作，任何一个器件的失效都可能导致整个系统的失效。根据有关部门对电气控制设备失效原因的分析统计，其中有 40%以上的故障是由于元器件选用不合理造成的。随着整机系统功能越来越全，所用元器件越来越多，对可靠性要求也越来越高，所使用元器件的可靠性也越来越受到人们的重视，科学合理地进行元器件选择决定了电气控制设备的可靠性及成本。因此每一个优秀的电气控制设备设计制作人员必须熟练地掌握各种电气元件的选定方法。

随着元件制造技术的不断提高，在元器件的固有可靠性已经有了较大提高的情况下，使用可靠性就显得特别重要。电气元件可靠性问题可以通过优选供应商、对供应商产品定期抽样检测等措施把来料质量风险降到最低。所选的元件性能参数符合电路要求了，那么元件价格是否合适？对于高端电气控制产品来说，性能要求高于价格要求；对于低端电气控制产品而言，价格要求高于性能要求。如何掌握平衡点？选型是个复杂的系统工程，是电气控制设备设计制作人员、采购、供应商乃至第三方检测机构互动的过程。最终的目的是所选的这些元件能让电气控制设备工作在最佳状态，满足可靠性及寿命要求。

对于大批量生产的电气控制设备厂，普遍采用国外电气元件大厂（或网站）提供的选型工具进行辅助选型，通常有按参数选型和按应用选型两种。元件的最终选用还要通过仿真工具优化。对于一般电气控制设备的设计制作人员，都会向电气元件生产厂商索取电气元件的产品样本，然后通过产品样本所提供的外形尺寸、安装尺寸及技术参数进行选型。

进行电气元件选型，涉及的知识面非常广泛，这需要不断地学习及长时间实际工作经验的积累。因此，电气元件选型对于刚刚走出学校进入企业的学生而言确实存在一定难度，在后续制作中往往可能出现很多问题。其根源在于电气元件的产品样本所提供的内容，对于使用者而言远远不能满足使用要求，产品样本缺少电气元件产品的设计和使用注意事项。

电气元件的产品的设计和使用注意事项一般写在电气元件的使用说明书中。因此，只有在购买了生产厂商的电气元件后，设计人员才能够得到。因为当设计人员购买了生产厂商电气元件后，使用不当出现的问题会影响生产厂商的信誉。为了维护好自己的信誉，减少客户服务的费用，电气元件的生产厂商竭尽全力，在电气元器件的使用说明书中详细地将自己的客户服务人员在客户服务的过程中出现过的问题及解决方案进行归纳整理，将该电气元件的产品设计和使用注意事项纳入其中。

当设计人员向电气元件的生产厂商索要产品样本时，只能说明设计人员具有选用该产品的倾向，生产厂商通过赠送产品样本，就能够达到增加产品销售的目的。当设计人员向电气元件的生产厂商索要产品样本时，如果生产厂商给产品使用说明书，则有可能设计者只阅读产品的设计和使用注意事项，而不会购买该产品。生产厂商赠送文档，只不过是为了增加产品销售量的一个策略而已，而且无可厚非。

4.1 断路器的选与用

4.1.1 断路器的选型

断路器是电气控制柜中必不可少的器件，合理选择断路器对制作电气控制柜来说尤为重要。但在设计生产电气控制设备时断路器如何选择才能做到经济、安全和合理，是必须解决的问题。目前的断路器主要有热断路器、磁断路器和通地漏泄断路器等几种。在选择断路器时，设计人员不仅需要考虑电路的特性，还应当考虑包括断路器的安装位置及外壳尺寸方面的限制条件。

低压断路器的选用，应根据具体使用条件选择使用类别，选择额定工作电压、额定电流、脱扣器整定电流和分励、欠压脱扣器的电压电流等参数，参照产品样本提供的保护特性曲线选用保护特性，并对短路特性和灵敏系数进行校验。当与其他断路器或其他保护电器之间有配合要求时，应选用选择型断路器。

4.1.1.1 断路器类型的选择

根据低压配电系统的负载性质、故障类别和对线路保护的要求，确定选用的断路器类型，并符合国家现行的有关标准，具体选定参考表 4.1.1。

表 4.1.1 按控制系统的负载性质、对线路保护的要求确定选用的断路器类型

<table>
<tr><th>断路器类型</th><th>电流类型和范围</th><th colspan="3">保 护 特 性</th><th>主 要 用 途</th></tr>
<tr><td rowspan="9">配电线路保护</td><td rowspan="7">交流 200～400A</td><td rowspan="5">选择型 B 类</td><td rowspan="2">二段保护</td><td>瞬时</td><td rowspan="5">电源总开关和支路近电源端开关</td></tr>
<tr><td>短延时</td></tr>
<tr><td rowspan="3">三段保护</td><td>瞬时</td></tr>
<tr><td>短延时</td></tr>
<tr><td>长延时</td></tr>
<tr><td rowspan="2">非选择型 A 类</td><td>限流型</td><td>长延时</td><td rowspan="2">支路近端开关和支路末端开关</td></tr>
<tr><td>一般型</td><td>瞬时</td></tr>
<tr><td rowspan="2">直流 600～6000A</td><td>快速型</td><td colspan="2">有极性、无极性</td><td>保护晶闸管变流设备</td></tr>
<tr><td>一般型</td><td colspan="2">长延时、瞬时</td><td>保护一般直流设备</td></tr>
<tr><td rowspan="3">电动机保护</td><td rowspan="3">交流 60～600A</td><td rowspan="2">直接启动</td><td>一般型</td><td>过电流脱扣器瞬动倍数（8～15）I_n</td><td>保护笼形电动机</td></tr>
<tr><td>限流型</td><td>过电流脱扣器瞬动倍数 12I_n</td><td>保护笼形电动机
还可装于靠近变压器端</td></tr>
<tr><td>间接启动</td><td colspan="2">过电流脱扣器瞬动倍数（3～8）I_n</td><td>保护笼形和绕线式电动机</td></tr>
<tr><td>照明用及导线保护</td><td>交流 5～50A</td><td colspan="3">过载长延时，短路瞬时</td><td>单极，除用于照明外，尚可用于生活建筑内电气设备和信号二次回路</td></tr>
<tr><td>漏电保护</td><td>交流 20～200A</td><td colspan="3">15mA，30mA，50mA，75mA，100mA，0.1s 内分断</td><td>确保人身安全，防止漏电引起火灾</td></tr>
<tr><td>特殊用途</td><td>交流或直流</td><td colspan="3">一般只需瞬时动作</td><td>如灭磁开关等</td></tr>
</table>

从表 4.1.1 中可看出，配电用低压断路器按保护性能分，有非选择型（A 类）和选择型（B 类）两类。非选择型 A 类断路器，一般为瞬时动作，只作短路保护用，也有的为长延时动作，只作过负荷保护用。选择型 B 类断路器，有两段保护、三段保护和智能化保护。两段保护为瞬时或短延时两段，三段保护为瞬时、短延时与长延时特性三段。其中瞬时和短延时特性适于短路保护，而长延时特性适于过负荷保护。IEC92《船舶电气》建议，具有三段保护的万能式断路器，偏重于它的运行短路分断能力值，而大量用于分支线路的塑壳断路器应确保它有足够的极限短路分断能力值。

现在我国生产的断路器主要有热断路器、磁断路器和通地漏泄断路器等几种，用于短路保护和过载保护的脱扣器有瞬时脱扣器、三段保护特性脱扣器和复式脱扣器等几种。

在选择断路器时，设计人员不仅需要考虑电路特性，还应当考虑其他方面的限制条件，如断路器的安装位置及外壳尺寸、施加的是额定交流还是直流电压，单相、多相和极点数目应满足国家电气标准和安全管理机构标准等。

大部分制造厂家都采用固态跳闸装置作为过电流和故障接地保护，固态跳闸装置具有敏感的接地保护特性。设计人员应该要求制造厂家提供有关固态跳闸装置特性的资料。

4.1.1.2　低压断路器技术参数的选择方法

如果电气控制设备在设计中采用了规格制定得偏松的电路保护器件，则设备将极易因功率冲击而遭到损坏并导致起火的灾难性后果；而如果采用规格制定得偏严的电路保护器件，将会引起令人生厌的频繁跳闸现象。

低压断路器的选择应符合控制设备的额定电压、额定频率、设备额定电流、故障短路时的分断能力。低压断路器应保证电气控制设备正常工作，电动机正常启动或短路、过载、接地故障等事故状态时的自动分断。各级断路器的瞬时或延时脱扣器/电流特性、额定电流应优化组合选定，并且保证系统可靠运行，经济合理。配电系统的断路器设置宜尽量减少级数，一般 3 级以内为宜。

1．低压断路器电压参数的选择

（1）额定电压。

低压断路器主要用在交流 380V、690V 或直流 220V 的供电系统中，所以它的额定电压多为交流 380V、1000V 和直流 220V。按线路额定电压进行选择时应满足：断路器的额定电压≥线路的额定电压。

断路器的额定工作电压与通断能力及使用类别有关，同一台断路器产品可以有几个额定工作电压和相对应的通断能力使用类别。

（2）断路器的欠压脱扣器和分励脱扣器的额定电压=线路的额定（电源）电压。

电源类别（交、直流）应按控制线路情况确定。国标规定的额定控制电源电压系列为直流（24V）、（48V）、110V、125V、220V、250V；交流（24V）、（36V）、（48V）、110V、127V、220V，括号中的数据不推荐采用。

（3）电动传动机构的额定工作电压=控制电源电压。

2．低压断路器电流参数的确定

1）断路器额定电流（指过流脱扣器额定电流）大于等于线路的计算负载电流

断路器壳架等级额定电流是指框架或塑料外壳中所装的最大脱扣器额定电流，按等级选用。

由线路的计算电流来决定断路器的额定电流。考虑到留有一定的裕度，负载的额定电流必须小于断路器的额定电流，一般选断路器的额定电流比实际负载电流大 20%左右。不要选得太大，必须考虑过载保护及短路保护都能动作，选取过大的额定电流，过载保护失去作用。由于负载线路的粗细及长短的关系，负载端的短路电流达不到瞬时脱扣器的整定动作值，从而使短路保护失效。

（1）当按线路的计算电流选择时，应能满足：

$$I_n \geqslant I_{30}$$

式中，I_n——断路器的额定电流，单位 A；

I_{30}——线路的计算电流或实际电流，30 指电路接通 30s 后的值，单位 A。

为了防止越级脱扣，一般应该使前一级瞬时脱扣器的电流 I_{n1} 为后一级的瞬时脱扣电流 I_{n2} 的 1.4 倍。当短路电流大于前级额定脱扣电流时，要想不使前一级跳闸，只让后级断路器跳闸，后一级断路器应选限流型。也可以把前一级断路器选为延时型。

（2）应根据制造厂商提供的磁脱扣动作电流同电源频率变化系数来换算；当环境温度大于或小于校准温度值时，必须根据制造厂商提供的温度与载流能力修正曲线来调整断路器的额定电流值。

我国生产的电气设备，设计时取周围空气温度为 40℃作为计算值，如果安装地点日最高气温高于 40℃，但不超过 60℃，因散热条件较差，最大连续工作电流应当适当降低，即额定电流应乘以温度校正系数 K。温度校正系数 K 由下式确定

$$K = \frac{1.1}{\sqrt{1 - \frac{\Delta t}{t}}} \tag{4-1}$$

式中，Δt 为断路器安装在控制柜内时，柜内外环境温度之差，它由控制柜的结构形式确定。当柜外的环境温度为 40℃时，一般抽屉柜内的温度约为 55℃，密封柜约为 60℃。

断路器允许使用的环境温度按国家标准 GB 14048.2 的规定为 40℃时，断路器安装在柜内：

① 对于一般抽屉柜如 GCK、GCL、GCS 等，Δt =55℃−40℃=15℃；

② 对于密封柜，Δt=60℃−40℃=20℃。

t 为断路器接线端的允许温升，对镀银的铜排（新）取 t=70℃。

将数据代入公式（4-1），可计算出断路器的温度校正系数 K 值。

对于一般抽屉柜，$K \leqslant 1.24$；对于密封柜，$K \leqslant 1.3$。

显然对已经使用的产品，则应该考虑降额使用，降容系数 $a=K^{-1}$ 。

对于一般抽屉柜，$a=K^{-1}=0.81$；对于密封柜，$a=K^{-1}=0.77$。

考虑上述因素后，一般断路器额定电流=1.2～2 倍计算电流。

2）断路器的额定短路（极限）通断能力大于或等于线路中可能出现的最大短路电流

线路中相线与相线或相线与中性线之间的短路电流是很大的，越接近电源分配端的电流就越大，因为整个短路回路的阻抗小。因此要求断路器必须有一定的短路分断能力，当短路分断能力大于或等于线路中可能出现的最大短路电流时，在瞬时脱扣器的作用下，断路器能瞬时熄弧断开。如断路器的额定短路通断能力小于或等于线路中可能出现的最大短路电流，因开关不能熄弧，由燃弧引起的过高温度使触点粘连（短路）从而毁坏配电线路。

断路器的分断能力指的就是能够承受的最大短路电流。所选断路器的分断能力必须大于其

保护设备的短路电流。断路器必须能闭合、载流、切断安装处可能发生的最大故障电流。选择断路器最重要的要求是在电路运行电压下，断路器的分断短路电流额定值要不小于安装处可能达到的短路电流。过电流脱扣器的动作电流整定值可以是固定的或是可调的，调节时通常利用旋钮或调节杠杆。电磁式过流脱扣器既可以是固定的，也可以是可调的，而电子式过流脱扣器通常总是可调的。

低压断路器的短路分断能力是其选择时的最主要因素。低压断路器的短路分断能力是指它的极限短路分断能力，使用者在购买低压断路器时要保证产品的短路分断能力在线路预期短路电流之上，也就是在电路短路时，低压断路器能顺利切断电路，同时断路器应满足短路条件下的动稳定和热稳定要求。

额定极限短路分断能力是断路器能成功分断而不会被损害的最高故障电流。产生这种电流的可能性非常低，普通环境下，故障电流比断路器额定分断能力低得多。另外，大电流（可能性较低）在良好状态下被分断非常重要，这样在故障电路被修复以后，断路器能够立即合闸。

作为支线上使用的断路器，仅满足额定极限短路分断能力即可。因此支线上的断路器没有必要一味追求它的运行短路分断能力指标。而对于干线上使用的断路器，不仅要满足额定极限短路分断能力的要求，也应该满足额定运行短路分断能力的要求，如果仅以额定极限短路分断能力来衡量其分断能力合格与否，将会给用户带来安全隐患。因为同类型断路器，高分断型比普通型的价格要贵出许多，虽然一般认为取大些保险，但取得过大会造成不必要的浪费。

断路器设计选型中应采用哪一个参数，规范中没有明确的规定，各种手册也没有明确的说法。大多数手册指出，断路器的额定短路通断能力等于或大于线路中可能出现的最大短路电流，一般按有效值计算。具体是极限分断能力还是运行分断能力没有说明。对于低压进线断路器应采用运行分断能力，在断路器断开短路电流后，还可以保证断路器承受它的额定电流，减少断路器出故障的可能性，从而可以提高断路器运行的可靠性。目前按运行分断能力选择断路器，一般投资会有所增加。为低压进线断路器的可靠运行增加一点投资，在经济上是合理的。

3）电路预期短路电流的计算

精确的电路预期短路电流的计算是一项极其烦琐的工作。因此，便有一些误差不大而工程上可以接受的简捷计算方法，用于电路预期短路电流的计算。

3. 低压断路器的脱扣器选型

断路器的脱扣器形式有过流脱扣器、欠压脱扣器、分励脱扣器等。过流脱扣器还可分为过载脱扣器和短路（电磁）脱扣器，并有长延时、短延时、瞬时之分。过流脱扣器最为常用。

1）脱扣器参数的选定

（1）欠压脱扣器的额定电压等于线路的额定电压。

（2）脱扣器的额定电流大于或等于线路的计算电流。

（3）低压断路器瞬时（或短延时）脱扣整定电流大于或等于 1.25 倍线路末端单相对地短路电流。

2）脱扣器安装方式的选定

过电流脱扣器按安装方式又可分为固定安装式和模块化安装式。固定安装式脱扣器和断路器壳体加工为一体，一旦出厂，其脱扣器额定电流不可调节，如 DZ20 型。而模块化安装式脱扣器作为断路器的一个安装模块，可随时调换，灵活性很强。

3）脱扣器保护特性的选定

脱扣器的保护特性分为长延时特性、短延时特性、瞬时特性。

长延时型脱扣器：其动作时间可以不小于 10s，只能用作过载保护。

短延时型脱扣器：其动作时间可为 0.1～0.4s，可以作为短路保护，也可以作为过载保护。

瞬时型脱扣器：其动作时间约为 0.02s，一般用作短路保护。

长延时型脱扣器的整定电流大于或等于 1.1 倍计算电流；瞬时型脱扣器的整定电流大于或等于 1.35 倍尖峰电流（计算电流）。选型时要注意，上一级的脱扣整定电流大于或等于 1.2 倍下一级脱扣整定电流。

4．低压断路器的整定原则

（1）断路器在正常工作和用电设备正常启动时，所装设的保护不应动作切断电路。

（2）线路故障时，应可靠切断故障电路。

断路器的最根本任务是保护电路，必须在规定的时间内能有效地切断故障电路，满足规范最基本的要求。

（3）各级保护电器线路故障时，应该有选择性地切断电路。

电气控制设备各级断路器的保护动作特性应能彼此协调配合，要有选择性地动作，即发生故障时，应使靠近故障点的断路器保护首先切断，而其靠近电源侧的上一级保护不应动作，尽可能地缩小断电范围。

这三项要求常常是相互矛盾的，控制系统设计的任务就是要合理地选择保护电器，正确整定其参数，如保护电器额定电流或整定电流大小受到第（1）和第（2）项的限定，而动作时间的快慢又受到第（2）和第（3）项的制约，则必须仔细计算、校验，协调矛盾，实现对立的统一，以符合规范的要求。

5．低压断路器过电流脱扣器动作电流的整定

1）瞬时过电流脱扣器的整定值

瞬时过电流脱扣器断路器主要用于短路保护。

断路器所保护的对象中，有某些电气设备在启动过程中，会在短时间内产生数倍于其额定电流的高峰值电流，从而使低压断路器在短时间内承受较大的尖峰电流。瞬时过电流脱扣器的短路脱扣继电器（瞬时或短延时）用于高故障电流值出现时，使断路器快速跳闸。配电用低压断路器的瞬时过电流脱扣器整定电流 I_m 应躲过线路正常工作时发生的尖峰电流，即按下式确定

跳闸极限整定电流

$$I_m \geq K_3(I+I_{js})$$

式中，K_3 为低压断路器瞬时脱扣器可靠系数，一般取 1.2；I 为线路中电流最大的一台电动机的

全启动电流（包括了周期分量和非周期分量），其值按电动机的全压启动电流 I_q 的 2 倍计算；I_{js} 为除启动电流最大的一台电动机以外的线路负载计算电流。

为满足被保护线路各级保护电器间选择性动作要求，选择型低压断路器瞬时脱扣器整定电流 I_m 在满足被保护线路相间短路电流故障时动作灵敏度要求的前提下，应尽量选择大一些，以躲过下一级开关所保护线路故障时的短路电流。非选择型低压断路器瞬时脱扣器整定电流，在躲过回路尖峰电流的条件下，尽可能整定得小一些，以保证故障时动作的灵敏度。

2）短延时过流脱扣器动作电流和动作时间的整定

短延时过流脱扣器可用于短路保护，也可用于过载保护。

短延时过流脱扣器的动作电流 I_{op}（s）也应躲过线路的尖峰电流 I_{pk}。短延时过流脱扣器的动作时间一般分 0.2s、0.4s 和 0.6s 三种，按前后保护装置的保护选择性来确定，应使前一级保护的动作时间比后一级保护的动作时间长一个时间级差。

（1）配电用低压断路器的短延时过电流脱扣器整定电流 I_{r2} 应躲过线路正常工作时发生的尖峰电流，即按下式确定

$$I_{r2} \geqslant K_z(I_q+I_{js})$$

短延时脱扣器整定电流 I_{r2} 应大于线路尖峰电流。

式中：K_z 为低压断路器短延时脱扣器可靠系数，一般取 1.2；I_q 为线路中电流最大的一台电动机的全启动电流；I_{js} 为除启动电流最大的一台电动机以外的线路负载计算电流。

一般配电断路器可按不低于尖峰电流 1.35 倍的原则确定。电动机保护电路当动作时间大于 0.02s 时，可按不低于 1.35 倍启动电流的原则确定；如果动作时间小于 0.02s，则应为不低于启动电流的 1.7～2 倍。这些系数是考虑到整定误差和电动机启动电流可能变化等因素而加的。

（2）动作时间的确定：短延时主要用于保证保护装置的动作选择性，低压断路器短延时的断开时间通常有 0.1s、0.2s、0.4s、0.6s、0.8s 和 1.0s 等可供选择，上下级时间级差取 0.1～0.2s。

（3）不仅要确定本级断路器短延时过流脱扣器动作电流的整定，还应考虑到与下一级开关整定电流选择性的配合。本级动作整定电流 I_{r2} 应大于或等于下一级断路器短延时或瞬时动作整定值的 1.2 倍。若下一级有多条分支线，则取各分支路断路器中最大整定值的 1.2 倍。

3）长延时过流脱扣器动作电流值 I_{r1} 和动作时间的整定

长延时过流脱扣器主要是用来保护过负荷，因此其动作电流只需要躲过线路的最大负荷电流（计算电流 I_{30}）。长延时过流脱扣器的动作时间应躲过允许短时过负荷的持续时间，以免引起低压断路器的误动作。

配电用低压断路器的长延时过电流脱扣器整定电流 I_{r1} 应大于线路计算电流 I_{js}，并小于导体载流量 I_z，即按式 $I_z \geqslant I_{r1} \geqslant I_{js}$ 确定。

所选断路器的长延时脱扣器整定电流 I_{r1} 应大于或等于线路的计算负载电流，可按计算负载电流的 1～1.1 倍确定；同时应不大于线路导体长期允许电流的 0.8～1 倍。

国产 DZ 系列断路器中的复式脱扣器就是具有长延时特性的热脱扣器和具有瞬时特性的电磁脱扣器。长延时脱扣时间为 2～20min，可用于过载保护。复式脱扣器具有二段保护特性。由于长延时过流脱扣器主要用于保护线路，防止超载，脱扣器的整定电流应大于线路中的计算电流。

4）过流脱扣器的动作电流与被保护线路的配合要求

为了不致线路因出现过负荷或短路引起绝缘线缆过热受损甚至失火，且其低压断路器不发生跳闸事故，低压断路器过流脱扣器的动作电流 I_{OP} 应符合

$$I_{OP} \leqslant K_{ol} \cdot I_{al}$$

式中：I_{al} 为绝缘线缆的允许载流量；K_{ol} 为绝缘线缆的允许短时过负荷系数，对于瞬时和短延时过流脱扣器，一般取 4.5，对于长延时过流脱扣器，作为短路保护时取 1.1，只作为过负荷保护时取 1。

如果不满足以上配合要求，则应改选脱扣器动作电流，或适当加粗导线或电缆线的截面积。

5）照明用低压断路器的过流脱扣器的整定电流

照明用低压断路器的长延时和瞬时过流脱扣器的整定电流如下。

$$I_r \geqslant KI_c$$

式中：I_c 为照明线路的计算电流；K 为低压断路器长延时脱扣器可靠系数。

$$I_m \geqslant KI_r$$

式中：I_r 为长延时整定电流；K 为低压断路器瞬时脱扣器可靠系数。

可靠系数取决于电光源启动状况和低压断路器的特性，其值见表 4.1.2。

表 4.1.2　低压断路器脱扣器的可靠系数

低压断路器 过流脱扣器种类	可靠系数	白炽灯、 荧光灯、卤钨灯	荧光高压汞灯	高压钠灯 金属卤化物灯
长延时脱扣器	K	1.0	1.1	1.0
瞬时脱扣器	K	4～7	4～7	4～7

6）发生接地故障时应保证在规定时间内切断

根据《低压配电设计规范》规定，当保护电器为符合要求的低压断路器时，短路电流不应小于低压断路器瞬时或短延时过流脱扣器整定电流的 1.3 倍。

（1）运用瞬时脱扣器时：$I_{d1} \geqslant 1.3I_{zd3}$。

（2）带有短延时脱扣器时：$I_{d1} \geqslant 1.3I_{zd2}$。

（3）当带有零序保护时：$I_{d1} \geqslant 1.3I_{zd0}$（一般用于主干线）。

式中，I_{d1} 为单相接地故障电流，I_{zd0} 为断路器零序保护整定电流。

4.1.1.3　断路器电流参数的标定

断路器的短路电流参数 I_{cu}、I_{cs}、I_{cw} 在选定断路器时需考虑，断路器型号和壳架等级额定电流选定后就已确定，故不需另外标明。而断路器的额定电流参数和所选脱扣器的电流参数需根据实际情况经设计人员计算，在设计文件中标明清楚，安装调试时应按设计要求调整。现根据实践经验列举设计人员应标注的参数。

（1）对于将塑壳和过流脱扣器加工为一体的小型断路器 MCB 而言，一般产品资料中只提供“断路器额定电流”一个值，此参数具有断路器壳架等级额定电流 I_{nm}、脱扣器额定电流 I_n、长延时过载脱扣器动作电流整定值 I_r 三重含义，也即 $I_{nm}=I_n=I_r$，而瞬时电磁脱扣器动作电流额定值 I_m

一般为固定值。因此在选择小型断路器时，只需给出一个电流值即可，不会产生歧义。

（2）塑壳式断路器产品种类繁多，标定其电流比较复杂。

当断路器配装固定式的过流脱扣器时，脱扣器额定电流 I_n 和长延时过载脱扣器动作电流整定值 I_r 相同，即 $I_n=I_r$。此时需要标定两个电流值，即断路器壳架等级额定电流 I_{nm}、脱扣器额定电流 I_n（或长延时过载脱扣器动作电流整定值 I_t）。瞬时脱扣器动作电流整定值 I_m 为固定值，一般不需标明。

当断路器配装可调模块式的过流脱扣器时，脱扣器的各个电流均需明确标定，首先标明断路器壳架等级额定电流，然后标明所选择的脱扣器型号和脱扣器的各个电流整定值。

（3）框架式断路器功能完善，多配装可调模块式过流脱扣器。标注电流参数时，首先标明断路器壳架等级额定电流 I_{nm}，然后标明选择脱扣器和脱扣器的各个电流整定值。

4.1.1.4 断路器选型应注意的其他问题

1．短路通断能力和短时耐受能力校验

按照线路上的短路冲击电流（短路安全电流最大瞬时值）来校验断路器的额定短路接通能力（最大电流预期峰值），即断路器的额定短路接通能力应大于线路上的短路冲击电流。

为帮助读者了解，现将峰值电流与周期分量有效值电流列于表 4.1.3。

表 4.1.3 峰值电流与周期分量有效值电流

短路分断电流 I_c（周期分量有效值）（kA）	功率因数 $\cos\theta$	峰值系数	接通电流（峰值电流）
$I_c \leqslant 1.5$	0.95	1.41	$1.4I_c$
$1.5<I_c \leqslant 3.0$	0.9	1.42	$1.42I_c$
$3.0<I_c \leqslant 4.5$	0.8	1.47	$1.47I_c$
$4.5<I_c \leqslant 6.0$	0.7	1.53	$1.53I_c$
$6.0<I_c \leqslant 10$	0.5	1.70	$1.70I_c$
$10<I_c \leqslant 20$	0.3	2.0	$2.0I_c$
$20<I_c \leqslant 50$	0.25	2.1	$2.1I_c$
$I_c>50$	0.2	2.2	$2.2I_c$

低压断路器的额定短路分断能力和额定短路接通能力应不低于其安装位置上的预期短路电流。当动作时间大于 0.02s 时，可不考虑短路电流的非周期分量，即把短路电流周期分量有效值作为最大短路电流；当动作时间小于 0.02s 时，应考虑非周期分量，即把短路电流第一周期内的全电流作为最大短路电流。如果校验结果说明断路器通断能力不够，应采取如下措施。

（1）在断路器的电源侧增设其他保护电器（如熔断器）作为后备保护。

（2）采用限流型断路器，可按制造厂提供的允通电流特性或限流系数（实际分断电流峰值和预期短路电流峰值之比）选择相应的产品。

（3）可改选较大容量的断路器。

各种短路保护断路器必须能在闭合位置上承载未受限制的短路电流瞬态值，还须能在规定的延时范围内承载短路电流。这种短时承载的短路电流值应不超过断路器的额定短时耐受能力，否则也应采取措施或改变断路器规格。断路器产品样本中一般都给出产品的额定峰值耐受电流

和额定短时耐受电流（1s 电流）。当为交流电流时，短时耐受电流应以未受限制的短路电流周期分量的有效值为准。

2．灵敏系数校验

所选定的断路器还应按短路电流进行灵敏系数校验。灵敏系数即线路中最小短路电流（一般取电动机接线端或配电线路末端的两相或单相短路电流）和断路器瞬时或延时脱扣器整定电流之比。两相短路时的灵敏系数应不小于 2，单相短路时的灵敏系数对于 DZ 型断路器可取 1.5，对于其他型断路器可取 2。如果经校验灵敏系数达不到上述要求，除调整整定电流外，也可利用延时脱扣器作为后备保护。

对于同时具有短延时和瞬时脱扣的选择性断路器，只需要校验短延时过电流脱扣器的动作灵敏度，不必再校验瞬时过流脱扣器动作的灵敏度。当断路器作为短路保护时，该回路短路电流不应小于其瞬时或短延时过流脱扣器整定电流的 1.3 倍，应满足灵敏度的要求，以保证断路器可靠动作。即按照线路的最小短路电流来校验断路器动作的灵敏性，即线路最小短路电流应不小于断路器短路整定电流的 1.3 倍。

工程中若遇到在特殊情况下要求下端子进线、上端子出线，由于开断故障电流时需要灭弧的原因，断路器必须降容使用，即额定分断能力必须按制造厂商提供的有关降容系数来换算。

4.1.1.5　低压断路器辅助功能的选择方法

在选择断路器时，不仅要关注断路器的延迟曲线等主要指标，还应重视它的很多次要功能，这些容易被忽略的性能不仅能为一个良好的设计锦上添花，而且还能帮助工程师们为其应用设计精密的保护电路。目前，市面上有许多配备了各种可选功能的断路器，这些功能对于电路保护设计很有帮助。下面列出的是一些较为常见的功能。

1．辅助接点（辅助开关）

辅助接点是与主接点电隔离的接点，适用于报警和程序开关。辅助接点可用于向操作人员或控制系统告警，发出警报，或在重要应用中接通备用电源。

2．传动

传动器类型的选择不仅是出于美观的考虑，还应具有实用价值。具有开关速度是通/断开关两倍的传动摇杆开关的断路器能够节约成本和电路板空间。推挽式传动器在遇到突发事件时最为稳定。

3．分流端子

传统断路器被认为是“串联跳闸”，这是因为接点、电流感应元件和负载都是串联的。分流端子从主电路分出支路，这样可将次级负载接入。如果初级负载发生了短路或过载，断路器将跳闸并切断两个负载的电源。

与辅助接点不同，分流端子是接到位于开关接点和电流感应元件之间的断路器载流通路上，这意味着第二个负载不受过载或短路保护。可以采用一个独立的断路器来保护次级电路，否则该电路只可用于具有内置保护电路的设备。

4. 复式控制（遥控跳闸或继电器跳闸）

复式控制断路器将两个彼此电隔离的感应元件组合起来，以实现多项功能。例如，复式控制断路器可利用遥控传动器或感应器来进行传统的过流保护及电路断接。遥控跳闸是复式控制的一个例子，通常被称为“继电器跳闸”。

5. 低压跳闸

低压跳闸是断路器中一个独立的电压敏感元件，如果电压降到预定值以下，它将使主接点开路。具有低压跳闸的开关断路器被广泛用于有线连接电器的通/断控制。安全管理部门要求这些电器在发生掉电时必须切断电源，以避免电源恢复时电器突然重新启动而造成危险。

6. 自动跳闸

一个自动跳闸的断路器在故障期间不会一直保持闭合，因为开关装置不会因强行保持传动器接通而失效。在一个完全自动跳闸的设计中，当传动器被保持在“接通”位置时，主接点在发生故障之后将始终保持开路。一些被称为“循环自动跳闸”的断路器在故障期间不能强行保持接通状态，但如果传动器一直处在“接通”的位置，则它们将周期性地接通和断开。如果断路器安装在容易够得着的地方（未封闭），则应采用自动跳闸断路器。

7. 自动复位

对于人不易够着的断路器应用来说，在冷却期后自动复位的断路器是一个很好的选择。此时若指定使用可自动再启动的设备，则发生危险的可能性很大。

4.1.1.6　低压断路器的附件选择

无论是万能式（ACB）或塑料外壳式断路器（MCCB 和一些 MCB），现在都具备各种内、外部附件（又称附属装置），增加了断路器的功能。低压断路器可以配合多种附件使用。低压断路器常见的附件有辅助开关、报警开关、欠压脱扣器、分励脱扣器和电操机构等。低压断路器的附件功能众多，购买时要考虑各个附件的特定功能，而无需全套购买。

由于有分励脱扣器、欠压脱扣器，电动操作机构和闭锁电磁铁具有不同的电压等级和交流、直流不同的电源，用户在订货时加以说明。同时用户在选用时不可能用单一的附件，如果需两台断路器电气联锁（当一台合闸时，另一台必须分闸），则可选用辅助触点和分励脱扣器或电动操作机构。在进行板前和板后接线时一定要把螺钉紧固，以免烧坏断路器。

4.1.1.7　漏电断路器（RCD）的选择

选择漏电断路器要遵循以下原则。

（1）漏电断路器的额定电压、电流应大于或等于线路设备的正常工作电压、电流。

（2）漏电断路器的额定漏电动作电流必须大于或等于 2 倍的线路已存在的泄漏电流。

在配电线路中，由于线路的绝缘电阻随着时间的增长会下降及对地布线分布电容的存在，线路或多或少对地存在一定的泄漏电流，有的还比较大。因此，在选取漏电断路器的额定漏电动作电流时，必须大于实际泄漏电流的两倍才能保证开关不会误动作，这也是与国家标准规定的额定漏电不动作电流为额定动作电流的一半是相符合的。

（3）断路器的极限通断能力应大于或等于电路最大短路电流。

（4）过载脱扣器的额定电流大于或等于线路的最大负载电流。

（5）有较短的分断反应时间，能够起到保护线路和设备的作用。

4.1.1.8 四极塑料外壳式断路器的选型

1．对于下列情况，有必要选用四极塑料外壳式断路器

四极塑料外壳式断路器（以下简称四极断路器）主要用于交流50Hz、额定电压400V及以下，额定电流100～630A三相五线制的系统中，它能保证用户和电源完全断开，确保安全，从而解决其他任何断路器不可克服的中性极电流不为零的弊端。但是TN-C系统严禁使用四极断路器。因为TN-C系统中，N线与保护线PE合二为一（PEN线），考虑安全因素，任何时候都不允许断开PEN线，因此绝对禁用四极断路器。

（1）有双电源切换要求的系统必须选用四极断路器，以满足整个系统的维护、测试和检修时的隔离需要。装设双电源切换的场所，由于系统中所有的中性线（N线）是通联的，为了确保被切换的电源开关（断路器）的检修安全，必须采用四极断路器。

（2）剩余电流动作保护器（漏电开关），必须保证所保护的回路中的一切带电导线断开，因此，对具有剩余电流动作保护要求的回路，均应选用带N极（如四极）的漏电断路器。带漏电保护的双电源转换断路器应采用四极断路器。两个上级断路器带漏电保护，其下级的电源转换断路器应使用四极断路器。

（3）在两种不同接地系统间，电源切换断路器应采用四极断路器。

（4）TT系统、TN-C-S系统和TN-S系统可使用四极断路器，以便在维修时保障检修者的安全。但是对于TN-C-S和TN-S系统，断路器的N极只能接N线，而不能接PEN或PE线。

（5）TT系统的电源进线断路器应采用四极断路器；IT系统中，当有中性线引出时，应采用四极断路器。

（6）用于380/220V系统的剩余电流保护器（漏电断路器）时，中性线必须穿越保护器的零序电流互感器（铁芯），防止无中性线的穿过，使220V的负载有泄漏电流而误动作，此时应选用四极或带中性线的二极剩余电流保护器。

2．四极断路器的选型

四极断路器的型号及结构特点见表4.1.4。

表4.1.4 四极断路器的型号及结构特点

型　号	结构特点
1型	断路器的N极不带过流脱扣器，N极与其他三个相线极一起合分电路
2型	断路器的N极不带过流脱扣器，N极始终接通，不与其他三个相线极一起断开
3型	断路器N极带过流脱扣器，N极与其他三个相线极一起合分电路
4型	断路器的N极带过流脱扣器，N极始终接通，不与其他三个相线极一起断开
5型	断路器的N极装设中性线断线保护器，N极与其他三个相线极一起合分电路
6型	断路器的N极装设中性线断线保护器，N极始终接通，不与其他三个相线极一起断开

1 型和 2 型适用于中性线电流不超过相线电流的 25%的正常状态（变压器联结组标号为 Yyno），其中 2 型适用于 TN-C 系统（PEN 线不允许断开）。

3 型和 4 型适用于三相负载不平衡，且负载中有大量电子设备（谐波成分很大），导致 N 线的电流等于或大于相线电流，N 线过载而无法借助三个相线的过流脱扣器的动作来切断过载故障；4 型适合 TN-C 系统。

5 型和 6 型适合于在中性线断线时，切断三相及中线以保护单相设备，避免损毁和间接触电事故发生，6 型适合于 TN-C 系统。

4.1.2　断路器的使用注意事项

低压断路器虽是大家非常熟悉的电器开关，但是，如果在设计、安装和使用中不做深入分析，将会隐藏一些缺陷，由此可能会带来意想不到的不良后果。

4.1.2.1　容易混淆的概念

1．负荷开关、隔离开关和断路器的区别

（1）负荷开关是可以带负荷分断的，有自灭弧功能，但它的开断容量很小且有限。

（2）隔离开关一般是不能带负荷分断的，结构上没有灭弧罩。也有能分断负荷的隔离开关，只是结构上与负荷开关不同，相对来说简单一些。

（3）负荷开关和隔离开关都可以形成明显断开点，大部分断路器不具备隔离功能，但也有少数断路器具备隔离功能。

（4）隔离开关不具备保护功能，负荷开关的保护一般是加熔断器保护，只有速断和过流。

（5）断路器的开断容量可以在制造过程中做得很高。主要是依靠加电流互感器配合二次设备来保护。可具有短路保护、过载保护、漏电保护等功能。

2．断路器的工作额定电流与脱扣器额定电流的区别

断路器的额定电流 I_n 是指脱扣器能长期通过的最大电流，也就是脱扣器额定电流。对带可调式脱扣器的断路器则为脱扣器可长期通过的最大电流。

长延时过载脱扣器动作电流整定值 I_r，固定式脱扣器的 $I_r=I_n$，可调式脱扣器的 I_r 为脱扣器额定电流 I_n 的倍数，如 $I_r=(0.4～1)I_n$。

短延时电磁脱扣器动作电流整定值 I_m 为过载脱扣器动作电流整定值 I_r 的倍数，倍数固定或可调，如 $I_m=(2～10)I_r$。对于不可调式，可在其中选择一适当的整定值。

瞬时电磁脱扣器动作电流额定值 $I_{m'}$ 为脱扣器额定电流 I_n 的倍数，倍数固定或可调，如 $I_m=(1.5～11)I_n$。对于不可调式，可在其中选择一适当的整定值。

4.1.2.2　影响断路器使用的因素

1．断路器的工作环境

1）海拔

断路器安装地点的海拔高度不超过 2000m。

2）周围温度

周围空气温度上限是40℃，24小时周期内测得的平均温度不超过35℃，全年的平均温度为20℃，周围空气温度的下限是-5℃。

3）大气条件

空气是清洁的，即无爆炸危险的空气，且空气中无足以腐蚀金属和破坏绝缘的有害气体与尘埃（包括导电尘埃）。相对湿度在最高温度40℃时不超过50%，在较低温度下允许有较大的相对湿度，如20℃时可为90%，此时已考虑到当温度变化时在产品上可能产生的凝露。

4）实装条件

断路器必须垂直地安装在无明显摇动和冲击振动且没有雨侵袭的地方。

2．成套电气控制设备的温升

成套电气控制设备是一个相对封闭的环境，影响其持续运行电流的因素较多。其防护等级、空气断路器发热、空气断路器额定持续电流及外部环境温度四者之间的相互影响关系常常被忽视，未采取有效对策。首先，防护等级越高，柜体密封越严密，其内部产生的热量越不易散发。其次，柜外环境温度，柜内断路器安装数量、安装方式，断路器进出线端连接铜排的根数、规格和方式，以及柜内分隔结构等都会影响柜内热量与温升值。

因此，选用安装于成套电气控制设备内的空气断路器时，要必须注意柜内各种因素引起的发热对断路器额定电流的影响，即空气断路器安装在封闭成套开关设备内时要适当降容使用，同时，还要采取必要的通风措施。如果忽视这些因素，既不考虑降容，也不采取必要的通风散热措施，仍按额定值长期使用，将会导致断路器过热损坏，引发严重故障，这样的事故经常见到。

我们在设计上所选用的断路器是由开关厂家设计制作，直接把断路器装配在开关柜内或配电箱内的成套产品，对于断路器是垂直安装，还是侧卧式安装，设计上没有太大的区分，只需使用单位运行操作人员根据操作经验，在产品订货时提出断路器的安装要求。假如设计上选用抽屉式开关柜断路器，则一般是侧卧式安装，一边（左边）进线接到断路器母线上，而另一边（右边）出线接负载线路上。需要考虑的问题是若抽屉式断路器所接的用电负荷容量大，则需要考虑散热，断路器热脱扣器的温度据厂家介绍，一般是在30 ℃条件下整定的，若环境温度超过此数值，应考虑修正系数，或隔一格另供一出线，避免受温升相互影响。在设计选用时必须按照不同的环境条件等级，选择能长期运行的持续电流值对应的额定电流值，并按环境温度加以修正。

ABB公司F系列、E系列空气断路器，在不同环境条件下持续电流的修正系数如表4.1.5所示，仅供参考。

表4.1.5　环境温度与修正系数的关系

环境温度（℃）	35	40	45	50	55
修正系数	1	0.97	0.94	0.91	0.88

3．需注意断路器进线安装方向

断路器进线安装方向对断路器运行有一定影响。断路器体积和重量越大，由于重力作用，对分断能力的影响就越大。断路器设计时，定触点放在断路器上部，动触点放在中部，脱扣部分放在下部，这样消弧罩、主接触点也就布置在靠近开关上部，所以上进线可以减少端子的发热对脱扣曲线的热传导影响。

具有剩余电流保护动作功能的漏电断路器严禁下部进线，一般在产品样本里有相关说明，必须按要求接线。下部进线情况下，会引起开关漏电保护功能的损坏，因漏电保护线路板的工作电源从开关的出线端引出，如果采取反接线，则线路板的工作电源长期存在，一旦漏电保护动作，内部电磁脱扣线圈因长期通电而损坏（电磁脱扣线圈的设计为瞬时工作方式），漏电保护功能会丧失。

4.1.2.3 断路器上下级间配合应注意的问题

选择性保护又称分级保护，是指在系统中上下级电器之间保护特性的配合。当在某一点出现过流故障时，指定在这一范围动作的断路器或熔断器动作，而其他的保护电器不动作，从而使受故障影响的负载数目限制到最少。

具有过载长延时、短路短延时和短路瞬动三段保护功能的 B 类断路器能实现选择性保护，大多数主干线（包括变压器的出线端）都采用它作主保护开关。不具备短路短延时功能的 A 类断路器（仅有过载长延时和短路瞬动二段保护）不能作选择性保护，它们只能使用于支路。控制系统根据设计需要可以组合成二段保护（如瞬时脱扣加短延时脱扣或瞬时脱扣加长延时脱扣），也可以只有一段保护。

选择型 B 类断路器运行短路分断能力值为短路分断能力值的 50%、75%和 100%，B 类无 25%是由于它多数是用于主干线保护。具有三段保护的断路器，偏重于它的运行短路分断能力值，而使用于分支线路的非选择型 A 类断路器，应确保它有足够的极限短路分断能力值。

对于选择型 B 类断路器，还具有的一个特性参数是短时耐受电流（I_{cw}），I_{cw} 是指在一定的电压、短路电流、功率因数下，保持 0.05s、0.1s、0.25s、0.5s 或 1s 而断路器不允许脱扣的能力。I_{cw} 是在短延时脱扣时，对断路器的电动稳定性和热稳定性的考核指标，通常 I_{cw} 的最小值是：当 $I_n \leqslant 2500A$ 时，它为 $12I_n$ 或 5kA；当 $I_n > 2500A$ 时，它为 30kA。

1. 断路器选择性配合的要求

断路器级间配合若换成国家产品标准，则是保护的选择性，在产品标准里的定义和要求如下。

1）全选择性

在两台串联的过流保护装置共同保护的情况下，负载侧的保护装置实施保护，而不导致另一个保护装置动作的过流选择性保护。

2）局部选择性

在两台串联的过流保护装置共同保护的情况下，负载侧的保护装置在规定的过流等级下实行保护，而不引起另一个保护装置动作的过流选择性保护。该过流限制值称为选择性极限电流 I_s。

在控制柜保护电路中，当采用断路器作为上下级的保护时，其动作应具有选择性，各级之间应相互协调配合。断路器上下级间的选择性配合必须具有“选择性、快速性和灵敏性”。选择性则与上下两级断路器间的配合有关，而快速性和灵敏性分别与断路器本身特点和线路运行方式有关，可参考为用户提供的上下级断路器配合选择表整定。若上下级断路器配合得当，则能有选择地将故障回路切除，保证控制系统的其他无故障回路继续正常工作，反之则影响控制系统的可靠性。级联保护是断路器限流特性的具体应用，其主要原理是利用上级断路器的限流作用，在选择下级断路器时可降低其分断能力，既保护可靠，又降低成本。

断路器的选择性可分两个区域，一个是过载区的选择性，另一个是短路区的选择性。

为使断路器可靠地切断接地故障电路，对于不同的接地形式和电气设备的使用情况，接地故障保护的要求也不同。对 TN 系统而言，当过流保护能满足在规定时间内切断接地故障线路的要求时，宜采用过流保护兼作接地故障保护；在三相四线制配电线路中，当过流保护不能满足在规定时间内切断接地故障线路，且零序电流保护能满足时，宜采用零序电流保护，但其保护整定值应大于配电线路最大不平衡电流；当上述两项保护都不能满足要求时，应采用剩余电流动作断路器。

现在的智能型断路器一般具有区域选择性联锁（ZSI）功能，利用微电子技术使保护更加完善，主要分为短路故障联锁和接地故障联锁，在分级配电系统中起着重要的作用，可以很好地解决断路器级间配合问题，保证动作的灵敏度和选择性。

2. 选择性配合应注意的问题

断路器作为上下级保护时，其动作应有选择性，上下级间应相互配合，并注意如下问题。

（1）断路器的上下级动作要求选择性时，应注意电流脱扣器整定值与时间配合。通常上级断路器的过载长延时和短路短延时的整定电流，宜不小于下级断路器整定电流的 1.3 倍，以保证上下级之间的动作选择性。一般情况下第一级断路器（如变压器低压侧进线）宜选用过载长延时、短路短延时（0～0.5s 延时可调）保护特性，不设短路瞬时脱扣器。第二级断路器宜选用过载长延时、短路短延时、短路瞬时及接地故障保护等。母联断路器宜设过载长延时、短路短延时保护。

（2）当上一级为选择型断路器、下一级为非选择型断路器时，为防止在下一级断路器所保护的回路发生短路电流（因这一级瞬时动作灵敏度不够，而使上一级短延时过流脱扣器首先动作，使其失去选择性），上一级断路器的短路短延时脱扣器整定电流，应不小于下一级断路器短路瞬时脱扣器整定电流的 1.3 倍；上一级断路器瞬时脱扣器整定电流，应大于下一级断路器出线端单相短路电流的 1.2 倍。

（3）当上下级都采用选择性断路器时，为保证选择性，短路短延时应有一个级差时间，上一级断路器的短延时动作时间至少比下一级断路器的短延时动作时间长 0.2s。

（4）当上下级都为非选择型断路器时，应加大上下级断路器的脱扣器整定电流的级差。上级断路器长延时脱扣器整定电流应不小于下级断路器长延时脱扣器整定电流的 2 倍；上级断路器的瞬时脱扣器整定电流应不小于下级断路器瞬时脱扣器整定电流的 1.4 倍。

（5）当下级断路器出口端短路电流大于上级断路器的瞬时脱扣器整定电流时，下级断路器宜选用限流型断路器，以保证选择性的要求。

（6）当上下级断路器距离很近，且出线端预期短路电流差别很小时，上级断路器宜选用带有短延时脱扣器的，使之延时动作，以保证有选择配合。

（7）断路器的脱扣器和时限的整定一般可参照下列原则。

长延时脱扣器整定电流可按脱扣器额定电流的 0.9～1.1 倍确定，时限可按 15s 选定。短延时脱扣器整定电流可按脱扣器额定电流的 3～5 倍选取，时限可按 0.1s、0.2s 和 0.4s 选取。瞬时脱扣器整定电流可按脱扣器额定电流的 10～15 倍选取。

3．装漏电保护器之前注意事项

在装漏电保护器之前必须搞清原有的供电保护形式，以便判断是否可以直接安装或需改动。供电保护形式在前面已有详细说明。在未安装漏电断路器之前，有些设备已采取一些供电保护形式，但是有一些保护形式如不改动是不适宜直接安装漏电断路器的，否则会引起开关的误动或拒动。

4.1.2.4　剩余电流动作保护器的正确应用

1．保护器的正确接线

在控制柜配电系统中，采用“保护器+保护线”保护的方式时，经常由于接线错误而造成保护器误动或拒动，造成不良影响。在采用这种保护方式时，只有正确地接线，才能起到应有的保护效果。

（1）中性点直接接地。在 TN 系统中采用 TN-C 方式保护时，中性线一定要穿过保护器零序 TA，而保护线在正常工作时不流过电流，一定不能穿过剩余电流动作保护器的零序 TA。

（2）不带单相负载的动力线路，由于是对称负载，其中性线不应穿过零序 TA，采用三相保护器即可。对于单相负载回路，应采用双极保护器，按 TN-S 或 TNC-S 方式加保护线。

（3）对于动力、照明混合线路，应选用四极保护器。如果采用中性点直接接地，保护线与 N 线共用 TN-C 系统，则 PEN 线穿过零序 TA，但 TA 后面的 PEN 线只起中性线的作用，而不能兼作保护线。

（4）选用保护器后，线路若需要进行重复接地，其接地点只能选在工作 N 线的输入端。对于选用三极保护器的动力回路，由于其 N 线不通过零序电流互感器 TA，所以对重复接地的选择无其他要求。

此外，采用保护器后，人们对其他触电防护措施的重要性认识渐渐淡薄，错误地将保护器作为唯一的安全措施，放松了其他安全措施的实施，如连接保护线或接地线、采用绝缘防护物等。因此，在宣传推广安装保护器的同时还要贯彻有关规程要求，做好安全管理，正确发挥保护器的安全防护作用。

2．剩余电流动作保护器的安装错误

1）剩余电流动作保护器的安装位置不当

一般情况下保护器的辅助电源都取自被保护电源，因此应该把保护器的辅助电源接在熔断器前边，即电源→保护器→熔断器→用电设备，而不能安装在熔断器的后边。因为一旦熔丝熔断，将会使保护器失去电源，发生触电时不能正确动作，出现触电事故。对于不用辅助电源的保护器就不用考虑了。

2）保护器零序 TA 安装位置不对

配变外壳接地、中性线接地和避雷器接地，三者共接在一个接地装置上，通常称为“三位一体”。中性线应先穿过保护器的零序 TA 后，再和配变外壳接地线、避雷器接地线相连接，共同接地。如果中性线接地线和避雷器接地线连接后再穿过保护器的零序 TA 接地，就有可能在被雷电击中时影响剩余电流动作保护器的正常运行。

4.1.2.5 四极断路器使用注意事项

（1）电源进线断路器中性线的隔离不是为了防止三相回路内中性线不平衡电流引起的中性线过流或这种过流引起的人身危险，而是为了消除沿中性线导入的故障电位对电气检修人员的危险。

（2）为减少三相回路“断零”事故的发生，应尽量避免在中性线上装设不必要的断路器触点，即在保证电气检修安全条件下，尽量少装四极断路器。

（3）不论控制柜内有无总等电位联结，TT 系统电源进线断路器应实现中性线和相线的同时隔离，但有总等电位联结的 TN-S 系统和 TN-C-S 系统电气控制装置无此需要。

（4）TT 系统内的断路器应能同时断开相线和中性线，以防发生两个故障时引起的事故，但对 TN 系统内的漏电保护断路器没有此要求。

（5）除带漏电保护功能的电源转换断路器外，其他电源转换断路器无须隔离中性线。

（6）不论何种接地系统，单相电源进线断路器都应能同时断开相线和中性线。

4.2 熔断器的选与用

4.2.1 熔断器的选择

4.2.1.1 熔断器的选择原则

1．根据使用条件确定熔断器的类型

主要依据使用环境、负载性质、负载的保护特性和短路电流的大小选择熔断器的类型；按照控制电路要求和安装条件选择熔断器的型号。

（1）对于容量较小的电动机和照明支线的简易保护，常采用熔断器作为过载及短路保护，因而希望熔体的熔化系数适当小些。通常选用铅锡合金熔体的 RQA 系列熔断器，也可采用 RC1A 系列插入半封闭式熔断器或 RM10 系列无填料密闭管式熔断器。

（2）对于较大容量的电动机和照明干线，则应着重考虑短路保护和分断能力。通常选用具有较高分断能力的 RM10 和 RL1 系列熔断器。

（3）对于短路电流较大的电路或有易燃气体的场合，宜采用具有高分断能力 RL 系列螺旋式熔断器或 RT0（包括 NT）系列有填料封闭管式熔断器。当短路电流很大时，宜采用具有限流作用的 RT0 和 RTl2 系列熔断器。

（4）对于半导体元件保护的场合，应采 RLS 或 RS0 系列快速熔断器。

（5）在控制柜或配电屏中可采用 RM 系列无填料封闭式熔断器。

（6）设备控制线路中的电动机保护应采用 RL1 系列螺旋式熔断器。

（7）系统配电一般用刀型触点熔断器。

（8）照明电路一般用圆筒帽形熔断器。

（9）容量小的电路选择半封闭式或无填料封闭式熔断器。

（10）短路电流大的选择有填料封闭式熔断器。

（11）动力负荷大于 60A，照明或电热负荷（220V）大于 100A 时，应采用管形保险器。

2．按照线路电压选择熔断器的额定电压

熔断器的额定电压大于或等于线路的额定电压。

3．根据负载特性选择熔断器的额定电流

选择熔断器的规格时，应首先选定熔体的规格，然后再根据熔体去选择熔断器的规格。

熔体额定电流不等于熔断器额定电流，熔体额定电流按被保护设备的负荷电流选择，熔断器额定电流应大于熔体额定电流，与主电器配合确定。

（1）熔断器的额定电流大于或等于所装熔体的额定电流；熔断器的额定电流大于或等于线路电流。

（2）熔断器的额定最大分断能力应大于被保护线路中可能出现的最大短路电流。

一般情况应按上述要求选择熔断器的额定电流，但是有时熔断器的额定电流可选大一级的，也可选小一级的。例如 60A 的熔体，既可选 60A 的熔断器，也可选用 100A 的熔断器，此时可按电路是否常有小倍数过载来确定，若常有小倍数过载情况，则应选用大一级的熔断器，以免其温升过高。

4．熔断器的级间配合

熔断器的保护特性应与被保护对象的过载特性有良好的配合。熔断器在电路中上、下两级的配合应有利于实现选择性保护。在控制系统中，一般上一级熔体的额定电流要比下一级熔体的额定电流大 2～3 倍，以防止发生越级动作而扩大故障停电范围。

为防止发生越级熔断、扩大事故范围，上、下级（供电干、支线）线路的熔断器间应有良好配合。选用时，上级熔断器与下级熔断器的额定电流的比值等于或大于 1.6，可满足防止发生越级动作而扩大故障停电范围的要求。

为实现选择性保护，并且考虑到熔断器保护特性的误差，在通过相同电流时，电路中上一级熔断器的熔断时间应为下一级熔断器的 3 倍以上。当上下级采用同一型号熔断器时，其电流等级以相差两级为宜。如果采用不同型号的熔断器，则应根据表 4.2.1 选取。

表 4.2.1　熔断电流与熔断时间之间的关系

熔断电流	（1.25～1.3）I_N	$1.6I_N$	$2I_N$	$2.5I_N$	$3I_N$	$4I_N$
熔断时间	∞	1h	40s	8s	4.5s	2.5s

5．保护电动机的熔断器

应注意电动机启动电流的影响，熔断器一般只作为电动机的短路保护，过载保护应采用热继电器。电动机的短路保护熔体不能选择太小，如果选择过小，易出现一相熔体熔断后，造成电动机单相运转而烧坏。据统计，60%烧坏的电动机均系保险配置不合适造成的。

6．降容使用

在 20℃环境温度下，推荐熔体的实际工作电流不应超过额定电流。选用熔体时应考虑到环境及工作条件，如封闭程度、空气流动连接电缆尺寸（长度及截面积）、瞬时峰值等方面的变化。

熔体的电流承载能力试验是在 20℃环境温度下进行的，实际使用时受环境温度变化的影响。环境温度越高，熔体的工作温度就越高，其寿命也就越短。相反，在较低的温度下运行将延长熔体的寿命。

7．考虑熔芯特性

选择熔断器时还需注明熔芯的特性，不同应用场合应选不同熔芯，按国标及 IEC 标准分类（gG、gL、aM、aR）。每种曲线不一致，选型也不一样。

4.2.1.2　熔断器熔体电流的计算方法

由于各种电气设备都具有一定的过载能力，允许在一定条件下较长时间运行。而当负载超过允许值时，就要求保护熔体在一定时间内熔断。还有一些电气设备启动电流很大，但启动时间很短，所以要求这些设备的保护特性要适应设备运行的需要，要求熔体在电动机启动时不熔断，在短路电流作用和超过允许负荷电流时，能可靠熔断，起到保护作用。熔体额定电流选择偏大，负载在短路或长期过负荷时不能及时熔断；选择过小，可能在正常负载电流作用下就会熔断，影响正常运行。为保证设备正常运行，必须根据负载性质合理地选择熔体额定电流。

1．照明电路

对于负载平稳、无冲击电流的一般照明电路、电热电路，可按负载电流大小来确定熔体的额定电流。熔体额定电流大于或等于被保护电路上所有照明电器工作电流之和。

照明电路熔体选择应符合下式要求

$$I_N \geqslant K_m I_c$$

式中，K_m为照明电路熔体选择计算系数，它取决于电光源启动状况和熔断时间-电流特性，其值见表 4.2.2；I_c为照明电器工作电流之和。

表 4.2.2　照明电路熔体选择计算系数 K_m

熔断器型号	熔体额定电流（A）	K_m		
		白炽灯、卤钨灯	高压钠灯、金属卤化物灯	荧光灯、荧光高压汞灯
RL7、NT	≤63	1.0	1.2	1.1 ～ 1.5
RL6	≤63	1.0	1.5	1.3 ～ 1.7

2．电动机

熔断器在电动机回路中用作短路保护。电动机末端回路的保护，应选用 aM 型熔断器，选择熔体的额定电流时应考虑到电动机的启动条件，按电动机启动时间的长短来选择熔体的额定电流。

1）单台直接启动电动机

（1）对于轻负荷启动或启动时间短，启动时间小于 3s 的电动机，如风扇（机）：

熔体额定电流=（4～5）×电动机额定电流。

（2）对于启动时间为 4～8s，如水泵等重负荷启动的电动机，由于其启动电流高达额定电流的 6 倍左右，故熔体额定电流=（5～6）×电动机额定电流。

（3）对于启动过程超过 8s 甚至更长时间，以及频繁启动的电动机：

熔体额定电流=（5～7）×电动机额定电流。

2）多台小容量电动机共用线路

熔体额定电流=（1.5～2.5）×最大容量的电动机额定电流+所有电动机额定电流之和。

3）降压启动电动机

熔体额定电流=（1.5～2）×电动机额定电流。

4）绕线式电动机

熔体额定电流=（1.2～1.5）×电动机额定电流。

若电动机的容量较大，而实际负载又较小时，熔体额定电流可适当选小些，小到以启动时熔体不熔断为准。

3．配电变压器

1）变压器低压侧熔体

配电变压器低压侧：熔体额定电流=（1.0～1.5）×变压器低压侧额定电流。

2）变压器高压侧熔体

配电变压器高压侧：熔体额定电流=（2～3）×变压器高压侧额定电流。

当变压器容量为 100～1000kVA 时系数取 2，低于 100kVA 时系数取 2～3。使用于高压的熔体必须安装在符合电压等级要求的熔断器中。

以上计算求得熔体电流值与标准熔体相差时，可酌情按接近标准选用。高压熔体标准有 2A、3A、5A、7.5A、10A、15A、20A、30A、40A、50A、75A、100A、150A、200A、300A。

4．控制电路

1）有控制变压器控制电路的熔体

有控制变压器控制电路的熔体额定电流

$$I_N \geqslant P_H + 0.1P_q/U_2$$

式中，P_H 为控制变压器额定容量（VA）；P_q 为线路中最大电器的吸引线圈的启动容量或几个电器吸引线圈同时启动容量之和（VA）；U_2 为控制变压器次级电压（V）。

2）不用控制变压器控制电路的熔体

不用控制变压器控制电路的熔体额定电流

$$I_N \geqslant 0.4[I_q + I_H(n-1)]$$

式中，I_q 为线路中最大电器（或几个电器同时启动的吸引线圈）的启动电流（A）；I_H（n−1）为线路中其余电器吸引线圈的额定电流之和（A）。

3）负载平衡的控制电路的熔体

负载平衡的控制电路的熔体额定电流 I_{RN} 大于或等于所有用电器负载的额定电流之和。

5．电力电容器

每台高压电力电容器或每台低压电力电容器都单独设熔体保护。

1）单台电力电容器

电力电容器熔体额定电流=（1.5～2.5）×电容器额定电流。

2）并联电力电容器组

熔体额定电流=（1.3～1.8）×电容器组额定电流。

3）电容补偿柜主回路的保护

如选用 gG 型熔断器，熔体的额定电流 I_N 约等于线路计算电流的 1.8～2.5 倍。
如选用 aM 型熔断器，熔体的额定电流 I_N 约等于线路电流的 1～2.5 倍。

6．电焊机

熔体额定电流=(1.5～2.5)×负荷电流。

7．电力半导体器件

快速熔断器分断时，其断口产生的过压为熔断器工作电压的 2～2.5 倍，为此要防止正常的半导体器件受到损害。

快速熔断器过流保护在电力半导体器件电路中使用较为普遍。快速熔断器作为电力半导体器件过流保护，可以串联在交流侧、直流侧或直接与电力半导体器件串联。其中以快速熔断器与电力半导体器件直接串联对电力半导体器件保护作用最好。电力半导体器件保护用熔断器熔体的额定电流用有效值表示，电力半导体器件的额定电流用正向平均电流表示，因此，应按下式计算熔体的额定电流。

当电力半导体器件额定电流小于等于 200A 时，$I_F \geqslant 1.57I_N$。
式中，I_F 为快速熔断器额定电流；I_N 为电力半导体器件额定电流。

当电力半导体器件晶闸管额定电流大于 200A 时，$I_F \geqslant 1.57I_T$。
式中，I_T 为电力半导体器件通态平均电流（平均值）。

表 4.2.3 所示为晶闸管专用快速熔断器主要技术参数。

表 4.2.3　晶闸管专用快速熔断器主要技术参数

型号	名称	电压（V）	额定电流（A）		熔断时间不大于（s）				极限分断能力（A）	用　途
			熔管	熔体	$1.1I_N$	$4I_N$	$6I_N$	$7I_N$		
IRLS2	螺旋式快速熔断器	500	（30）	16、20、25（30）					50 000	用于工频交流 50Hz、电压至 500V，作为晶闸管、IGBT 及其成套装置的短路及过流保护
			63	35、（45）、50						
			100	63、（75）、80，（90）、100						

续表

<table>
<tr><th rowspan="2">型号</th><th rowspan="2">名称</th><th rowspan="2">电压（V）</th><th colspan="2">额定电流（A）</th><th colspan="4">熔断时间不大于（s）</th><th rowspan="2">极限分断能力（A）</th><th rowspan="2">用　途</th></tr>
<tr><th>熔管</th><th>熔体</th><th>$1.1I_N$</th><th>$4I_N$</th><th>$6I_N$</th><th>$7I_N$</th></tr>
<tr><td rowspan="6">RS3</td><td rowspan="6">有填料封闭管式快速熔断器</td><td rowspan="4">500</td><td>50</td><td>10、15、20、25、30、40、50</td><td></td><td rowspan="4">0.06</td><td></td><td>0.02</td><td>25 000</td><td rowspan="6">用于工频交流 50Hz、电压至 750V，作为整流元件、晶闸管、IGBT 及其成套装置的短路及过流保护</td></tr>
<tr><td>100</td><td>80、100</td><td rowspan="3">5 小时内不熔断</td><td></td><td>0.02</td><td>25 000</td></tr>
<tr><td>200</td><td>150、200</td><td>0.02</td><td></td><td>50 000</td></tr>
<tr><td>300</td><td>250、300</td><td>0.02</td><td></td><td>50 000</td></tr>
<tr><td rowspan="2">750</td><td>200</td><td>150</td><td rowspan="2">5 小时内不熔断</td><td rowspan="2">0.06</td><td>0.02</td><td></td><td>50 000</td></tr>
<tr><td>300</td><td>250</td><td>0.02</td><td></td><td>50 000</td></tr>
</table>

8. 家用电器及办公设备

通常家用电器及办公设备没有独立设置的过载保护，仅设置过流或过负荷保护的熔断器代替。熔体额定电流=(1.2～1.5)×所有电气设备额定电流总和。

9. 高、低压断路器电磁型合闸机构合闸回路的合闸熔断器

用于高、低压断路器电磁型合闸机构合闸回路的合闸熔断器，由于断路器合闸时间很短（毫秒级），根据熔断器的电流反时限特性曲线可知：通入电流越大，其熔爆时间越短，通入很大电流（数值在反时限特性曲线以上）的瞬间即刻熔爆；通入电流越小，其熔爆时间越长，或不会熔断。通常按断路器合闸电流的 1/3 为额定电流配置。

有填料管式熔断器是一种有限流作用的熔断器，由填有石英砂的瓷熔管、触点和镀银铜栅状熔体组成。填料管式熔断器均装在特别的底座上，如带隔离刀闸的底座或以熔断器为隔离刀的底座，通过手动机构操作。填料管式熔断器额定电流为 50～1000A，主要用于短路电流大的电路或有易燃气体的场所。

螺旋式熔断器额定电流为 5～200A，主要用于短路电流大的分支电路或有易燃气体的场所。在熔断管装有石英砂，熔体埋于其中，熔体熔断时，电弧喷向石英砂及其缝隙，可迅速降温而熄灭。为了便于监视，熔断器一端装有色点，不同的颜色表示不同的熔体电流，熔体熔断时，色点跳出，示意熔体已熔断。

有填料封闭管式快速熔断器是一种快速动作型的熔断器，由熔断管、触点底座、动作指示器和熔体组成。熔体为银质窄截面或网状形式，熔体为一次性使用，不能自行更换。由于其具有快速动作性，一般作为半导体整流元件保护用。

4.2.1.3 查表法选定熔体额定电流

在熔断器品种单一且稳定的时代，计算方法是简便可行的。近年来，我国自行开发和引进的熔断器品种不断增加，使计算系数的数量随之暴涨，而且同一型号也要按电流分挡，不仅烦琐，还要试算。因此，规范不再采用这种方法。

为解决在设计中直接查曲线不方便的问题，推荐按熔体允许通过的启动电流选择熔断器的规格。这种方法的优点是，可根据电动机的启动电流和启动负载直接选出熔体规格，使用方便，已被规范采纳。

配电设计中最常用的 gG（全范围分断、一般用途的熔断器）和 aM（部分范围分断、电动

机保护用熔断器）熔断器的熔断特性对比见表 4.2.4。

表 4.2.4　gG 和 aM 熔断器的约定时间和约定电流

类　别	额定电流 I_r（A）	约定时间（h）	约定不熔断电流 I_{nf}	约定不熔断电流 I_r
gG	I_r≤4	1	$1.5I_r$	$2.1I_r$（$1.6I_r$）
	4<I_r≤16	1	$1.5I_r$	$1.9I_r$（$1.6I_r$）
	16<I_r≤63	1	$1.25I_r$	$1.6I_r$
	63<I_r≤160	2	$1.25I_r$	$1.6I_r$
	160<I_r≤400	3	$1.25I_r$	$1.6I_r$
	400<I_r	4	$1.25I_r$	$1.6I_r$
aM	全部 I_r	60s	$4I_r$	$6.3I_r$
注：括号内数据用于螺栓连接熔断器。				

aM 熔断器的分断范围是 $6.3I_r$ 至其额定分断电流之间，在低倍额定电流下不会误动作，容易躲过电动机的启动电流，但在高倍额定电流时比 gG 熔断器“灵敏”，有利于与接触器和过载保护器协调配合。aM 熔断器的额定电流可与电动机额定电流相近而不需特意加大，这对上级保护器件的选择也很有利。

因此，电动机的短路和接地故障保护电器应优先选用 aM 熔断器。

额定电流的选择除按规范要求直接查熔断器的电流-时间特性曲线外，推荐用下列方法。

（1）aM 熔断器的熔体额定电流可按下列两个条件选择：

① 熔体额定电流大于电动机的额定电流；

② 电动机的启动电流不超过熔体额定电流的 6.3 倍。

综合两个条件，熔体额定电流可按不小于电动机额定电流的 1.05～1.1 倍选择。

（2）gG 熔断器的规格宜按熔体允许通过的启动电流来选择。熔体额定电流的选择，沿用过去的计算系数法（启动电流乘以系数 K 或除以系数 a）。

aM 和 gG 熔断器的熔体允许通过的启动电流见表 4. 2.5，该表适用于电动机轻载和一般负载启动。

表 4.2.5　熔体允许通过的启动电流

熔体额定电流（A）	熔体允许通过的启动电流		熔体额定电流（A）	熔体允许通过的启动电流	
	aM 型熔断器	gG 型熔断器		aM 型熔断器	gG 型熔断器
2	12.6	10	50	315.0	340
4	25.2	14	63	396.9	400
5	32	22	80	504.0	
6	37.8	35	100	630.0	570
8	50.4	47	125	787.7	750
10	63	47	160	1008	1010
12	75.5	60	200	1260	1180
16	100.8	82	250	1575	1750

续表

熔体额定电流（A）	熔体允许通过的启动电流		熔体额定电流（A）	熔体允许通过的启动电流	
	aM 型熔断器	gG 型熔断器		aM 型熔断器	gG 型熔断器
20	126.0	110	315	1985	2050
25	157.5	140	400	2520	2520
32	201.6	200	500	3150	2950
40	252.0	240	630	3969	3550

注：（1）aM 型熔断器数据引自奥地利“埃姆·斯恩特”（M·SCHNEIDER）公司的资料，其他公司的数据可能不同，但差异不大。

（2）gG 型熔断器的允通启动电流是根据 GB 13539.6—2002 的图 4a）（1）和图 4b）（1）gG 型熔断体时间-电流带查出低限电流值，再参照我国的经验数据和欧洲熔断器协会的参考资料适当提高而得出，适用于刀型触点熔断器和圆筒帽形熔断器。

（3）本表按电动机轻载和一般负载启动编制。对于重载启动、频繁启动和制动的电动机，按表中数据查得的熔体电流应加大一级。

4.2.2　熔断器的使用注意事项

4.2.2.1　熔断器和断路器的比较

熔断器和断路器的保护性能和其他特点比较见表 4.2.6。

表 4.2.6　熔断器和断路器的保护性能和其他特点比较

	主要优点和特点	主要缺点和弱点
熔断器	① 选择性好。上下级熔断器的熔体额定电流只要符合国标和 IEC 标准规定的过流选择比为 1.6∶1 的要求，即上级熔体额定电流不小于下级的该值的 1.6 倍，就视为上下级能有选择性切断故障电流； ② 限流特性好，分断能力高； ③ 相对尺寸较小； ④ 价格较便宜	① 故障熔断后必须更换熔体； ② 保护功能单一，只有一段过流反时限特性，过载、短路和接地故障都用此防护； ③ 发生一相熔断时，对三相电动机将导致两相运转的不良后果，当然可用带发报警信号的熔断器予以弥补，一相熔断可断开三相； ④ 不能实现遥控，需要与电动刀开关、开关组合才有可能实现
非选择型断路器	① 故障断开后，可以手动操作复位，不必更换元件，除非切断大短路电流后需要维修； ② 有反时限特性的长延时脱扣器和瞬时电流脱扣器两段保护功能，分别作为过载和短路防护用，各司其职； ③ 带电操机构时可实现遥控	① 上下级非选择型断路器间难以实现选择性切断，故障电流较大时，很容易导致上下级断路器均瞬时断开； ② 相对价格略高； ③ 部分断路器分断能力较小，如额定电流较小的断路器装设在靠近大容量变压器位置时，会使分断能力不够。现在有高分断能力的产品可以满足，但价较高
选择型断路器	① 具有非选择型断路器的各项优点； ② 具有多种保护功能，有长延时、瞬时、短延时和接地故障（包括零序电流和剩余电流保护）保护，分别实现过载、断路延时、大短路电流瞬时动作及接地故障防护，保护灵敏度极高，调节各种参数方便，容易满足配电线路各种防护要求。另外，可有级联保护功能，具有更良好的选择性动作性能； ③ 现今产品多具有智能特点，除保护功能外，还有电量测量、故障记录，以及通信接口，实现配电装置及系统集	① 价格很高，因此只适合在配电线路首端和特别重要场所的分干线使用； ② 尺寸较大

	中监控管理	

4.2.2.2 电气控制设备保护方案的选择

1. 电气控制设备的特点和对保护电器的要求

电气控制设备的控制对象是直接连接用电设备，短路或接地故障时，要求尽快甚至瞬时切断电路，无选择性要求。而电气控制设备对保护电器要求较高，应选用选择型断路器。

使用低压断路器来实现短路保护比熔断器优越，因为当三相电路短路时，很可能只有一相的熔断器熔断，造成断相运行。对于低压断路器来说，只要短路都会使开关跳闸，将三相同时切断。另外还有其他自动保护作用。但低压断路器结构复杂、操作频率低、价格较高，因此适用于要求较高的场合，如电源总配电盘。

2. 电气控制设备故障特点

（1）短路和接地故障多发生在末端回路，大约占到所有故障的90%以上，特别是插座回路，原因是插头、插座和移动电器及其导线和接头等较容易出故障。

（2）就故障类型而言，接地故障多，相间短路少，前者约占80%～90%。

（3）电动机等设备的末端回路通常是过载多，短路故障较少，电动机的过载约占故障的80%以上，而过载是用热继电器保护的，不会使熔断器、断路器动作。

3. 保护电器设计选型方案

根据前面叙述的电路故障特点和几种保护电器性能的比较，提出保护电器选型方案的建议。本文只论述熔断器和断路器的选型方案，而不涉及保护电器参数的整定。

（1）以下位置应选用选择型断路器。

① 电气控制柜的母干线，或引出的电流容量较大（如500A以上）的树干式线路的保护；

② 重要场所的低压配电屏引出的电流容量较大（如300A以上）的放射式线路的保护。

（2）以下位置可选用非选择型断路器。

① 末端回路的保护；

② 当供给用电设备不多，且偶然停电影响不太大时。

（3）以下位置宜选用熔断器。

① 配电线路中间各级分干线的保护；

② 电气控制柜引出的电流容量较小（如300A以下）的主电路的保护；

③ 有条件时也可用作电动机末端回路的保护，但此处不宜选用gG型熔断器（全范围分断、一般用途的熔断器），而应选用aM型熔断器（部分范围分断、电动机保护用熔断器）。因aM型熔断器选用的熔体额定电流比gG型小得多，有利于提高保护灵敏性，也避免了使上级保护电器选得过大。

（4）为了提高保护性能，可以将熔断器与自动开关串联使用。

如果电路中安装了断路器，就可以不用熔断器，热继电器需要与交流接触器配合使用。因过载时热继电器上的触点断开切断控制回路，目前熔断器一般多用于控制回路。

4.2.2.3　熔断器使用注意事项

（1）熔断器只能作为电路和电器设备的短路保护，不能用做过载保护。

（2）熔断器周围介质的环境温度与保护对象的周围环境温度尽可能一致，以免保护特性产生误差。

（3）在有爆炸危险和有火灾危险的环境中，不得使用所产生的电弧可能与外界接触的熔断器。

（4）电度表电压回路和电气控制回路应加装断路保护熔断器。

（5）一定额定电流的熔体只能保护一定截面积以上的导体。如果熔体的额定电流增大后，不能保护这一截面积的导体时，导体的截面积也应该增大到被保护的最小截面积。

（6）烧断熔断器熔体后，必须查明原因，换上原规格的熔断器后才能再合上电源开关。任何情况下不得用导线将熔断器短接或加大熔断器熔体的额定电流后强行送电。

（7）一定要购买正规厂家生产的熔断器。正规厂家生产的熔断器都有注册商标，凡无商标、厂名、厂址的，即是未取得国家产品统一合格证书，这种产品不能购买，否则将会带来不堪设想的后果。

（8）熔断器内熔体的额定电流不能超过熔断器的额定电流，熔体不得随意加大。

（9）跌落式熔断器的铜帽应扣住熔管处上触点 3/4 以上，熔管或熔体表面应无损伤、裂纹。

4.3　接触器的选与用

4.3.1　接触器的选型

接触器是由电磁力（电磁铁产生）控制其接点（触点）开闭（断通）的控制电器。是一种用于远距离、频繁地接通与分断交、直流和大容量控制电路的自动电器。

接触器是一种控制功能强、用途广泛的控制电器。接触器作为通断负载电源的设备，它的选用应按满足被控制设备的要求进行，除额定工作电压与被控设备的额定工作电压相同外，被控设备的负载功率、工作电流、使用类别（负载类型）、控制方式、操作频率、工作寿命、安装方式、安装尺寸及经济性是选择的依据。同一规格下，分断电流越大寿命越短，同一分断电流下规格越大相对寿命越长。

接触器的形式、种类较多，在不同的使用场合，其操作条件存在很大的差异。接触器的额定工作电流或额定控制功率是随使用条件（如额定工作电压、使用类别、操作频率、工作制等）的不同而变化的。为了保证接触器可靠动作、控制系统正常运行，必须正确、经济地选择接触器，使其技术参数满足使用要求。接触器的选择一般按以下步骤进行。

4.3.1.1　按负载种类选择接触器的类型

根据接触器控制负载的性质、操作次数确定使用类别，再根据接触器使用类别选择相应类型的接触器。同时应考虑环境温度、湿度，使用场所的振动、尘埃、化学腐蚀等，应按不同环境，选用相应类型接触器。最后按照使用类别选择相应系列的接触器，参见表 4.3.1。

交流接触器按负载种类一般分为一类、二类、三类和四类，分别记为 AC1、AC2、AC3 和 AC4。一类交流接触器对应的控制对象是无感或微感负载，如白炽灯、电阻炉等；二类交流接触器用于绕线式异步电动机的启动和停止；三类交流接触器的典型用途是使笼形异步电动机在启动和运行中分断；四类交流接触器用于笼形异步电动机的启动、反接制动、反转和点动等操作频率较高的场合。

表 4.3.1 常用接触器类型

使用类别代号	适用典型负载举例	典 型 设 备
AC－1	无感或微感负载，电阻性负载	电阻炉、加热器等
AC－2	绕线式感应电动机的启动、分断	起重机、压缩机、提升机等
AC－3	笼形感应电动机的启动、分断	风机、泵等
AC－4	笼形感应电动机的启动、反接制动或密接通断电动机	风机、泵、机床等
AC－5a	放电灯的通断，高压气体放电灯	如汞灯、卤素灯等
AC－5b	白炽灯的通断	白炽灯
AC－6a	变压器的通断	电焊机
AC－6b	电容器的通断	电容器
AC－7a	家用电器和类似用途的低感负载	微波炉、烘手机等
AC－7b	家用的电动机负载	电冰箱、洗衣机等电源通断
AC－8a	具有手动复位过载脱扣器的密封制冷压缩机的电动机压缩机	
AC－8b	具有手动复位过载脱扣器的密封制冷压缩机的电动机压缩机	

1. 控制电热设备用交流接触器的选用

对于电热设备，如电阻炉、调温加热器设备等，电热元件使用线绕的电阻元件，其冷态电阻较小，接通启动电流可达额定电流的 1.4 倍。如果考虑到电源电压升高等，电流还会变大。此类负载的电流波动范围很小，使用类别属于 AC-1，操作也不频繁，选用接触器时只要按照接触器的额定工作电流 I_{th} 等于或大于电热设备的工作电流的 1.2 倍即可。

例：试选用一接触器来控制 380V、15kW 三相 Y 形接法的电阻炉。

解：先算出各相额定工作电流 I_e，则

$$I_{th}=1.2I_e=1.2\times22.7=27.2A$$

因而可选用额定工作电流 $I_{th}\geqslant27.2A$ 的任何型号接触器，如 CJ20—25、CJX2—18、CJX1—22、CJX5—22 等型号。

2. 控制照明设备用接触器的选用

照明设备的种类很多，不同类型的照明设备，启动电流和启动时间也不一样。此类负载使用类别为 AC-5a 或 AC-5b。如果启动时间很短，可选择其额定工作电流 I_{th} 等于照明设备工作电流的 1.1 倍。启动时间较长及功率因数较低，可选择其额定工作电流 I_{th} 比照明设备工作电流大一些。表 4.3.2 为不同照明设备的接触器选用原则。

表 4.3.2 控制照明设备的接触器选用原则

序 号	照明设备名称	启动电源	$\cos\theta$	启动时间（min）	接触器选用原则
1	白炽灯	$15I_e$	1		$I_{th}\geqslant1.1I_e$

2	混合照明灯	≈1.3I_e			I_{th}≥1.1×1.3I_e
3	荧光灯	≈2.1I_e	0.4～0.6		I_{th}≥1.1I_e

续表

序　　号	照明设备名称	启动电源	cosθ	启动时间（min）	接触器选用原则
4	高压水银灯	≈1.4I_e	0.4～0.6	3～5	I_{th}≥1.1×1.4I_e
5	高压碘灯	1.4I_e	0.4～0.5	5～10	I_{th}≥1.1×1.4I_e
6	金属卤素灯	（1.4～2）I_e	0.5～0.6	5～10	I_{th}≥1.1×2I_e
7	带功率因数补偿的序号 3 至序号 6	20I_e			按补偿电容启动电流选用

3．控制焊接变压器用接触器的选用

焊接变压器包括交流电弧焊机、电阻焊机、电渣焊等。

当接通变压器低压侧负载时，变压器因为二次侧的电极短路而出现短时的陡峭大电流，在一次侧出现较大浪涌电流，可达额定电流的 15～20 倍，它与变压器的绕组布置及铁芯特性有关。电焊机频繁地产生突发性的强电流，从而使变压器的初级侧的开关承受巨大的应力和电流，所以必须按照变压器的额定功率、额定工作电流下电极短路时一次侧的短路电流及焊接频率来选择接触器，即接通电流大于二次侧短路时的一次侧电流。此类负载使用类别为 AC-6a。

表 4.3.3 为电焊变压器选用接触器参考表。

表 4.3.3　电焊变压器选用接触器参考表

选用接触器	变压器额定工作电流 I_e（A）		焊接变压器额定功率 S_e（KVA）	变压器一次侧短路电流 I_d（A）	
	220V	380V		220V	380V
CJ20－63	30	11	20	300	300
CJ20－100	53	20	30	450	450
CJ20－160	66	25	40	600	600
CJ20－250	105	40	70	1050	1050
CJ20－250	130	50	90	1800	1800

4．电动机用接触器的选用

电动机用接触器根据电动机使用情况及电动机类别可分别选用 AC-2～AC-4，对于启动电流在 6 倍额定电流、分断电流为额定电流下可选用 AC-3，如风机、水泵等，可采用查表法及选用曲线法，根据样本及手册选用，不用再计算。

AC-2 是指绕线感应电动机的启动与分断，在额定电压下接通和分断 2.5 倍额定电流。从数值上看，AC-2 比接触器的标准工作类别 AC-3 低，接通电流倍数也低于 AC-3（6 倍 I_e），所以一般会忽视 AC-2 使用类别下的选型。实际上，由于分断电流倍数较高，在这种使用类别下对工作电流、操作频率、负载率较为敏感。在这些负荷较轻时，可按 AC-3 使用类别选型；在负荷较重时应加大一挡选用接触器（降容使用），具体参见产品说明书中的 AC-2 额定电流。

绕线式电动机接通电流及分断电流都是 2.5 倍额定电流，一般启动时在转子中串入电阻以限制启动电流，增加启动转矩，使用类别为 AC-2，可选用转动式接触器。

当电动机处于点动、需反向运转及制动时，接通电流为 6I_e，使用类别为 AC-4，它比 AC-3

更适合。可根据使用类别 AC-4 列出电流大小，计算电动机的功率。公式如下

$$P_e=3U_eI_e\cos\theta\eta,$$

式中，U_e为电动机额定电流；I_e为电动机额定电压；$\cos\theta$为功率因数；η为电动机效率。

如果允许触点寿命短，AC-4 电流可适当加大，或在很低的通断频率下改为 AC-3 类。

根据电动机保护配合的要求，堵转电流以下电流应该由控制电器接通和分断。大多数 Y 形接法电动机的堵转电流小于或等于 $7I_e$，因此选择接触器时要考虑分、合堵转电流。规范规定：电动机运行在 AC-3 下，接触器额定电流不大于 630A 时，接触器应当能承受 8 倍额定电流至少 10 秒。

对于一般设备用电动机，工作电流小于额定电流，启动电流虽然达到额定电流的 4～7 倍，但时间短，对接触器的触点损伤不大，接触器在设计时已考虑此因素，一般选用触点容量大于电动机额定容量的 1.25 倍即可。对于在特殊情况下工作的电动机要根据实际工况考虑。如电动葫芦属于冲击性负载，重载启停频繁，反接制动等，所以计算工作电流要乘以相应倍数，由于重载启停频繁，选用 4 倍电动机额定电流，通常重载下反接制动电流为启动电流的 2 倍，所以对于此工况要选用 8 倍额定电流。

1）绕线式感应电动机 AC-2 类用接触器的选用

绕线式感应电动机 AC-2 类负载下接触器的接通电流与分断电流均为 2.5 倍电动机的额定电流 I_e。即 AC-2 使用类别一般选用转动式交流接触器较合适。因为其电寿命比直动式的长，而且便于维修，选用时可按电动机额定电流查表即可（注意：每小时操作循环次数较高的场合，不宜选用 CJ12B）。也可选用直动式交流接触器，但其电寿命不如转动式。AC-3 电寿命为 120 万次的直动式接触器，在 AC-2 使用，其电寿命约为 10 万次。

2）笼形感应电动机 AC-3 类用接触器的选用

电动机有笼形和绕线型电动机，其使用类别分别为 AC-2、AC-3 和 AC-4，因此，对不同形式和使用类别的电动机选用不同结构的接触器。

笼形电动机的启动电流约为 6 倍电动机额定电流 I_e，接触器分断电流为电动机额定电流 I_e。其使用类别为 AC-3，如水泵、风机、拉丝机、镗床、印刷机及钢厂中的热剪机等，这里可选用直动式交流接触器。

选用的方法有查表法和查选用曲线法，在产品样本中直接列出在不同额定工作电压下的额定工作电流和可控制电动机的功率，以免除用户的换算。这时可以按电动机功率或额定工作电流，用查表法选用接触器。

3）笼形感应电动机 AC-4 类用接触器的选用

当电动机处于点动或需反向运转、反接制动时，负载与 AC-3 不同，其接通电流为 $6I_e$。AC-4 类给出了额定电压 380V、AC-4 条件下接触器的额定工作电流值，据此，可计算出 AC-4 使用类别下可控电动机功率 P_m。例如，CJX1-9 型交流接触器在 380V、AC-4 条件下其额定工作电流为 3.3A。

$$\text{电动机的额定输出功率}=3U_eI_e\cos\theta\eta$$

式中：U_e为电动机的额定电压；I_e为电动机的额定电流；$\cos\theta$为电动机的功率因数；η为电动机的效率。

将上述接触器 AC-4 条件下的额定电流值 3.3A 代入上式，假定电机的 $\cos\theta=0.85$，$\eta=0.9$，则电动机

额定输出功率=3×380×3.3×0.85×0.9=1.66（kW）。

即 CJX1-9 交流接触器在 380V、AC-4 使用类别下可控制的三相笼形电动机的额定输出功率约在 1.66kW 以下。

如果触点寿命允许适当缩短，则 AC-4 的额定工作电流可适当增大。在很低的通断频率时，AC-4 使用类别的接触器可按照 AC-3 使用类别选择。

4）混合电动机负载用接触器的选用

在许多情况下，接触器是在 AC-3 和 AC-4 或 AC-2 和 AC-4 条件下混合使用，即在正常通断与点动操作方式下混合使用。混合使用的触点寿命 X 可用下述公式计算

$$X=A/[1+C/100(A/B-1)]$$

式中，A 为正常负荷下的触点寿命；B 为点动操作下的触点寿命；C 为点动操作占通断次数的百分比。

例：一台 37kW 的三相鼠笼形电动机，$\cos\theta$=0.85，380V，I_e=72A，使用 3TB48 型接触器在混合工作方式下进行切换操作，其点动（AC－4）占开关操作总次数的 30%，试求接触器触点寿命 X。

查 3TB48 型接触器的寿命曲线，得到

AC-3 时的电寿命 $A=1.2\times10^6$；

AC-4 时的电寿命 $B=5\times10^4$；

C=30%，则混合工作方式中接触器的寿命 $X=15.2\times10^4$。

5．电容器用接触器选用

电容接触器一般应用于低压、无功功率补偿系统，其下端为电容负载。

电容接触器接通时电容器产生瞬态充电过程，出现很大的合闸冲击浪涌电流，在开关合上时的预期峰值电流为 $200I_n$，同时伴随着很高的电流频率振荡，此电流由电网电压、电容器的容量和电路中的电抗决定（与此馈电变压器和连接导线有关），因此触点闭合过程中可能烧蚀严重。应当按计算出的电容器电路中最大稳态电流和实际电力系统中接通时可能产生的最大涌流峰值进行选择，这样才能保证正确安全的操作。

选用普通型交流接触器要考虑接通电容器组时的涌流倍数、电网容量、变压器、回路及开关设备的阻抗、并联电容器组放电状态及合闸相角等，一般达到 50～100 倍额定电流，计算时比较烦琐，因此一般都要求接触器降容使用，并应考虑加上扼流电感器。

电容切换接触器是在普通接触器的基础上，添加了抑制电阻，将接触器接通补偿电容时的电流限制在 $60I_n$ 以内。如果电容器组没有放电装置，可选用带强制泄放电阻电路的专用接触器，如 ABB 公司的 B25C、B275C 系列。国产的 CJ19 系列电容切换接触器专为控制电容器而设计，采用了串联电阻抑制涌流的措施，使交流接触器的额定发热电流应不小于此最大稳态电流。CJ19 系列接触器控制电容器容量见表 4.3.4。

选用时参见样本，而且还要考虑无功补偿装置标准中的规定。电容器投入瞬间产生的涌流峰值应限制在电容器组额定电流的 20 倍以下（JB 7113－1993 低压并联电容器装置规定）；还应考虑最大稳态电流下电容器运行，电容器组运行时的谐波电压加上高达 1.1 倍额定工作时的工频过压，会产生较大的电流。电容器组电路中的设备器件应能在额定频率、额定正弦电压所产生的均方根值不超过 1.3 倍额定电流下连续运行，由于实际电容器的电容可能达到额定电容的 1.1

倍，故此电流可达 1.43 倍额定电流，根据此选择接触器。一般接触器的额定电流可按电容器的额定电流的 1.5 倍选取。

表 4.3.4　CJ19 系列接触器控制电容器容量

接触器型号	额定工作电流（A）		可控制电容器容量（kVar）
	220V	380V	
CJ19－25	17	6	12
CJ19－32	23	9	18
CJ19－43	29	10	20
CJ19－63	43	15	30

电容接触器应使用快速熔断器 gG 型产品来进行短路保护（额定值（1.7～2）I_n），而不是使用热过载继电器；一定根据电容的使用电压和功率来选型，并考虑现场的实际电网电压。

注意操作频率，每小时最大操作次数，LC1-DGK、DMK、DPK 的产品是 240 次，LC1-DTK、LC1-DWK 的产品是 100 次。电容接触器允许加挂侧装辅助触点 LAD8N11 等，不允许加正装 LA1DN 系列的触点。

6．有特殊要求情况下交流接触器的选用

1）防晃电型交流接触器

电力系统由于雷击、短路后重合闸及单相人为短时故障接地后自动恢复等原因使供电系统晃电，晃电时间一般在几秒以下。在有连续性生产要求的情况下，工艺上不允许设备在电源短时中断（晃电）就造成设备跳闸停电，可以采用新型电控设备 FS 系列防晃电交流接触器。

FS 系列防晃电交流接触器不依赖辅助工作电源和辅助机械装置，具有体积小、可靠性高等特点。它采用强力吸合装置、双绕组线圈，接触器在吸合释放时无有害抖动，避免了电网失压时触点抖动引起的燃弧熔焊，因此减少了触点磨损。交流接触器线圈带有储能机构，当晃电发生时，接触器线圈延迟释放，其辅助触点延迟发出断开的控制信号，由此躲开晃电时间，晃电时间由负载性质和断电长短决定，交流接触器延时时间可调。

2）节能型交流接触器

交流接触器的节电是指采用各种节电技术来降低操作电磁系统吸持时所消耗的有功、无功功率。交流接触器的操作电磁系统一般采用交流控制电源，我国现有 63A 以上交流接触器，在吸持时所消耗的有功功率在数十瓦至几百瓦之间，无功功率在数十乏至几百乏之间，一般所耗有功功率中铁芯约占 65%～75%，短路环约占 25%～30%，线圈约占 3%～5%，所以可以将交流吸持电流改为直流吸持，或采用机械结构吸持、限电流吸持等方法，可以节省铁芯及短路环中所占的大部分功率损耗，还可消除、降低噪声，改善环境。电磁系统采用节电装置，使电磁无噪声及温升低，并解决了节电装置有释放延时的缺点，如国产的 CJ40 系列。

3）带有附加功能的交流接触器

电子技术的应用可以很方便地在接触器中增添主电路保护功能，如欠、过压保护、断相保护、漏电保护等。电动机烧毁事故中，接触器一相接触不良的占 11%，所以选择带有断相保护

的断路器、接触器等电气器件也是十分必要的。

接触器加辅助模块可以满足一些特殊要求。加机械连锁可以构成可逆接触器，实现电动机正反可逆旋转，或两个接触器加机械连锁实现主电路电气互锁，可用于变频器的变频/工频切换；加空气延时头和辅助触点组可以实现电动机星-三角启动；加空气延时头可以构成延时接触器。

可以选用交流接触器的电磁线圈作电动机的低压保护，其控制回路应由电动机主回路供电，如由其他电源供电，则主回路失压时，应自动断开控制电源。

4.3.1.2　根据被控制设备的运行状况来选定额定电流

负载的计算电流要符合接触器的容量等级，即计算电流小于等于接触器的额定工作电流。接触器的接通电流大于负载的启动电流；分断电流大于负载运行时分断需要电流；负载的计算电流要考虑实际工作环境和工况；对于启动时间长的负载，半小时峰值电流不能超过约定发热电流。

对于接触器的接通与断开能力问题，选用时应注意一些使用类别中的负载，如电容器、钨丝灯等照明电器，其接通时电流数值大，通断时间也较长，选用时应留有裕量。

应根据被控制设备的运行状况来选定额定电流。被控设备的运行状况可分为持续运行、间断持续运行、反复短时运行（暂载率在 40%及以下时）三种。

1. 对于持续运行的设备

接触器额定电流是指接触器在长期工作下的最大允许电流，持续时间小于或等于 8h，且安装于敞开的控制板上。接触器的约定发热电流参数是按八小时工作制确定的，一般情况下各种系列规格的接触器均适用于八小时工作制。此类工作制的接触器在闭合情况下其主触点通过额定电流时能达到热平衡，但在八小时后应分断。

如果冷却条件较差，选用接触器时，接触器的额定电流按负载额定电流的 110%～120%选取。对于持续运行时间超过八小时但不超过一周的设备，交流接触器的额定电流应大于被控设备长时间运行的最大负荷电流。一般只按实际最大负荷占交流接触器额定电流的 67%～75%来选用交流接触器的额定电流。

长时间持续工作的接触器，就是主触点保持闭合，承载一稳定电流持续时间超过八小时（数周甚至数年）也不分断的工作制。接触器长期处于工作状态不变的情况下触点容易氧化和灰尘积累，这些因素会导致散热条件劣化，相与相、相对地绝缘能力降低，容易发生爬电现象，甚至短路。当工况要求接触器工作于此类工作制时，交流接触器必须降容使用或特殊设计，应选用灰尘不易聚集、爬电间距较大的型号。在多尘和有腐蚀性气体的环境应特别重视这个问题。由于其氧化膜没有机会得到清除，使接触电阻增大，导致触点发热超过允许温升。实际选用时，可将接触器的额定电流减小 30%使用。

2. 对于间断持续运行的设备

处于间断持续运行下的接触器，主触点保持闭合的时间不足以使接触器达到热平衡，有载时段被空载时段隔开，而空载时段足以使接触器温度回复到初态温度（冷却介质温度）。短时工作制的接触器触点通电时间标准值为 3min、10min、30min、60min 和 90min。

选用交流接触器的额定电流时，也应大于实际长时间运行的最大负荷电流，使最大负荷电流为接触器额定电流的 80%为宜。

选用交流接触器时还应考虑它的安装环境。例如，当交流接触器为开启式安装时，可允许适当地超过第 1、2 条中规定的百分值。但是，如果装于开关柜内，通风条件较差时，则应控制交流接触器的运行电流，使其不超过 1、2 条中规定的百分值。

3．对于反复短时运行的设备

反复短时运行交流接触器属于断续周期工作制，是指接触器闭合和断开的时间都太短，不足以使接触器达到热平衡的工作制。显然影响此类接触器寿命的主要因素是操作的累计次数。描述断续周期工作制的主要参数是通电持续率和操作频率，通电持续率标准值为 15%、25%、40%、60%四种，操作频率则分为 8 级（1、3、12、120、300、600、1200），每级的数字即表示该接触器额定的每小时操作频数。通常操作频率为 100 次/小时以上的设备属于重任务设备，典型的设备有工作母机（车、钻、铣、磨）、升降设备、轧机设备、离心机，炼焦行业的焦炉四大车也是重任务断续周期工作制。操作频率超过 600 次/小时的设备属于特重任务设备，如港口的卸煤机、起重设备和轧钢机上的某些装置。

交流接触器工作时的暂载率不超过 40%时，它的短时间负载能力可以超过它的额定值的 16%～20%。

4.3.1.3 接触器结构形式的选择

1．接触器主触点的选择

接触器主触点的数量、额定电流应满足控制回路接线要求。根据设备运行要求（如可逆、加速、降压启动等）来选择接触器的结构形式（如三极、四极、五极）。

2．接触器主触点极数的选定

（1）单极接触器主要用于单相负载，如照明负载、焊机等，在电动机能耗制动中也可采用。

（2）双极接触器用于绕线式异步电动机的转子回路中，启动时用于短接启动绕组。

（3）三极接触器用于三相负载，在电动机的控制及其他场合使用最为广泛。

（4）四极接触器主要用于三相四线制的照明线路，也可用来控制双回路电动机负载。

（5）五极交流接触器用来组成自耦补偿启动器或控制双笼形电动机，以变换绕组接法。

3．接触器辅助触点的选择

辅助触点的数量、额定电流应满足控制回路接线要求。对于辅助触点额定电流的选择，要按控制联锁回路的需求数量及所连接触点的遮断电流大小考虑。

4.3.1.4 接触器的额定电压的选定

根据被控对象和工作参数（如电压、电流、功率、频率及工作制等）确定接触器的额定参数。

1．交流接触器的电压等级要和负载相同

根据负载额定电压确定接触器的电压等级。接触器主触点的额定电压应不小于负载的额定电压，按使用位置处线路的额定电压选择。

2. 接触器的线圈电压

对于吸引线圈的电压等级和电流种类，应考虑控制电源的要求。

一般应低一些为好，这样对接触器的绝缘要求可以降低，使用时也较安全。但为了电路设计简单、降低成本，常按实际电网电压选取。

按标准规定，交流接触器工作电压在 85%～110%线圈额定电压时应能可靠地吸合。要考虑接在接触器控制回路的线路长度，如果线路过长，由于电压降太大，接触器线圈对合闸指令有可能不起反应；由于线路电容太大，可能对跳闸指令不起反应。一般推荐的操作电压是接触器要能够在 85%～110%的额定电压下工作的电压。

高压线路发生瞬间接地、低压电路中大电动机启动等引起电源电压瞬时下降时，线圈电压瞬时下降到吸上电压以下（低于 85%额定电压），则在电压恢复过程中线圈将得到一个逐步升高的电压，这时只要电磁吸力超过初始位置的反力，铁芯就开始移动，当主触点开始接触时反力突然开始加大，而此时的电磁力还不够大，使接触器不能可靠吸合而发生触点颤动（主触点按二倍电网频率连续接通分断）现象，不断出现的电弧使触点发热而呈熔断状态，最后可能导致触点磨损熔焊、线圈烧毁等故障。

4.3.1.5　选定后的校验

为了使接触器不会发生触点粘连烧蚀，延长接触器寿命，接触器不仅要躲过负载启动最大电流，还要考虑到启动时间的长短等不利因数。因此要对接触器通断运行的负载进行分析，根据负载电气特点和此控制系统的实际情况，对不同的负载启停电流进行计算校核。

1. 动、热稳定校验

按短时的动、热稳定校验。线路的三相短路电流不应超过接触器允许的动、热稳定电流，当使用接触器断开短路电流时，还应校验接触器的分断能力。

2. 接触器的操作频率校验

接触器的操作频率决定接触器的机械寿命。根据操作次数校验接触器所允许的操作频率。如果操作频率超过规定值，额定电流应该加大一倍。

对于接触器的电寿命及机械寿命问题，由已知每小时平均操作次数和设备的使用寿命年限，计算需要的电寿命，若不能满足要求则应降容使用。

4.3.1.6　短路保护元件

短路保护元件参数应该和接触器参数配合选用。选用时可参考产品样本或手册，产品样本和手册一般给出的是接触器和熔断器的配合表。

接触器和空气断路器的配合要根据空气断路器的过载系数和短路保护电流系数来决定。接触器的约定发热电流应小于空气断路器的过载电流，接触器的接通、断开电流应小于断路器的短路保护电流，这样断路器才能保护接触器。实际中，接触器在一个电压等级下约定发热电流和额定工作电流比值在 1～1.38 之间，而断路器的反时限过载系数参数比较多，不同类型断路器都不一样，所以两者间的配合很难有一个标准，不能形成配合表，需要实际核算。

4.3.2　接触器的使用注意事项

4.3.2.1　接触器和继电器的用法和区别

1. 接触器和继电器的主要作用

接触器和继电器的主要作用如下所述。

1）隔离作用

PLC 的输入/输出点一般不和现场的传感元器件及其他的执行元器件连接，也不和其他的外界电源直接连接，可以利用继电器或接触器进行隔离。原因是 PLC 很敏感，怕外界的电流噪声和电流脉峰干扰(尽管 PLC 内部硬件做了这样的对策)，中间继电器能起到隔离这些干扰的作用。

2）放大作用

用 PLC 控制继电器和接触器线圈的接通和打开，从而控制辅助触点来控制强一点的电流。

至于接触器，它的现场作用主要是放大，用低电压、小电流来控制高电压、大电流，在控制系统中运用很普遍。

2. 接触器和继电器的用法和区别

电磁式的继电器和接触器，它们的工作原理应该说是一样的。有时就是同一个器件，用在一个电路作为接触器，用到另外一个电路又作为继电器。区别的方法是看它们各自具体的用途。

1）适用电路不同

简单地说，接触器用于一次回路（主电路），继电器用于二次回路（控制电路）。

接触器的主要作用是用来接通或断开主电路。所谓主电路，是指一个电路工作与否是由该电路是否接通为标志。主电路概念与控制电路相对应。一般主电路通过的电流比控制电路大，用于动力回路，控制大电流设备。

继电器的主要作用则是信号检测、传递、变换或处理，它通断的电路电流通常较小，一般用在控制电路。继电器主要起到信号转换、隔离、过渡等作用，按功能不同又分很多种，如中间继电器、时间继电器、过流继电器等。

对于功率很小的电气设备，可以用继电器代替接触器。

2）负载能力不同

继电器和接触器主要的区别在于二者触点的承载电流不同，继电器触点电流一般在 5A 以下，而接触器的触点承载电流可根据实际需要选用不同规格范围。承载电流大的接触器一般都带有灭弧罩（因为大电流断开会产生电弧，若不采用灭弧罩灭弧，将烧坏触点）。

3）价格、体积不同

接触器的价格是继电器的几倍甚至几十倍、几百倍。接触器体积比继电器大很多。

4.3.2.2　交流接触器、固态继电器及无触点接触器的区别

交流接触器、固态继电器及无触点接触器的区别如表 4.3.5 所示。

表 4.3.5　交流接触器、固态继电器及无触点接触器的区别

名　称	使用寿命	响应速度	适用范围	安装方式	缺　陷
交流接触器	触点外露于空气中，易氧化，受环境影响，寿命短且不固定	响应速度慢，而且随着铁芯的磨损而变化，不稳定	无灰尘，无腐蚀气体，大功率电动机，不频繁启动，非精确定位的场合	传统卡规安装	寿命短，不稳定，耗费有色金属，受环境因素影响很大
固态继电器	使用寿命因目前整体质量而参差不齐，受设计和内部晶闸管的质量及灌封质量的影响，长短不一，电动机故障时易损坏（有盖子飞出的现象）	比交流接触器快且稳定	不受环境影响，但只适用于新制作控制系统时使用，改换时需要较大空间	四角螺丝固定，需外加导热硅脂和散热片，安装板还需攻丝，安装不方便	大量使用时占用很大空间，使电控柜体积庞大，且不易更换，无辅助触点
无触点接触器	采用进口双向晶闸管，功率留有足够裕量，优质环氧树脂彻底灌封，不受环境因素影响，集成散热片，散热好，使用寿命稳定且长，过载能力强，不易损坏	电路设计上充分考虑了精确定位，速度可达 60 次/分钟通断，定位准确，同时也对快速通断对电动机的冲击做了处理	适用于恶劣环境，频繁启动和精确定位的场所，适应电压范围宽：98～280V 交流（涵盖 110V，220V）；直流 3.2～32V（涵盖 5V，24V）	铁质卡规安装既能增加散热效果，又能起到接地安全效果，安装方便，可靠，不易损坏，能大面积使用而不增加控制柜体积，适合大面积推广	没有辅助触点，不适合功率大的电动机使用，成本高（性价比也高）

综上所述可以看出，在自动化控制发展的历程中，从电磁式接触器到固态继电器是迈进了一步。但目前市场中固态继电器的品质参差不齐（这是价格竞争带来的恶果），同时由于固态继电器安装麻烦，散热不好，占控制柜空间大，且更换麻烦，这使得固态继电器在自动化控制领域内发展受到限制。无触点接触器就是前两者的综合产物，吸取了铁芯式安装更换方便的优点，同时也吸取了固态继电器的优点，并做了相应的改进。目前自动化控制的应用越来越广泛，故障率高的就是接触器和中间继电器，如果选用直流无触点接触器（T44D-15-3P 电压 3.2～32V DC），则不需要中间继电器了，由 PLC 直接输出至无触点接触器（直流无触点接触器的驱动电流很小，只有几十毫安），这样有以下几点好处。

（1）省去了中间继电器，既减少了成本，也没有了中间继电器这个故障点，同时简化了柜内的接线和空间，也就杜绝了因线头松动或中间继电器底座老化、中间继电器损坏或中间继电器触点接触不良而引起的故障（这种故障还不好查找），大大提高了设备的可靠性。

（2）控制回路都是安全电压，容易操作且不易出现安全事故。

（3）由于驱动电流的减小，大大延长了 PLC 输出点的使用寿命，同时也能节约电能。可以使用晶体管输出的输出模块来进一步提高控制的速度，而不必担心接错线。

（4）可以使控制柜小型化，同时节约了金属（铁芯、铜、银）的使用，应该算是节能产品。

如果大面积推广使用，每年可以节约的电能和金属量相当可观。

4.3.2.3 影响接触器使用的因素

1．工作制

根据国标 GB 14048.4—1993《低压开关设备和控制设备 低压机电式接触器和电动机启动器》规定，交流接触器可按工作时间分为四类工作制，如下所述。

1）八小时工作制

八小时工作制是基本的工作制。接触器的约定发热电流参数就是按此工作制确定的，一般情况下各种系列规格的接触器均适用于八小时工作制。

2）不间断工作制

不间断工作制就是长期工作制，适用于控制持续运行的设备。

3）短时工作制

短时工作制适用于控制间断持续运行的用电设备。

4）断续周期工作制

断续周期工作制也就是反复短时工作制，适用于控制反复短时运行的设备。

2．不同工作制要求分析

不同的工作制对交流接触器提出了完全不同的要求，选用时考虑的侧重面自然不同。八小时工作制和短时工作制设备选用接触器时受限制的条件较少，只需考虑接触器额定电流大于实际的工作电流即可，设备重要时适当留一点裕量。不间断工作制设备选用接触器时首先要考虑防尘、防爬电、防过热的能力，不宜选用结构紧凑的接触器（必要时用断路器替代）。为防止过热，接触器额定电流应放大 20%以上，大型化工生产装置的电气设备大多属于这种情况。属于重任务和特重任务的断续周期工作制设备选用接触器时首先要考虑触点的电寿命和动作机构的机械寿命，应选用 CJ12 系列（特别适用于绕线式电动机）、CJ20 系列或真空系列的接触器。由于降容使用可大大提高接触器的电寿命，可以简便地将电动机的启动电流作为所选接触器的额定电流，以提高生产装置的安全可靠性。

3．接触器的触点串/并联使用

有许多用电设备是单相负载，因此，可将多极接触器的几个极并联使用。如电阻炉、电焊变压器等。当用几个极并联起来使用时，可以选用较小额定电流的接触器。但必须注意，并联后接触器的约定发热电流并不完全与并联的极数成正比。这是由于动、静触点回路的电阻值不一定完全相等，以致使流过接点的电流不是平均分配。并联后额定电流为原额定电流乘以并联系数，即 KI_e。两极并联时并联系数 K=1.6，三极并联时并联系数 K=2.25，四极并联时并联系数 K=2.8。此方法只适用于交流，不适用于直流。

需要指出，三相负载由于并联后的各极触点不可能同时接通和断开，因此，不能提高接通和分断能力。

有时可将接触器的几个极串联起来使用，由于触点断口的增多可以将电弧分割成许多段，提高了灭弧能力，加速电弧的熄灭。所以几个极串联后可以提高其工作电压，但不能超过接触器的额定绝缘电压。串联后的接触器的约定发热电流和额定工作电流不会改变。

4．电源频率的影响

对于主电路而言，频率的变化影响集肤效应，频率高时集肤效应增大。对大多数的产品来说，50Hz 与 60Hz 对导电回路的温升影响不是很大。但对于吸引线圈而言就需要予以注意，50Hz 设计的吸引线圈用于 60Hz 时电磁线的磁通将减少，吸力也将有所减小，是否能用要看其设计的裕度。一般情况下用户最好按其标定值使用，订货时按使用的操作电源频率订货。

5．操作频率的影响

接触器每小时操作次循环次数对触点的烧损影响很大，选用时应予以注意，接触器的技术参数中给出了适用的操作频率。当用电设备的实际操作频率高于给定数值时，接触器必须降容使用。

6．不同负载下交流接触器的选用

为了使接触器不会发生触点粘连烧蚀，延长接触器寿命，接触器不仅要躲过负载启动最大电流，还要考虑到启动时间的长短等不利因数。因此要对接触器通断运行的负载进行分析，根据负载电气特点和此电力系统的实际情况，对不同的负载启停电流进行计算校核。

7．其他注意事项

设计时应考虑一、二次设备动作的一致性。

接触器和其他元器件的安装距离要符合相关国标、规范，要考虑维修和走线距离。

4.4　继电器的选与用

4.4.1　继电器的选型

在电子元器件中，继电器一般被认为是一种最不可靠的电子元件，在整机可靠性设计中，把继电器、电位器、可调电感器及可变电容器列为建议不用或少用的元件。但是，由于继电器在控制电路中有独特的电气、物理特性，其断态的高绝缘电阻和通态的低导通电阻，使得其他任何电子元器件无法与其相比，加上继电器标准化程度高、通用性好、可简化电路等，所以继电器仍得以广泛应用。

面对纷繁复杂的继电器产品，如何合理选择，正确使用，是设计制作人员必须优先解决的实际问题。要做到合理选择，正确使用，就必须充分研究分析系统的实际使用条件与实际技术参数要求，按照“价值工程原则”，恰如其分地提出所选用继电器产品必须达到的技术性能要求。然后要根据整机系统的重要程度、可靠性、所使用的环境条件及成本等要求综合考虑和选择。选择时必须重视以下几个方面的要求。

4.4.1.1 电磁继电器选型

1. 按输入信号不同确定继电器种类

按输入信号是电、温度、时间、光信号确定选用电磁、温度、时间、光电继电器。这里重点说明电压、电流继电器的选用。若整机供给继电器线圈是恒定的电流，应选用电流继电器，是恒定电压值则选用电压继电器。

2. 按使用环境选型

使用环境条件主要指温度（最大与最小）、湿度（一般指40℃下的最大相对湿度）、低气压（使用高度 1000m 以下可不考虑）、振动和冲击。此外，尚有封装方式、安装方法、外形尺寸及绝缘性等要求。由于材料和结构不同，继电器承受的环境力学条件各异，在超过产品标准规定的环境力学条件下使用，有可能损坏继电器，可按整机的环境力学条件或高一级的条件选用。

在对电磁干扰或射频干扰比较敏感的装置周围，最好不要选用交流电激励的继电器。直流继电器要选用带线圈瞬态抑制电路的产品。在那些用固态器件或电路提供激励及对尖峰信号比较敏感的地方，也要选择有瞬态抑制电路的产品。

3. 输入参量的选定

与用户密切相关的输入量是线圈工作电压（或电流），而吸合电压（或电流）是继电器制造厂控制继电器灵敏度并对其进行判断、考核的参数。对用户来讲，它只是一个工作的极限参数值。安全控制参数是工作电压（电流）/吸合电压（电流），如果在吸合值以下使用继电器，则是不可靠、不安全的；环境温度升高或处于振动、冲击条件下，将使继电器工作不可靠。当然，并非工作值加得越高越好，超过额定工作值太高会增加衔铁的冲击磨损，增加触点回跳次数，缩短电气寿命。工作值一般为吸合值的 1.5 倍，工作值的误差一般为±10%。

1）选择继电器线圈电源电压

选用电磁式继电器时，首先应明确继电器线圈电源电压是交流还是直流。电子线路往往采用直流电源供电，所以必须采用线圈工作于直流电压的继电器。

选用继电器时，一般控制电路的电源电压可作为选用的依据。继电器的额定工作电压一般应小于或等于其控制电路的工作电压。应了解控制电路的电源电压及能提供的最大电流。

整机设计时，不能以空载电压作为继电器工作电压依据，而应将线圈接入作为负载来计算实际电压，特别是电源内阻大时。当用三极管作为开关元件控制线圈通断时，三极管必须处于开关状态，对 6V DC 以下工作电压的继电器来讲，还应扣除三极管饱和压降。

2）选择线圈的额定工作电流

控制电路应能给继电器提供足够的工作电流，否则继电器吸合是不稳定的。用晶体管或集成电路驱动的直流电磁继电器，其线圈额定工作电流（一般为吸合电流的 2 倍）应在驱动电路的输出电流范围之内。

4. 根据负载情况选择继电器触点的种类和负荷

1）选择触点类型

国内外长期实践证明，继电器约 70%的故障发生在触点上，说明正确选择和使用继电器触点非常重要。

同一种型号的继电器通常有多种触点的形式可供选用（电磁继电器有单组触点、双组触点、多组触点及常开式触点、常闭式触点等）。触点组合形式和触点组数应根据被控回路实际情况确定。应根据被控电路需要几组、需要什么形式的触点，选用适合应用电路的触点类型。

动合触点组和转换触点组中的动合触点对，由于接通时触点回跳次数少和触点烧蚀后补偿量大，其负载能力和接触可靠性较动断触点组和转换触点组中的动断触点对要高，整机线路可通过对触点位置适当调整，尽量多用动合触点。

2）选择触点负荷

继电器的触点在转换时可承受一定的电压和电流。触点负荷是指触点的负载能力，所选继电器的触点负荷应高于其被控制电路中的最高电压和最大电流。所以在选择继电器时，应考虑加在触点上的电压和通过触点的电流不能超过该继电器的触点负载能力，否则会影响继电器正常使用，甚至烧毁触点。

根据负载容量大小和负载性质（阻性、感性、容性、灯载及电动机负载）确定参数十分重要。认为触点切换负荷小一定比切换负荷大可靠是不正确的，一般情况下，继电器切换负荷在额定电压下，电流大于 100mA，小于额定电流的 75%最好。电流小于 100mA 会使触点积碳增加，可靠性下降，故 100mA 称作试验电流，是国内外专业标准对继电器生产厂工艺条件和水平的考核内容。由于一般继电器不具备低电平切换能力，用于切换 50mV、50μA 以下负载的继电器订货，用户需注明，必要时应请继电器生产厂协助选型。

继电器的触点额定负载与寿命是指在额定电压、额定电流下，负载为阻性的动作次数，当超出额定电压时，可参照触点负载曲线选用。当负载性质改变时，其触点负载能力将发生变化，用户可参照表 4.4.1 变换触点负载电流。

表 4.4.1 不同负载性质继电器触点的负载能力

电阻性电流	电容性电流	电感性电流	灯电流	最小电流
100%	30%	20%	15%	100mA

继电器外罩上只标阻性额定负载值，其他性质的额定负载请参考详细技术参数，其浪涌电流大小及降额系数参考表 4.4.2。

表 4.4.2 继电器不同性质负载浪涌电流的大小

序号	负载性质	浪涌电流	浪涌时间（s）	降额系数
1	阻性	稳态电流		1
2	螺线管	10～20 倍稳态电流	0.07～0.1	0.8
3	电动机	5～10 倍稳态电流	0.2～0.5	单相电动机为 0.12～0.24；三相电动机为 0.18～0.33

续表

序　号	负载性质	浪涌电流	浪涌时间（s）	降额系数
4	白炽灯	10～15 倍稳态电流	0.34	0.5
5	汞灯	约 3 倍稳态电流	180～300	
6	霓虹灯	5～10 倍稳态电流	≤10	
7	钠光灯	1～3 倍稳态电流		
8	容性负载	20～40 倍稳态电流	0.01～0.04	长输送线、滤波器、电源类应看作容性负载
9	变压器	3～15 倍稳态电流		0.5
10	电磁接触器继电器	3～10 倍稳态电流	0.02～0.04	0.5

在极性转换、相位转换负载场合，最好选用三位置的 K 型触点，不要选用二位置的 Z 型触点，除非产品明确规定用于三相交流负载转换。否则随着产品动作次数的增加，其燃弧也会增大，Z 型触点可能导致电源短路。

在切换不同步的单相交流负载时会存在相位差，所以触点额定电流应为负载电流的 4 倍，额定电压为负载电压的 2 倍。适合交流负载的触点不一定适合于几个电源相位之间的负载切换，必要时应进行相应的电寿命试验。

5．选择合适的体积及安装方式

1）继电器的体积

继电器体积的大小通常与继电器触点负荷的大小有关，选用多大体积的继电器，还应根据应用电路的要求而定。若是用于一般用电气控制，应考虑机箱容积，小型继电器主要考虑电路板安装布局。对于小型电器，如玩具、遥控装置等，则应选用超小型继电器产品。

2）继电器安装方式

继电器的安装方式有导轨式、凸出式、嵌入式、插入式等多种。根据是在控制柜内安装、控制板上安装或在印制电路板上安装，选择相适应的安装方式的继电器，如抽屉柜一般选用导轨式。

6．考虑操作频率

应考虑操作频率是否符合要求。

7．继电器额定工作电压的选择

继电器额定工作电压是继电器最主要的一项技术参数。在使用继电器时，应该首先考虑所在电路（继电器线圈所在的电路）的工作电压，继电器的额定工作电压应等于所在电路的工作电压。一般所在电路的工作电压是继电器额定工作电压的 0.86 倍。注意，所在电路的工件电压千万不能超过继电器额定工作电压，否则继电器线圈容易烧毁。另外，有些集成电路（如 NE555 电路）是可以直接驱动继电器工作的，而有些集成电路（如 COMS 电路）输出电流小，需要加一级晶体管放大电路方可驱动继电器，这就应考虑到晶体管输出电流应大于继电器的额定工作电流。

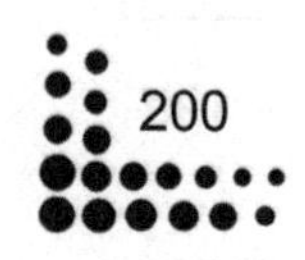

8．确定规格型号

查阅有关资料确定使用条件后，可查找相关产品样本，找出需要的继电器的型号和规格号。若已有继电器，可依据资料核对是否可以利用。最后考虑尺寸是否合适。

4.4.1.2 固态继电器（SSR）的选用

固态继电器的特性参数包括输入参数和输出参数，根据输入电压参数值大小，可确定工作电压大小。如果采用 TTL 或 CMOS 等逻辑电平控制，最好采用有足够带负载能力的低电平驱动，并尽可能使“0”电平低于 0.8V。如果在噪声很强的环境下工作，则不能选用通、断电压值相差小的产品，必须选用通、断电压值相差大的产品（如选接通电压为 8V 或 12V 的产品），这样不会因噪声干扰而造成控制失灵。输出参数的项目较多，现对主要几个参数说明如下。

1．额定输入电压

参考固态继电器的输入特性曲线及输入电压范围，选择符合实际需要的输入规格。

阻性输入固态继电器的输入电压一般可分为两挡，适应低压输入信号的，范围是 10～30V；输入电压范围较大的恒流输入固体继电器，范围在 3～32V。固态继电器的输入电流一般在 10mA 左右，可与 TTL 电路兼容。

2．输入特性

（1）为了保证固态继电器的正常工作，必须考虑输入条件，通常输入电压应为阶跃函数。

（2）输入端出现的瞬态可以使继电器误动，尤其是当继电器响应时间等于或小于噪声脉冲持续时间时，继电器就会导通，对输入信号进行滤波有助于减少这种现象发生。

（3）当反极性（反向输入）电压适用时，继电器输入端可以承受最大输入电压或其他规定的反极性电压，超过该值，可能造成 SSR 永久性破坏。当反极性电压不适用或继电器规定不能反向施加输入电压时，使用时一定要注意，不能使输入电压反向。

3．输出电流特性

1）使用环境温度的影响

固态继电器的带负载能力受环境温度和自身温升的影响较大，在安装使用过程中，应保证其有良好的散热条件，额定工作电流在 10A 以上的产品应配散热器，在 100A 以上的产品应配散热器加风扇强冷。在安装时应注意使继电器底部与散热器接触良好，并考虑涂适量导热硅脂以达到最佳散热效果。

2）热降额曲线

固态继电器对温度的敏感性很强，工作温度超过标称值后，必须降热或外加散热器。

SSR 给出的最大额定输出电流一般指常温下或常温到高温下的最大额定输出电流，而对额定工作电流大于 10A 的继电器还给出带有规定散热器时的最大额定输出电流。对于功率 SSR，当工作温度上升或不带散热器时，最大输出电流相应下降。

如果继电器长期工作在高温状态下（40～80℃），用户可根据厂家提供的最大输出电流与环境温度曲线，考虑降额使用以保证正常工作。对此，各 SSR 生产商均给出不带规定散热器的输出电流与环境温度的关系曲线。这曲线又叫热降额曲线，如图 4.4.1 所示。如果周围温度上升，应按曲线作降额使用。

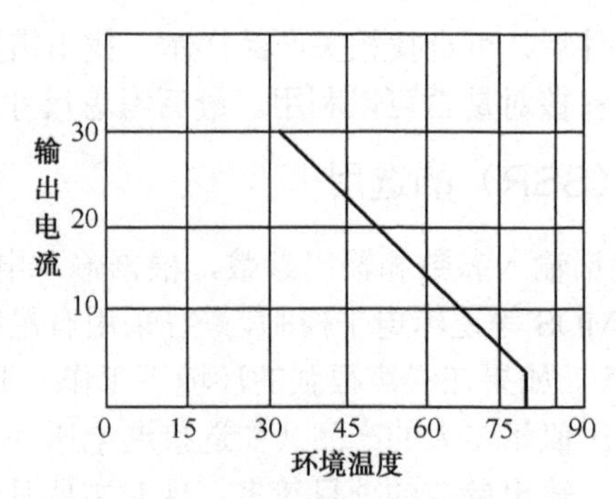

图 4.4.1　固态继电器的热降额曲线

3）输出电流

额定输出电流是指在给定条件下（环境温度、额定电压、功率因数、有无散热器等）所能承受有效值最大的电流。

固态继电器的输出电流通常是指流经继电器输出端的稳态电流。使用中，流过继电器输出端的稳态电流不得超过产品详细规范规定的相应温度下的额定输出电流。但由于感性负载、容性负载引起的浪涌电流及电源自身的浪涌问题，可能出现浪涌电流不得超过继电器的过负载能力。用户在选用固态继电器时，必须考虑继电器在保证稳态工作的前提下，能够承受这个浪涌电流。

在选型使用时应注意保证固态继电器的输出电流留有一定裕量，在常温下，满足公式：

实际负载的稳态工作电流=所选产品额定输出电流÷降额系数

将会使可靠性成倍提高（参考表 4.4.3）。

表 4.4.3 给出考虑负载浪涌电流和继电器过负载能力后，常温下各种负载的稳态电流对固态继电器额定输出电流的降额系数的推荐值。

表 4.4.3　常温下固态继电器额定输出电流的降额系数的推荐值

负载类型	电阻	电热	白炽灯	交流电磁铁	变压器	单相电动机	三相电动机
降额系数	1	0.8	0.5	0.5	0.5	0.12～0.24	0.18～0.33
注：表格中单相、三相电动机降额系数的较小值对应着大惯性负载。 所列交流固态继电器最佳输出负载频率为 60Hz 以下。							

例如，设固态继电器负载为电磁铁，电磁铁工作电流为 1.4A，根据降额系数，计算出额定电流值为 1.4A/0.5=2.8A，留一点裕量，选择 3A 的固态继电器较合适。

如果所选用的固态继电器需在工作较频繁、寿命及可靠性要求较高的场合工作，则应在表 4.4.3 的基础上再除以 0.6，以确保工作可靠。

固态继电器使用中出现的大部分问题是将特殊的负载加在固态继电器上而引起的。因此，在使用固态继电器以前，首先应了解一下特殊形式的负载给固态继电器的可靠工作造成的影响。如白炽灯负载，虽然基本上属于阻性负载，但是因为冷钨丝的电阻大约是热钨丝的电阻的 1/10，所以会出现很大的启动电流。电动机在启动时往往有很大的启动电流，而在断开时会产生很高

的电压。因此，此类负载应选择耐高压固态继电器，耐压值一般大于 1200V，额定电流选择 5 倍的额定负载电流。

一般在选用时应遵循上述原则，在低压时要求信号失真小，可选用采用场效应管作输出器件的直流固态继电器；对交流阻性负载和多数感性负载，可选用过零型继电器，这样可延长负载和继电器寿命，也可减小自身的射频干扰。如果作为相位输出控制时，应选用随机型固态继电器。

4. 输出电压、瞬态电压和电压指数上升率 d*u*/d*t*

1）输出电压

固态继电器的输出电压通常是指加载至继电器输出端的稳态电压。而瞬态电压则是指处于关断状态的继电器输出端不被击穿或失去阻断功能的最大瞬时电压。在使用中一定要保证加载至继电器输出端的最大电压峰值低于继电器的瞬态电压值。在切换交流感性负载，如单向（三相）电动机负载时，继电器输出端可能出现两倍于电源电压峰值的瞬时电压。对于此类负载，在选型使用时应对固态继电器的输出电压留有一定裕量。

2）瞬态电压

负载电源的电压不能超过继电器的额定输出电压，也不能低于规定的最小输出电压，可能加载至继电器输出端的最大电压峰值一定要低于继电器的瞬态电压。

如果受控负载是非稳态或非阻性的，必须考虑所选产品是否能承受工作状态或条件变化时（冷热转换、静动转换、感应电势、瞬态峰值电压、周期变化等）所产生的最大合成电压。例如，负载为感性时，所选额定输出电压必须大于两倍电源电压，而且所选产品的阻断（击穿）电压应高于负载电源电压峰值的两倍。在电源电压为交流 220V，一般的小功率非阻性负载的情况下，建议选用额定电压为400～600V的 SSR 产品；但对于频繁启动的单相或三相电动机负载，建议选用额定电压为 660～800V 的 SSR 产品。

3）电压指数上升率 d*u*/d*t*

对感性和容性负载，当交流固态继电器在零电流断开时，电源电压不为零，并且以较大的 d*u*/d*t* 值加至继电器的输出端，因此应选用 d*u*/d*t* 高的继电器。

在可能产生 2 倍线电压效应的场合应选择最大额定输出电压高于 2 倍线电压的 SSR。在 d*u*/d*t* 很大和过压严重的线路中，一般也应使 SSR 的最大额定输出电压高于 2 倍线电压。对一般的感性负载，SSR 的最大额定输出电压也应为线电压的 1.5 倍。另外，可以在 SSR 输出端并联 RC 吸收回路或其他瞬态抑制回路。

4.4.1.3 热继电器的选型及整定原则

热继电器是通过热元件利用电流的热效应进行工作的一种保护电器，主要用于电动机及其他电气设备的过载保护。为了保证电动机能够得到既必要又充分的过载保护，就必须全面了解电动机的性能，并给其配以合适的热继电器，进行必要的整定。一般涉及电动机的情况有工作环境、启动电流、负载性质、工作制、允许的过载能力等。热继电器的合理选用及安全、正确使用直接影响到电气设备能够安全运行，在选用及使用中应注意以下几个问题。

1. 热继电器类型选择

热继电器从结构形式上可分为两极式和三极式。三极式中又分为带断相保护和不带断相保护，主要应根据被保护电动机的定子接线情况选择。

（1）当电动机定子绕组为三角形接法时，必须采用三极式带断相保护的热继电器；但若电动机定子绕组采用带中线的星形接法，热继电器一定要选用三极式。

（2）对于星形接法的电动机，一般采用不带断相保护的热继电器。由于一般电动机采用星形接法时都不带中线，热继电器用两极式或三极式都可以。

（3）当电网的相电压均衡性较差，三相负载不平衡，多台电动机功率差别大时，应选用三相热继电器。

（4）一般轻载启动、长期工作的电动机或间断长期工作的电动机，宜选择二相结构的热继电器；当电动机的电流、电压均衡性较差、工作环境恶劣或较少有人看管时，可选用三相结构的热继电器。

（5）当热继电器用以保护反复短时工作制的电动机时，热继电器仅有一定范围的适应性。如果每小时操作次数超过 40 次，电动机启动电流为 6 倍额定电流，启动时间小于 5s，电动机满载工作，通电持续率为 60%时，就要选用带速饱和电流互感器的特殊类型的热继电器。

（6）特殊工作制电动机的保护，如正反转及通断密集工作的电动机，可选用埋入电动机绕组的温度继电器或热敏电阻来保护。

2. 热继电器额定电流的选择

1）保证电动机正常运行及启动

在正常的启动电流和启动时间、非频繁启动的场合，必须保证电动机的启动不致使热继电器误动。当电动机启动电流为额定电流的 6 倍，启动时间不超过 6s，很少连续启动的条件下时，一般可按电动机的额定电流来选择热继电器。（实际中，热继电器的额定电流可略大于电动机的额定电流）

2）考虑保护对象——电动机的特性

电动机的绝缘材料等级有 A 级、E 级、B 级等，它们的允许温升各不相同，因而其承受过载的能力也不相同，在选择热继电器时应引起注意。另外，开启式电动机散热比较容易，而封闭式电动机散热就困难得多，稍有过载，其温升就可能超过限定值。虽然热继电器的选择从原则上讲是按电动机的额定电流来考虑，但对于过载能力较差的电动机，它所配的热继电器（或热元件）的额定电流就应适当小些。在这种场合，也可以选取热继电器（或热元件）的额定电流为电动机额定电流的 60%～80%。

3）考虑负载因素

如果负载性质不允许停车，即便过载会使电动机寿命缩短，也不应让电动机突然脱扣，以免生产遭受比电动机价格高许多倍的巨大损失。这时热继电器的额定电流可选择较大值（当然此工况下电动机的选择一般也会有较强的过载能力）。这种场合最好采用由热继电器和其他保护电器有机地组合起来的保护措施，只有在发生非常危险的过载时方可考虑脱扣。

4）考虑热继电器使用的环境温度和被保护电动机的环境温度

当热继电器使用的环境温度高于被保护电动机的环境温度 15℃以下时，应使用大一号额定电流等级的热继电器；当热继电器使用的环境温度低于被保护电动机的环境温度 15℃以下时，应使用小一号额定电流等级的热继电器。此外，也应考虑到电动机的负载情况及热继电器可能需要的调整范围。

3．热元件整定电流选择

（1）热继电器的脱扣值是根据电动机的过载特性设计的，不动作电流为 1.05 倍的额定电流，动作电流为 1.2 倍的额定电流。所以选热继电器时，只要热继电器的电流调节范围可以满足电动机的额定电流就可以了。

（2）要根据电动机是轻载启动还是重载启动来选热继电器的脱扣等级，一般分为 10A、20A、30A 等几个等级，分别对应于 7.2 倍的额定电流下热继电器的脱扣时间（环境温度 20℃的条件下）。如水泵类负载，为轻载启动，用 10A 级；风机类负载为重载启动，用 20A 级。

（3）热元件的电流调节范围应与负荷变化相适应。

根据热继电器型号和热元件额定电流，即可查出热元件整定电流的调节范围。通常将热继电器的整定电流调整到电动机的额定电流。对承受过载能力差的电动机，可将热元件整定电流调整到电动机额定电流的 0.6～0.8 倍。当电动机启动时间较长、拖动冲击负载或不允许停车时，可将热元件整定电流调节到电动机额定电流的 1.1～1.15 倍。

（4）当热继电器周围的环境温度不为 35℃时，应整定为 $\sqrt{(95-T)/60}$，式中 T 为环境温度。

4．热继电器应具有既可靠又合理的保护特性

热继电器应具有与电动机容许过载特性相似的反时限特性，且应在电动机容许过载特性之下，而且应有较高的精确度，以保证保护动作的可靠性。

热继电器的选择与所保护电动机的工作制密切相关，原则上应使热继电器的电流-时间特性尽可能接近甚至重合电动机的过载特性，或在电动机的过载特性之下。同时在电动机短时过载和启动的瞬间，热继电器应不受影响（不动作）。

1）应用于长期工作制或间断长期工作制时

为保证热继电器在电动机启动过程中不产生误动作，当电动机启动电流为其额定电流的 6 倍及启动时间不超过 5s 时，热元件的整定电流调节到等于电动机的额定电流。6 倍的额定电流下动作时间可在热继电器电流-时间特性上查获。热继电器整定电流范围的中间值为电动机的额定电流。使用时，应将热继电器整定电流旋钮调至该额定值，否则起不到保护作用。

2）应用于反复短时工作制时

热继电器用于反复短时工作制的电动机时，应首先考虑热继电器的允许操作频率。当电动机启动电流为 6 倍额定电流，启动时间为 1s，电动机满载工作，通电持续率为 60%时，每小时允许操作次数最高不超过 40 次。

4.4.1.4 时间继电器的选用

1．根据延时范围和精度要求选择时间继电器类型

（1）对于延时精度要求不高的场合，一般选用电磁阻尼式或空气阻尼式时间继电器；对延时要求较高的场合，可选用电动机式或电子式时间继电器。

（2）根据控制电路要求选择通电延时型、断电延时型或触点延时型（是延时闭合还是延时断开），确定所需延时形式为通电延时型或断电延时型、触点数量、延时时间等。

（3）根据使用场合、工作环境选择时间继电器的类型。

电源电压波动大的场合可选空气阻尼式或电动机式时间继电器，电源频率不稳定的场合不宜选用电动机式时间继电器；环境温度变化大的场合不宜选用空气阻尼式和电子式时间继电器。

2．电气参数的选择

（1）确定时间继电器是用在直流回路还是交流回路里，并确定额定电压等级，常用为220V、110V DC/AC。

（2）对于电磁阻尼式和空气阻尼式时间继电器，其线圈电流种类和电压等级应与控制电路相同；对于电动机式和电子式时间继电器，其电源的电流种类和电压等级应与控制电路相同。

4.4.2 继电器的使用注意事项

在选定继电器并了解其特性的同时，还需要了解一些使用上的注意事项，以确保继电器的可靠工作。继电器按照负载的通断控制方式不同分为电磁继电器和固态继电器两大类，电磁继电器靠触点控制通断，而固态继电器靠半导体器件控制通断。由于结构的差异，它们的使用注意事项也不相同，下面分别进行介绍。

4.4.2.1 继电器在使用中的整体要求

（1）继电器的使用应尽量符合产品说明书所列的各个参数范围。

（2）额定负载和额定寿命是一个参考值，会因为不同的环境因素、负载性质与种类而有较大不同，因此最好在实际或模拟实际的使用中进行确认。

（3）直流继电器尽量使用矩形波控制，交流继电器尽量使用正弦波控制。

（4）为了保持继电器的性能，请注意不要使继电器掉落或受到强冲击。掉落后的继电器建议不再使用。

（5）继电器尽量使用于常温常湿。在高温下使用时，电耐久性会比常温下使用要低，所以应在实际使用中避免高温环境。同时，尽量使用于灰尘和有害气体少的环境中，有害气体包括含硫类、硅类和氧化氮类等的气体。

（6）磁保持继电器在出厂时，一般均设置为复归状态，但在运输或继电器安装时由于受到冲击等可能会变为动作状态，所以应在使用时（电源接入）根据需要把它设置为必要的状态。

（7）对于极化继电器，请注意其线圈电压的极性（+、-）。

4.4.2.2　触点使用中的注意事项

继电器触点故障是继电器失效的主要原因。触点是继电器中最重要的结构，触点的使用寿命受触点材料、触点上的电压及电流值（特别是接通及断开时的电压、电流波形）、负载种类、切换频率、环境情况、接触形式、触点回跳现象等影响。触点失效多以触点的材料转移、粘连、异常消耗、接触电阻增大等故障形式出现，为更好地使用继电器，应参考以下有关触点的使用注意事项。

1．负载

一般在可靠性设计中，降额设计是提高可靠性最有效的措施。对其他元器件来讲，如果不考虑其他的因素，如成本、体积等，降额越多，可靠性越高。

触点负荷的正确使用非常重要。在一般情况下，负荷应设计在 100mA 以上，技术指标给定的额定负荷值的 80%以下比较可靠。值得注意的是，继电器触点的额定负荷值是在阻性负载条件下给定的，当使用的负载是感性、容性时，可产生 10 倍额定电流的浪涌电流，所以如果不是阻性负载，使用时一般应进行换算。

一般在产品说明书中说明了阻性负载的大小，但只有这些是不够的，应该在实际的触点电路里进行试验确认。产品说明书中标明的最小负载并不是继电器可以可靠切换的标准下限值，这个值由于通断频率、环境条件、被要求的接触电阻的变化、绝对值的不同，可靠程度是不同的。

1）电压

在断开感性负载时存在大于电路电压的反向电压，该电压越高，能量越大，导致触点的消耗量和材料转移量也增大，所以需要注意继电器触点所控制负载的类型和大小。

同样电流下，继电器能可靠切换的直流电压要比交流电压低得多。因为交流电流存在零点（电流为零的点），产生的电弧容易熄灭，而对于直流，产生的电弧只能在触点间的间隙达到一定程度以后才熄灭，使得电弧持续的时间比交流条件下变得更长，加剧触点的消耗和材料转移。

2）电流

触点闭合和断开时冲击电流对触点的影响很大。当负载为电动机或指示灯的时候，闭合时的冲击电流越大，触点的消耗量和材料转移量就越多，更易导致触点粘接而不能断开，应在实际使用时进行确认。

3）触点负载性质

负载包括阻性负载（如灯负载）容性负载、感性负载，如电动机负载、电感器、接触器线圈、扼流圈负载等。触点负载量值（开路电压量值、闭路电流量值）包括低电平负载、干电路负载、小电流负载、大电流负载等。

2．关于电容负载

继电器触点作为切换容性负载回路的自保接点时，易引起触点粘连而不能释放，其原因是电容器的充放电过程类似于电容储能点焊过程。进一步分析试验表明，给 22μF 电容器连接 DC 220V 电压后，再激励继电器使其直接短路放电，10 次之内，纯银触点即可产生焊接不放现象。从理论上考虑，电容器在开始放电瞬间电流非常大，也就是说，电容器所储存的全部能量，在很短时间内全部通过触点释放，从而直接导致点焊，使触点焊接失效。长的传输线、消除电磁干扰用的滤波器、电源等都是强容性的，因此，用于此类负载时应选用专门用于容性负载的继电器。

3．关于继电器触点的并联使用

1）不能用触点并联的方式提高功率

用一组触点不能满足电路的功率要求时，有时采用两组或多组触点并联的方式来保证电路的功率要求。但是，由于继电器触点在动作时存在小的时间差（一般两组触点动作时间相差 0.1～0.2ms）。由此可知，先接通的一组触点将承受全部功率，处在超应力条件下进行切换，很容易被大电流形成的电弧烧毁而失效。所以，要求在使用继电器时，不能用触点并联的方式提高功率。

2）一般不采用触点并联的方式提高可靠性

有些设计人员利用冗余设计的原理，主观上想利用继电器触点并联的方式提高控制电路的可靠性。但是，一般控制电路的作用是利用触点相互转换作用达到对电路的控制。如果采用触点并联的方式，接通的可靠性虽然提高了，但断开的可靠性却降低了，所以对一般用继电器控制的转换电路，采用并联方式提高可靠性是不可取的。只有对特殊要求，如一次接通或断开就能完成规定功能的电路（如发射卫星，只要求继电器触点把火箭的点火系统接通就完成任务），采用触点并联的方式可提高可靠性。

4．继电器触点的正确连接

1）应尽量多用动合触点，少用动断触点

在对继电器触点连接时，应尽量多采用动合触点的连接方式，少用动断触点。其原因是动合触点比动断触点在动作时的触点回跳次数少。众所周知，触点抖动对电路产生不良影响，会缩短触点的寿命。

2）对转换触点极性的正确连接

转换触点极性的连接对触点寿命的影响极大，正确的连接应是可动触点接电源负极，固定触点接电源正极。通过对两种不同连接的测试表明，在相同负载条件下，按上述正确的极性连接与相反的极性连接，其触点的燃弧时间要比相反的极性连接的缩短二分之一，因而提高了触点寿命。

3）多组触点与负载的连接

在有多组触点时，请尽量把触点排列在电源的同一极，负载在电源的另一极，如图 4.4.2（a）所示，这样可以防止触点与触点间存在电压差而造成触点间短路。避免如图 4.4.2（b）所示的接线。

4）使用长导线时

在继电器触点电路中，使用数十米以上的长导线时，由于导线内有寄生电容存在，会产生冲击电流，请在触点电路上串联电阻（10～50Ω），如图 4.4.3 所示。

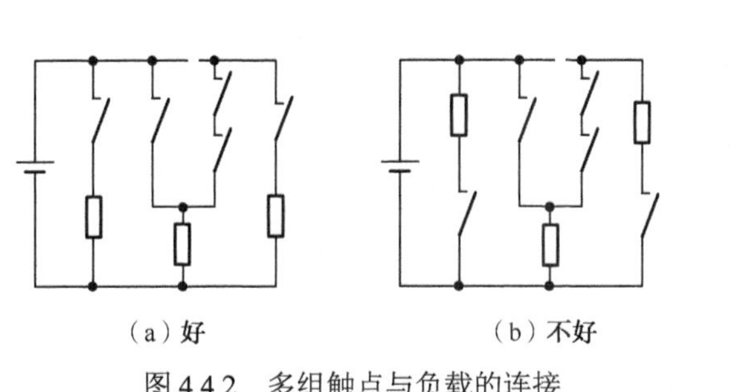

图 4.4.2　多组触点与负载的连接

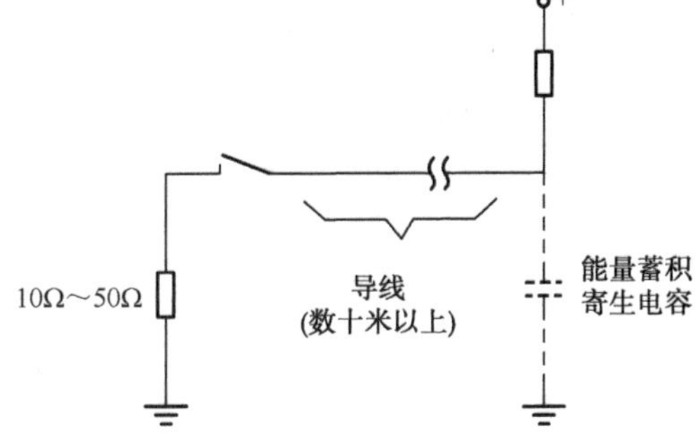

图 4.4.3　使用长导线时

5．避免同一继电器既通断大负载又通断小负载

因为通断较大负载时易产生触点飞溅物，它们会附着于通断微小负载的触点上，导致触点故障，因此，应避免同一继电器既通断大负载又通断小负载。若不得不这样使用时，在安装时请将通断微小负载的触点置于通断较大负载的触点的上方，但继电器的可靠性会受到影响。

6．触点动作与交流负载相位同步的问题

继电器触点动作与所切换负载的交流电源相位同步时，如果触点总是在负载电压较高时接通或断开，如图 4.4.4 所示，会增加触点的粘接或材料转移，从而引起继电器过早失效，请在实际使用中确认是否用随机相位通断。用计时器、微型计算机等驱动继电器时，有触点动作与电源相位同步的情况。

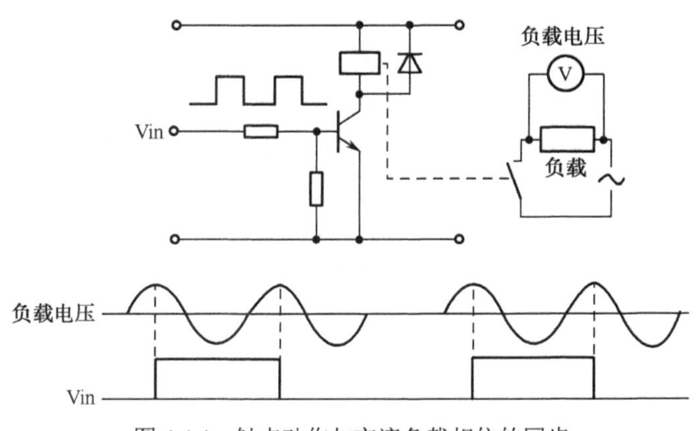

图 4.4.4　触点动作与交流负载相位的同步

7．触点的短路

（1）应避免因触点粘接、电弧导致的短路。

在电路中，应考虑以下几点（见图 4.4.5）。

① 一般继电器的触点间隙都比较小，应考虑到可能由于触点间电弧引起短路的情况。请不要使用如图 4.4.5（b）所示的电路。推荐使用如图 4.4.5（a）所示电路，并在触点 Con1 和 Con2 动作之间设定一定的间隔时间。

② 在触点间粘接或错误动作造成短路时，也不应产生过电流，造成电路超负荷或烧损。

③ 注意不要使用如图 4.4.5（d）所示的用两组转换触点构成电动机正、逆转电路。推荐使

用如图 4.4.5（c）所示电路，并在触点 Con1 和 Con2 动作之间设定一定的间隔时间。

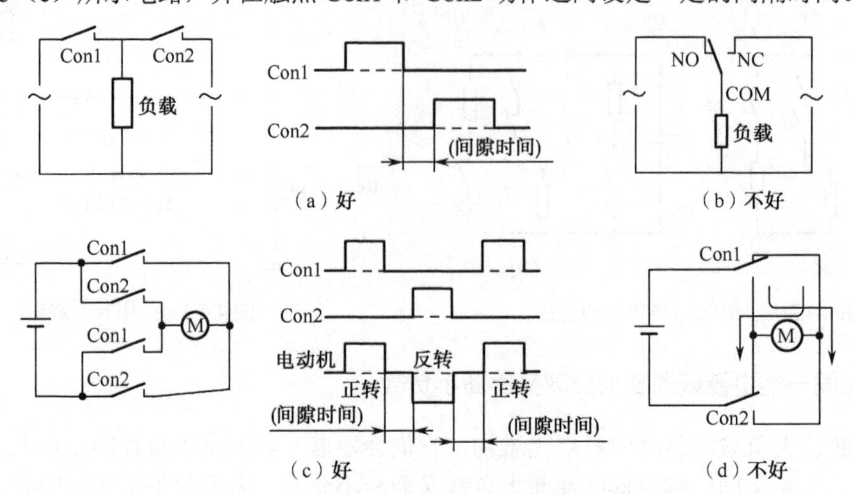

图 4.4.5　避免因触点粘接、电弧导致的短路

（2）避免触点组间短路。由于电气控制设备的小型化，使得控制用元器件也趋于小型化，因此在使用有多组触点继电器时，请注意负载的种类及各组触点间的电压差情况，推荐各组触点间最好不要存在过大的电压差，以避免触点组间短路。

8. 触点保护

1）冲击电流和反向电流

接通电动机、电容、线圈和荧光灯照明负载时，会引起数倍于稳态电流的冲击电流。断开线圈、电动机、接触器等感性负载时，会引起数百到数千伏的反向电压。一般常温常压下空气的临界绝缘破坏电压是 200～300V，所以如果反向电压超过此值的时候，在触点间就会产生放电现象。

冲击电流和反向电压均会使触点受到很大损害，明显缩短继电器的使用寿命，因此适当地使用触点保护电路，可以提高继电器的使用寿命。

2）触点的材料转移现象

触点的材料转移现象是指一方的触点材料转移到另一方的触点上，材料转移严重时肉眼可见触点表面的凹凸情况，这种凹凸易造成触点粘接。

一般情况下，触点的材料转移是由大电流的单向流动或容性负载的冲击电流造成，多发生在直流电路，一般表现为阳极凸、阴极凹的形状。因此适当使用触点保护电路或使用抗材料转移较好的 AgSnO 触点，可缓解触点的材料转移。对于大容量的直流负载（数安到数十安），必须在实际应用中试验确认。

3）触点的保护电路

一般感性负载产生的涌浪电压和涌浪电流比阻性负载更容易使触点受到损伤，如果使用适当的保护电路，可以使感性负载对触点的影响与阻性负载基本相当，但请注意，如果不正确使用，可能会产生反效果。表 4.4.4 是触点保护电路的代表性例子。

表 4.4.4　触点保护电路

保护方法	电　路	特　性	器件的选择
电阻电容		如果负载与时间相关（如计时器），漏电流穿过 *RC*，引起误动作。 负载为感性负载时复位时间慢。 用 AC 电压时，负载的电阻比 *RC* 的电阻小很多。 在触点电源电压为 24V、48V，负载间电压为 100～200V 时，触点间分别连接效果会更好	*C*：触点电流 1A 对应 0.5～1μF。 *R*：触点电压 1V 对应 0.5～1Ω。 *RC* 的取值随着继电器或负载的特性不同而不同。 *C* 担任触点离开时的放电控制任务，*R* 担任下次接入时限制电流的任务，请在实验中确认。 *C* 的耐压为 200～300V。 AC 电路中请使用 AC 用电容器（无极性）
		负载为感性负载时复位时间慢。 在触点电源电压为 24、48V 时，压敏电阻是非常有效的，负载两端的电压为 100～200V	
二极管		二极管作为继电器断开后的续流，成为线圈释放能量的通路和散发热量的途径。 相对于 *RC* 电路来说，它会非常明显地改变继电器的释放时间（手册的复位时间的 2～5 倍）	二极管的容许反向电压为负载电压 10 倍以上，正向电流至少应大于负载电流。 二极管在电压不高的电子电路场合，一般最小可用 2 倍反向击穿电压和 3 倍的电源电压
齐纳二极管		非常有效地避免了二极管影响继电器的释放时间，对于加快复位时间有一定效果	稳压二极管的击穿电压要和继电器的电源电压一致
压敏电阻		利用压敏电阻稳定电压的特性，可以防止触点的电压过高，也会轻微地延迟继电器释放时间。 在触点电源电压为 24V、48V 时，压敏电阻是非常有效的，负载两端的电压为 100～200V	—

4）安装保护元件时的注意事项

在安装二极管、*RC*、压敏电阻等保护元件时，必须在负载或触点的旁边安装。如果距离过远，保护的效果将会不理想。推荐在 50cm 以内安装。

4.4.2.3　线圈使用中的注意事项

给线圈施加额定电压是使继电器正常工作的基础。仅施加超过动作电压的电压时，继电器虽然可以工作，但是电源电压变动、温升等，会影响继电器的正常工作，所以必须向线圈施加额定电压。

1. 类型

1）交流动作型（以下简称为AC型）

一般AC型继电器的工作电压基本上都是50Hz（或60Hz）的工频电压，应尽量选用产品说明书上所列出的标准电压规格的产品，如果需要其他电压规格时，请与生产企业联系确定。

对于AC型继电器，因伴有涡流损失、磁滞损失和线圈效率降低等因素，所以其温升一般比直流工作型高。在超出额定电压±10%时，易产生蜂鸣声，所以请注意电源电压的变动。

对于AC型继电器，线圈断电时，供电回路中不能有残留的直流分量电压，否则有可能导致继电器不能正常释放。残留的交流分量电压尽可能接近0V，否则有可能导致继电器产生蜂鸣声。

2）直流工作型（以下简称为DC型）

一般DC型继电器多为电压驱动型，建议尽量选用产品说明书上所列出的标准电压规格的产品。

请确认说明书上各继电器线圈的电压极性，如果附加了抑制用二极管或显示用器件时，一旦线圈的电压接反，会引起继电器动作不良，或附加器件动作不正常，甚至会引起电路短路。

另外，对于极化继电器，如果线圈上施加的电压的极性与说明书规定的相反，则继电器不会工作。

2. 线圈输入电源

1）交流线圈的输入电源

为了使继电器稳定工作，请向线圈施加额定电压。如果向线圈施加（连续施加）不能使继电器完全动作的电压时，线圈会异常发热，致使线圈异常损耗。

AC型继电器的电源电压最好是正弦波形，因为在正弦波形的情况下交流线圈能较好地抑制蜂鸣声，如果波形失真或畸变，则这种抑制功能不能得到很好的发挥。

如果在继电器的驱动电路上连接有电动机、螺线管、变压器等器件，当这些器件工作时，继电器线圈上的电压会降低，导致继电器的触点会发生抖动，从而引起触点的粘接、异常损耗或不通。使用小型变压器或没有充裕容量的变压器作电源而配线又较长，或配线较细时，也会出现类似线圈电压降低的现象。如果发生类似故障，请使用同步示波器等进行检测和正确调整。

如果采用电动机等变动较大的负载，请根据用途将线圈的驱动电路和电力电路分开。

如果交流继电器不能稳定工作时，可将交流变换为直流，然后选用适当的直流继电器。

2）直流线圈的输入电流

为了稳定工作，DC型继电器的线圈两端所加电压推荐使用波纹变化率小于±5%的线圈额定电压，否则继电器会工作不稳定，引起触点的粘接或异常损耗，特别是在继电器的驱动电路上连接有电动机、螺线管、变压器等器件时，这种情况更明显。

DC型继电器的电源有蓄电池、带滤波电容的全波或半波整流电路等，这些不同的电源种类都会影响继电器的动作特性，所以请在实际使用中进行试验确认。

3．线圈的最大允许电压

线圈的最大允许电压除了受限于线圈温升和线圈漆包线绝缘层材料的耐热温度（一旦超出耐热温度，线圈会发生局部短路，甚至烧坏）之外，还受到绝缘材料的热变形、老化的影响。这些影响会损坏其他机器、危害人体安全或引起火灾，因此要限制在一定的范围之内。所以电压请不要超出说明书中规定的值。

最大允许电压是可以加到继电器线圈上的电压的最大值，而不是允许连续施加的值。

4．线圈温升

1）温升

在继电器动作过程中，线圈会发热，使其温度升高。一般在接通时间为 2min 以下的脉冲电压下使用时，线圈温升值与接通（ON）时间及接通与断开（OFF）的比例有关，各种继电器基本相同，见表 4.4.5。

表 4.4.5　温升与继电器线圈接通与断开（ON/OFF）比例的关系

通电时间	连续通电时	ON：OFF=3：1	ON：OFF=1：1	ON：OFF=1：3
温升值（%）	为 100%	约 80%	约 50%	约 35%

2）线圈温升引起的动作电压的变化

线圈的温度上升会造成线圈电阻的增大，动作电压也会相应升高。铜线的电阻温度系数为每升高 1℃约增大 0.4%，线圈电阻会按这个比例增大。产品说明书中规定的动作电压、释放电压和复归电压均是温度为 23℃时的值。

在线圈温度高于 23℃时，有时动作电压会超出说明书的规定值，请在实际使用中进行试验确认。

5．漏电流

在电路设计时，请注意避免在继电器不工作时有漏电流流过线圈，如图 4.4.6 所示。

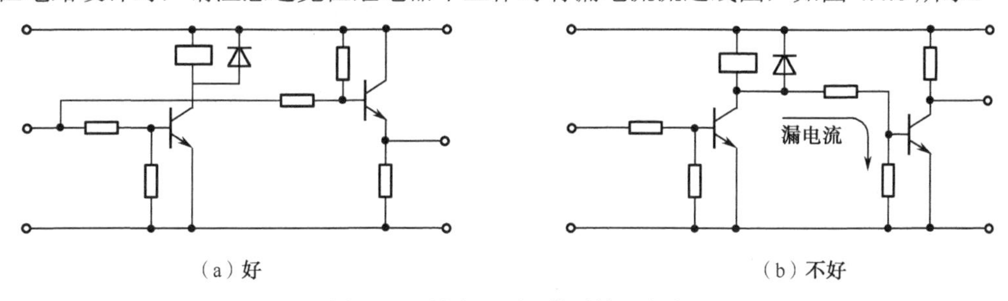

（a）好　　（b）不好

图 4.4.6　继电器不工作时的漏电流

6．线圈施加电压和动作时间

继电器动作时间指在单位时间内继电器动作和释放的循环次数。

AC 型继电器根据给线圈施加电压时相位的不同，动作时间上会有偏差。DC 型继电器中虽然可以提高给线圈施加的电压，但继电器的动作时间会适当加快，触点闭合时的回跳也会变大，在额定负载下工作或冲击电流大的情况会引起寿命降低或触点粘接，所以需要注意。

7．继电器线圈的串/并联使用

几只继电器构成串/并联电路时，请注意避免因旁通电流和漏电流而引起误动作。

1）串联供电激励方式

一些用户采用串联分压供电方式给继电器线圈施加激励，驱动继电器动作。这种激励方式一般是不允许的。当触点回跳、机械磨损对实际使用不构成利害关系，且特别需要加快动作速度时，才可以采用提高激励电压或串联电阻供电激励方式。

2）继电器线圈的串联使用

采用多个继电器线圈串联后，再用 DC 220V 电源去激励，但这种激励方式必须谨慎采用。

（1）对相同类型、相同规格继电器产品而言，由于各线圈的阻抗（含直流电阻与瞬时感抗）大体相同，差值较小，故采用串联分压激励方式使用问题不大，实践证明是可行的。

（2）不同类型、不同规格的继电器线圈不宜采用串联分压激励方式。

3）继电器线圈的并联使用

在复杂的控制回路中，将 2 只（或多只）不同类型的继电器（如接触器 K1、小型灵敏继电器 K2）线圈并联使用的情况时有发生，在这种情况下，有可能产生 K1 延迟释放、触点断弧能力下降，K2 被反向重复激励、触点误动作等实际问题。在实际应用时应注意避免上述因疏于研究而导致的不可靠现象。

8．线圈应避免施加渐增电压

当在线圈上施加的电压是逐渐增加时，会使这一不稳定阶段的时间变长，影响继电器的使用寿命。为了尽量减少这种情况对继电器的影响，应使用阶跃电压（采用开关电路）给线圈供电。

9．电源线较长时的注意事项

如果电源线较长，请务必在测量继电器线圈两端的电压后，根据施加额定电压的原则选用继电器。

如果在与动力线等并行进行长距离配线时，当线圈电源断开时，线圈两端会由于电线的寄生电容产生电压，造成释放不良，在这种情况下，请在线圈两端连接旁路电阻。

10．长年连续通电

线圈长期连续通电时，由于线圈自身发热会促使线圈绝缘材料老化、特性劣化，因此，在这种情况下，请使用磁保持型继电器。必须使用单稳态继电器时，请使用不易受外部环境影响的密封型继电器，并采用适当保护电路以防止万一接触不良或断线时造成损失。

11．小频率通断

通断频率低于 1 个月 1 次时，请定期检查触点接通情况。长期不通断触点时，触点表面可能会生成有机膜，造成触点接触不良。

12．线圈电蚀

继电器长期放置在高温、高湿的环境中或连续通电时，如果将线圈接地，则容易使线圈被电蚀而引起断线，所以请尽量不要将继电器线圈接地。如果线圈不得不接地，请将继电器线圈端的控制开关设置在线圈的正极端。

13．磁保持继电器线圈的注意事项

1）线圈电压

请确认线圈上施加电压的方向是否正确，否则继电器可能不动作。

由于磁保持继电器的特性，不允许给线圈长期施加电压，以防止继电器过热烧毁。

2）继电器的自锁

请避免使用继电器自己的常闭触点切断自己的线圈，这样会因继电器动作的不稳定性造成故障，如图4.4.7所示。

3）并联几只继电器使用的注意事项

当磁保持继电器线圈与其他继电器线圈或螺线管并联时，请增加二极管，防止反向电压影响继电器的正常工作。

4）动作、复归时的最小脉冲宽度

为了使磁保持继电器动作或复归，请在线圈上施加超过说明书规定的动作或复归时间5倍以上时间的矩形额定电压，之后进行操作确认。如果脉冲宽度达不到上述要求，请在实际使用中进行试验确认。

请避免在电源含有较多浪涌的条件下使用。

5）双线圈型继电器的注意事项

请不要同时向设定线圈和复位线圈施加电压，否则会使继电器异常发热、异常动作，甚至异常损耗。

如图4.4.8所示，当电路上需要将设定线圈和复归线圈的任意一方端子连接起来，另一方的端子连在电源的同一极上时，请将要连接起来的两个端子直接连接（短路），再连接到电源上，这样可以保持两线圈之间的绝缘良好。

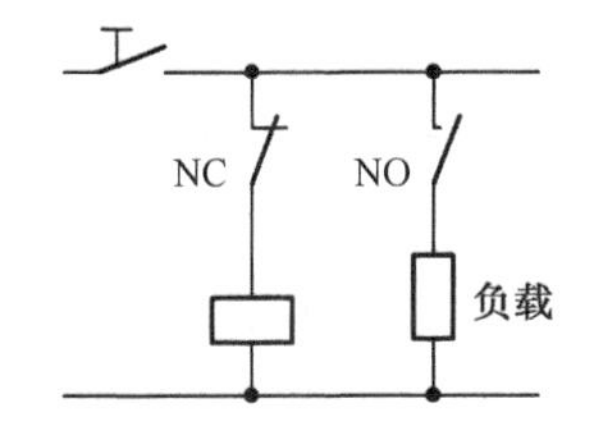

图4.4.7　避免使用继电器自己的常闭触点切断自己的线圈

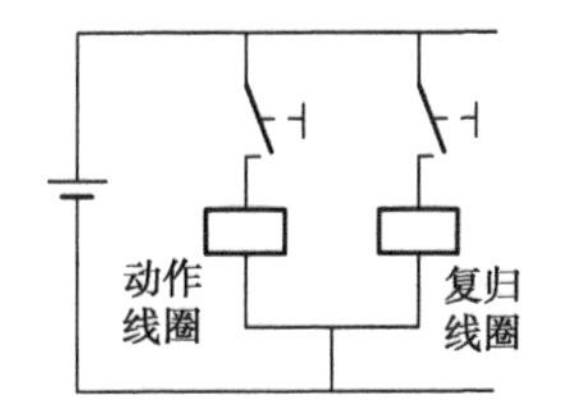

图4.4.8　不要同时向设定线圈和复位线圈施加电压

6）磁保持单线圈继电器的一种驱动电路

如图 4.4.9 所示为磁保持单线圈继电器的一种驱动电路。当有输入信号时，电流给电容 C 充电，利用这一充电电流给线圈供电，使继电器动作，当去掉输入信号时，电容 C 上储存的电能通过三极管 Tr 和线圈放电，使继电器复归。在使用该电路时，请在实际使用中确认电路参数。

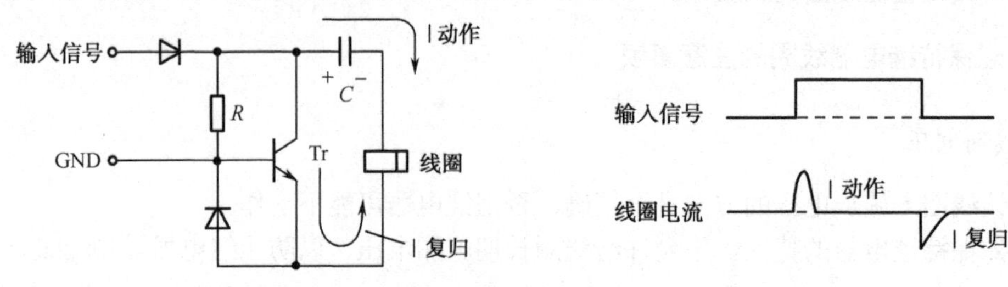

图 4.4.9　磁保持单线圈继电器的一种驱动电路

4.4.2.4　固态继电器使用注意事项

1．输入电路

（1）SSR 的输入阻抗有一定参差，应避免若干个输入的串联连接，否则容易造成误动作。

（2）SSR 动作时间及动作所需的功率极小，因此必须控制影响到输入端子的噪声。如果噪声施加到输入端子，会引起误动作。利用 C、R 吸收脉冲性噪声和感应性（高频）噪声非常有效，如图 4.4.10 所示。

C、R 值的确定应满足效率要求。为满足 SSR 的输入电压，在 R 和电源电压 E 的关系上确定 R 的上限。在低压规格中，由于内部阻抗的关系，SSR 上有时没有施加足够的电压。必须确认 SSR 的输入阻抗后再选择 R 的值。C 变大时，C 的放电复位时间将变长。

（3）输入条件如下。

① 输入电压中有纹波的场合，应将峰值电压设定在使用电压的最大值以下，谷值电压设定在使用电压最小值以上。

② 通过晶体管输出驱动 SSR 的场合，有时会由于断开时晶体管的漏电流导致复位不良。如图 4.4.11 所示，连接泄放电阻 R，设置加在泄放电阻 R 两端的电压 E 在 SSR 复位电压的 1/2 以下。

利用下列公式计算泄放电阻 R

$$R \leqslant E/(I_L - I)$$

式中：E 为加在泄放电阻 R 两端的电压，等于 SSR 复位电压的 1/2；I_L 为晶体管的漏电流；I 为 SSR 的复位电流。

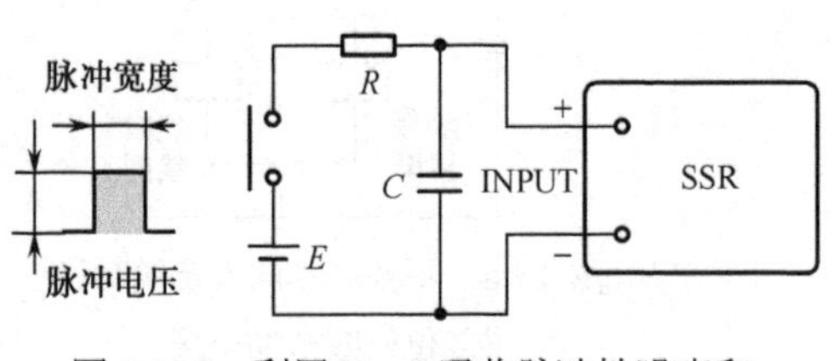

图 4.4.10　利用 C、R 吸收脉冲性噪声和感应性（高频）噪声

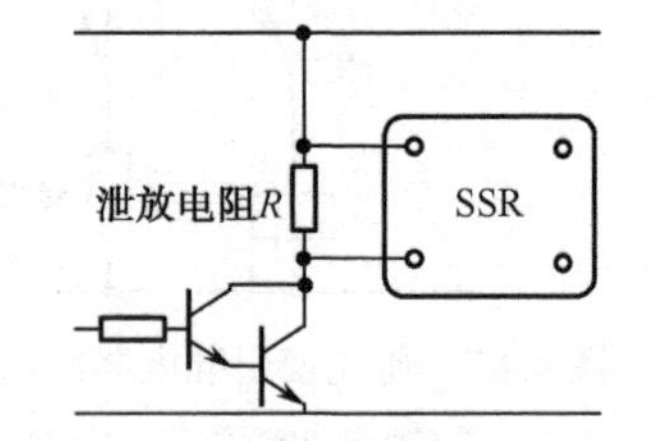

图 4.4.11　用泄放电阻消除晶体管输出驱动漏电流

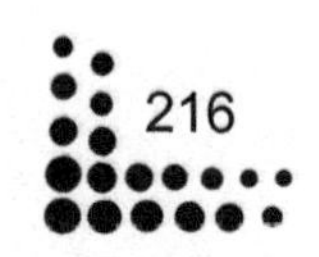

产品样本中没有记载 SSR 复位电流值，因此要按以下公式计算

SSR 的复位电流=复位电压的最小值/输入阻抗

SSR 电路的恒定输入电流一般以 0.1mA 计算。

③ 开关频率的要求。

如果是交流负载开关，请将开关频率控制在 10Hz 下；如果是直流负载开关，请将开关频率控制在 100Hz 以下。如果超出上述开关频率使用，则可能导致 SSR 的输出跟不上。

④ 输入阻抗的要求。

在输入电压有一定宽度的 SSR 中，有些机种的输入阻抗会随着输入电压发生变化，输入电流也随之发生变化。用半导体等驱动 SSR 的场合，电压变化会导致半导体故障，请对设备进行确认后再使用。

2. 输出电路

1）交流开关型 SSR 输出处的噪声、浪涌吸收

SSR 使用的交流电源中叠加有能量较大的浪涌电压，由于插入 SSR 的 LOAD 端子之间的 RC 缓冲电路（内置在 SSR 中）的抑制能力不足，会超出 SSR 瞬态峰值电压，导致 SSR 过压而破坏。

在很多情况下测定浪涌都是比较困难的，最终使用阶段可确认没有浪涌的场合除外。必须在开关感性负载时实施附加浪涌吸收元件等浪涌对策，基本方法是增加压敏电阻。表 4.4.6 是附加了浪涌电压吸收元件时的电路及元件要求。

表 4.4.6 浪涌电压吸收电路及元件的要求

使用电压	AC 100～120V 用	AC 200～240V 用	AC 380～480V 用
压敏电阻电压	240～270V	440～470V	820～1000V
浪涌耐量	1000A 以上		

2）应避免 SSR 输出侧的并联

在 SSR 的使用场合，不可能出现输出侧两头都为 ON 的情况，因此负载电流不会增加。

3）直流开关型 SSR 输出处的噪声、浪涌抑制

连接线圈、电磁阀等负载时，应连接防止反电动势的二极管。有超出 SSR 输出元件耐压的反电动势时，会导致 SSR 输出元件破坏。作为相应措施，可以将表 4.4.4 的元件和负载并联插入，所不同的是在电磁继电器中保护的是触点，而在固态继电器中保护的是输出半导体功率器件。

在吸收元件中，二极管是抑制反电动势效果最好的，但线圈、电磁阀的复位时间会变长。应在实际使用电路上确认后使用。另外，可以使用二极管和齐纳二极管缩短复位时间。在这种情况下，齐纳二极管的齐纳电压（U_z）越高复位时间越短。

（1）二极管的选择方法

耐电压=U_{RM}≥电源电压×2；正向电流=I_F≥负载电流。

（2）齐纳二极管的选择方法

齐纳电压=U_Z<SSR 的集电极和发射极之间电压-（电源电压+2V）。

齐纳浪涌功率=PRSM>U_Z×负载电流×安全系数（2～3）。

注意：如果齐纳电压（U_Z）增高，则齐纳二极管的容量应变大。

4）DC 输出型中的串联电路

直流输出端串联应使用专门型号的 SSR。因为在一般情况下，SSR 也可能出现复位不良。

5）其他注意问题

要使用自保持电路时，请利用有接点继电器构成电路（SSR 中不能组成自保持电路）。

3．负载电源的使用

1）电源的整流

通过全波整流或半波整流将交流电源作为直流负载电源使用时，应设定负载电源的峰值电压不超出 SSR 使用负载电源的最大值。如果超过，会使 SSR 过压，导致 SSR 输出元件破坏。

2）使用交流负载电源的使用频率

关于交流负载电源的使用频率，应控制在 47～63Hz。

3）交流低压负载

在 SSR 的使用负载电压范围的最小值以下使用负载电源时，施加到负载上的电压的损失时间比在 SSR 使用电压范围内使用负载电源时的时间长。应避免该损失时间导致的问题。

另外，如果负载电压低于触发电压，则 SSR 不能接通，因此应将负载电压设定在触发电压值以上。

4）其他注意事项

相位控制的电源不能使用。

4.4.2.5　热继电器使用注意事项

1．热继电器不能作为短路保护

（1）因热元件受热变形需要时间，故热继电器只能作为电动机的过载保护，不能作为短路保护用。因此，在使用热继电器时，应加装熔断器作为短路保护。

（2）对于工作时间较短、间歇时间较长的电动机（如摇臂钻床的摇臂升降电动机等），及虽然长期工作但过载的可能性很小的电动机（如排风机等），可以不设过载保护。

2．安装方向

热继电器的安装方向很容易被忽视。热继电器是电流通过发热元件，使发热元件发热，推动双金属片动作。热量的传递有对流、辐射和传导三种方式。其中对流具有方向性，热量自下向上传输。在安放时，如果发热元件在双金属片的下方，双金属片就热得快，动作时间短；如果发热元件在双金属片的旁边，双金属片热得较慢，热继电器的动作时间长。当热继电器与其他电器装在一起时，应装在电器下方且远离其他电器 50mm 以上，以免受其他电器发热的影响。

热继电器的安装方向应按产品说明书的规定进行，以确保热继电器在使用时的动作性能相一致。

3. 连接导线的选择

出线端的连接导线应按热继电器的额定电流进行选择，过粗或太细也会影响热继电器的正常工作。连接导线太细，则连接导线产生的热量会传到双金属片，加上发热元件沿导线向外散热少，从而缩短了热继电器的脱扣动作时间；反之，如果采用的连接导线过粗，则会延长热继电器的脱扣动作时间。热继电器出线端的连接导线一般采用铜芯导线。若选用铝芯导线，则导线截面积应增大 1.8 倍，并且导线端头应挂锡。

连接导线截面积选择参照表 4.4.7。

表 4.4.7　热继电器连接导线截面积的选择

热继电器的整定电流 I_N（A）	连接导线截面积（mm^2）（多股铜芯橡皮软线）
$0<I_N\leqslant 8$	1
$8<I_N\leqslant 12$	1.5
$12<I_N\leqslant 20$	2.5
$20<I_N\leqslant 25$	4
$25<I_N\leqslant 32$	6
$32<I_N\leqslant 50$	10
$50<I_N\leqslant 65$	16
$65<I_N\leqslant 85$	25
$85<I_N\leqslant 115$	35
$115<I_N\leqslant 150$	50
$150<I_N\leqslant 160$	70

4. 使用环境

使用环境条件主要指环境温度，它对热继电器动作的快慢影响较大。热继电器周围介质的温度应和电动机周围介质的温度相同，否则会破坏已调整好的配合情况。例如，当电动机安装在高温处，而热继电器安装在温度较低处时，热继电器的动作将会滞后（或动作电流大）；反之，其动作将会提前（或动作电流小）。

对没有温度补偿的热继电器，应在热继电器和电动机两者环境温度差异不大的地方使用。对有温度补偿的热继电器，可用于热继电器与电动机两者环境温度有一定差异的地方，但应尽可能减少因环境温度变化带来的影响。

5. 热继电器的调整

（1）动作电流应当可调为能满足生产和使用中的需要，减少规格挡次，所以某一规格的热继电器应能通过凸轮的调节来实现。

（2）投入使用前必须对热继电器的整定电流进行调整，以保证热继电器的整定电流与被保护电动机的额定电流相匹配。用于反复短时间工作电动机的过载保护时额定电流的调整，在现场多次试验、调整后才能得到较可靠的保护。方法是，先将热继电器的额定电流调到比电动机的额定电流略小，运行时如果发现其经常动作，再逐渐调大热继电器的额定值，直至满足运行要求为止。

6．操作频率

当电动机的操作频率超过热继电器的操作频率时，如电动机的反接制动、可逆运转和密集通断，热继电器就不能提供保护。可选用埋入电动机绕组的半导体温度继电器或热敏电阻来保护。

对点动、重载启动的电动机，一般不宜用热继电器。对于重载、频繁启动的较大容量的重要电动机，则可用过流继电器（延时动作型的）作它的过载和短路保护。

7．热继电器保护动作后能自动复位，电动机不应自动再启动

一般情况下，应遵循热继电器保护动作后即使热继电器自动复位，被保护的电动机都不应自动再启动的原则，否则应将热继电器设定为手动复位状态。这是为了防止电动机在故障未被消除而多次重复再启动损坏设备。例如，一般采用按钮控制的手动启动和手动停止的控制电路，热继电器可设定成自动复位状态；采用自动元件控制的自动启动电路应将热继电器设定为手动复位状态；凡能自动复位的热继电器，动作后应能在 5min 内可靠地自动复位。而手动复位的热继电器，在动作后 2min 内用手按下手动复位按钮时，也应可靠地复位。多数产品一般都有手动与自动复位两种方式，并且可以利用螺钉调节成任一方式，以满足不同场合的需要。

4.5 电力电容器的选与用

4.5.1 电力电容器的选型

设计人员在选择电力电容器时，应针对用途、环境、电压、电流等条件，购买相应的专用电力电容器，这样既能延长电容器的使用寿命，为设备运行与人身安全提供保证，又能节省资金、提供经济效益。

4.5.1.1 根据电力电容器用途选择电容器的类型

根据电力电容器用途选择电容器的类型见表 4.5.1。

表 4.5.1 根据电力电容器用途选择电容器的类型

电容器的类型	电容器的用途
移相电容器（并联电容器）	主要用于补偿电力系统感性负载的无功功率，以提高功率因数，改善电压质量，降低线路损耗
串联电容器	串联于工频高压输、配电线路中，用以补偿线路的分布感抗，提高系统的静、动态稳定性，改善线路的电压质量，加长送电距离和增大输送能力
耦合电容器	主要用于高压电力线路的高频通信、测量、控制、保护及在抽取电能的装置中作部件用
断路器电容器（均压电容器）	并联在超高压断路器断口上起均压作用，使各断口间的电压在分断过程中和断开时均匀，并可改善断路器的灭弧特性，提高分断能力

续表

电容器的类型	电容器的用途
电热电容器	用于频率为 40～24000Hz 的电热设备系统中，以提高功率因数，改善回路的电压或频率等特性
脉冲电容器	主要起储能作用，用作冲击电压发生器、冲击电流发生器、断路器试验用振荡回路等基本储能元件
直流和滤波电容器	用于高压直流装置和高压整流滤波装置中
标准电容器	用于工频高压测量介质损耗回路中，作为标准电容或用作测量高压的电容分压装置

4.5.1.2 根据电力电容器的用途选择电容器的型号

电力电容器型号选用见表 4.5.2。

表 4.5.2 电力电容器型号选用表

序　　号	适 用 型 号	适 用 场 合	电压（VAC）	容量（kVar）
1	BK	普通补偿	250～690	5～20
2	BK、FK、KK、AK、BW	大容量（普通型、分相补偿、加强型、滤波）	250～690	25～100
3	BF、KK、AK、BW	普通补偿、加强型、滤波	180～690	5～40
4	FK	分相补偿	$250\sqrt{3}$	5～25
5	WBF	户外、室内灰尘较大场合	230～690	2.5～30
6	BJ	室内就地补偿	250～690	10～50

4.5.1.3 电力电容器额定电压的正确选择

电力电容器对电压十分敏感，因电容器的损耗与电压平方成正比，过压会使电容器发热严重，电容器绝缘会加速老化，寿命缩短，甚至电击穿。电网电压一般应低于电容器本身的额定电压，最高不得超过其额定电压 10%，这样可延长电容器的使用寿命。必须注意，最高工作电压和最高工作温度不可同时出现。因此，当工作电压为 1.1 倍额定电压时，必须采取降温措施。

电容器的额定电压至少等于所接入电网的运行电压，并且还应考虑电容器本身的影响。注意，电网的运行电压有时与电网的标称电压相差较大。另外，当电容器接入，将造成电源到电容器安装处的电压升高，谐波存在电压也有所升高。考虑以上因素，电容器额定电压等级的确定至少比电路标称电压高 5%。例如，380V 电路至少用 400V 的电容器。其次，用户应根据实际使用场合的较长时间最高持续电压来选择。尤其当电容器回路串联电抗器时，会由于串联电抗器使电容器端子上的电压升高，超过电网的运行电压。串联电抗器后的电容器额定电压=系统电压/（1-*K*（电抗率））。

例如，串联 12%电抗率的电容器，电容器本来选 400V 的电容器额定电压，现在就要选 400V/（1-0.12）=455V 电容器额定电压。

对于 380V 网路，已习惯选用 400V 的电容器；对于 660V、1.14kV 网路也应该选用 690V 及 1200V 电容器。根据网路标称电压选用电容器的最低额定电压列于表 4.5.3。

表 4.5.3 根据网路标称电压选用电容器的最低电压

使用场合电路标称电压（kV）	0.22	0.38	0.66	1	1.14（限于井下使用）
电容器至少选用额定电压（kV）	0.23	0.4	0.69	1.05	1.2（限于井下使用）

有的人以为电容器额定电压选得越高越保险，不切合实际地选用较高电压等级的电容器，而使用时实际运行电压并不太高，因此会造成电容器输出容量减少，不够补偿。例如，0.45kV，30kVar 电容器用在 0.4kV 电压下，此时电容器实际输出只有 23.7kVar，补偿效果少了 6.3kVar。这样电容器的绝缘是可靠了，而容量损失却太大。适当提高选用电容器的额定电压是可取的，但要切合实际，不能盲目地选得很高。

下列情况应选用额定电压较高的电容器。

（1）电网的实际电压高于其标准电压，在安装前最好先实际测量网络的电压再选用。

（2）为了降低谐波及其他影响，而在电容器回路中串联电抗器，此时电容器端子上的电压将高于网路的运行电压，建议选用比网路电压等级高的电容器。如网路电压为 400V，则应选用 450V 等级电容器。

（3）安装处通风散热差，同时又不能改善其冷却条件时，建议选用额定电压等级为 450V 以上的电容器。

（4）有整流装置、电弧炉、变频调速等设备时，因其产生的谐波电流叠加在基波电流上，使电流有效值增大，温升增高，使电容过热损坏，建议选用额定电压等级为 450V 以上的电容器。

（5）有间歇性大功率设备，因其投切频繁，负载变化大，建议选用额定电压等级为 450V 以上的电容器。

4.5.1.4 移相电容器容量的选定

电容器容量选配对电源的影响较大，这就要求设计人员在使用电力电容器补偿时，既不能过大，也不能过小。过大的标称电容会使电路的电压升高太大，容易烧坏用电设备。安装双向无功电度表进行试验，可以帮助我们发现电容容量过补或欠补的问题。为保证电网运行及供电质量，应选配多少容量的电容器就显得非常重要。电力电容器容量的选配应按照以下要求。

（1）对于就地补偿来讲，电动机的空载电流乘以额定电压就是所需要补偿的容量。

（2）根据负载的总容量或根据变压器容量的 60%，计算电容器选配的所需容量。

（3）根据实际负载高峰值的 80%，计算电容器选配的所需容量。

第（2）、（3）点要根据实际情况，用户控制柜的情况不同会有不同的对待处理。经济效益好，是否是三班 24 小时不停运行，或两班、一班运行，这些都有不同用电状态，需不同的处理补偿方式。

电力电容器容量按照公式

$$Q_c=S（\sin\theta_1-\cos\theta_1\times\tan\theta）$$

进行计算。

例：某设备总功率为 100kW，求功率因数从 0.7 提高到 0.95 时所需多大电容补偿量？

总功率为 100kW，视在功率

$$S=P/\cos\theta=100/0.7\approx143（kVA）$$

查函数表得：$\cos\theta_1=0.7$ 时，$\sin\theta_1=0.71$；$\cos\theta_2=0.95$ 时，$\sin\theta_2=0.32$，$\tan\theta=0.35$。

$$Q_c=S（\sin\theta_1-\cos\theta_1\times\tan\theta）=143\times（0.71-0.7\times0.35）\approx67（kVar）$$

选用电力电容器补偿时，还应考虑变压器的损耗，因为变压器运行时也消耗无功。一般在变压器补偿方面最大补偿到 25kVar，最小补偿到 1kVar。这要根据变压器的容量大小、是否是节能型而定。

电流不稳定会对电容器存在致命危害。因此对一些有如行车、起吊设备或启动频繁的设备的企业，必须选用抗冲击的专用电力电容器。

4.5.1.5　根据工作电压选择使用油浸电容器还是自愈式电容器

自愈式电容器具有工作场强高、介质损耗低、体积小、重量轻、容量大及自愈性能和元件在发生永久性击穿时不引起爆炸等优点，因而在电气控制设备中得到广泛应用。自愈式低压并联电容器适用于工频额定电压为 1.05kV 及以下的交流控制系统中，作为无功功率补偿。

4.5.2　电力电容器的使用注意事项

电容器并联于电力系统中使用，且总是在满载荷下运行，仅在电压或频率波动时，载荷才有变动。电压过高与冲击电流对电力电容器有致命损害。在运行中如果电压、电流和温度超过了规定的限度，就会缩短电容器的寿命，因此应严格控制电容器的运行条件。

4.5.2.1　环境影响电力电容器的使用寿命

电力电容器设计温度标准为 45℃，超过 45℃对电力电容器影响很大。在控制室内，温度比外界的自然温度高出许多，普通电容器被封闭在柜子里，温度则更高，导致电容器在高温状态下发热过度，引起膨胀、漏液。在自然环境温度 38℃以上使用时，必须选用带有温度保险的专用电力电容器，才能保证在控制柜等温度更高的状态下运行良好。

1．环境温度

电容器周围的环境温度不可太高，也不可太低。如果环境温度太高，电容器工作时所产生的热量就散不出去；而如果环境温度太低，电容器内的油就可能会冻结，容易电击穿。按电容器有关技术条件规定，电容器的工作环境温度一般以 40℃为上限。我国大部分地区的气温都在这个温度以下，所以通常不必采用专门的降温设施。如果电容器处在控制柜内，有可能使环境温度上升到 40℃以上，这时候就应采取通风降温措施，否则应立即切除电容器。

电容器环境温度的下限应根据电容器中介质的种类和性质来决定。YY 型电容器中的介质是矿物油，即使是在-45℃以下也不会冻结，所以规定-40℃为其环境温度的下限。而 YL 型电容器中的介质就比较容易冻结，所以环境温度必须高于-20℃，我国北方地区不宜在冬季使用这种电容器（除非把它安置在室内，并采取加温措施）。

2．工作温度

电容器工作时，其内部介质的温度应低于 65℃，最高不得超过 70℃，否则会引起热击穿，或引起鼓肚现象。电容器外壳的温度是在介质温度与环境温度之间，一般为 50～60℃，不得超过 60℃。

为了监视电容器的温度，可将热电阻的探头粘贴在电容器外壳大面中间三分之二高度处，或使用熔点为 50～60℃的试温蜡片来测温。

3．工作电流与谐波问题

经济的飞速发展带来了供电紧张，非线性控制设备的广泛应用使大量的谐波电流被注入电网，不仅增加了电能损耗，降低经济效益，还严重影响电能质量，威胁电网安全运行。随着化工、轧钢、冶炼、风力发电行业的发展，大量整流、变频、逆变、电磁等非线性负荷接入电网运行，产生大量的谐波电流和电压，造成过流、过压、过负荷。

当电容器工作于含有磁饱和稳压器、大型整流器、逆变器和电弧炉等“谐波源”的电网上时，交流电中就会出现高次谐波。对于 n 次谐波而言，电容器的电抗将是基波时的 $1/n$，因此，谐波对电流的影响是很大的，相当于对电压影响程度的 n^2 倍。例如，就 5 次谐波而言，如果它的无功功率为基波的 6%，那么它所引起的电压就仅为基波额定电压的（1/5）×6%=1.2%，而它所提供的电流却高达基波电流的 5×6%=30%。谐波的这种电流对电容器非常有害，极容易使电容器击穿，引起相间短路。考虑到谐波的存在，故规定电容器的工作电流不得超过额定电流的 1.3 倍。必要时，应在电容器上串联适当的感性阻抗，以限制谐波电流。最终解决办法是去除电网谐波（加装谐波滤波器或串联调谐电抗器），净化电网，保证电容器及其他电器的安全运行。

4.5.2.2　电力电容器的电气保护

1．对电力电容器电气保护的要求

正确选择电容器组的保护方式是确保电容器安全可靠运行的关键，但无论采用哪种保护方式，均应符合以下几项要求。

（1）保护装置应有足够的灵敏度，不论电容器组中单台电容器内部发生故障，还是部分元件损坏，保护装置都能可靠地动作。

（2）能够有选择地切除故障电容器，或在电容器组电源全部断开后，便于检查出已损坏的电容器。

（3）在电容器停送电过程中及控制系统发生接地或其他故障时，保护装置不能有误动作。

（4）保护装置应便于进行安装、调整、试验和运行维护。

（5）消耗电量要少，运行费用要低。

2．电容器组应采用的保护措施

1）短路保护

电容器组的每台电容器上都应装上单独的熔丝，熔丝要求在 1.1 倍的额定电流下运行 4 小时不熔断，1.5 倍额定电流和 2.0 倍额定电流下的熔断时间不得超过 75s 和 7.5s。熔丝的作用是迅速将故障电容器切除，避免电容器的油箱发生爆炸，使附近的电容器免遭波及损坏。

在高压网络中，短路电流超过 20A，并且短路电流的保护装置或熔丝不能可靠地保护对地短路时，则应采用单相短路保护装置。

2）过流保护

过流保护的电流取自线路 TA。过流保护的任务主要是避免电容器引线上的相间短路故障，或在电容器组过负荷运行时使开关跳闸。为避免合闸涌流引起保护的误动作，过流保护应有一定的时限，一般将时限整定到 0.5s 以上就可躲过涌流的影响。

用合适的电流自动开关进行保护，使电流升高不超过 1.3 倍额定电流。可采用平衡或差动继电保护，或采用瞬时作用过流继电保护。

3）过压保护

过压保护的电压取自放电 TV 和低压保护（母线 TV）。过压保护的整定值一般取电容器额定电压的 1.1～1.2 倍。为防止雷电对配电电容柜的损害，可装设一组低压避雷器。如果电压升高是经常及长时间的，需采取措施使电压升高不超过 1.1 倍额定电压。

低压保护主要是防止空载变压器与电容器同时合闸时工频过压和振荡过压对电容器的危害。当母线电压降到额定值的 60%左右时即可动作将电容器切除。

熔断器不能有效保护自愈式金属化电容器电极间的击穿。为此，金属化电容器常设置过压保护装置（有各种形式）、温度保护装置来弥补不能用熔丝保护的不足。

3．电容器不允许装设自动合闸装置，相反应装设无压释放自动跳闸装置。

主要是因电容器放电需要一定时间，当电容器组的开关跳闸后，如果马上合闸，电容器是来不及放电的，在电容器中就可能残存着与合闸电压极性相反的电荷，这将使合闸瞬间产生很大的冲击电流，从而造成电容器外壳膨胀、喷油甚至爆炸。

4.5.2.3　电力电容器的接通和断开

电容投切应采用电容专用接触器。电力电容器接通时产生的瞬态充电过程，充电电流可达很高的数值，同时伴随着频率可从几百到几千赫的振荡，因此，它对开关电器提出了严峻的要求。接触器的选择要注意主触点的额定电压、吸合线圈的电压。

主触点的额定电流一般取其控制的电容器的额定电流的 1.5～2.5 倍。要注意的是，电力电容器不可带残留电荷合闸，如果在运行中掉闸，拉闸或合闸一次没有成功，必须经过充分放电后才可以合闸。对有放电电压互感器或有放电电阻的电力电容器，可以在断开电源 5 分钟后合闸，运行中投切电力电容器组的间隔时间一般为 15min。目前投切控制一般用无功功率自动补偿控制器，它是无功补偿装置的指挥系统，能对补偿装置进行完善的保护及检测、自动或手动切换、自识别各路电容器组的功率、根据负载自动调节切换时间。控制器驱动有 380V 和 220V 之分，电流信号源由系统某相电流互感器供给，必须注意，取样电流互感器应套在电容柜电源前端，且互感器二次侧不得并联其他设备和仪表。

1．接通和断开电容器组时，必须考虑以下几点

（1）当汇流排（母线）上的电压超过 1.1 倍额定电压最大允许值时，禁止将电容器组接入电网。

（2）在电容器组自电网断开后 3min 内不得重新接入，但自动重复接入情况除外。

（3）电容器剩余电压降至 10%额定电压以下才允许再投入。

（4）在接通和断开电容器组时，要选用不能产生危险过压的断路器，并且断路器的额定电流不应低于 1.3 倍电容器组的额定电流。

2．补偿电容器投入门限和切出门限的设定

把投入门限和切除门限区间拉宽，这样可以减少电容器投切次数，避免频繁投切，这对提高电容器和接触器的使用寿命有利。电容器投入时受涌流冲击，切断时又产生过压，金属化电容器由于其结构特点，最怕涌流的冲击。所以每投切一次，电容器受危害一次。宁可少投切，多使用一段时间对电容器寿命不会有多大影响。

为方便用户的使用要求，电容器补偿控制器制造时功率因数投入和切出门限设置可调。并联电容器正常投入或切出的主要依据是功率因数的高低。当功率因数低于 0.9，或电压偏低时应投入电容器组；当功率因数超过 0.95，电容器应切出运行，因为当功率因数超过 0.95，电容器的补偿效率已经很低。

4.5.2.4 电力电容器的放电

（1）电容器每次从电网中断开后，应该自动进行放电。放电后端电压迅速降低，不论电容器额定电压是多少，在电容器从电网上断开 30s 后，其端电压应不超过 65V。

（2）为了保护电容器组，自动放电装置应装在电容器断路器的负荷侧，并与电容器直接并联（中间不准装设断路器、隔离开关和熔断器等）。具有非专用放电装置的电容器组，如对于高压电容器用的电压互感器、对于低压电容器用的白炽灯泡及与电动机直接连接的电容器组，可以不另装放电装置。使用灯泡时，为了延长灯泡的使用寿命，应适当地增加灯泡串联数。

（3）为了避免放电电阻运行中过热损坏，规定每 1kVar 的电容器放电电阻的功率不应小于 1W。

（4）在接触自电网断开的电容器的导电部分前，即使电容器已经自动放电，也必须用绝缘的接地金属杆短接电容器的出线端，进行单独放电。

4.5.2.5 电力电容器的补偿方式

电容器采取个别补偿，补偿效率最高；电容器集中补偿，电容器的利用率最高。

4.6 热电阻及热电偶的选与用

4.6.1 热电阻与热电偶的选型

4.6.1.1 热电阻与热电偶的选择

1. 根据测温范围选择

500℃以上一般选择热电偶，500℃以下一般选择热电阻。

2. 根据测量精度选择

对精度要求较高则选择热电阻，对精度要求不高则选择热电偶。

3. 根据测量范围选择

热电偶所测量的一般指“点”温，热电阻所测量的一般指空间平均温度。

4.6.1.2 热电阻与热电偶选型流程

型号→分度号→防爆等级→精度等级→安装固定形式→保护管材质→长度或插入深度。

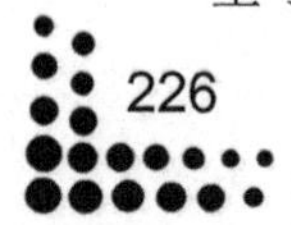

4.6.1.3 热电阻与热电偶选型技巧

选择热电偶的型号要根据使用温度范围、所需精度、使用气氛、测定对象的性能、响应时间、结构形式和经济效益等综合考虑。

1. 热电阻与热电偶温度测量范围的选择

1）热电阻

（1）铂热电阻：广泛用来测量-200℃～850℃范围内的温度。在少数情况下，低温可测至1K，高温可测至1000℃。其物理、化学性能稳定，复现性好，但价格昂贵。铂热电阻与温度近似线性关系。其分度号主要有Pt10和Pt100。

（2）铜热电阻：广泛用来测量-50℃～150℃范围内的温度。其优点是高纯铜丝容易获得，价格便宜，互换性好，但易于氧化。铜热电阻与温度呈线性关系。其分度号主要有Cu50和Cu100。

（3）铠装热电阻是在铠装热电偶的基础上发展来的，由热电阻、绝缘材料和金属套管三者组合加工而成，其特点是外形尺寸可以做得很小（最小直径可达20mm），因而反应速度快，有良好的机械性能，耐振耐冲击，具有良好的挠性，且不易受有害物质的侵蚀。

2）热电偶

热电偶使用温度一般是在1300～1800℃，如果在要求精度比较高的的情况下，一般选用B型热电偶；高于1800℃一般选用钨铼热电偶，如果在要求精度不高的情况下，环境若允许，则可以选用钨铼热电偶；使用温度在1000～1300℃，要求精度又比较高，可用S型热电偶和N型热电偶；在1000℃以下一般用K型热电偶和N型热电偶；低于400℃一般用E型热电偶；250℃以下及负温测量一般用T型热电偶，在低温时T型热电偶稳定且精度高。

K型热电偶是目前用量最大的廉价金属热电偶，其用量为其他热电偶的总和。K型热电偶丝直径一般为1.2～4.0mm。K型热电偶具有线性度好、热电动势较大、灵敏度高、稳定性和均匀性较好、抗氧化性能强、价格便宜等优点，能用于氧化性、惰性气氛中，广泛为用户所采用。K型热电偶不能直接在高温下用于硫、还原性或还原、氧化交替的环境和真空中，也不推荐用于弱氧化环境。

各种类型热电阻及热电偶适用的测量温度范围见表4.6.1。

表4.6.1 各种类型热电阻及热电偶适用的测量温度范围

序号	热电阻名称	分度号	温度量程（℃）	理论最高温度（℃）	说明
1	铜热电阻	Cu50	-50～100	150	
2	铂热电阻	Pt100	-200～420	650	
3	铂热电阻	Pt10	0～650	850	非标产品，定制
4	镍铬-铜镍热电偶	E	0～800	1000	
5	镍铬-镍硅热电偶	K	0～1000	1300	
6	镍铬-镍硅热电偶	N	0～1000	1300	
7	铂铑10-铂热电偶	S	0～1400	1600	
8	铂铑30-铂铑6热电偶	B	0～1600	1800	

续表

序　　号	热电阻名称	分　度　号	温度量程（℃）	理论最高温度（℃）	说　　明
9	铂铑 13-铂热电偶	R	0～1400	1650	非标产品，定制，在日本、我国台湾地区广泛使用，我国大陆少量生产
10	铁-康铜热电偶	J	0～500	800	
11	铜-康铜热电偶	T	-200～300		
12	钨铼 3-钨铼 25	W5	0～2300		真空、惰性气体环境使用

注：1．第 7、8、9 三项 400℃以下不计精度，第 12 项 800℃以下不计精度。

2．第 7、9 项国家标准长期使用温度为 0～1300℃，学习日本、德国技术方案，可将长期最高量程提高到 1400℃。

3．理论最高温度值不得作为长期使用数据。

2．热电偶测量精度的选择

热电偶允差等级见表 4.6.2。

表 4.6.2　热电偶允差等级

类型	1 级允差		2 级允差		3 级允差	
	温度范围（℃）	允差值	温度范围（℃）	允差值	温度范围（℃）	允差值
T 型	-40～125	±0.5℃	-40～133	±1℃	-67～40	±1℃
	125～350	±0.004 |t|	133～350	±0.0075 |t|	-200～-67	±0.015 |t|
E 型	-40～375	±1.5℃	-40～333	±2.5℃	-167～40	±2.5℃
	375～800	±0.004 |t|	333～900	±0.0075 |t|	-200～-167	±0.015 |t|
J 型	-40～375	±1.5℃	-40～333	±2.5		
	375～750	±0.004 |t|	333～750	±0.0075 |t|		
K 型、N 型	-40～375	±1.5℃	-40～333	±2.5℃	-167～40	±2.5℃
	375～1000	±0.004 |t|	333～1200	±0.0075 |t|	-200～-167	±0.015 |t|
R 型、S 型	0～1100	±1℃	0～600	±1.5℃		
	1100～1600	±[1+0.003（t-1100）]℃	600～1600	±0.0025 |t|		
B 型			600～1700	±0.0025 |t|		

注：通常供应的热电偶材料能符合表中-40℃以上的制造允差规定。然而低温时，T 型、E 型、K 型和 N 型热电偶材料也许不能落在 3 级制造允差之内。如果要求热电偶既符合 1 级或 2 级要求，又符合 3 级的极限，买方应说明这一点，通常需要挑选材料。

3．热电阻及热电偶护套管使用环境的选择

S 型、B 型、K 型热电偶适合于强氧化和弱还原环境中使用，J 型和 T 型热电偶适合于弱氧化和还原环境，若使用气密性比较好的保护管，对环境的要求就不太严格。各种材料的热电偶护套管适用环境见表 4.6.3。

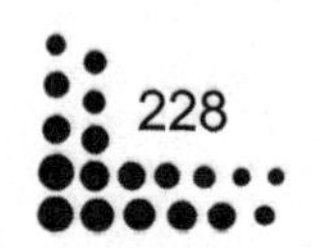

表 4.6.3 各种材料的热电偶护套管适用环境

序 号	材料名称	适用温度（℃）	特 点	适用场合
1	石英玻璃	0～1200	耐酸碱腐蚀、耐热冲击，易碎	可以用于铜、铝、铅、锌熔液测温
2	321 不锈钢	0～1000	耐高温氧化	广泛用于热加工、处理领域，测量流体、气体温度
3	316 不锈钢	0～1000	耐高温氧化、抗酸碱腐蚀	
4	310S 不锈钢	0～1150	耐高温氧化	广泛用于热加工、处理领域，测量流体、气体、火焰温度
5	GH3030 不锈钢	0～1200	耐高温氧化	
6	GH3039 不锈钢	0～1250	耐高温氧化	
7	高铝陶瓷	0～1400	耐高温，抗氧化，易碎	广泛用于热加工、处理领域，测量气体、火焰温度
8	刚玉	0～1650	耐高温，抗氧化，易碎	
9	碳化硅	0～1650	耐高温，抗氧化，抗冲刷，抗腐蚀，易碎	
10	聚四氟乙烯	0～250	耐一切酸碱腐蚀	广泛用于化工、电镀、食品加工领域，测量液体、气体温度
11	高温耐磨合金	0～1250	耐被测量介质磨损	广泛应用于发电厂、水泥厂
12	哈氏合金	0～1250	耐高温，抗氧化，抗腐蚀	
13	高铬铸铁	0～1100	耐高温、抗冲刷，特别耐硫酸腐蚀	

4．热电偶耐久性及热响应性的选择

线径大的热电偶耐久性好，但响应较慢一些，对于热容量大的热电偶，响应就慢，测量梯度大的温度时，在温度控制的情况下，控温就差。要求响应时间快且有一定的耐久性，则选择铠装热电偶比较合适。

5．测量对象的性质和状态对热电偶的选择

振动物体、运动物体、高压容器的测温要求机械强度高，有电气干扰的情况下，相对来说要求绝缘比较高；有化学污染的环境下，必须要求有护套管。

快速测温热电偶用于测量钢水及高温熔融金属的温度，是一次性消耗式热电偶。

针型热电偶控温准确，具有良好的卷绕性和弯曲性。温度传感器（热电偶）的温度测点探头采用玻璃纤维绝缘材质，连接线外部包装采用金属屏蔽线，可根据客户要求提供各种探温长度。正常工作时探头最高温度能达到 800℃，连接线的温度可达 200℃；标准连接线长 2000mm。

6．正确选择护套管直径，保证精确测控

护套管的选择非常重要，理论上讲，护套管直径越小、壁厚越薄，温度反应越快，控温越精确，直径越粗、越厚，惰性越大，反应越慢，控温精度也越差。当然，还要考虑到被测物质对护套管的腐蚀、氧化、压力、摩擦、冲击等因素，按照表 4.6.4 合理选择。

表 4.6.4 护套管直径和反应时间对比（被测物质为水搅动）

护套管直径（mm）	1	2	3	4	5	6	8	12	16	20	24	30
反应时间（s）	0.1	0.2	0.7	1.5	2.5	3.6	5.0	50	120	180	280～360	360～480

7．结构选型

1）普通型

普通型热电偶在工业上使用最多，它一般由热电极、绝缘套管、护套管和接线盒组成。普通型热电偶按其安装时的连接形式可分为固定螺纹连接、固定法兰连接、活动法兰连接、无固定装置等多种形式。

2）铠装型

铠装型是由感温元件（电阻体）、引线、绝缘材料、不锈钢套管组合而成的坚实体，它的外径一般为$\Phi 2$～$\Phi 8$mm，最小可达$\Phi 1$mm。与普通型相比，它有下列优点：

（1）体积小，内部无空气隙，在热惯性上测量滞后小；

（2）机械性能好、耐振，抗冲击；

（3）能弯曲，便于安装；

（4）使用寿命长。

3）端面型

端面型感温元件由经过特殊处理的电阻丝材绕制，紧贴在温度计端面。它与一般轴向型相比，能更正确和快速地反映被测端面的实际温度，适用于测量轴瓦和其他机件的端面温度。

4）隔爆型

防爆型利用间隙隔爆原理，设计具有足够强度的接线盒等部件，将所有会产生火花、电弧和危险温度的零部件都密封在接线盒腔内，当腔内发生爆炸时，能通过接合面间隙熄火和冷却，使爆炸后的火焰和温度传不到腔外，生产现场不会引起爆炸。隔爆型可用于Bla～B3c级区内具有爆炸危险场所的温度测量。

5）防腐型

防腐型采用PTFE防腐材质，作为整体护套管或两节式套管，也可以直接在护套管上作该材质的防腐处理，分喷涂、烧结和套管密封三种形式。适用于在强碱的腐蚀性介质中进行测量，耐温250℃，固定安装形式也可采用相同PTFE材质的固定螺纹、固定法兰（接触介质面）或卡套螺纹等。配合PVC接线盒或316L接线盒可全防腐。防腐型有多种安装方式，多种直径，可按需选择。

6）热套型

热套型用于火力发电机组配套的专用测温仪表。电站中的一般测温仪表可在热套型样本的《通用类》内选择。该产品的设计参考了美国EBASCO规范，并充分考虑了设计院和电站用户的意见，采用国际流行的分离式保护管结构和弹性压紧测量元件方式。

4.6.1.4　其他主要参数选择

1．热电偶的时间常数

热电偶的时间常数见表4.6.5。

表 4.6.5 热电偶的时间常数

热惰性级别	Ⅰ	Ⅱ	Ⅲ	Ⅳ
时间常数（s）	90～180	30～90	10～30	<10

2．热电偶的公称压力

热电偶的公称压力一般是指在工作温度下护套管所能承受的静态外压。

3．热电偶的最小插入深度

热电偶的最小插入深度应不小于其保护套管外径的 8～10 倍（特列产品例外）。

4．绝缘电阻

当周围空气温度为 15～35℃，相对湿度小于 80%时，绝缘电阻大于或等于 5MΩ（电压 100V）。具有防溅式接线盒的热电偶，当相对温度为 93±3℃ 时，绝缘电阻大于或等于 0.5MΩ（电压 100V）。

高温下的绝缘电阻：K 型热电偶在高温下，其热电极（包括双支式）与护套管及双支热电极之间的绝缘电阻（按每米计）应大于表 4.6.6 规定的值。

表 4.6.6 K 型热电偶在高温下的绝缘电阻

规定的长时间使用温度（℃）	≥600	≥800	≥1000
试验温度（℃）	600	800	1000
绝缘电阻值（Ω）	72 000	25 000	5000

4.6.1.5 配套温度检测仪的选用

温度检测仪表的种类很多，在选用温度仪表检测的时候，应注意每种仪表的特点和适用范围，这也是确保温度检测仪表测量精度的第一个关键环节。

目前，工业上常见的温度检测仪表主要有双金属温度计、热电偶、热电阻、辐射式温度计。双金属温度计一般用于温度信号就地检测和指示，测量的精度不高。热电偶、热电阻和辐射式温度计可用于温度信号的在线测量，其中热电阻和热电偶是工业上最常用的两种测温仪表，前者适用于测量 500℃以下的中、低温度，后者更适用于测量 500～1800℃范围的中、高温度。辐射式温度计一般用于 2000℃以上的高温测量。

另外，在选用温度检测仪表时，除了要综合考虑测量精度、信号制、稳定性等技术要求之外，还应该注意工作环境等因素的影响，如环境温度、介质特性（氧化性、还原性、腐蚀性）等，选择适当的护套管、连接导线等附件。

4.6.2 热电阻与热电偶的使用注意事项

4.6.2.1 热电阻与热电偶的比较

热电阻与热电偶的比较见表 4.6.7。

表 4.6.7 热电阻与热电偶的比较

差 异	热 电 阻	热 电 偶
测温原理不同	本身电阻随温度变化	基于热电效应两端产生电势差
制造材料不同	对温度变化敏感的单一金属材料	两种不同双金属材料
测温范围不同	中低温：-200～500℃	中高温：400～1800℃
同温下输出信号变化大小不同	输出信号较大，易于测量	输出信号较小
感温部分尺寸大小不同	尺寸较大，反应速度稍慢	工作端是很小的焊点，反应速度快
测温电路不同	连接导线不分正负，需电源激励，不能测量瞬时温度的变化，远距离须采用四线制测量	不需激励源，信号需用补偿导线传递，仪表要有冷端补偿电路，热电偶及补偿导线有正负极之分，必须保证连接、配置正确
价格不同	热电阻比热电偶价格便宜	
特点	测量精度高，性能稳定	测温范围宽，结构简单，动态响应好，能远距离传输4～20mA 电信号，便于自动控制

4.6.2.2 热电阻与热电偶使用注意事项

如果热电阻与热电偶安装和使用不当，不但会增大测量误差，还可能降低热电偶的使用寿命。因此，应根据被测温度范围和工作环境，正确安装和合理使用热电偶。

（1）热电阻安装时，其插入深度不小于热电阻护套管外径的 8～10 倍，热电阻尽可能垂直安装，以防在高温下弯曲变形。热电阻在使用中为了减小辐射热和热传导所产生的误差，应尽量使护套管表面的温度和被测介质的接近，减小热电阻护套管的黑色系数。

（2）应选择合适的传感器安装地点。由于测温区内温度分布不均匀，传感器测得的是局部区域的温度，因此应选择合适的测量点安放传感器。通常可将传感器安装在温度较均匀且能代表工件温度的位置，而不能安装在炉门旁或离加热源太近的地方。

（3）安装传感器的位置应尽可能远离强电磁场，以免测温仪表引入附加干扰信号。

（4）传感器插入测温区的深度应不小于热电偶护套管外径的 8～10 倍，尽可能使热电阻受热部分增长。热电偶热端应尽可能靠近测点，但必须保证装卸工件时不损坏传感器。

（5）热电偶应尽可能保持垂直使用，以防高温下护套管变形。若需水平安装，插入深度不应大于 500mm，露出部分应用架子托牢，使用一段时间后，应将其旋转 180°。为防止热电偶接线盒温度过高，也可选用直角形热电偶。

（6）热电偶护套管与炉壁之间的空隙应使用耐火材料严密堵塞，以免空气对流影响测温的准确性。补偿导线与接线盒的接线孔之间的空隙也应用石棉线塞紧，并使其朝下，以免污物落入。

（7）用热电偶测量炉温时，应避开火焰的直接喷射，因火焰喷出处的温度比炉内实际温度高且不稳定。热电偶的接线盒不应紧靠炉壁，以免其冷端温度过高。一般应离炉壁 200mm 左右。

（8）测量低温时，为减小传感器的热惰性，可采用护套管开口或无护套管的传感器。

（9）使用期内的传感器，应经常检查其热电极和保护管是否良好，如果发现传感器表面有麻点、污渍、局部直径变细或护套管表面腐蚀严重等现象，应停止使用，并维修或更换新传感器。

4.6.2.3 热电偶补偿导线使用注意事项

1. 补偿导线的选择

补偿导线一定要根据所使用的热电偶种类和所使用的场合进行正确选择。

（1）补偿导线必须与热电偶配套，补偿导线的分度号必须与所用的热电偶分度号一致。

（2）根据使用环境的温度来选择，一般分为0～100℃和0～200℃两种，可根据实际的需要来选择。

（3）如果现场干扰源多，可以选择抗干扰性强的屏蔽型补偿导线。

（4）如果同时有多个测温点，可选择内部有多组补偿导线的线缆。

（5）分度号B的双铂铑（铂铑30-铂铑6）热电偶是不用补偿导线的热电偶，但限制条件是参比端温度 t_1 小于或等于120℃，否则将造成较大的误差。

镍钴-镍铝热电偶在200℃以下热电势几乎为零，可不用补偿导线；镍铁-镍铜热电偶在50℃以下的热电势微乎其微，在这个温度范围内不用补偿导线。

（6）补偿型与延伸型补偿导线的选择如下。

延伸型补偿导线：材质与热电偶的材质一样，一般线径要细一点，热电势力与热电偶相同，纯粹是热电偶的“延伸”，价格比较高。

补偿型补偿导线：是用与热电偶的材质不同的材质做成的，但其热电动势在0～100℃或0～200℃时与配用热电偶的热电动势值相同，价格比较便宜。

如果只是需要延长接线的距离，应选用延伸型补偿导线，其作用是将热电偶的冷端延伸至远方。如果只是需要进行冷端补偿，应选用补偿型补偿导线，其作用是校正测量误差。

（7）补偿导线的选择必须满足测量误差、绝缘材料的使用温度等要求。

补偿导线的主要技术指标参考表4.6.8。

表4.6.8 补偿导线的主要技术指标

品种特性			补偿型				延伸型			
			SC	KC、NC	WC3/25	WC5/26	KX、NX	EX	JX	TX
配用热电偶的分度号			S、R	K、N	WRe3/WRe25	WRe5/WRe26	K、N	E	J	T
材质和绝缘层颜色	正极	材质	铜	铜	铜	钴铁	镍铬	镍铬	铁	铜
		颜色	红	红	红	红	红	红	红	红
	负极	材质	铜镍	铜镍	铜镍	钴镍	镍硅	铜镍	铜镍	铜镍
		颜色	绿	蓝	黄	橙	黑	棕	紫	白
允差（mV）	A级（精密级）	100℃	±0.023（3℃）	±0.063（1.5℃）	±0.020（1.5℃）	/	±0.063（1.5℃）	±0.102（1.5℃）	±0.081（1.5℃）	±0.023（1.5℃）
		200℃	/	/	/	/	±0.060（1.5℃）	±0.111（1.5℃）	±0.083（1.5℃）	±0.027（0.5℃）
	B级（普通级）	100℃	±0.037（5℃）	±0.105（2.5℃）	±0.048（3.0℃）	±0.051（3.0℃）	±0.105（2.5℃）	±0.170（2.5℃）	±0.135（2.5℃）	±0.047（1.0℃）
		200℃	±0.057（5℃）	/	±0.080（5.0℃）	±0.085（5.0℃）	±0.100（2.5℃）	±0.183（2.5℃）	±0.138（2.5℃）	±0.053（1.0℃）

续表

品种特性		补偿型				延伸型			
		SC	KC、NC	WC3/25	WC5/26	KX、NX	EX	JX	TX
往复电阻	20℃时长度为1m，截面积为1mm^2	<0.1Ω	<0.8Ω	<0.1Ω	<0.1Ω	<1.5Ω	<1.5Ω	<0.8Ω	<0.8Ω
线芯标称截面积 mm^2		0.50、1.0、1.5、2.5							
线芯股数（多股用R表示）		1、7、19							
绝缘层、护层材料和使用温度	G（一般用）	V.V，-20～70℃和-20～100℃；							
	H（耐热用）	B.B，-40～180℃和-25～200℃；F、B，-40～180℃和-25～200℃							
补偿型补偿导线的金属合金导体采用不同于热电偶材料的合金制成，只是在一定温度范围内其热电特性与热电偶相同；延伸型补偿导线的芯线与热电偶的材料相同。									

2. 补偿导线的使用

为保证准确无误地起到迁移冷端的作用，使用补偿导线时应注意以下几点。

1）接点连接

（1）补偿导线与热电偶连接时应正极接正极，负极接负极，极性不能接错。

（2）保证补偿导线与热电极连接处的两个接点温度相等，必须同温。

（3）补偿导线和热电偶连接点温度不得超过规定使用的温度范围。如果超过100℃，则补偿导线所产生的金属导体的温差电势不能忽略。

（4）注意补偿导线仪表盘接线点的位置，最好将补偿导线跨过仪表盘的接线端子直接与仪表的接线端子相连。

2）补偿导线的直径与使用长度

因为热电偶的信号很低，为微伏级，如果使用的距离过长，信号的衰减和环境中强电的干扰足以使热电偶的信号失真，造成测量和控制温度不准确，在控制中严重时会产生温度波动。

如果补偿导线的长度过长，会使线路电阻较大，要注意选用较大截面积的补偿导线，否则造成测量误差。使用动圈式仪表时，配用的补偿导线截面积为1.0mm^{2}时最大允许长度为12m；配用的补偿导线截面积为2.5mm^{2}时最大允许长度为30m。

根据经验，通常使用热电偶补偿导线的长度控制在15m内比较好，如果超过15m，建议使用温度变送器进行信号传送。温度变送器是将温度对应的电势值转换成直流电流并进行传送，抗干扰强。

3）布线

补偿导线布线一定要远离动力线和干扰源。在避免不了穿越的地方，也尽可能采用交叉方式，不要平行。不允许将补偿导线和动力线穿在一根线管内。

4）屏蔽补偿导线

补偿导线在传递信号的过程中，其工作时电动势通常对外界影响很小，一般只有几毫伏到几十毫伏。而外界干扰对补偿导线的干扰远远大于此。因此，在需要控制有外界干扰影响的场合，为了提高热电偶连接线的抗干扰性，可以采用屏蔽补偿导线。对于现场干扰源较多的场合，采用屏蔽线效果较好。但是一定要将屏蔽层严格接地，否则屏蔽层不仅没有起到屏蔽的作用，反而增强干扰。

4.7 可编程序控制器（PLC）的选与用

4.7.1 PLC 的选型方法

在 PLC 系统设计时，首先应确定控制方案，然后就是 PLC 工程设计选型。控制流程的特点和应用要求是设计选型的主要依据。应详细分析工艺过程的特点、控制要求，明确控制任务和范围，确定所需的操作和动作。然后根据控制要求，估算输入/输出点数、所需存储器容量、确定 PLC 的功能、外部设备特性等。最后选择有较高性能价格比的 PLC 和设计相应的控制系统。

PLC 的品种繁多，其结构形式、性能、容量、指令系统、编程方法、价格等各不相同，适用场合也各有侧重。因此，合理选择 PLC，对于提高 PLC 在控制系统中的可靠性起着重要作用。

4.7.1.1 输入/输出（I/O）的选择

PLC 是一种工业控制系统，它的控制对象是工业生产设备或工业生产过程，工作环境是工业生产现场。PLC 与工业生产过程的联系是通过 I/O 接口模块来实现的。

通过 I/O 接口模块可以检测被控生产过程的各种参数，并以这些现场数据作为控制信息对被控对象进行控制。同时通过 I/O 接口模块将控制器的处理结果传送给被控设备或工业生产过程，从而驱动各种执行机构来实现控制。PLC 从现场收集的信息及输出给外部设备的控制信号都需经过一定距离，为了确保这些信息准确无误，PLC 的 I/O 接口模块都具有较好的抗干扰能力。根据实际需要，一般情况下，PLC 都有许多 I/O 接口模块，包括开关量输入模块、开关量输出模块、模拟量输入模块、模拟量输出模块及其他一些特殊模块，使用时应根据它们的特点进行选择。

1. 输入/输出的选择应考虑的问题

1）外部接线方式

I/O 接口模块一般分为独立式、分组式和汇点式。通常，独立式的价格较高，如果实际系统中开关量输入信号之间不需隔离，可考虑选择后两种。

2）I/O 点数

I/O 点数是决定 PLC 选型的最重要因素之一，在进行 I/O 模块的选型时也必须根据具体点数选择恰当的 I/O 模块。通常 I/O 模块有 4、8、16、24、32、64 点等几种，点数多的各点平均价格就低。

当控制对象 I/O 点数在 60 点之内，I/O 点数比为 3/2 时，选用整体式（小型）PLC 较为经济；

当控制对象 I/O 点数在 100～200 点时，选用小型模块式的较为合理；

当控制对象 I/O 点数在 300 点左右时，选中型 PLC 较为合理；

当控制对象 I/O 点在 500 点以上时，必须选用大型 PLC。

3）I/O 类型

I/O 类型也是决定 PLC 选型的重要因素之一。一般而言，多数小型 PLC 只具有开关量 I/O，PID、A/D、D/A、位控等功能一般只有大、中型 PLC 才有。

4）通信要求与 I/O 点数裕量

首先，应该确定系统用 PLC 单机控制还是用 PLC 网络控制，由此计算出输入/输出（I/O）点数，并且在选购 PLC 时要在实际需要点数的基础上预留 10%的裕量。

5）I/O 负载分析

确定负载类型。根据 PLC 输出端所带负载是直流型还是交流型，是大电流还是小电流，及 PLC 输出点动作的频率等，从而确定输出端采用继电器输出、晶体管输出或晶闸管输出。不同的负载选用不同的输出方式，这对系统的稳定运行是极为重要的。

6）独立 I/O 公用端口（COM）编组规模

COM 端口的选择。不同的 PLC 产品，其 COM 端口的点的数量是不一样的，有的一个 COM 端口带 8 个输出点，有的带 4 个输出点，也有带 1 个或 2 个输出点的。当负载的种类多，且电流大时，采用一个 COM 端口带 1～2 个输出点的产品；当负载种类少，数量多时，采用一个 COM 端口带 4～8 个输出点的产品。

2．输入/输出（I/O）点数的估算

根据控制系统的要求确定所需要的 I/O 点数时，I/O 点数估算后应考虑留有适当的裕量。通常根据统计的 I/O 点数，再增加 15%～20%的可扩展裕量，作为输入/输出点数选型数据，以便随时增加控制功能。实际订货时，还需根据制造厂商 PLC 的产品特点，对 I/O 点数进行圆整。

对于控制对象，由于采用的控制方法不同或编程水平不同，I/O 点数也应有所不同。表 4.7.1 列出了典型电气传动设备及常用电气元件所需的开关量的 I/O 点数。

表 4.7.1　典型电气传动设备及常用电气元件所需的开关量的 I/O 点数

序号	电气传动设备、元件	输入点数	输出点数	序号	电气传动设备、元件	输入点数	输出点数
1	Y-启动笼形异步电动机	4	3	12	光电管开关	2	—
2	单向运行笼形异步电动机	4	1	13	信号灯	—	1
3	可逆运行笼形异步电动机	5	2	14	拨码开关	4	—
4	单向变极电动机	5	3	15	三挡波段开关	3	—
5	可逆变极电动机	6	4	16	行程开关	1	—
6	单向运行的直流电动机	9	6	17	接近开关	1	—
7	可逆运行的直流电动机	12	8	18	制动器	—	1
8	单线圈电磁阀	2	1	19	风机	—	1
9	双线圈电磁阀	3	2	20	位置开关	2	—
10	比例阀	3	5	21	单向运行的绕线转子异步电动机	3	4
11	按钮	1	—	22	可逆运行的绕线转子异步电动机	4	5

3．开关量输入/输出

通过标准的 I/O 接口可从传感器和开关（如按钮、限位开关等）及控制（开/关）设备（如指示灯、报警器、电动机启动器等）接收信号。典型的交流输入/输出信号为 24～240V，直流输入/输出信号为 5～240V。

通常的开关量输入模块类型有有源输入、无源输入、光电接近传感器输入等。进行开关量输入模块的选型时必须根据实际系统运行中的要求综合考虑。当然，具体到有源输入模块还分为 AC 输入、DC 输入和 TTL 电平输入。

AC 电压等级为 24V、120V、220V；DC 电压等级为 24V、48V、10～60V；AC/DC 电压等级为 24V。

通常的开关量输出模块类型有继电器输出、晶闸管输出和晶体管输出。在开关量输出模块的选型过程中，必须根据实际系统运行要求及要求输出的电压等级进行相应的选型。

在评估离散输出时，应考虑熔丝、瞬时浪涌保护和电源与逻辑电路间的隔离电路。熔丝电路也许在开始时花费较多，但可能比在外部安装熔丝耗资要少。

4．模拟量输入/输出

模拟量 I/O 接口一般用来感知传感器产生的信号。这些接口可用于测量流量、温度和压力，并可用于控制电压或电流输出设备。这些接口的典型量程为-10～10V、0～10V、4～20mA 或 10～50mA。

一些制造厂家在 PLC 上设计有特殊模拟量 I/O 接口，因而可接收低电平信号，如热电阻、热电偶等。一般来说，这类接口模块可用于接收同一模块上不同类型的热电偶或热电阻混合信号。

5．特殊功能输入/输出

在选择一台 PLC 时，用户可能会面临一些特殊类型且不能用标准 I/O 接口实现的输入/输出限定，如定位、快速输入、频率等。此时，用户应当考虑供货厂商是否提供有特殊的有助于最大限度减小控制作用的模块。有些特殊接口模块自身能处理一部分现场数据，从而使 CPU 从耗时的任务处理中解脱出来。

6．智能式输入/输出

现在，PLC 的生产厂家相继推出了一些智能式的 I/O 接口模块。一般智能式 I/O 接口模块本身带有处理器，可对输入或输出信号作预先规定的处理，并将处理结果传送入 CPU 或直接输出，这样可提高 PLC 的处理速度，并节省存储器的容量。

智能式 I/O 接口模块有高速计数器（可作加法计数或减法计数）、凸轮模拟器（用作绝对编码输入）、带速度补偿的凸轮模拟器、单回路或多回路的 PID 调节器、ASCII/BASIC 处理器、RS-232C/422 接口模块等。表 4.7.2 归纳了选择 I/O 接口模块的一般规则。

表 4.7.2　选择 PLC 的 I/O 接口模块的一般规则

I/O 接口模块类型	现场设备或操作（举例）	说　明
离散输入模块和 I/O 接口模块	选择开关、按钮、光电开关、限位开关、电路断路器、接近开关、液位开关、电动机启动器触点、继电器触点、拨盘开关	输入模块用于接收 ON/OFF 或 OPENED/CLOSED（开/关）信号，离散信号可以是直流的，也可以是交流的
离散输出模块和 I/O 接口模块	报警器、控制继电器、风扇、指示灯、扬声器、阀门、电动机启动器、电磁线圈	输出模块用于将信号传递到 ON/OFF 或 OPENED/CLOSED（开/关）设备。离散信号可以是交流或直流
模拟量输入模块	温度变送器、压力变送器、湿度变送器、流量变送器、电位器	将连续的模拟量信号转换成 PLC 处理器可接受的输入值
模拟量输出模块	模拟量阀门、执行机构、图表记录器、电动机驱动器、模拟仪表	将 PLC 处理器的输出信号转为现场设备使用的模拟量信号（通常是通过变送器进行）
特种 I/O 接口模块	电阻、电偶、编码器、流量计、I/O 通信、ASCII、RF 型设备、称重计、条形码阅读器、标签阅读器、显示设备	通常用作位置控制、PID 和外部设备通信等专门用途

4.7.1.2　PLC 程序存储器类型及容量选择

在 PLC 选型过程中，PLC 内存容量、形式也是必须考虑的重要因素。不要盲目地追求过高的性能指标。另外，存储容量应留有一定的裕量，以便于实际工作中的调整。

1．存储器的类型

PLC 系统所用的存储器形式有 CMOS（电容/电池保护的）、EPROM 和 E^2PROM 三种类型，存储容量则随机器的大小而变化，一般小型机的最大存储能力低于 6KB，中型机的最大存储能力可达 64KB，大型机的最大存储能力可达兆字节。使用时可以根据程序及数据的存储需要来选用合适的机型，必要时也可专门进行存储器的扩充设计。

2．影响存储器容量的因素

存储器容量是可编程序控制器本身能提供的硬件存储单元大小，程序容量是存储器中用户应用项目使用的存储单元的大小，因此程序容量应小于存储器容量。在设计阶段，由于用户的应用程序还未编制，因此，程序容量在设计阶段是未知的，需在程序调试之后才知道。

用户程序所占存储容量受 I/O 点数、用户程序编制水平等因素的影响，程序越短，程序执行的扫描周期就越短。

3．存储器容量的估算

为了在设计选型时能对程序容量有一定了解，通常采用存储器容量的估算值来替代。

存储器容量的估算没有固定的公式，许多文献资料中给出了不同公式，其计算方法和结果相差不会太多。

1）估算存储器容量的第一种方法

（1）开关量 I/O 点数的比值

一般 PLC 的开关量 I/O 点数为 3/2（CPM1A）或 1/1（FX2N），因此，根据 I/O 总点数计算

所需的存储器容量为

所需内存步数=开关量 I/O 总点数×（10～15）

（2）模拟量 I/O 总点数

具有模拟量控制要求的系统要用到数据传送和运算等功能指令，所占存储容量较多，其存储器容量可按下式计算：

所需存储器步数 = 模拟量 I/O 总点数×（200～250）

综上所述，估算 PLC 所需存储器的总容量为

存储器总容量=开关量 I/O 总点数×（10～15）+模拟量 I/O 总点数×（200～250）+30%的裕量。

2）PLC 的存储器容量选择和计算的第二种方法

第二种方法是估算法，用户可根据控制规模和应用目的，按照表 4.7.3 的公式来估算。为了使用方便，一般应留有 25%～30%的裕量。获取存储容量的最佳方法是生成程序，根据编程使用的节点数精确计算存储器的实际使用容量，即用了多少字节。知道每条指令所用的字数，用户便可确定准确的存储容量。表 4.7.3 给出了根据控制目的估算存储器容量的方法。

表 4.7.3　根据控制目的估算存储器容量的方法

控制目的	公　式	说　明
代替继电电路	$M=K_m（10D_I+5D_O）$	D_I 为数字（开关）量输入信号；D_O 为数字（开关）量输出信号；A_I 为模拟量输入信号；K_m 为每个接点所需的存储器字节数；M 为存储器容量
模拟量控制	$M=K_m（10D_I+5D_O+100A_I）$	
多路采样控制	$M=K_m[10D_I+5D_O+100A_I+（1+采样点×0.25）]$	

按开关量 I/O 点数的 10～15 倍，加上模拟量 I/O 点数的 100 倍，以此数为存储器的总字数（16 位为一个字），另外再按此数的 25%作为裕量。PLC 所需存储器的总容量为：

总容量=I/O 点数×8（开关量）+100×模拟量通道数（模拟量）+120×（1+采样点数×0.25）（多路采样控制）。

4.7.1.3　控制功能的选择

该选择包括运算功能、控制功能、通信功能、编程功能、诊断功能和处理速度等特性的选择。

1．功能要求与 PLC 结构的合理性

（1）系统规模较小，不需要 PLC 之间通信，可考虑用整体式结构的 PLC。

（2）扩展模块的选用。

对于小的系统，如 I/O 接口模块为 80 点以内的系统，一般不需要扩展；当系统较大时，就要扩展。不同公司的产品，对系统总点数及扩展模块数量都有限制，当扩展仍不能满足需要时，可采用网络结构。同时，有些厂家产品的个别指令不支持扩展模块，因此，在进行软件编程时要注意。当采用温度等模拟模块时，各厂家也有一些规定，请参阅相关技术手册。

2．运算功能

简单 PLC 的运算功能包括逻辑运算、计时和计数功能；普通 PLC 的运算功能还包括数据移位、比较等；较复杂运算功能有代数运算、数据传送等；大型 PLC 中还有模拟量的 PID 运算和其他高级运算功能。随着开放系统的出现，在 PLC 中都已具有通信功能，有些产品具有与下位

机通信的功能，有些产品具有与同位机或上位机通信的功能，有些产品还具有与工厂或企业网进行数据通信的功能。设计选型时应从实际应用的要求出发，合理选用所需的运算功能。大多数应用场合只需要逻辑运算、计时和计数功能，有些应用需要数据传送和比较，当用于模拟量检测和控制时，才使用代数运算、数值转换和 PID 运算等。要显示数据时需要译码和编码等运算。

3．控制功能

控制功能包括 PID 控制运算、前馈补偿控制运算、比值控制运算等，应根据控制要求确定。PLC 主要用于顺序逻辑控制，因此，大多数场合常采用单回路或多回路控制器解决模拟量的控制，有时也采用专用的智能输入/输出单元完成所需的控制功能，提高 PLC 的处理速度和节省存储器容量。如采用 PID 控制单元、高速计数器、带速度补偿的模拟单元、ASCII 码转换单元等。

4．联网通信功能

PLC 的联网方式分为 PLC 与计算机联网和 PLC 之间相互联网两种。与计算机联网可通过 RS-232C 接口直接连接、通过 RS-422+RS-232C/422 转换适配器连接、通过调制解调通信连接等；一台计算机与多台 PLC 联网，可通过采用通信处理器、网络适配器等方式进行连接，连接介质为双绞线或光缆；PLC 之间互联时可通过专用通信电缆直接连接、通信板卡或模块加数据线连接等方式。

联网通信是影响 PLC 选型的重要因素之一，多数小型机提供较简单的 RS-232 通信接口，少数小型 PLC 没有通信功能。而大中型 PLC 一般都有各种标准的通信模块可供选择。必须根据实际情况选择适当的通信手段，然后决定 PLC 的选型。

大中型 PLC 系统应支持多种现场总线和标准通信协议（如 TCP/IP），需要时应能与工厂管理网（TCP/IP）相连接。通信协议应符合 ISO/IEEE 通信标准，应是开放的通信网络。PLC 系统的通信接口应包括串行和并行通信接口（RS-2232C/422A/423/485）、RIO 通信接口，工业以太网、常用 DCS 接口等；大中型 PLC 通信总线（含接口设备和电缆）应 1∶1 冗余配置，通信总线应符合国际标准，通信距离应满足装置实际要求。

PLC 系统的通信网络中，上级的网络通信速率应大于 1Mbps，通信负荷不大于 60%。PLC 系统的通信网络形式主要有下列几种：

（1）PC 为主站，多台同型号 PLC 为从站，组成简易 PLC 网络；

（2）1 台 PLC 为主站，其他同型号 PLC 为从站，构成主从式 PLC 网络；

（3）PLC 网络通过特定网络接口连接到大型 DCS 中，作为 DCS 的子网；

（4）专用 PLC 网络（各厂商的专用 PLC 通信网络）。

为减轻 CPU 通信任务，根据网络组成的实际需要，应选择具有不同通信功能的（如点对点、现场总线、工业以太网）通信处理器。

5．编程功能

1）编程手段的选择

PLC 编程手段也是影响 PLC 选型的一个重要因素，一般常用的编程手段有如下几种。

便携式简易编程器：一般的应用场合选它较多，特别是当控制规模小，程序简单的情况下，使用较为合适。

图形（GP）编程器：此种编程方法适用于中、大型PLC，此方法除具有输入、调试程序功能外，还具有打印程序等功能。但价格较昂贵，一般情况不必采用。

PC机及编程软件包：这是PLC的一种很好的编程方法，具有功能强、成本低（因为很普及）及使用方便等特点。

2）编程方式

（1）在线编程方式：主机和编程器都有各自的CPU，主机CPU负责现场控制，并在一个扫描周期内与编程器进行数据交换，编程器把在线编制的程序或数据发送到主机，下一扫描周期，主机就根据新收到的程序运行。这种方式成本较高，但系统调试和操作方便，在大中型PLC中常采用。

（2）离线编程方式：PLC和编程器公用一个CPU，编程器在编程模式时，CPU只为编程器提供服务，不对现场设备进行控制。完成编程后，编程器切换到运行模式，CPU对现场设备进行控制，不能为编程器服务。离线编程方式可降低系统成本，但使用和调试不方便。

3）标准化编程语言

标准化编程语言包括顺序功能图（SFC）、梯形图（LD）、功能模块图（FBD）三种图形化语言和语句表（IL）、结构文本（ST）两种文本语言。选用的编程语言应遵守其标准，同时，还应支持多种语言编程形式，如C语言、Basic语言等编程语言，以满足特殊控制场合的控制要求。

6．诊断功能

PLC的诊断功能包括硬件诊断和软件诊断。硬件诊断通过硬件的逻辑判断确定硬件的故障位置，软件诊断分内诊断和外诊断。通过软件对PLC内部的性能和功能进行诊断是内诊断，通过软件对PLC的CPU与外部I/O接口模块等部件信息交换功能进行诊断是外诊断。

PLC诊断功能的强弱，直接影响对操作和维护人员技术能力的要求，并影响平均维修时间。

7．处理速度与响应时间

1）处理速度

PLC采用扫描方式工作。从实时性要求来看，处理速度应越快越好，如果信号持续时间小于扫描时间，则PLC将扫描不到该信号，造成数据信号的丢失。

处理速度与用户程序的长度、CPU处理速度、软件质量等有关。PLC接点的响应快、速度高，每条二进制指令执行时间为0.2～0.4μs，因此能适应控制要求高、响应要求快的应用需求。扫描周期（处理器扫描周期）应满足：小型PLC的扫描时间不大于0.5ms/KB；大中型PLC的扫描时间不大于0.2ms/KB。

存储容量与指令的执行速度是PLC选型的重要指标，一般存储量越大、速度越快的PLC，其价格就越昂贵，尽管国内外各厂家产品大体相同，但也有一定区别。

2）系统响应时间

系统响应时间指输入信号产生与输出信号状态发生变化的时间间隔，若输入信号的变化频率快于一个扫描周期，系统就不能可靠地响应每个输入信号，这时应尽量缩短程序，提高响应速度。

系统响应时间也是影响PLC选型的重要因素之一。一般而言，小型PLC扫描时间为10～20ms/KB；中型PLC扫描时间为1～10ms/KB；大型PLC扫描时间在1ms/KB以下。系统响应时间约为2倍的扫描周期。根据实际要求进行分析，选择恰当的响应时间和PLC。

4.7.1.4 机型的选择

PLC机型选择的基本原则是，在功能满足要求的前提下，选择最可靠、维护使用最方便及性能价格比高的最优化机型。

对于开关量控制及以开关量控制为主、带少量模拟量控制的工程项目，一般其控制速度无需考虑，因此，选用带A/D转换、D/A转换、加减运算、数据传送功能的低档PLC就能满足要求。

在控制比较复杂，控制功能要求比较高的工程项目中（如要实现PID运算、闭环控制、通信联网等），可视控制规模及复杂程度来选用中档或高档PLC。其中高档PLC主要用于大规模过程控制、全PLC的分布式控制系统及整个工厂的自动化等。根据不同的应用对象，表4.7.4列出了PLC的几种功能及应用场合。

表4.7.4 PLC的功能及应用场合

序号	应用对象	功能要求	应用场合
1	替代继电器	继电器触点输入/输出、逻辑线圈、定时器、计数器	替代传统使用的继电器，完成条件控制和时序控制功能
2	数学运算	数学四则运算、开方、对数计算、函数计算、双倍精度的数学运算	设定值控制、流量计算；PID调节、定位控制和工程量单位换算
3	数据传送	寄存器与数据表的相互传送等	数据库的生成、信息管理、BAT-CH（批量）控制、诊断和材料处理等
4	矩阵功能	逻辑与、逻辑或、异或、比较、置位（位修改）、移位和变反等	这些功能通常按“位”操作，一般用于设备诊断、状态监控、分类和报警处理等
5	高级功能	表与块间的传送、校验和、双倍精度运算、对数和反对数计算、平方根计算、PID调节等	通信速度和方式、与上位计算机的联网功能、调制解调器等
6	诊断功能	PLC的诊断功能有内诊断和外诊断两种，内诊断是PLC内部各部件性能和功能的诊断，外诊断是中央处理机与I/O模块信息交换的诊断	—
7	串行接口（RS-232C）	一般中型以上的PLC都提供一个或一个以上串行标准接口（RS-232C），以方便连接打印机、CRT、上位计算机或另一台PLC	—
8	通信功能	现在的PLC能够支持多种通信协议，如现在比较流行的TCP/IP协议等	对通信有特殊要求的用户

1. PLC的类型

PLC按结构分为整体型（固定式）和组合式（模块式）两种。固定式PLC包括CPU板、I/O板、显示面板、内存块、电源等，这些元素组合成一个不可拆卸的整体。模块式PLC包括CPU模块、I/O模块、内存、电源模块、底板或机架，这些模块可以按照一定规则组合配置。

在工艺过程比较固定、环境条件较好（维修量较小）的场合，建议选用整体式结构的PLC。

整体型 PLC 的 I/O 点数固定，因此用户选择的余地较小，一般用于小型控制系统。模块型 PLC 提供多种 I/O 卡件或插卡，因此用户可较合理地选择和配置控制系统的 I/O 点数，功能扩展方便灵活，一般用于大中型控制系统。

PLC 按应用环境分为现场安装和控制室安装两类；按 CPU 字长分为 1 位、4 位、8 位、16 位、32 位、64 位等。从应用角度出发，通常可按控制功能或 I/O 点数选型。

2．输入/输出模块的选择

输入/输出模块的选择应考虑与应用要求的统一。例如，对于输入模块，应考虑信号电平、信号传输距离、信号隔离、信号供电方式等应用要求。对输出模块，应考虑选用的输出模块类型，通常继电器输出模块具有价格低、使用电压范围广、寿命短、响应时间较长等特点；晶闸管输出模块适用于开关频繁、电感性低功率因数负荷场合，但价格较贵，过载能力较差。输出模块还有直流输出、交流输出和模拟量输出等，与应用要求应一致。

可根据应用要求，合理选用智能型输入/输出模块，以便提高控制水平和降低应用成本。

考虑是否需要扩展机架或远程 I/O 机架等。

3．电源的选择

PLC 的供电电源，除了按在引进设备时引进的 PLC 产品说明书的要求设计和选用外，一般 PLC 的供电电源应选用 220V AC 电源，与国内电网电压一致。重要的应用场合，应采用不间断电源或稳压电源供电。

如果 PLC 本身带有可使用电源时，应核对提供的电流是否满足应用要求，否则应设计外接供电电源。为防止外部高压电源因误操作而引入 PLC，对输入和输出信号的隔离是必要的，有时也可采用简单的二极管或熔丝管隔离。

4．存储器的选择

由于计算机集成芯片技术的发展，存储器的价格已下降。因此，为保证应用项目正常投入运行，一般要求 PLC 的存储器容量，按 256 个 I/O 点至少选 8KB 存储器容量来选择。需要复杂控制功能时，应选择容量更大、档次更高的存储器。

5．可靠性问题

应从系统的可靠性角度，决定 PLC 的类型和组网形式。如对可靠性要求极高的系统，可考虑选用双 CPU 型 PLC 或冗余控制系统/热备用系统。冗余功能的选择原则如下。

1）控制单元的冗余

（1）重要的过程单元：CPU（包括存储器）及电源均应 1:1 冗余。

（2）在需要时也可选用 PLC 硬件与热备软件构成的热备冗余系统、2 重化或 3 重化冗余容错系统等。

2）I/O 接口单元的冗余

（1）控制回路的多点 I/O 卡应冗余配置。

（2）重要检测点的多点 I/O 卡可冗余配置。

（3）根据需要，对重要的输入/输出信号可选用 2 重化或 3 重化的 I/O 接口单元。

6．经济性的考虑

选择 PLC 时，应考虑性能价格比。考虑经济性时，应同时考虑应用的可扩展性、可操作性、投入产出比等因素，进行比较和兼顾，最终选出较满意的产品。

1）I/O 点数对价格有直接影响

每增加一块 I/O 卡件就需增加一定的费用。当点数增加到某一数值后，相应的存储器容量、机架、母板等也要相应增加，因此，点数的增加对 CPU 选用、存储器容量、控制功能范围等选择都有影响。在估算和选用时应充分考虑，使整个控制系统有较合理的性能价格比。

2）价格的问题

在 PLC 的规格中，继电器输出的 PLC 的价格相对晶体管输出的要贵 20%。建议采用晶体管输出的 PLC，输出点全部外接中间继电器，这样就能够避免以上的问题，维护简单便利，不再考虑修改程序。同时在工程设计中，能够减少对因输出点形式不同发生冲突的考虑，而且能够比较便利合理地分配输出点，从而做到从容设计。

晶体管输出的 PLC 的价格比较便宜，即使外接中间继电器，也比直接继电器输出的 PLC 价格要便宜。

7．系统的兼容性

由于各生产厂家的开发软件不同，系统的兼容性也是选购时考虑的重点，目前还没有发现完全兼容的产品，应根据系统合理地选用 PLC 产品。

对于大型企业系统，应尽量做到机型统一。这样，同一机型的 PLC 模块可互为备用，便于备品备件采购和管理；同时，其统一的功能及编程方法也有利于技术力量的培训、技术水平的提高和功能的开发；此外，由于其外部设备通用，资源可以共享，因此，配以上位计算机后即可把控制各独立系统的多台 PLC 联成一个多级分布式控制系统，这样便于相互通信，集中管理。

4.7.1.5　软件选择及支撑技术条件的考虑

在系统的实现过程中，PLC 的编程问题是非常重要的。用户应当对所选择 PLC 产品的软件功能有所了解。通常情况下，一个系统的软件总是用于处理控制器具备的控制硬件。但是，有些应用系统也需要控制硬件部件以外的软件功能。例如，一个应用系统可能包括复杂数学计算和数据处理操作的特殊控制或数据采集功能。指令集的选择将决定实现软件任务的难易程度。可用的指令集将直接影响实现控制程序所需的时间和程序执行的时间。

选用 PLC 时，有无支撑技术条件同样是重要的选择依据。支撑技术条件包括下列内容。

1．编程手段

便携式简易编程器主要用于小型 PLC，其控制规模小，程序简单，可用简易编程器。

CRT 编程器适用于大中型 PLC，除可用于编制和输入程序外，还可编辑和打印程序文本。

由于 PC 机已得到普及，PC 机编程软件包是 PLC 很好的编程工具。目前，PLC 厂商都在致力于开发适用自己机型的 PC 机编程软件包，并获得了成功。

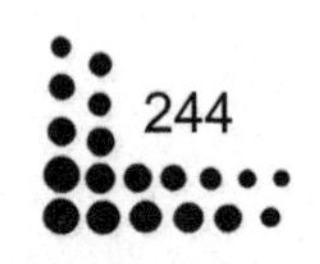

2. 进行程序文本处理

图形和文本的处理。简单程序文本处理及图、参量状态和位置的处理，包括打印梯形逻辑；程序标注，包括触点和线圈的赋值名、网络注释等，这对用户或软件工程师阅读和调试程序非常有用。

3. 程序储存方式

对于技术资料档案和备用资料来说，程序的储存设备有磁带、光盘、硬盘、U 盘或程序存储卡等，具体选用哪种储存设备，取决于所选机型的技术条件。

4. 通信软件包

对于网络控制结构或需用上位计算机管理的控制系统，有无通信软件包是选用 PLC 的主要依据。通信软件包往往和通信硬件一起使用，如调制解调器等。

4.7.1.6　PLC 的环境适应性

由于 PLC 通常直接用于工业控制，生产厂都把它设计成能在恶劣的环境条件下可靠地工作。尽管如此，每种 PLC 都有自己的环境技术条件，用户在选用时，特别是在设计控制系统时，对环境条件要给予充分的考虑。

一般 PLC 及其外部电路（包括 I/O 模块、辅助电源等）都能在表 4.7.5 所列的环境条件下可靠工作。

表 4.7.5　PLC 的工作环境

序　　号	项　　目	说　　明
1	温度	工作温度范围为 0～55℃，最高为 60℃，储存温度范围为-40～85℃
2	湿度	相对湿度为 5%～95%，无凝露结霜
3	振动和冲击	满足国际电工委员会标准
4	电源	采用 220V 交流电源，允许变化范围为-15%～15%，频率为 47～53Hz，瞬间停电保持 10ms
5	环境	周围空气不能混有可燃性、爆炸性和腐蚀性气体

4.7.1.7　PLC 输出类型的选择及使用

PLC 的输出类型有继电器和晶体管两种类型，两者的工作参数差别较大，使用前需加以区别，以免误用而导致产品损坏。

1. 继电器与晶体管输出的主要差别

由于继电器与晶体管工作原理不同，导致了两者的工作参数存在较大的差异。

1）驱动负载电压、电流类型不同

负载类型：晶体管只能带直流负载，而继电器带交、直流负载均可。

电流：晶体管负载电流为 0.2～0.3A，继电器的负载电流比较大，可以达到 2A。

电压：继电器型可接交流 220V 或直流 24V 负载，没有极性要求；晶体管型只能接直流 24V

负载，有极性要求。

2）负载能力不同

晶体管带负载的能力小于继电器带负载的能力，用晶体管时，有时候要加其他东西来带动大负载（如继电器、固态继电器等）。

3）晶体管的过载能力小于继电器的过载能力

一般来说，存在冲击电流较大时（如感性负载等），晶体管的过载能力较小，需要降额更多。

4）晶体管的响应速度快于继电器的

继电器输出型的原理是CPU驱动继电器线圈，令触点吸合，使外部电源通过闭合的触点驱动外部负载，其开路漏电流为零，响应时间慢（10～20ms）。

晶体管输出型的原理是CPU通过光耦合使晶体管通断，以控制外部直流负载，响应时间快（0.2～0.5ms，甚至更小），Y0、Y1甚至可以达到10μs。晶体管输出一般用于高速输出，如伺服/步进等，用于动作频率高的输出。

5）使用寿命不同

在额定工作情况下，继电器有动作次数寿命，晶体管只有老化，没有使用次数限制。

继电器由于是机械元件，受到动作次数的寿命限制，且与负载容量有关，详情见表4.7.6。从表中可以看出，随着负载容量的增加，触点寿命几乎按级数减少。晶体管是电子元件，只有老化，没有使用寿命限制。

表4.7.6　继电器使用寿命

负载容量	220V AC/15VA	220V AC/30VA	220V AC/60VA
动作频率条件	1秒ON/1秒OFF	1秒ON/1秒OFF	1秒ON/1秒OFF
触点寿命	320万次	120万次	30万次

继电器的每分钟开关次数也是有限制的，而晶体管则没有。

2．继电器输出与晶体管输出选型原则

继电器型输出驱动电流大，响应慢，有机械寿命，适用于驱动中间继电器、接触器的线圈、指示灯等动作频率不高的场合。晶体管输出驱动电流小，频率高，寿命长，适用于控制伺服控制器、固态继电器等要求频率高、寿命长的应用场合。在高频应用场合，如果同时需要驱动大负载，可以加其他设备（如中间继电器、固态继电器等）方式驱动。

4.7.1.8　选型需要考虑的其他问题

1．选择熟悉编程软件的机型

一般来说，用户对哪一家公司哪个型号的PLC了解得多，特别是对它的指令和编程软件熟悉，则选用该公司的PLC为好。因为从可靠性、性能指标上各家公司的产品大同小异。若用户的设备（或产品）或进口设备上已经用了某一种型号的PLC，若再要选用PLC开发新的产品，

在满足工艺条件的前提下，建议还是选用户已经用过的 PLC 为好，这样，可以做到资源共享。

2．PLC 制造商选择

尽量选用大公司的产品。因为大公司的产品质量有保障，且技术支持好，一般售后服务也较好，有利于以后产品的扩展与软、硬件升级。

国内的一些 PLC 生产厂，特别是一些合资的 PLC 生产厂，其 PLC 的性能与进口 PLC 是一样的，而且国内 PLC 厂商售后服务、备品备件容易解决。国产 PLC 的价格也比进口的 PLC 便宜 1/3 左右。当然，进口的 PLC，特别是一些国际上知名的大公司生产的 PLC，尤其是大型或超大型 PLC，在重大工程上还是首选对象。

3．选择性能相当的机型

PLC 选型中还有一个重要问题是性能要相当。如果只有十几个开关量输入/输出的工程项目，选用了带有模拟量输出/输入的 PLC 机型，这就大材小用了，这时只要选性能相当的 PLC，其费用可以大大地降低。

4．选择新机型

由于 PLC 产品更新换代很快，选用相应的新机型很有必要。老机型若坏了，有时求购一台同型号的 PLC 替代很难。如果求购不到，可以用功能相当的其他厂家的 PLC 产品替代。

4.7.2 PLC 使用中应注意的事项

4.7.2.1 PLC 配线要求

（1）动力部分、控制部分及 PLC 的电源和输入、输出回路的电源应分别配线，隔离变压器与 PLC 和与 I/O 电源之间应采用双绞线连接。系统的动力线要足够粗，以减小大功率电动机启动时的线路压降。

（2）信号线与功率线应分开布线。电源电缆应单独走线；不同类型的线应分别装入不同的管槽中，信号线应装入专用电缆管槽中，应尽量靠近地线或接地的金属导体。如果必须在同一线槽内，分开捆扎交流线、直流线，若条件允许，分槽走线最好，这不仅能使其有尽可能大的空间距离，还能将干扰降到最低限度。

（3）当信号线长度超过 300m 时，应采用中间继电器转接信号或使用 PLC 的远程 I/O 模块。电源线与 I/O 线也应分开走线，并保持一定的距离；若要在同一线管槽中布线，应使用屏蔽电缆。交流电路用线与直流电路用线应分别使用不同的电缆。

（4）PLC 的输入和输出要分开走线，开关量与模拟量信号线最好分开敷设。模拟量信号的传送应采用屏蔽线，屏蔽层应一端或两端接地。接地电阻应小于屏蔽层电阻的 1/10。

（5）交流输出线和直流输出线不允许使用同一根电缆，输出线应尽量远离高压线和动力线，避免并行。

（6）连接线。通常按钮、限位开关、接近开关等外接电气部件提供的开关量信号对电缆无严格要求，故可选用一般电缆。若信号传输较远，可选用屏蔽电缆；模拟信号线和高速信号线也选用屏蔽电缆。

（7）信号传输。通常当模拟量输入/输出信号距PLC较远时，应采用4～20mA或0～10mA的电流传输方式，而不是电压传输方式。传送模拟信号的屏蔽线，其屏蔽层应一端接地。为了泄放高频干扰，数字信号线的屏蔽层应并联电位均衡线，并将屏蔽层两端接地。

（8）一般PLC均有一定数量的占有点数（空地址接线端子），不要将线接上。

（9）PLC的空位端子，在任何情况下都不能使用。

4.7.2.2 I/O端的接线要求

1. 输入接线要求

大量实践表明，PLC 控制系统的故障率相当一部分由外接传感器故障引起。特别是一些机械型的行程开关、限位开关的故障率往往比PLC本身故障率高得多，所以在设计PLC控制系统时应采取相应的措施，如用高可靠性的接近开关代替机械型的行程限位开关，就可保证PLC控制系统的高可靠性。

输入接线端子是PLC与外部传感器、负载转换信号的端口。PLC一般接受行程开关、限位开关等输入的开关量信号。

输入接线，一般指外部传感器与输入端口的接线。输入器件可以是任何无源的触点或集电极开路的NPN管。输入器件接通时，输入端接通，输入线路闭合，同时输入指示的发光二极管亮。

输入端的一次电路与二次电路之间采用光电耦合器隔离。二次电路带RC滤波器，以防止由于输入触点抖动或从输入线路串入的电噪声引起PLC误动作。

若在输入触点电路串联二极管，二极管上的电压应小于4V。若使用带发光二极管的舌簧开关，串联的二极管的数目不能超过两只。

另外，输入接线还应特别注意以下几点。

（1）输入接线一般不要超过 30m。但如果环境干扰较小，电压降不大时，输入接线可适当长些。

（2）输入、输出线不能用同一根电缆，输入、输出线要分开。

（3）可编程控制器所能接受的脉冲信号的宽度，应大于扫描周期的时间。

（4）尽可能采用常开触点形式连接到输入端，使编制的梯形图与继电器原理图一致，便于阅读。

（5）不要将交流电源线接到输入端子上，以免烧坏PLC。

2. 输出接线要求

（1）输出端接线分为独立输出和公共输出。当PLC的输出继电器或晶闸管动作时，同一号码的两个输出端接通。在不同组中，可采用不同类型和电压等级的输出电压。但在同一组中的输出只能用同一类型、同一电压等级的电源。

（2）由于PLC的输出元件被封装在印制电路板上，并且连接至端子板，若将连接输出元件的负载短路，则将烧毁印制电路板，因此，应用熔丝保护输出元件。

（3）采用继电器输出时，所承受的电感性负载的大小，会影响到继电器的使用寿命，因此，使用电感性负载时应合理降额，或加隔离继电器，以延长继电器的寿命及工作可靠性。

（4）PLC的输出负载可能产生干扰，因此要采取措施加以控制。如直流输出的续流管保护、交流输出的阻容吸收电路保护、晶体管及双向晶闸管输出的旁路电阻保护。

（5）对于能对用户造成伤害的危险负载，除了在控制程序中加以考虑之外，还应设计外部紧急停车电路，使得可编程控制器发生故障时，能将引起危害的负载电源切断。

（6）交流输出线和直流输出线不要用同一条电缆，输出线应尽量远离高压线和动力线，避免并行。

4.7.2.3　24V直流接线端

使用无源触点的输入器件时，PLC内部24V直流电源通过输入器件向输入端提供每点7mA的电流。24V辅助电源功率较小，只能带动小功率的设备（光电传感器等）。

PLC上的24V接线端子还可以向外部传感器（如接近开关或光电开关）提供电流。24V端子作传感器电源时，COM端子是直流24V地端。如果采用扩展方案，则应将基本单元和扩展单元的24V端连接起来。另外，任何外部电源不能接到这个端子。

如果发生过载现象，电压将自动跌落，该点输入对可编程控制器不起作用。

每种型号的PLC的输入点数量是有规定的。对每一个尚未使用的输入点，它不耗电，因此在这种情况下，24V电源端子向外供电流的能力可以增加。

4.7.2.4　电源接线

PLC供电电源为50Hz、220V±10%的交流电。

对于电源线带来的干扰，PLC本身具有足够的抵制能力。如果电源干扰特别严重，可以安装一个变比为1:1的隔离变压器，以减少设备与地之间的干扰。

在系统设计时，应采取提高可靠性的措施，以消除干扰的影响，保证系统正常运行。电源干扰主要是通过供电线路的阻抗耦合产生的。电源是干扰进入PLC的主要途径之一。若有条件，可对PLC采用单独的供电回路，以避免其他设备启停对PLC的干扰。在干扰较强或对可靠性要求很高的场合，可在PLC的交流电源输入端加带屏蔽的隔离变压器和低通滤波器。隔离变压器可以抑制从电源线窜入的外来干扰，低通滤波器可以吸收掉电源中的大部分“毛刺”干扰。

动力部分、控制部分、PLC与I/O电源应分别配线。隔离变压器与PLC、I/O电源之间采用双绞线连接。系统的动力线应有足够截面积，以降低线路压降。

如果电源发生故障，中断时间小于10ms时，PLC工作不受影响；若电源中断超过10ms或电源下降超过允许值，则PLC停止工作，所有的输出点均同时断开。当电源恢复时，若RUN输入接通，则操作自动进行。

4.7.2.5　PLC输出负载的影响

用户经常出现的有共同特点的继电器使用问题是：出现故障的输出点动作频率比较快，驱动的负载都是电动机、变压器、电磁阀或接触器等感性负载，而且没有吸收保护电路。根据负载性质、容量及工作频率进行正确的系统设计，则输出口的故障率明显下降。因此建议在PLC使用时应注意以下几点。

1．负载容量

输出端口需遵守允许最大电流限制，以保证输出端口的发热量限制在允许范围。继电器的使用寿命与负载容量有关，当负载容量增加时，触点寿命将大大缩短，因此要特别注意。

2. 负载性质

1）感性负载

感性负载在开合瞬间会产生瞬间浪涌高压，因此从表面上看负载容量可能并不大，但是实际上负载容量很大，该电压幅值超过继电器的触点耐压的降额。继电器采用的电磁式继电器，触点间的耐受电压是1000V（1min），若触点间的电压长期工作在1000V左右，则容易造成触点金属迁移和氧化，出现接触电阻变大、接触不良和触点粘接的现象，继电器的寿命将大大缩短，而且动作频率越快现象越严重。瞬间高压持续的时间在1ms以内，幅值为1kV以上。晶体管输出为感性负载时也同样存在这个问题，该瞬时高压可能导致晶体管的损坏。

因此，当驱动感性负载时应在负载两端接入吸收保护电路。尤其在工作频率比较高时务必增加保护电路。当驱动直流回路的感性负载（如继电器线圈）时，电路需并联续流二极管（需注意二极管极性）；若驱动交流回路的感性负载时，电路需并联RC浪涌吸收电路，以保护PLC的输出触点。PLC输出触点的保护电路如图4.7.1所示。从一般的使用情况来看，增加吸收保护电路后的改善效果十分明显。

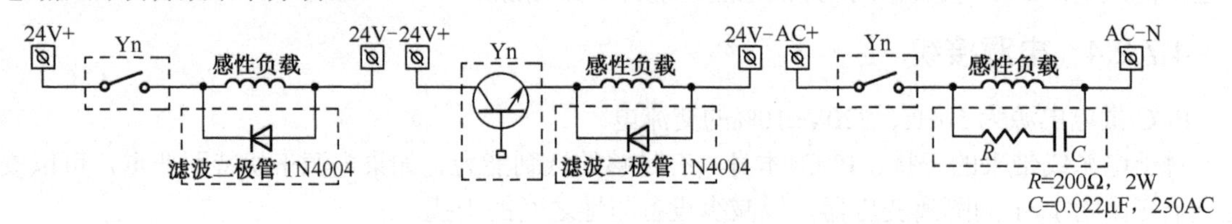

图4.7.1 PLC输出触点的保护电路

2）容性负载

根据电容的特性，如果直接驱动容负载，在导通瞬间将产生冲击浪涌电流，因此原则上输出端口不宜接入容性负载，若有必要，需保证其冲击浪涌电流小于说明书中给出的最大电流。

3. 动作频率

当PLC输出动作频率较高时，建议选择晶体管输出类型。如果同时还要驱动大电流，则可以使用晶体管输出驱动中间继电器的模式。当控制步进电动机/伺服系统，或用到高速输出/PWM波，或用于动作频率高的节点等场合，只能选用晶体管型。PLC对扩展模块与主模块的输出类型并不要求一致，因此当系统点数较多而功能各异时，可以考虑继电器输出的主模块扩展晶体管输出或晶体管输出主模块扩展继电器输出，以达到最佳配合。

第 5 章　电子元器件的选与用

电子元器件的可靠性应由两部分组成，一是元器件的固有可靠性，二是元器件的使用可靠性。固有可靠性是元器件可靠的基础，主要靠元器件制造商从设计、制造等方面进行有效的控制，以保证制造出来的元器件达到要求的可靠性等级。使用可靠性则是从使用入手，保证和提高元器件的可靠性，使其能满足整机系统的可靠性要求。没有高可靠质量等级的元件，不可能制造出高可靠的控制设备，所以元器件的固有可靠性是整机可靠性的基础。但是，有了高可靠质量等级的元件也并不一定能制造出高可靠的整机，这里面就有一个使用可靠性的问题。所谓使用可靠性，就是根据各种元器件的特点利用可靠性设计技术，即元器件的合理选用、降额设计、容差与漂移设计、抗震设计、热设计、三防设计、抗辐射设计、电磁兼容设计、人机工程设计及维修设计等，最大限度地发挥元器件固有可靠性的作用，以达到整机系统的可靠性要求。

元器件失效和损坏统计图如图 5.1 所示。

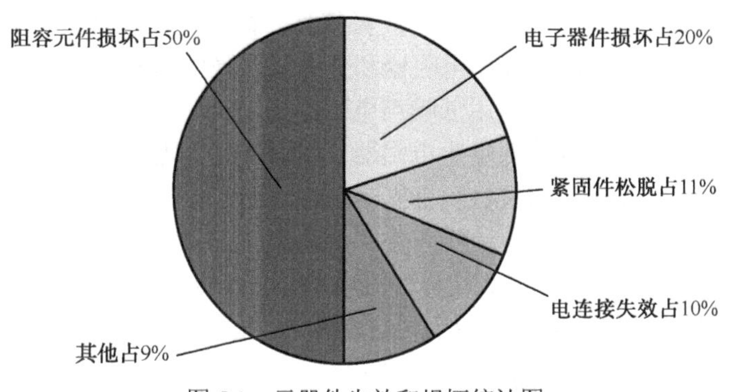

图 5.1　元器件失效和损坏统计图

5.1　电阻器的选与用

5.1.1　电阻的选型

电阻在电路设计中很常用，在分压、RC 网络、滤波等电路中都有应用。在电路设计完成以后，就需要考虑用何种形式和哪家厂商的电阻。当了解了电阻的基础知识及如何进行电阻的检测与失效分析后，应根据电阻的特性参数来细化电阻的选型方法，以帮助控制柜制作者在电路设计中快速进行电阻选型。

5.1.1.1 固定电阻的选型

1. 电阻类型的选定

1）根据应用电路选定电阻类型

固定电阻器有多种类型，选择哪一种材料和结构的电阻器，应根据应用电路的具体要求而定。根据使用要求的不同，优选的固定电阻器种类也不相同，当选用固定电阻器时，必须注意下列几项原则。

（1）当电阻器工作于直流负载时

应按照绕线电阻器→碳膜电阻器→金属膜电阻器→金属氧化膜电阻器→合成膜电阻器→合成实芯电阻器的顺序优选。合成膜电阻器和合成实芯电阻器系列很少发生开路、短路失效，但电阻值不够稳定，对有容差设计的不敏感电路，使用此类电阻器可防止电阻器突发性失效所造成的装备失效。因此，在某些可靠度要求高的电路设计中，常使用这两种形式的电阻器。金属氧化膜电阻器系列在直流负载时会出现逆氧化反应，而且这种反应在湿热环境中会更加严重。

（2）当电阻器承受交流负载时

若工作频率较低，可按绕线电阻器→金属氧化膜电阻器→金属膜电阻器→碳膜电阻器→合成膜电阻器→合成实芯电阻器顺序选用。当工作频率在几十千赫以上时，要考虑高频特性。

（3）应根据电路工作频率选择不同类型的电阻

当工作频率在几十千赫以上时，要考虑高频特性。高频电路应选用分布电感和分布电容小的非线绕电阻器，如碳膜电阻器、金属电阻器和金属氧化膜电阻器等。

（4）高增益小信号放大电路应选用低噪声电阻器

高增益小信号放大电路应选用低噪声电阻器，如金属膜电阻器、碳膜电阻器和线绕电阻器，而不能使用噪声较大的合成碳膜电阻器和有机实芯电阻器。

（5）线绕电阻器的功率较大，电流噪声小，耐高温，但体积较大

普通线绕电阻器常用于低频电路或用作限流电阻器、分压电阻器、泄放电阻器或大功率管的偏压电阻器。精度较高的线绕电阻器多用于固定衰减器、电阻箱、计算机及各种精密电子仪器中。

2）各种电阻器最适宜的工作场合

（1）金属膜电阻器

金属膜电阻器适用于要求温度系数小，精度要求较高的场合。1W 以下功率优选金属膜电阻，1W 及 1W 以上功率优选金属氧化膜电阻。

（2）碳膜电阻器

碳膜电阻器适用于技术要求不高，要求成本低的场合使用。为话机专用类别，优选等级信息用“T”标记。

（3）熔断电阻器

熔断电阻器由于反应速度慢、不可恢复，一般不推荐使用。建议使用反应快速、可恢复的器件以达到保护的效果，并减少维修成本。适合追求低成本保护，易于更换的场合使用。

（4）绕线电阻器

绕线电阻器适用于精度要求较高的大功率场合。

（5）集成电阻器

集成电阻器包括片状厚膜电阻器和片状薄膜电阻器，用于贴片安装场合。适宜小型化电

子控制设备使用。

3）根据使用场合对电阻器的性能要求选择电阻器的种类

根据性能要求的电阻选型见表5.1.1。

表5.1.1 根据性能要求的电阻选型表

<table>
<tr><th>需要功率</th><th>安装</th><th>可选用精度</th><th>电阻器种类</th><th>选用类别</th><th>BOM类别</th><th>价 格</th></tr>
<tr><td rowspan="2">≥5W</td><td rowspan="2">插装</td><td>±5%</td><td>普通功率线绕</td><td>线绕电阻</td><td>0706</td><td></td></tr>
<tr><td>±0.25%</td><td>精密线绕</td><td>线绕电阻</td><td>0706</td><td></td></tr>
<tr><td>3W</td><td>插装</td><td>±5%</td><td>金属氧化膜</td><td>金属膜电阻</td><td>0701</td><td></td></tr>
<tr><td rowspan="2">2W
1W</td><td>插装</td><td>±5%</td><td>金属氧化膜</td><td>金属膜电阻</td><td>0701</td><td></td></tr>
<tr><td>贴片</td><td>±5%</td><td>片状厚膜</td><td>片状电阻</td><td>0709</td><td>较贵</td></tr>
<tr><td rowspan="3">1/2W</td><td rowspan="2">插装</td><td>±1%</td><td>金属膜</td><td>金属膜电阻</td><td>0701</td><td></td></tr>
<tr><td>±0.1%</td><td>精密金属膜</td><td>金属膜电阻</td><td>0701</td><td></td></tr>
<tr><td>贴片</td><td>±5%</td><td>片状厚膜</td><td>片状电阻</td><td>0709</td><td>较贵</td></tr>
<tr><td rowspan="3">1/4W</td><td>插装</td><td>±1%</td><td>金属膜</td><td>金属膜电阻</td><td>0701</td><td></td></tr>
<tr><td rowspan="2">贴片</td><td>±5%</td><td>片状厚膜</td><td>片状电阻</td><td>0709</td><td>较贵</td></tr>
<tr><td>±0.1%</td><td>片状薄膜</td><td>片状薄膜电阻</td><td>0711</td><td>稍贵</td></tr>
<tr><td>1/6W</td><td>插装</td><td>±1%</td><td>金属膜</td><td>金属膜电阻</td><td>0701</td><td></td></tr>
<tr><td rowspan="2">1/8W
1/10W
1/16W</td><td rowspan="2">贴片</td><td>±1%</td><td>片状厚膜</td><td>片状电阻</td><td>0709</td><td>用量大，生产效率高，成本低</td></tr>
<tr><td>±0.1%</td><td>片状薄膜</td><td>片状薄膜电阻</td><td>0711</td><td>稍贵</td></tr>
</table>

4）根据额定功率和电阻值范围选择电阻器种类

根据额定功率和电阻值范围选择电阻器见表5.1.2。

表5.1.2 根据额定功率和电阻值范围的电阻选型表

<table>
<tr><th colspan="2">电阻器种类</th><th>额定功率</th><th>电阻值范围</th><th>安装方式</th><th>常用精度</th><th>优选阻值系列</th></tr>
<tr><td colspan="2">0701 金属膜电阻</td><td>1/6～3W</td><td>10Ω～10MΩ</td><td>插装</td><td>±1%，±0.1%</td><td>E96</td></tr>
<tr><td colspan="2">0703 熔断电阻器</td><td>1/4～2W</td><td>0.47Ω～1kΩ</td><td>插装</td><td>±5%</td><td>E24</td></tr>
<tr><td colspan="2">0706 线绕电阻器</td><td>5～120 W</td><td>0.15Ω～33kΩ</td><td>插装</td><td>±5%</td><td>E24</td></tr>
<tr><td rowspan="2">0708
集成电阻器</td><td>SMT</td><td>1/16W</td><td>10Ω～1MΩ</td><td>贴片</td><td rowspan="2">±5%</td><td rowspan="2">E24</td></tr>
<tr><td>SIP</td><td>1/8W</td><td>10Ω～4.7MΩ</td><td>插装</td></tr>
<tr><td colspan="2">0709 片状厚膜电阻器</td><td>1/16～2W</td><td>0.1Ω～10MΩ</td><td>贴片</td><td>±1%</td><td>E96</td></tr>
<tr><td colspan="2">0711 片状薄膜电阻器</td><td>1/16～1/4W</td><td>51Ω～510kΩ</td><td>贴片</td><td>±1%，±0.1%</td><td>E96</td></tr>
</table>

2. 电阻的技术参数的选定

1）标称阻值

标称阻值通常是在电阻器上标出的电阻值。在规定条件下测量电阻器所得到的阻值叫作实际阻值。电阻器在实际工作时的电阻值不同于标称电阻值，而与以下因素有关。

（1）阻值偏差。实际生产中电阻器的阻值会偏离标称阻值，此偏离应在阻值允许的偏差范围内。

（2）工作温度。电阻器的阻值会随温度变化而变化。此特性用 T.C.R 值即电阻温度系数来衡量。

（3）电压效应。电阻器的阻值与其所加电压有关，变化可以用电压系数来表示。电压系数是外加电压每改变 1V 时电阻器阻值的相对变化量。

（4）频率效应。随着工作频率的提高，电阻器本身的分布电容和电感所起的作用越来越明显。

（5）时间耗散效应。电阻器随工作时间的延长会逐渐老化，电阻值会逐渐变化（一般情况下增大）。

所选电阻器的电阻值应接近应用电路中计算值的一个标称值，应优先选用标准系列的电阻器。不应选用各分类电阻器的极限规格，如电阻器具体系列中的最大和最小阻值的边缘规格标称阻值。

2）精度

电阻器的实际阻值与标称阻值之间可以有偏差，这一偏差的最大允许范围叫作阻值允许偏差，也称为精度，通常用标称阻值的百分数来表示。一般电路使用的电阻器允许误差为±5%～±10%。精密仪器及精密放大、RC 选频、AD 前端阻抗匹配等特殊电路中使用的电阻器应选用精密电阻器，一般电阻精度为 5%、1%、0.01%。RCD 电阻的精度甚至可以做到十万分之一以上。通信及电源上经常会用到一些低阻电阻，阻值在毫欧级。

精度是实现功能时最需考虑的问题，对阻值要求严格的设计要选择较高的精度。但在设计中不应盲目追求电阻本身的精度，即使高精度的电阻，如果受环境的影响，也会超出其范围。当然，精度越高越好，但也要考虑性价比。现在市场上很容易买到万分之一精度的电阻，价格自然比精度为 1%的普通电阻要高。

所以应该更加关注可靠性试验的指标。目前选择电阻的精度不建议超过 0.1%，常用的厚膜电阻都是 5%，1%以上精度要求的建议选用厚膜电阻，1%以下精度要求的建议选用薄膜电阻。

3）工作频率

电阻器应用于交流负载时，应考虑频率特性。当频率增高时，由于分布电容、集肤效应、介质损耗、电阻体及引线所导致的电感效应等因素的影响，电阻值将显著偏离标称值。绕线电阻器的工作频率一般不高于 50kHz，无感绕线电阻器的工作频率则可高达 1MHz 以上。

4）额定工作温度

各种具体型号的电阻器都有规定的额定环境工作温度范围，在实际使用中不应超出规定的环境工作温度范围。当环境温度超出额定环境温度时，应参照降功耗曲线，降低使用负载的功耗。

5）额定功率与降额使用

最普通的电阻额定功率有 1/8W、1/4W、1/2W、1 W、2W、5 W 和 10W 等规格，应按照实际应用选型。有些特殊应用还需要选择大功率电阻或微小功率电阻。在大功率方面，水泥电阻功率较高。电阻的外形尺寸与电阻的功率成正比例关系。电阻的功率越大则电阻的外形尺寸也越大，这是在选用时必须考虑的。

根据电阻在工作电路中实际承受的负载功耗来选择电阻的额定功耗。注意，环境温度超出额定环境温度时，参照降功耗曲线，降低使用负载功耗。

当电阻阻值小于额定阻值时，电阻的额定功率计算方法为

$$P_W = U_e^2/R$$

式中，额定电压等于该电路的最高工作电压；电阻值按设计计算。

所选电阻器的额定功率要符合应用电路中对电阻器功率容量的要求，一般不应随意加大或减小电阻器的功率。若电路要求是功率型电阻器，则其额定功率应高于实际应用电路要求功率的1～2倍。

在脉冲功率下，电阻器峰值功率可能是平均功率的几百倍，主要的限制因素有：①电压过高造成层间击穿；②脉冲电流过大，超过允许的电流密度。电阻器的使用对于交、直流负载，均不得大于功率额定值。当电阻器使用在环境温度大于容许环境温度时应该降额使用。

电阻器承受脉冲负载能力的顺序为：绕线电阻器→碳膜电阻器→金属膜电阻器→金属氧化膜电阻器→合成实芯电阻器→高压玻璃釉电阻器。因为在相同功率的情况下，碳膜电阻器膜层厚度大于金属膜电阻器的膜层厚度，所以碳膜电阻器承受脉冲电流的能力比金属膜电阻器强。

降额使用是提高电阻器工作可靠性和寿命的最重要手段。电阻的功率取决于封装的大小，薄膜电阻的功率很小，一般小于1W，电阻在使用时，一定要对功率进行降额。当工作环境温度高于70℃时，应在原使用基础上再进行降额。

6）温度系数

温度系数这个指标容易被忽略，但在实现高精度时应注意这一点。因为环境温度对电阻值的影响容易引起设计超标，选择温度系数好的电阻可以保证设计的成功率。同样需要价格因素与指标的综合考虑。

温漂特性（PPM 值）就是电阻随着温度的变化而变化的特性。若电路功能对电阻值稳定性有较高的要求，如精密衰减器、采样分压电路等，则应注意按电阻器的不同负载条件来选用。外加应力下电阻值漂移应在电路要求的范围内，同时还应考虑老化因素。应给出设计裕度（一般为电路要求变化范围的一半，如电路要求可在±10%范围内变化，应选择在±5%内变化的电阻器）。

目前TCR（温度系数）小的电阻器只有薄膜电阻。一般情况下，碳膜与陶瓷电阻器TCR为负，对于低TCR设计，首选推荐金属膜电阻器。不同材料电阻的TCR有很大的变化，大致范围可以从表5.1.3看出。

表5.1.3 不同材料电阻器的温度系数值

类　型	碳膜电阻器	金属薄膜电阻器	金属釉厚膜电阻器	金属氧化膜电阻器
温度系数（$\times10^{-6}$/K）	−1300～350	±5～±200	±100～±350	±200～±300

有些电路设计人员不管在什么应用条件下，凡是要求稳定性高的电路都选用金属膜电阻器系列。一般而言，金属膜电阻器系列薄膜电阻器的漂移为碳膜电阻器系列的3倍。所以，在功率降额应用时，碳膜电阻器系列似乎比金属膜电阻器系列的漂移失效更低。有一种精密合金箔电阻器，兼具金属膜和绕线两种电阻器的优点，电阻值十分稳定，而且有很好的频率特性，当工作频率在5MHz以下时，其基本是一种纯电阻，因此常被作为标准电阻使用。

7）电阻值非线性

电阻值非线性又称为电压系数，其定义是：在规定的电压范围内，电压每改变1V，电阻值

的平均相对变化。任何电阻器多少都有一些非线性，即电压系数不为零。只是有的电阻值非线性可忽略，有的较为严重。当电压系数不为零时，各种电压的电阻值都不同，这种现象在高电压负载时的影响尤为严重，所以高压负载电阻器必须优选线性好的电阻器。

按线性要求优选的顺序为：绕线电阻器→金属膜电阻器→金属氧化膜电阻器→碳膜电阻器→高压玻璃釉电阻器→合成实芯电阻器及合成膜电阻器。

8）噪声

对于某些高灵敏度的装备，噪声系数是一项重要的指标，特别是放大器的前级电路，各零件的噪声系数对系统影响最大。前级电路中的电阻器，应依噪声电位按绕线电阻器、金属氧化电阻器、碳膜电阻器、高压玻璃釉电阻器、合成膜电阻器及合成实芯电阻器的顺序选用。另外，还应考虑频率范围及其他因素。

9）耐压

如果电阻的耐压达不到要求，往往会造成电阻的彻底损坏，不同的场合要求电阻耐压性能不同，从几百伏到几千伏不等，高压电阻一般也会是高阻电阻，最高可达几百吉欧姆，电阻的耐压越高，体积也会越大。RCD 生产无感高压电阻，还提供 TOSP 封装的小体积高压电阻。

5.1.1.2 电位器的选型

电位器的线性和寿命是很重要的技术指标，线性的好坏和寿命的长短可以代表一个生产电位器厂家的技术能力。良好的线性可以保证给出一个标准的信号，避免跳跃现象的出现；高寿命的电位器应用在比较特殊的场合，如电动机、传感器、大型的机械控制等方面。

1．线性

一般电位器的线性度在 1%以上，多圈电位器的线性圈数越多，其线性也会越好，电位器的线性在两头是比较难做的，如果工艺不好，在两头往往会出现跳跃现象，导致控制失灵，瑞士 CONTELEC 是世界著名的电位器生产厂家，其电位器的线性最高可达 0.25%以上，有些甚至在 0.01%以上。德国 AB 电位器的线性也很好，而且可以根据客户不同的要求定做，在临界地方不会发生跳跃现象。

2．寿命

电位器的寿命和材料有很大的关系，材料如果是导电塑料薄膜的，一般寿命都很高，如瑞士 CONTELEC 多圈电位器的寿命最高可达 1500 万次以上，有些单圈电位器寿命甚至可达上亿次。

3．功率

功率随着温度在不停地变化，温度越高，功率越小，所以如果仪器工作温度高，就要选择相应大一些功率的电位器，有些设备需要用大功率的电位器作为控制部分来吸收功率用，如教学仪器、电力设备仪器等方面。大功率的电位器有些地方也称转盘电阻，因其对功率的特殊要求，一般设计时都采用在电位器的底部设置一个滑动变阻的装置来保证良好的散热性能，寿命极高，非常耐用。

5.1.1.3　压敏电阻的选型

压敏电阻器主要应用于各种电子产品的过压保护电路中，它有多种型号和规格。所选压敏电阻器的主要参数（包括标称电压、最大连续工作电压、最大限制电压、通流容量等）必须符合应用电路的要求，尤其是标称电压要准确。标称电压过高，压敏电阻器起不到过压保护作用，标称电压过低，压敏电阻器容易误动作或被击穿。

压敏电阻虽然能吸收很大的浪涌电能量，但不能承受毫安级以上的持续电流，在用作过压保护时必须考虑到这一点。压敏电阻的选用，一般要考虑标称压敏电压 U_{1mA} 和通流容量两个参数。

1．压敏电阻在电路设计时电阻值的确定

在满足稳态电流的情况下，在温度在 25℃的条件下测到的电阻值应为

$$R \geqslant 1.414E/I_m$$

式中，E 为输入电压；I_m 为浪涌电流，一般在开关电源中，浪涌电流为稳态电流的 100 倍。

2．选择标称压敏电压 U_{1mA}

一般来说，压敏电阻器常常与被保护器件或装置并联使用，在正常情况下，压敏电阻器两端的直流或交流电压应低于标称电压，即使在电源波动情况最坏时，也不应高于额定值中选择的最大连续工作电压，该最大连续工作电压值所对应的标称电压值即为选用值。对于过压保护方面的应用，压敏电压值应大于实际电路的电压值，一般应使用下式进行选择：

$$U_{1mA}=aU/bc$$

式中，a 为电路电压波动系数，一般取 1.2；U 为电路直流工作电压（交流时为有效值）；b 为压敏电压误差，一般取 0.85；c 为元件的老化系数，一般取 0.9。

这样计算得到的 U_{1mA} 实际数值是直流工作电压的 1.5 倍，在交流状态下还要考虑峰值，因此计算结果应扩大 1.414 倍。因此，根据被保护电源电压选择压敏电阻器在规定电流下的电压 U_{1mA}。一般选择原则为：

对于直流回路，$U_{1mA} \geqslant 2.0\text{V DC}$；对于交流回路，$U_{1mA} \geqslant 2.2\text{V}$ 有效值。

特别需要指出，对于压敏电阻压敏电压的选择标准是要高于供电电压，在能够满足可以保护需要保护器件的同时，尽可能选择压敏电压高的压敏电阻，这样不仅可以保护器件，也能提高压敏电阻的使用寿命。如要保护的器件耐压为 U=550V DC，器件的工作电压 U=300V DC，那么选择的压敏电阻就应该是压敏电压为 470V 的压敏电阻，压敏电压范围是 423～517V，压敏电压最大负误差为-47V，470-47=423V DC 大于器件的供电电压 300V AC，最大正误差为 47V，470+47=517V DC 小于器件的耐压 550V DC。选用时还必须注意：

（1）必须保证在电压波动最大时，连续工作电压也不会超过最大允许值，否则将缩短压敏电阻的使用寿命。

（2）在电源线与大地间使用压敏电阻时，有时由于接地不良而使线与地之间电压上升，所以通常采用比线与线间使用场合更高标称电压的压敏电阻器。

3．通流量的选取

通常产品给出的通流量是按产品标准给定的波形、冲击次数和间隔时间进行脉冲试验时产

品所能承受的最大电流值。而产品所能承受的冲击数是波形、幅值和间隔时间的函数，当电流波形幅值降低 50%时冲击次数可增加一倍，所以在实际应用中，压敏电阻所吸收的浪涌电流应小于产品的最大通流量。

如果电器设备耐压水平 U_o 较低，而浪涌能量又比较大，则可选择压敏电压 U_{1mA} 较低、片径较大的压敏电阻器；如果 U_o 较高，则可选择压敏电压 U_{1mA} 较高的压敏电阻器，这样既可以保护电器设备，又能延长压敏电阻的使用寿命。

5.1.1.4 热敏电阻的选型

热敏电阻器的种类和型号较多，选择哪一种热敏电阻器应根据电路的具体要求而定。每一种热敏电阻都有耐压、耐流、维持电流及动作时间等参数。读者可以根据具体电路的要求并对照产品的参数进行选择，具体的方法如下。

1. 正温度系数热敏电阻 PTC 的选型方法

（1）首先确定被保护电路正常工作时的最大环境温度、电路中的工作电流、热敏电阻动作后需承受的最大电压及需要的动作时间等参数。

热敏电阻在使用时的最高环境温度是 85℃。

为了获得 UL 认证，热敏电阻必须达到两个标准：

① 能断路 6000 次而仍具有 PTC 能力；

② 保持断路状态 1000 小时而仍具有 PTC 能力。假如热敏电阻在故障状态时超过了它的额定电压或电流，或断路次数超出了 UL 检测要求，则热敏电阻可能变形或燃烧。

（2）根据被保护电路或产品的特点选择芯片型、径向引出型、轴向引出型或表面贴装型等不同形状的热敏电阻。

（3）根据最大工作电压，选择耐压等级大于或等于最大工作电压的产品系列。

（4）根据最大环境温度及电路中的工作电流，选择维持电流大于工作电流的产品规格。

（5）确认该种规格热敏电阻器的动作时间小于保护电路需要的时间。

（6）对照规格书中提供的数据，确认该种规格热敏电阻的尺寸符合要求。

（7）热敏电阻在断路状态下的电阻值可用以下公式求出：

$$R_t=U^2/P_d。$$

例如，某控制电路需要过流保护，其工作电压为 48V，电路正常工作时电流为 450mA，电路的环境温度为 50℃。要求电路中电流为 5A 时 2s 内应把电路中的电流降到 500mA 以下。我们可以根据其工作电压 48V，首先选择耐压等级为 60V 的 KT60—B 系列热敏电阻器；然后对照该系列热敏电阻器的维持电流与温度关系列表选择 KT60—0750B 或 KT60—0900B 两种规格的产品；再根据动作时间与电流的关系图发现，5A 时 KT60—0750B 的动作时间为 1s 左右，而 KT60—0900B 的动作时间为 2s 左右，因而应选择 KT60—0750B 规格的热敏电阻。该种规格的热敏电阻动作后电路中的电流小于 30mA，所以能够满足过流保护的要求。

2. 负温度系数热敏电阻器（NTC）的选型

负温度系数热敏电阻器一般用于各种电子产品中作微波功率测量、温度检测、温度补偿、温度控制及稳压用，选用时应根据应用电路的需要选择合适的类型及型号。

1）NTC热敏电阻器的选用原则

（1）电阻器的最大工作电流大于实际电源回路的工作电流。

（2）功率型电阻器的标称电阻值：

$$R \geqslant 1.414\ E/I_m$$

式中，E 为线路电压；I_m 为浪涌电流。

对于转换电源、逆变电源、开关电源、UPS电源，I_m 等于100倍的工作电流。

对于灯丝，加热器等回路，I_m 等于30倍的工作电流。

（3）B 值越大，残余电阻越小，工作时温升越小。

（4）一般来说，时间常数与耗散系数的乘积越大，则表示电阻器的热容量越大，电阻器抑制浪涌电流的能力也越强。

2）滤波电容的影响

滤波电容的大小决定了应该选用多大尺寸的NTC。对于某个尺寸的NTC热敏电阻来说，允许接入的滤波电容大小是有严格要求的，这个值也与最大额定电压有关。在电源应用中，开机浪涌是因为电容充电产生的，因此通常用给定电压值下允许接入的电容量来评估NTC热敏电阻承受浪涌电流的能力。对于某一个具体的NTC热敏电阻来说，所能承受的最大能量已经确定了，根据一阶电路中电阻的能量消耗公式

$$E=1/2 \times CU^2$$

可以看出，其允许接入的电容值与额定电压的平方成反比。就是输入电压越大，允许接入的最大电容值就越小，反之亦然。

NTC热敏电阻产品的规范一般定义了在220V AC下允许接入的最大电容值。假设某应用条件下最大额定电压是420V AC，滤波电容值为200μF，根据上述能量消耗公式可以折算出在220V AC下的等效电容值应为$200 \times 420^2/220^2=729\mu F$，这样在选型时就必须选择220V AC下允许接入电容值大于729μF的型号。

3）产品允许的最大启动电流值和长期加载在NTC热敏电阻上的工作电流

电子产品允许的最大启动电流值决定了NTC热敏电阻的阻值。假设电源额定输入为220V AC，内阻为1Ω，允许的最大启动电流为60A，那么选取的NTC在初始状态下的最小阻值为 $R_{min}=(220 \times 1.414/60)-1=4.2$（Ω）。至此，满足条件的NTC热敏电阻一般会有一个或多个，此时再按下面的方法进行选择。

产品正常工作时，长期加载在NTC热敏电阻上的电流应不大于产品样本上规定的电流。在常温情况下，根据这个原则可以从阻值大于4.2Ω的多个电阻中挑选出一个适合的阻值。

5.1.1.5　光敏电阻器的选用

选用光敏电阻器时，应首先确定应用电路中所需光敏电阻器的光谱特性类型。若是用于各种光电自动控制系统、电子照相机和光报警器等电子产品，则应选用可见光光敏电阻器；若是用于红外信号检测及天文、军事等领域的有关自动控制系统，则应选用红外光光敏电阻器；若是用于紫外线探测等仪器中，则应选用紫外光光敏电阻器。

选好光敏电阻器的光谱特性类型后，还应看所选光敏电阻器的主要参数（包括亮电阻、暗电阻、最高工作电压、视电流、暗电流、额定功率、灵敏度等）是否符合应用电路的要求。

5.1.1.6 湿敏电阻器的选用

选用湿敏电阻器时，首先应根据应用电路的要求选择合适的类型。若用于洗衣机、干衣机等家电中进行高湿度检测，可选用氯化锂湿敏电阻器；若用于空调器、恒湿机等家电中进行中等湿度环境的检测，则可选用陶瓷湿敏电阻器；若用于气象监测、录像机结露检测等方面，则可以选用高分子聚合物湿敏电阻器或硒膜湿敏电阻器。

保证所选用湿敏电阻器的主要参数（包括测湿范围、标称阻值、工作电压等）符合应用电路的要求。

5.1.1.7 熔断电阻器的选用

熔断电阻器是具有保护功能的电阻器。选用时应考虑其双重性能，根据电路的具体要求选择其阻值和功率等参数。既要保证它在过负荷时能快速熔断，又要保证它在正常条件下能长期稳定地工作。电阻值过大或功率过大，均不能起到保护作用。

5.1.2 电阻的使用注意事项

5.1.2.1 压敏电阻、热敏电阻及熔断器的比较

压敏电阻、热敏电阻及熔断器的比较见表5.1.4。

表5.1.4 压敏电阻、热敏电阻及熔断器的比较

元件名称	在电路中的连接方式	所起到的作用	特　点	使用注意事项
压敏电阻	与被保护器件装置并联	限制电压超高、防雷、高压灭弧	无极性电压保护器件	与被保护器件或装置并联使用，吸收尖峰脉冲
	两个压敏电阻的串联	获得更高限制电压	压敏电压、持续工作电压和限制电压相加	通流量相同
	两个压敏电阻的并联	获得更大的通流量，提高可靠性	减小电阻中的电流密度，以降低限制电压	必须仔细配对；工作频率较高及暂态过电流不大的保护场合不采用
	与气体放电器件的串联	提高可靠性	电容量小，工作频率高；漏电流极小，安全性好；不存在压敏电阻在系统电压下老化的问题	应满足：①系统电压上限值应低于气体放电器件G的直流击穿电压；②G点火后在系统电压上限值下，压敏电阻MY中的电流应小于G的电弧维持电流，以保证G的熄弧
	与气体放电器件的并联	降低气体放电管的冲击点火电压		
PTC热敏电阻	串联在输入回路中	起到熔丝的作用，自动限制过电流	过流时发热，电阻增大；冷却后自恢复	无触点的电路及元器件保护；工作时无噪声无火花；用于过温保护，控制消磁、预热启动
	并联在输入回路中	高压抑制作用，也可叫防雷管		

续表

元件名称	在电路中的连接方式	所起到的作用	特点	使用注意事项
NTC 热敏电阻	串联在交流电路中	电流保险，抑制开机时的浪涌，温度测量或补偿	开机时电阻值大，然后下降到非常小；消耗能量，功耗不能忽略	不能够频繁地开关机。需要等 NTC 冷却，恢复至其冷态阻值后，才能再次开机
熔断器	串联在电源电路中	短路及过载保护	熔体只能一次性使用	

5.1.2.2 压敏电阻的使用注意事项

1．压敏电阻器的使用方法

压敏电阻器广泛地应用在家用电器及其他电子产品中，起过电压保护、防雷、抑制浪涌电流、吸收尖峰脉冲、限幅、高压灭弧、消噪、保护半导体元器件等作用。

压敏电阻器与被保护的电器设备或元器件并联使用。当电路中出现雷电过电压或瞬态操作过电压时，压敏电阻器和被保护的设备及元器件同时承受过电压，由于压敏电阻器响应速度很快，它以纳秒级时间迅速呈现优良非线性导电特性（进入击穿区），此时压敏电阻器两端电压迅速下降，远远小于过电压，这样被保护的设备及元器件上实际承受的电压就远低于过电压，使设备及元器件免遭过电压的冲击。

压敏电阻器是一种无极性过电压保护元件，无论是交流还是直流电路，只需将压敏电阻器与被保护电器设备或元器件并联，即可达到保护设备的目的。

当过电压幅值高于规定电流下的电压，过电流幅值小于压敏电阻器的最大峰值电流时（若无压敏电阻器，足以使设备元器件破坏），压敏电阻器处于击穿区，可将过电压瞬时限制在很低的幅值上，此时通过压敏电阻器的浪涌电流幅值不大（$<100A/cm^2$），不足以对压敏电阻器产生劣化。当过电压幅值很高时，压敏电阻器将过电压限制在较低的水平上（小于设备的耐压水平），同时通过压敏电阻器的冲击电流很大，使压敏电阻器性能劣化，即将失效，这时通过熔断器的电流很大，熔断器断开，这样既可使电器设备、元器件免受过电压冲击，也可避免由于压敏电阻器的劣化击穿造成线路 L-N、L-PE 之间短路。推荐的熔断器规格见表 5.1.5。

表 5.1.5 压敏电阻器保护熔断器配套规格

压敏电阻器品种	5K	7K	10K	14K	20K
推荐熔断器规格	3A	5A	7A	10A	10A

压敏电阻器在电路的过电压防护中，如果正常工作在预击穿区和击穿区，理论上是不会损坏的。但由于压敏电阻器要长期承受电源电压、电路中暂态过电压、超能量过电压随机的不断冲击及吸收电路储能元件释放能量，因此压敏电阻器也是会损坏的，它的寿命根据所在电路经受的过电压幅值和能量的不同而不同。

例如，电子镇流器和节能灯过压保护的压敏电阻，一般小于 20W 时选用 MYG07K 系列，30～40W 一般选用 MYG10 系列的压敏电阻作为过压保护。

2．电路浪涌和瞬变防护时的电路

如图 5.1.1 所示是采用压敏电压器进行电路浪涌和瞬变防护时的电路连接图。对于压敏电阻

的应用连接，大致可分为四种类型。

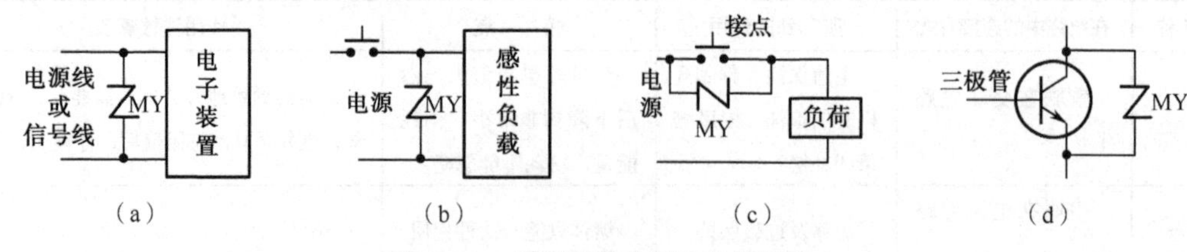

图 5.1.1 采用压敏电阻的防护连接

1）第一种类型

第一种类型是电源线之间或电源线和大地之间的连接，如图 5.1.1（a）所示。作为压敏电阻器，最具有代表性的使用场合是在电源线及长距离传输的信号线遇到雷击而使导线存在浪涌脉冲等情况，在这种情况下它对电子产品起保护作用。一般在线间接入压敏电阻器可对线间的感应脉冲有效，而在线与地间接入压敏电阻则对传输线和大地间的感应脉冲有效。若进一步将线间连接与线地连接两种形式组合起来，则可对浪涌脉冲有更好的吸收作用。

2）第二种类型

第二种类型为负荷中的连接，如图 5.1.1（b）所示。它主要用于对感性负载突然开闭引起的感应脉冲进行吸收，以防止元件受到破坏。一般来说，只要并联在感性负载上就可以了，但根据电流种类和能量大小的不同，可以考虑与 RC 串联吸收电路合用。

3）第三种类型

第三种类型是接点间的连接，如图 5.1.1（c）所示。这种连接主要是为了防止感应电荷开关接点被电弧烧坏的情况发生，一般与接点并联接入压敏电阻器即可。

4）第四种类型

第四种类型主要用于半导体器件的保护连接，如图 5.1.1（d）所示。这种连接方式主要用于可控硅、大功率三极管等半导体器件，一般采用与保护器件并联的方式，以限制电压低于被保护器件的耐压等级，这对半导体器件是一种有效的保护。

3. 氧化锌压敏电阻存在的问题

现有压敏电阻在配方和性能上分为相互不能替代的两大类。

1）高压型压敏电阻

高压型压敏电阻，其优点是电压梯度高（100～250V/mm）、大电流特性好（V10kA/V1mA ≤1.4）。但仅对窄脉宽（2≤ms）的过压和浪涌有理想的防护能力，能量密度较小，为 50～300J/cm^3。

2）高能型压敏电阻

高能型压敏电阻，其优点是能量密度较大（300～750J/cm^3），承受长脉宽浪涌能力强，但电压梯度较低（20～500V/mm），大电流特性差（V10kA/V1mA>2.0）。

这两种配方的性能差别造成了许多应用上的“误区”，在 10kV 电压等级的输配电系统中广泛采用了真空开关，由于它动作速度快、拉弧小，会在操作瞬间造成极高过压和浪涌能量，如果选用高压型压敏电阻加以保护（如避雷器），虽然其电压梯度高、成本较低，但能量容量小，容易损坏；如果选用高能型压敏电阻，虽然其能量容量大，寿命较长，但电压梯度低，成本太高，是前者的 5～13 倍。

在中小功率变频电源中，过压保护的对象是功率半导体器件，它对压敏电阻的大电流特性和能量容量的要求都很严格，而且要同时做到元件的小型化。高能型压敏电阻在能量容量上可以满足要求，但大电流性能不够理想，小直径元件的残压比较高，往往达不到限压要求；高压型压敏电阻的大电流特性较好，易于小型化，但能量容量不够，达不到吸能要求。中小功率变频电源在这一领域压敏电阻的应用几乎还是空白。

4．压敏电阻的连接线问题

将压敏电阻接入电路的连接线要足够粗，推荐的连接线的尺寸见表 5.1.6。

表 5.1.6　压敏电阻连接线的截面积要求

压敏电阻通流量	≤600A	600～2500A	2500～4000A	4000～20KA
导线截面积	≥0.3mm^2	≥0.5mm^2	≥0.8mm^2	≥2mm^2
注：接地线为 5.5 mm^2 以上，连接线要尽可能短，且走直线，因为冲击电流会在连接线电感上产生附加电压，使被保护设备两端的限制电压升高。				

例如，若压敏电阻 MY 两端各有 3cm 长的接线，它的电感量 L 大体为 18nH，若有 10kA 的 8/20 冲击电流流入压敏电阻，把电流的升速看作 10kA/8ms，则引线电感上的附加电压 U_{L1}、U_{L2} 大体为

$$U_{L1}=U_{L2}=L（di/dt）=18\times10^{-9}（10\times103 / 8\times10^{-6}）=22.5V$$

这就使限制电压增高了 45V。

5．压敏电阻的串联、并联和配对

1）压敏电阻的串联使用

压敏电阻可以很简单地串联使用。将两只电阻体直径相同（通流量相同）的压敏电阻串联后，压敏电压、持续工作电压和限制电压相加，而通流量指标不变。如在高压电力避雷器中，要求持续工作电压高达数千伏、数万伏，就是将多个 ZnO 压敏电阻阀片叠合起来（串联）而得到的。

2）压敏电阻的并联使用

当要求获得极大的通流量（如 8/20μs，50～200kA），且压敏电压又比较低（如低于 200V）时，电阻体的直径厚度比太大，在制造技术上有困难，且随着电阻体直径的加大，电阻体的微观均匀性变差，因此通流量不可能随电阻体面积成比例地增大。这时用较小直径的电阻片并联可能是个更合理的方法。压敏电阻并联的目的是获得更大的通流量，或在冲击电流峰值一定的条件下减小电阻体中的电流密度，以降低限制电压。

从保护可靠性的角度来看，采用几个压敏电阻并联要比仅采用单个压敏电阻可靠得多，这是因为如果只采用单个压敏电阻进行保护，一旦该压敏电阻受到损坏，则被保护电子设备就将失去保护，而当采用几个压敏电阻并联保护后，在压敏电阻并联体中，如果其中一两个被损坏，其他完好者仍可担负起保护任务。

就一般情况而言，当应用于较大暂态过电流的保护场合时，采用多个压敏电阻并联具有明

显的优势，与单个压敏电阻相比，多个压敏电阻并联可以给出较低的拑位电压，可以提高泄放暂态过电流的能力，还可减缓其中各压敏电阻的性能退化。但是，多个压敏电阻的并联将会增大整个并联支路的总寄生电容，这对于工作频率较高的电子系统保护来说是十分不利的。在暂态过电流不大的保护场合，采用多个压敏电阻并联一般没有明显优势，反而会增加保护设施的投资，因此应采用单个压敏电阻。

3）压敏电阻的配对

由于高非线性，压敏电阻片的并联需要特别小心谨慎，只有经过仔细配对，参数相同的电阻片相并联，才能保证电流在各电阻片之间均匀分配。纵向连接的几个压敏电阻器，使用经过配对的参数一致的压敏电阻器后，当冲击侵入时，出现在横向的电压差可以很小。在这种情况下，配对也是有意义的。

6．压敏电阻与放电管的配合使用

1）压敏电阻与放电管并联使用

压敏电阻与气体放电管并联，可以降低气体放电管的冲击点火电压。压敏电阻在通过持续大电流后其自身的性能要退化，将压敏电阻与放电管并联起来，可以克服这一缺点。在放电管尚未放电导通之前，压敏电阻就开始动作，对暂态过电压进行拑位，泄放大电流，当放电管放电导通后，它将与压敏电阻进行并联分流，减小了对压敏电阻的通流压力，从而缩短了压敏电阻通大电流的时间，有助于减缓压敏电阻的性能退化。在这种并联组合中，如果压敏电阻的参考电压 U_{1mA} 选得过低，则放电管将有可能在暂态过电压作用期间内不会放电导通，过电压的能量全由压敏电阻来泄放，这对压敏电阻是不利的，因此 U_{1mA} 的数值必须选得比放电管的直流放电电压要大些才行。必须指出，这种并联组合电路并没有解决放电管可能产生的续流问题，因此它不宜应用于交流电源系统的保护。

2）压敏电阻与放电管串联使用

压敏电阻可以与气体放电管、空气隙、微放电间隙等气体放电器件相串联，这个串联组合的正常工作要满足两个基本条件：

① 系统电压上限值应低于气体放电器件的直流击穿电压；

② 气体放电器件点火后在系统电压上限值下，压敏电阻中的电流应小于气体放电器件的电弧维持电流，以保证气体放电器件的熄弧。

这种串联组合具有电容量小、工作频率高，漏电流极小、安全性好，不存在压敏电阻在系统电压下老化的问题，因而可靠性高等优点，但同时也有气体放电器件响应慢所引起的“让通电压”问题。

压敏电阻具有较大的寄生电容，当它应用于交流电源系统的保护时，往往会在正常运行状态下产生数值可观的泄漏电流，这样大的泄漏电流往往会对系统的正常运行产生影响。将压敏电阻与放电管串联之后，由于放电管的寄生电容很小，放电管起着一个开关作用。当没有暂态过电压作用时，它能够将压敏电阻与系统隔离开，使压敏电阻中几乎无泄漏电流，这就能降低压敏电阻的参考电压 U_{1mA}，而不必顾及由此会引起泄漏电流的增大，从而能较为有效地减缓压敏电阻性能的衰退。在暂态过电压作用期间，由于压敏电阻的参考电压 U_{1mA} 可选得较低，只要放电管能迅速放电导通，则串联支路能给出比单个压敏电阻更低的拑位电压。

5.1.2.3 热敏电阻的使用注意事项

1. 热敏电阻使用要求

（1）设计设备时，应进行热敏电阻贴装评估试验，确认无异常后再使用。

（2）请勿在过高的功率下使用热敏电阻。

（3）请勿在使用温度范围以外使用；请勿施加超出使用温度范围上下限的急剧温度变化。

（4）在高湿环境下使用护套型热敏电阻时，应采取仅护套头部暴露于环境（水中、湿气中），而护套开口部不会直接接触到水及湿气的设计。

（5）在有噪声的环境中使用时，请采取设置保护电路及屏蔽热敏电阻（包括导线）的措施。

（6）请勿施加过度的振动、冲击及压力；请勿过度拉伸及弯曲引线。

（7）请勿在绝缘部和电极间施加过大的电压。否则，可能会产生绝缘不良现象。

（8）请勿在腐蚀性气体的环境（Cl_2、NH_3、SOX、NOX）及会接触到电解质、盐水、酸、碱、有机溶剂的场所中使用。

（9）焊接。在焊接时要注意，PTC 热敏电阻器不能由于过分的加热而受到损害。必须遵守表 5.1.7 中最高温度、最长时间和最小距离的规定。在较恶劣的钎焊条件下将会引起电阻值的变化。

表 5.1.7 热敏电阻焊接工艺要求

	最高溶池温度	最长钎焊时间	距热敏电阻器的最小距离
浸焊	260℃	10s	6mm
烙铁焊	360℃	5s	6mm

（10）涂层和灌注。在热敏电阻器上加涂层和灌注时，不允许在固化和以后的处理中由于不同的热膨胀而出现机械应力。请谨慎使用灌注材料或填料。在固化时不允许超过 PTC 热敏电阻器的上限温度。此外，要注意到，灌注材料必须是化学中性的。在热敏电阻器中钛酸盐陶瓷的还原可能会导致电阻降低和电性能的丧失；由于灌注而引起热散热条件的变化可能会引起在热敏电阻器上局部的过热而导致其被毁坏。

（11）清洗。氟利昂、三氯乙烷或四氯乙烯等温和的清洗剂均适用于清洗，同样可以使用超声波清洗的方法，但是一些清洗剂可能会损害热敏电阻的性能。

（12）储藏条件与期限。如果存储得当，热敏电阻器的存储期没有什么期限限制。为了保持热敏电阻器的可焊性，应在没有侵蚀性的环境中进行储藏，同时要注意空气湿度、温度及容器材料。元件应尽可能地在原包装中进行储藏。对未焊接的 PTC 热敏电阻器的金属覆层的触碰可能会导致可焊性能降低。暴露在过潮或过高温度下，一些规格的产品性能可能会改变，如锡铅的可焊性等，但是在正常的电气元件保存条件下可以长期保存。

2. PTC 热敏电阻使用注意事项

为避免 PTC 热敏电阻器发生失效、短路、烧毁等事故，使用（测试）PTC 热敏电阻器时应特别注意如下事项：

（1）不要在油、水中或易燃易爆气体中使用（测试）PTC 热敏电阻器。

（2）不要在超出最大工作电流或最大工作电压条件下使用（测试）PTC 热敏电阻器。

3. NTC 热敏电阻使用注意事项

在使用 NTC 热敏电阻时应严格遵守以下事项，否则可能会造成 NTC 热敏电阻损坏，使设备损伤或引起误动作。

（1）NTC 热敏电阻是按不同用途分别进行设计的。若要用于规定以外的用途时，请就使用环境条件与生产企业签订技术协议。

（2）由于自身发热导致电阻值下降时，可能会引起温度检测精度降低、设备功能故障，故使用时请参考散热系数，注意 NTC 热敏电阻的外加功率及电压。

（3）将 NTC 热敏电阻作为装置的主控制元件单独使用时，为防止事故发生，请务必采取设置安全电路、同时使用具有同等功能的 NTC 热敏电阻等周全的安全措施。

（4）金属腐蚀可能会造成设备功能故障，故在选择材质时，应确保金属护套型及螺钉紧固型 NTC 热敏电阻与安装的金属件之间不会产生接触电位差。

5.2 电容器的选与用

5.2.1 电容器的选型

所有无源组件中，电容器属于种类及规格特性最复杂的组件。尤其为了配合不同电路及工作环境的需求差异，即使是相同的电容量值与额定电压值，也有其他不同种类及材质特性的选择。

电容中应用最广、数量最多的是多片陶瓷电容器（MLCC）与铝电解电容，所以电容的选型就是选择 MLCC 与铝电解电容。在所有的被动元件中，铝电解电容的失效率最高。国外电容大厂网站通常都提供有选型工具进行辅助选型，一般有按参数选型和按应用选型两种。对于不是大批量生产的企业，电容器的选型一般由设计制作人员进行。

价格也是电容器选型的重要影响因素。就价格而言，钽、铌电容最贵，独石、CBB 较便宜，瓷片最便宜，有种高频零温漂黑点瓷片稍贵。云母电容 Q 值较高，但稍贵。

5.2.1.1 电容器类型的选择

电容器类型的选择见表 5.2.1。

表 5.2.1 电容器类型的选型表

序　号	名　称	符号	电容量	额定电压	主要特点	应　用
1	聚酯（涤纶）电容	CL	40pF～4μF	63～630V	串联电阻小，感抗值较大，小体积，大容量，耐热耐湿，稳定性差	用于电容量不大、工作频率不高（如 1MHz 以下）、对稳定性和损耗要求不高的低频滤波和旁路
2	聚苯乙烯电容	CB	10pF～1μF	100V～30kV	串联电阻小，电感值小，电容量相对时间、温度、电压很稳定，低损耗，体积较大	高频滤波、旁路、去耦等对频率稳定性和损耗要求较高的电路

续表

序　号	名　称	符号	电容量	额定电压	主要特点	应　　用
3	聚丙烯电容	CBB	1000pF～10μF	63～2000V	性能与聚苯相似，但体积小，稳定性略差	代替大部分聚苯或云母电容，用于要求较高的电路
4	云母电容	CY	10pF～0.1μF	100～7kV	串联电阻小，电感值小，频率/容量特性高稳定性，高可靠性，温度系数小	电容量小、工作频率高（频率可达 500MHz）的高频振荡、脉冲、高频滤波、旁路、去耦等要求较高的电路
5	高频瓷介电容	CC	1～6800pF	63～500V	高频损耗小，稳定性好；承受瞬态高压脉冲能力差	高频滤波、旁路、去耦等高频电路；不能跨接在低阻电源线上
6	低频瓷介电容	CT	10pF～4.7μF	50V～100V	体积小，价廉，损耗大，稳定性差	要求不高的低频电路
7	玻璃釉电容	CI	10pF～0.1μF	63～400V	稳定性较好，损耗小，耐高温（200℃）	脉冲、耦合、旁路等电路
8	独石电容		0.5pF～1μF	二倍额定电压	电容量大，体积小，可靠性高，电容量稳定，耐高温耐湿性好；缺点是温度系数很高	作谐振、耦合、滤波、旁路
9	铝电解电容		0.47～10000μF	6.3～450V	串联电阻较大，感抗较大，对温度敏感，体积小，容量大，损耗大，漏电大	用于温度变化不大、工作频率不高（不高于 25kHz）场合的电源滤波，低频耦合，去耦，旁路等
10	钽和铌电解电容	CA CN	0.1～1000μF	6.3～125V	损耗、漏电小于铝电解电容，具有极性，安装时须保证极性正确，否则有爆炸危险	工作电压较低，在串联电阻、感抗、温度要求高的电路中代替铝电解电容
11	空气介质可变电容		100～1500pF		损耗小，效率高；可根据要求制成直线式、直线波长式、直线频率式及对数式等	电子仪器，通信、广播电视设备等
12	薄膜介质可变电容		15～550pF		体积小，重量轻；损耗比空气介质的大	通信、广播接收机等
13	薄膜介质微调电容		1～29pF		损耗较大，体积小	收录机、电子仪器等电路作电路补偿
14	陶瓷介质微调电容		0.3～22pF		损耗较小，体积较小	精密调谐的高频振荡回路

5.2.1.2　电容器参数选择

1．电容器的标称容量与允许偏差

标在电容器上的电容量称作标称容量。电容器的实际容量与标称容量存在一定的偏差，电

容器的标称容量与实际容量的允许最大偏差范围称作电容器的允许偏差。电容器的标称容量与实际容量的误差反映了电容器的精度。精度等级与允许偏差的对应关系如表5.2.2所示。一般电容器常用Ⅰ、Ⅱ、Ⅲ级，电解电容器用Ⅳ、Ⅴ、Ⅵ级。

表5.2.2　电容器的精度等级与允许偏差

精度等级	000	00	0	Ⅰ	Ⅱ	Ⅲ	Ⅳ	Ⅴ	Ⅵ
字母标记	D	F	G	J	K	M			
允许偏差（%）	±0.5	±1	±2	±5	±10	±20	+20 −10	+50 −20	+50 −30

在旁路、退耦、低频耦合等电路中，一般对电容器容量的精度没有严格的要求，选用时可根据设计值，选用相近容量或容量略大些的电容器；但在振荡回路、延时回路等电路中对电容器的容量要求就高些，应尽可能选取和计算值一致的容量值；在各种滤波器和网络中，对电容量精度有更高的要求，应该选用高精度的电容器以满足电路的要求。

有时候也要综合考虑电路中其他元器件的精度，如在LC组成的振荡电路中，由于电感本身的精度误差比较大，即使电容器选择精度及稳定性都很高的型号，振荡回路总的精度及性能也不会有很大的改善，而价格成本则可能会抬高很多倍，这就显得没有太大必要了。而RC组成的振荡电路稳定性要好得多，很多时候精度是由总体决定的，而不是由个体的元件决定的，不过个体的精度都提高了，一般总体的精度也就上去了。

2. 额定工作电压

额定工作电压是指电容器在电路中能够长期稳定、连续可靠工作的电压。所承受的最大直流电压又称耐压。额定工作电压为标称安全值，也就是说，在应用电路中不得超过此标称电压。对于结构、介质、容量相同的器件，耐压越高，体积越大。让电容器的额定电压具有较多的余量，能降低内阻，降低漏电流，减小损失角，延长寿命。

额定工作电压又分为额定直流工作电压和额定交流工作电压。电容器的额定工作电压通常是指直流值。如果直流中含有脉冲成分，该脉冲直流的最大值应不超过额定值；如果工作于交流，此交流电压的最大值应不超过额定值。并且随着工作频率的升高，工作电压应该降低。

当电路工作电压高于电容器的额定电压时，不但会使漏电流急剧增加，还会因为发热而损坏电容器。选用电容器时，应使额定电压高于实际工作电压，并留有足够的余量，以防止因电压波动而损坏电容器。对一般电路，应使工作电压低于电容器额定工作电压的10%～20%。在某些特殊电路中，电压波动幅度较大，可留更大的余量。综合一些长期的实践经验来看，选取额定工作电压标称值的2/3左右为正常工作电压，是比较合理可行的。选取电容时，可优先考虑选取更高耐压的，但太高了性价比就不合算了。在滤波电路中，电容的耐压值不要小于交流有效值的1.42倍。另外还要注意的一个问题是工作电压裕量的问题，一般来说要在15%以上。

额定工作电压的大小与电容器所用介质和环境温度有关。环境温度不同，电容器能承受的最高工作电压也不同。在PCB设计和设备安装时要注意，应使电容器尽量远离发热元件（如大功率管、变压器、散热器等），如果工作环境温度较高，应降低工作电压使用。

选用电容器时，要根据其工作电压的大小，选择额定工作电压大于实际工作电压的电容器，以保证电容器不被击穿。常用的固定电容工作电压有6.3V、10V、16V、25V、50V、63V、100V、400V、500V、630V、1000V、2500V。耐压值一般直接标在电容器上，但有些电解电容的耐压采用色标法，位置靠近正极引出线的根部，所表示的意义如表 5.2.3 所示。

表 5.2.3　电容器耐压色环标志

颜　色	黑	棕	红	橙	黄	绿	蓝	紫	灰	白
耐　压	4V	6.3V	10V	16V	25V	32V	40V	40V	50V	63V

3. 绝缘电阻与漏电流

电容器的绝缘电阻的值等于加在电容器两端的电压与通过电容器的漏电流的比值。电容器的绝缘电阻与电容器的介质材料和面积、引线的材料和长短、制造工艺、温度和湿度等因素有关。对于同一种介质的电容器，电容量越大，绝缘电阻越小。电容器绝缘电阻的大小和变化会影响电子设备的工作性能，对于一般的电子设备，选用的绝缘电阻越大越好。

电容器的介质并不是绝对绝缘的，总会有些漏电，产生漏电流。一般小容量的电容，绝缘电阻很大，在几百兆欧姆至几千兆欧姆之间。电解电容的绝缘电阻一般较小，漏电流比较大。相对而言，绝缘电阻越大越好，漏电也小。电容器容量愈高，漏电流就愈大；当漏电流较大时，电容器会发热；发热严重时，电容器会因过热而损坏。

绝缘电阻越小，电容器的漏电流就越大，漏电流产生的功率损耗会使电容器发热，而其温度的升高又会产生更大的漏电流，如此循环，极易损坏电容器，导致电路工作失常或降低电路的性能。因此在选用电容器时，应尽可能地选择绝缘电阻高的电容器，特别是在高温和高压条件下更应如此。

漏电流当然是越小越好，降低工作电压可降低漏电流。反过来选用更高耐压的品种也会有助于减小漏电流。结合上面的两个参数，相同条件下优先选取高耐压品种的确是一个简便可行的好方法。还可以降低内阻，降低漏电流，降低损失角，增加寿命，但价格上会高一些。一般情况下可以对电解电容的漏电流大体上估计一下。把相同容量的电解电容按照额定承受电压进行充电，放置一段时间后再检测电容器两端的电压下降程度。下降电压越少的漏电流就越小。

一般作为电桥电路中的桥臂、运算元件等场合，绝缘电阻值的高低将影响测量、运算等精度，必须采用高绝缘电阻值的电容器。在要求损耗尽可能小的电路（如滤波器、振荡回路等电路）中，选用绝缘电阻值尽可能高的电容器可以提高回路的品质因数，改善电路的性能。

积分电容要求漏电流要小，从理论上说积分电容采用云母电容最好。但是，容量不容易做得太大（一般为 10～10000pF），不然价格非常高。

4. 介质损耗

介质损耗指在电场的作用下，电容器在单位时间内发热而消耗的能量。这些损耗主要来自介质损耗和金属损耗，通常用损耗功率和电容器的无功功率之比，即损耗角的正切值表示。损耗角越大，电容器的损耗越大，损耗较大的电容器不适于在高频情况下工作。

目前市场上常用的电容器损耗比较低的也就是 CBB 和云母。CBB 的成品容量比较大，云母的比较小。

5. 温度系数

温度的变化会引起电容器容量的微小变化，通常用温度系数来表示电容器的这种特性。温度系数是指在一定温度范围内，温度每变化 1ºC 时电容器容量的相对变化值。温度系数越小越好。

电容器的温度系数越大，其容量随温度的变化就越大。在有些电路中，如振荡电路中的振荡回路元件、移相网络元件、滤波器等，温度系数过大会使电路产生漂移，造成电路工作不稳定，这时就要注意选用温度系数小的电容器，以确保电路的稳定工作。

6．电容器的频率特性

频率特性是指电容器对各种不同的频率所表现出的性能（电容量等电参数随着电路工作频率的变化而变化的特性）。电容器的电参数随电场频率而变化。在高频条件下工作的电容器，由于介电常数在高频时比低频时小，电容量也相应减小，损耗也随频率的升高而增加。另外，在高频工作时，电容器的分布参数，如极片电阻、引线和极片间的电阻、极片的自身电感、引线电感等，都会影响电容器的性能。所有这些使得电容器的使用频率受到限制。

不同介质材料(不同品种)的电容器，其最高工作频率也不同。小型云母电容器在 250MHz 以内；圆片型瓷介电容器为 300MHz；圆管型瓷介电容器为 200MHz；圆盘型瓷介电容器可达 3000MHz；小型纸介电容器为 80MHz；中型纸介电容器只有 8MHz。容量较大的电容器（如电解电容器）只能在低频电路中正常工作，而高频电路中只能使用容量较小的高频瓷介电容器或云母电容器等。

在高频应用时，由于电容器自身电感、引线电感和高频损耗的影响，电容器的性能会变差，频率特性差的电容器不仅不能发挥其应有的作用，而且还会带来许多麻烦。所以选用高频电路的电容器时，一要注意电容器的频率参数。

用于脉冲电路中的电容器，应选用频率特性和耐温性能较好的电容器，一般为涤纶、云母、聚苯乙烯等电容器。

7．纹波电流和纹波电压

纹波电流和纹波电压在有的资料中称作涟波电流和涟波电压，其含义就是电容器所能耐受的纹波电流/电压值。纹波电压等于纹波电流与等效串联电阻（ESR）的乘积。

当纹波电流增大的时候，即使在 ESR 保持不变的情况下，纹波电压也会成倍提高。换言之，当纹波电压增大时，纹波电流也随之增大，这也是要求电容具备更低 ESR 值的原因。叠加纹波电流后，由于电容内部的 ESR 引起发热，从而影响到电容器的使用寿命。

一般来说，纹波电流与频率成正比，因此低频时纹波电流也比较低。额定纹波电流是在最高工作温度条件下定义的数值。而实际应用中电容的纹波承受度还跟其使用环境温度及电容自身温度等级有关。规格书目通常会提供一个在特定温度条件下各温度等级电容所能够承受的最大纹波电流。甚至提供一个详细图表以帮助使用者迅速查找到在一定环境温度条件下要达到某期望使用寿命所允许的电容纹波量。

8．寿命

影响电容寿命的原因有很多，如过电压、逆电压、高温、急速充放电等，正常使用的情况下，最大的影响就是温度，因为温度越高，电解液的挥发损耗越快。需要注意的是，这里的温度不是指环境或表面温度，而是指铝箔工作温度。厂商通常会将电容寿命和测试温度标注在电容体上。

因电容的工作温度每增高 10℃，则寿命减半，所以不要以为 2000 小时寿命的铝电解电容就比 1000 小时的好，要注意确认寿命的测试温度。每个厂商都有温度和寿命的计算公式，在设计电容时要参照实际数据进行计算。需要了解的是要提高铝电解电容的寿命，第一要降低工作温度，在 PCB 上远离热源；第二考虑使用最高工作温度高的电容，当然价格也会高一些。

所以，为了提高使用寿命，电容器应避免发生频繁的充、放电。

9. 阻抗

在特定的频率下，阻碍交流电流通过的电阻即为所谓的阻抗。它与等效电路中的电容值、电感值密切相关，且与 ESR 也有关系。电容的容抗在低频率范围内随着频率的增加逐步减小，频率继续增加达到中频范围时电抗降至 ESR 的值。当频率达到高频范围时感抗变为主导，所以阻抗是随着频率的增加而增加的。

开关电源中的输出滤波电解电容器，其锯齿波电压频率高达数十千赫兹，甚至是数十兆赫兹，这时电容量并不是其主要指标，衡量高频铝电解电容优劣的标准是要求在开关电源的工作频率内要有较低的等效阻抗，同时对于半导体器件工作时产生的高频尖峰信号具有良好的滤波作用。

5.2.1.3 根据使用环境选择合适型号的电容器

不同介质的电容器的性能各不相同，容量范围、耐压值、温度、频率稳定性、损耗等各方面的性能有很大差异；同一种介质的电容器又有很多不同的型号，所以要根据电路的性能要求，在满足基本容量、耐压要求的情况下根据电路敏感的参数选择最合适的电容器类型。

使用环境的好坏直接影响电容器的性能和寿命，对电容器影响最大的是温度，在工作温度较高的环境中，电容器容易产生漏电并加速老化，在设计、安装时，应尽量使用温度系数小的电容器，并远离热源，或改善周围的通风散热；在寒冷的条件下，由于气温低，普通电解电容器会因电解液结冰而失效，应选择耐寒的电解电容器；在多风沙、灰尘条件下或湿度较大环境下工作时，应选用密封型电容器；在周边电磁环境恶劣的条件下，选择抗辐射的电容器等。这对于安装在户外的设备来说工作环境问题就特别需要考虑了，总之是要根据实际应用环境的不同选择合适类型的电容器。

薄膜电容器（特别是聚丙烯薄膜电容器）在高温使用时，由于电解质耐热性不高，温度太高会造成老化而缩短使用寿命，需要在高温条件下使用时，应注意降额使用。

电容器的最高工作温度为 85℃或 105℃。高温条件下要优选标称为 105℃的。一般情况下优选高温度系数的，对于改善其他参数性能也有积极的帮助作用。

5.2.1.4 电容选择中的一些误区

1. 电容容量越大越好

很多人在电容的替换中往往爱用大容量的电容。虽然电容越大，为 IC 提供的电流补偿的能力越强。但是电容容量的增大会使体积变大，增加成本的同时还影响空气流动和散热。关键在于电容上存在寄生电感，电容放电回路会在某个频点上发生谐振。在谐振点，电容的阻抗小。因此放电回路的阻抗最小，补充能量的效果也最好。但当频率超过谐振点时，放电回路的阻抗开始增加，电容提供电流的能力便开始下降。电容的容值越大，谐振频率越低，电容能有效补偿电流的频率范围也越小。从保证电容提供高频电流的能力的角度来说，电容越大越好的观点是错误的，一般的电路设计中都有一个参考值。

2．同样容量的电容，并联越多的小电容越好

耐压值、耐温值、容值、ESR 等是电容的几个重要参数，对于 ESR，自然是越低越好。ESR 与电容的容量、频率、电压、温度等都有关系。当电压固定时，容量越大，ESR 越低。在板卡设计中采用多个小电容并联多是出于 PCB 空间的限制，因此有的人就认为，并联越多的小电阻，ESR 越低，效果越好。理论上是如此，但是要考虑到电容接脚焊点的阻抗，采用多个小电容并联，效果并不一定突出。

3．等效电阻（ESR）越低，效果越好

结合上文提到的供电电路，对于输入电容来说，容量要大一点。相对容量的要求，对 ESR 的要求可以适当地降低。因为输入电容主要是耐压，其次是吸收 MOSFET 的开关脉冲。对于输出电容来说，耐压的要求和容量可以适当地降低一点。ESR 的要求则高一点，因为这里要保证的是足够的电流通过量。但这里要注意的是 ESR 并不是越低越好，低 ESR 电容会引起开关电路振荡。而消振电路复杂，同时会导致成本的增加。在板卡设计中，一般有一个参考值作为元件选用参数，避免消振电路而导致成本的增加。

5.2.2 电容器的使用注意事项

5.2.2.1 影响电容器使用的主要因素

1．电容量的参数

电路设计者为了设计出能在要求的时间内满意工作的电路，所使用的电容量允许偏差必须考虑以下几点。

（1）符合规范规定的允许偏差；电容量-温度特性变化；恢复特性；电容量-频率特性；介质吸收；电容量与压力、振动和冲击的关系；电容量在电路中的老化和储存条件。

（2）如果此电容量会产生杂散电容和漏电流，需考虑电容器引出端和外壳之间的电容量。

（3）可以用多种电容器组合获得要求的电容量，从而补偿电容量-温度特性等。

（4）施加于电容器的峰值电压不能超过相应规范规定的额定值。通常，相同的峰值电压可能由于以下条件而降低：老化，温升，介质区域增大，外加电压频率较高， 潮气进入电容器。需要强调的一点是不要忽视电容器在应用中的短时瞬态电压。

（5）必须根据电路的时间常数考虑充电和放电的峰值电流。

（6）大容量电容的有效电感量可以通过并联小电容器来降低。

（7）因为电容器具有电容，因此并联在电路中每一次工作或瞬时工作时可能产生瞬时振荡。

（8）当电容器在高于地电位的高压下工作，并且对绝缘采用附加绝缘时，电容器的一个引出端要接在外壳上，因为电压分配取决于电容器芯子和外壳之间的电容量及外壳和底盘之间的电容量。

2．环境因素

（1）必须考虑内部发热和环境温度。

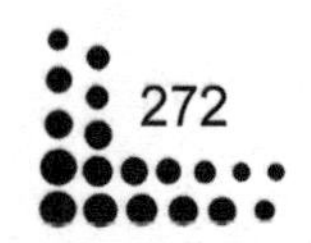

（2）必须考虑湿度、压力、腐蚀性大、霉菌、振动和冲击等环境因素影响。
（3）必须考虑绝缘电阻，尤其是在高温下的绝缘电阻。
（4）电接触不良在低压下可能开路或产生噪声。
（5）充满液体的电容器不能被倒置，因其会导致内部电晕。
（6）非气密封电容器可能在“呼吸”过程中受潮。

3. 电容的潜在危险及安全性

在电容充电后关闭电源，电容内的电荷仍可能储存很长的一段时间。此电荷足以产生电击，甚至可能致命，或是破坏与之相连的仪器。许多电容的等效串联电阻（ESR）低，因此在短路时会产生大电流。电容器内储存的能量对人和设备有危险，对此应采取适当的防范措施。

在维修具有大电容的设备之前，需确认电容已经放电完毕。为了安全上的考量，所有大电容在组装前都需要放电。若是放在基板上的电容器，可以在电容器旁并联一泄放电阻。在正常使用时，泄放电阻的漏电流小，不会影响其他电路。而在断电时，泄放电阻可提供电容放电的路径。高压的大电容在储存时需将其端子短路，以确保其储存电荷均已放电，因为在安装电容时，若电容突然放电，产生的电压可能会造成危险。

5.2.2.2　使用电容器应避免的场合

在确认使用及安装环境时，作为按产品样本设计说明书所规定的额定性能范围内使用的电容器，应当避免在下述情况下使用。

1. 高温

温度超过最高使用温度。

2. 过流

电流超过额定纹波电流，施加纹波电流超过额定值后，会导致电容器体过热，容量下降，寿命缩短。

3. 过压

电压超过额定电压，当电容器上所施加的电压高于额定工作电压时，电容器的漏电流将上升，其电氧化性将在短期内劣化直至损坏。

钽电容器在线路设计中当施加超过钽电容器所能承受的纹波电压、纹波电流时会导致产品失效。

4. 施加反向电压或交流电压

当直流铝电解电容器按反极性接入电路时，电容器会导致电子线路短路，由此产生的电流会导致电容器损坏。若电路中有可能在负引线施加正极电压，则选用无极性电容器。

如不慎对液体钽电容器施加了反向电压或对固体钽电容器施加了超过规定的反向电压，则该电容器应做报废处理。

5. 使用于反复多次急剧充放电的电路中

如用于快速充电用途，其使用寿命可能会因为容量下降、温度急剧上升等而缩减。

6. 禁止使用电容器的环境

在直接与水、盐水、油类相接触或结露的环境；充满有害气体的环境（硫化物、氨水等）；直接日光照射、臭氧、紫外线及有放射性物质的环境；振动及冲击条件超过了样本及说明书规定范围的恶劣环境下，禁止使用电容器。

（1）直接溅水、高温高湿及结露的环境；

（2）直接溅油及充满油雾的环境；

（3）直接溅盐水及充满盐分的环境；

（4）充满有毒气体（硫化氢、亚硫酸、氯气、溴气、溴甲烷、氨气等）的环境；

（5）有直射日光、臭氧、紫外线及放射线照射的环境；

（6）有酸性及碱性溶剂溅落的环境。

5.2.2.3 多片陶瓷电容器（MLCC）使用注意事项

1. 频率特性

电容器的频率特性指电容器的电参数随电场频率变化而变化的性质。在高频条件下工作的电容器，由于介电常数在高频时比低频时小，电容量也相应减小。损耗也随频率的升高而增加。另外，在高频工作时，电容器的分布参数，如极片电阻、引线和极片间的电阻、极片的自身电感、引线电感等，都会影响电容器的性能。所有这些，使得电容器的使用频率受到限制。

电容器在高频使用中应注意电容器的引线不能留得过长，以减小引线电感对电路的不良影响。有时为了避免电容器分布电感的影响，常在大容量去耦电容器的两端并联一只小容量的电容器，这只高频性能较好的陶瓷或云母电容器虽然容量不大，但对中频和高频信号电流各自都有良好的通路，从而消除了有害的耦合。

不同材质的电容器，最高使用频率也不同。COG（NPO）材质特性温度频率稳定性最好，X7R 次之，Y5V（Z5U）最差。

2. 各种不同材质的比较

C0G、X7R、Z5U、Y5V 的温度特性、可靠性依次递减，成本也是依次降低的。

如果对工作温度和温度系数要求很低，可以考虑用 Y5V 的电容器，但是一般情况下要用 X7R，要求更高时必须选择 C0G 的电容器。一般情况下，MLCC 都设计成使用 X7R、Y5V 材质的电容，其在常温附近的容量最大，随着温度上升或下降，其容量都会下降。并且 C0G、X7R、Z5U、Y5V 介质的介电常数也是依次减少的，所以，在同样的尺寸和耐压下，能够做出来的最大容量也是依次减少的。

MLCC 替代电解电容，Z5U、Y5V MLCC 可取代低容量铝、钽电解电容器。取代电解电容要注意 MLCC 温度特性是否合适。

3. 英制与公制不能混用

与铝电解电容、钽电容相比，MLCC 具有无极、ESR 特性值小、高频特性好等优势，而且 MLCC 正在朝小体积、大容量化发展，如 Y5V 可以做到较高的容量，通常 1206 表面贴装 Z5U、Y5V 介质电容器容量甚至可以达到 100μF，在某种意义上可取代低容量铝、钽电解电容器，但

是也要注意这些电容的尺寸比较大，容易产生裂纹。另外，Y5V 的 MLCC 最高温度只有 85℃，取代电解电容时要注意温度是否合适。

MLCC 的尺寸是用一组数字来表示的，如 0402、0603。表示方法有两种，一种是英制表示法，一种是公制表示法。美国的厂家用英制，日本厂家基本上都用公制，而国内厂家有用英制表示的也有用公制表示的，所以要特别注意规格表中标号对照尺寸的单位是英寸还是毫米。

国内设计人员一般习惯使用英制表示，但是也要注意与采购之间要统一认识，要用公制都用公制，用英制都用英制，避免发生误会。例如说到 0603，英制和公制表示里都有 0603，但实际尺寸差别很大。

4. MLCC 的直流偏置效应

直流偏置效应会引起电容值改变。在选择 MLCC 时还必须考虑到它的直流偏置效应。电容选择不正确可能对系统的稳定性造成严重破坏。直流偏置效应通常出现在铁电介质（2 类）电容中，如 X5R、X7R 及 Y5V 类电容。

设计人员在考虑无源器件时，他们会想到考量电容的容差，这在理论上是对的，陶瓷电容的容差是在 1kHz 频率、1V rms 或 0.5V rms 电压下规定/测试的，但实际应用的条件差异非常大。在较低的 rms 电压下，电容额定值要小得多。在某一特定频率下，在一个陶瓷电容上加直流偏置电压会改变这些元件的特性，故有“有源的无源器件”之称。例如，一个 10μF，0603，6.3V 的电容在−30℃下直流偏置 1.8V 时测量值可能只有 4μF。

陶瓷电容的基本计算公式如下

$$C=K\times[(S\times n)/t]$$

式中，C——电容量，K——介电常数，n——介电层层数，S——电极面积，t——介电层厚度。影响直流偏置的因子有介电常数、介电层厚度、额定电压的比例因子及材料的晶粒度。

电容上的电场使内部分子结构产生“极化”，引起 K 常数的暂时改变，遗憾的是该值是变小的。电容的外壳尺寸越小，由直流偏置引起的电容量降量百分比就越大。若外壳尺寸一定，则直流偏置电压越大，电容量降量百分比也越大。系统设计人员为节省空间用 0603 电容代替 0805 电容时，必须相当谨慎。因此，请记住应该向厂商索取在应用的预定直流偏置电压下的电容值曲线。电容器生产商往往只出示单独的曲线，如电容量随温度的变化曲线，另一条是电容量随直流偏置的变化曲线。不过，他们不会同时给出两条曲线，但实际应用恰恰需要两条曲线。应该记住向生产厂商索要系统最常用电压的综合曲线。MLCC 的长时间放置会导致特性值的降低，检测时容量不正常。

5. 检测方法不当也会引起容量偏差

对于经验不足的使用者来说，可能会经常遇到检测时容量偏差的问题，要么是不合格品，要么是因为 MLCC 的长时间放置导致特性值的降低，可以使用烧结的方法恢复特性值。

搬运与储存时要注意防潮，Y5V 与 X7R 产品存放时间太长，容量变化较大。MLCC 测试容量时，检测方法要正确，容量会因检测设备的不同而有偏差。

5.2.2.4 电解电容器使用注意事项

1. 有极性和无极性电解电容器

直流用电解电容器是有极性的。极性标志的确定如下：

（1）电容体侧面印有阴极标志。

（2）电解电容器引出线短的为阴极。

（3）焊片结构电解电容器上，端子的铆钉部网眼刻印表示阴极。

向有极性电解电容器施加反向电压是对阴极作阳极化处理，将会缩短电容器的设计寿命，会产生如下现象：①漏电流急剧增大；②发热；③静电容量减小；④防爆装置会打开。

极性反转电路和不知道极性的电路中，应使用无极性电解电容器。但是，无极性电解电容器不能在交流状况下使用。

2. 过电压

电容器施加电压不得超过额定工作电压，电容器的额定电压是由使用的阳极箔决定的，当电容器所加电压超过额定工作电压时，电容器的漏电流会增加、发热，甚至防爆装置会打开。

在电路设计中，一般都采用降额设计。当环境温度不大于85℃时，降额的基准为额定电压。当环境温度大于85℃时，降额的基准为类别电压，约为额定电压的0.65倍；若是低阻抗电路，建议使用电压设定在额定电压的1/3以下。当电容器用于纹波电路时，降额系数至少应为0.5。

3. 纹波电流

每个电容器必须在它最大允许的纹波电流值下使用。若电容器通过过大的纹波电流，电容器会大量发热、寿命缩短、爆炸。

4. 使用温度范围

电容器的性能与温度有很大的关系。电容器的使用必须在规定的使用温度范围内。

电容器的损耗与漏电和使用环境的温度有极大的关系。

5. 外力

如果在电容器的引线或焊片上施加强力，应力波会波及内部，造成漏电流大，断引线，电解液泄漏等问题。如以下的操作方法：

（1）电容器斜插入线路板。

（2）电容器焊接好后再扭动。

（3）拿住已焊接好的电容器移动线路板。

6. 急剧充放电

作为重复地进行急速充放电的电路，有电焊机、相机闪光灯等。此外，电路电压变动较大的伺服马达等旋转机器的控制电路也会重复进行急速的充放电。

一般电容器，在急剧充放电回路中使用会造成特性劣化、发热、爆炸等现象。充放电回路中应使用有充放电设计的电容器。在重复进行急速充放电的电路中请选用与使用条件相符的电容器，或在充放电回路中应使用有充放电设计的电容器。

7. 耐焊接热

电容器焊在线路上时，温度不宜过高，时间不宜过长。如检查插在线路板上的元器件接触不良，焊接点必须加热使焊剂熔化。

8. 绝缘性

（1）一般电容器外部有一层 PVC 套管，用来绝缘。

（2）对于有些电容器，为防止电解液泄漏，导致绝缘下降，引线不作固定用，应设计辅助固定用端子。

（3）增高电容器顶部线路板的高度，有助于提高绝缘性。

9. 长期保管

电容器经过长时间放置后，漏电流会增大，如果这时使用电容器，会产生发热等现象，因此，长时间放置后的电容器，使用前必须经过老化处理。

电容器老化处理：接 1kΩ保护电阻，加额定直流电压，通电 1 小时，然后按 1Ω/V 接电阻放电。

另外，电容器在湿度较高的环境下放置，电性能会下降，因此，电容器放置时应避免高温、高湿和阳光直射。

10. 电容器漏液后，使用前必须洗净

电容器漏液后，线路板必须洗净后再用。因为电容器漏液后，液体残留在线路板上，而造成线路短路等事故。

11. 固着剂树脂的使用

用于电容器固定用的固着剂，应注意固着剂的种类、腐蚀程度。不应用强腐蚀的有机溶剂。

12. 防爆装置

电容器防爆装置作用时，电容器顶部会凸起，线路板安装时防爆槽上部应留有空隙，见表 5.2.4。

表 5.2.4　电容器上部应留有空隙尺寸

电容器直径	6～16mm	18～35mm	40mm 及以上
防爆槽上部应留有空隙	2mm 以上	3mm 以上	5mm 以上

5.2.2.5　电容器的串联和并联

1. 电容器的串联

电容器串联的特点：两端电压等于各电容器电压之和；各电容器所带电量相等，即对于串联的电容器，欲求其中某电容所带电量，只要求出等效电容，并且知道两端电压，根据

Q=C（等效电容）U（两端电压）

求得的等效电容电流就是某一个电容所带电量。

串联两个以上电容器时，要考虑电压平衡，并将分压电阻器插入，使其与电容器并联。

在直流电路中串联工作时，必须考虑使用平衡电阻器。

2. 电容器的并联

电容器并联的特点：电容器所带电量为各电容器电量之和；各电容器电压相等。

并联两个以上的电容器时，要充分考虑电流平衡。（特别是并联导电性高分子钽固体电解电容器和普通铝电解电容器时，更需要考虑。）

电容器在低阻抗电路中并联使用时，将增加直流浪涌电流或大电流冲击失效的危险，同时应注意并联电容器中储存的电荷通过其他电容器放电。

5.3 二极管的选与用

5.3.1 二极管的选用

5.3.1.1 根据具体电路的功能要求选用

二极管的种类、型号很多，不同的电路根据要求选用合适的管子是一项重要而又难度较高的工作，下面从器件性能价格比、器件性能与电路的适应性方面提出一些建议以供参考。

1．在电路中作整流用，就要选用整流二极管

应注意整流二极管功率的大小、电路的工作频率和工作电压。选用整流二极管时，既要考虑正向电压，也要考虑反向饱和电流和最大反向电压。

选择整流二极管时，除了了解正常的输入/输出电压电流、所使用的整流电路的形式外，还应注意输入端是否直接与电网相连，输出端是否接有大的容性或感性负载，并考虑产生的浪涌的频率与大小，选择合适的整流二极管并采取适当的保护措施。另外，还要考虑输入电压的频率，如开关电源的次级整流需要选用快速整流二极管，这对整流效率或 PWM 模块的 FET 都是有利的。

2．电源稳压等稳压电路就要选用稳压管

稳压管与其他普通二极管的不同之处是：反向击穿是可逆性的。当去掉反向电压后，稳压管又恢复正常，但如果反向电流超过允许范围，稳压二极管将会发热击穿，所以，与其配合的电阻往往起到限流的作用。

注意稳压值的选用。稳压二极管在常用的并联稳压电路中，输出电压就是稳压管的稳定电压，当负载开路时，这个电流应小于稳压管的最大稳定电流。

稳压二极管并联在电路中可以起到浪涌保护、过压保护、电弧抑制和钳位作用。

3．在电路中作电子调谐用，可选用变容二极管

选用变容二极管要特别注意零偏压结电容和电容变化范围等参数，并且根据不同的频率覆盖范围，选用不同特性的变容二极管。在电子调谐电路中选用变容二极管时，只要最高反向工作电压高于电子调谐器的开关电压，最大平均整流电流大于工作电流就可以。而对反向恢复时间要求并不严格。

变容二极管在不同的偏压下（测试频率一定的情况下）容量是不一样的，并且偏压从小到大变化时容量的变化率要求是一额定值。

4．在电路中作电子开关用，可选用开关二极管

开关二极管的正向电阻很小，反向电阻很大，开关速度很快。开关二极管主要用于各类大功率电源，作为续流、高频整流、桥式整流及其他开关电路。

5．在电子电路中作检波用，就要选用检波二极管

选用检波二极管时，要求工作频率高，正向电阻小，以保证较高的工作效率，特性曲线要好，避免引起过大的失真。并且要注意不同型号的管子的参数和特性差异。高频检波电路应选用锗检波二极管，它的特点是工作频率高、正向压降小和结电容小，2AP11～17用于40MHz以下，2AP9～10用于100MHz以下，2AP1～8用于150MHz以下，2AP30用于400MHz以下。

除用于检波外，检波二极管还能够用于限幅、削波、调制、混频、开关等电路。

6．在电路中作遥控发射接收管或用于光电耦合及光电检测，必须选用光电二极管

光的变化引起光电二极管电流变化，从而可以把光信号转换成电信号，成为光电传感器件。

7．当电路需要具有开关特性好、反向恢复时间短的二极管时，应选用快恢复二极管

快恢复二极管主要应用于开关电源、PWM脉宽调制器、变频器等电子电路中，作为高频整流二极管、续流二极管或阻尼二极管使用。

8．在照明电路中，需要选用发光二极管

发光二极管具有体积小，正向驱动发光，工作电压低，工作电流小，发光均匀、寿命长的特点。

9．当电路需要产生激光时，应选用激光二极管

激光二极管具有效率高、体积小、寿命长、能直接从电流调制其输出光的强弱的优点，但其输出功率小（一般小于2mW），线性差，单色性不太好。激光二极管在光盘驱动器、激光打印机中的打印头、条形码扫描仪、激光测距、激光医疗、光通信、激光指示等小功率光电设备中得到了广泛的应用，在舞台灯光、激光手术、激光焊接和激光武器等大功率设备中也得到了应用。

10．当电路中需要对静电放电和浪涌电压进行防护抑制时，应选用瞬态抑制二极管（TVS）

瞬态抑制二极管响应速度特别快（为ns级）、体积小、拑位电压低，其10/1000μs波脉冲功率从400W～30kW，脉冲峰值电流从0.52～544A。常用的TVS管的击穿电压有从5V到550V的系列值。

TVS使用时主要是选择反向工作电压须大于保护器件的工作电压，抑制电压须小于保护器件的最大安全电压，额定瞬态功率大于被保护器件或线路可能出现的最大瞬态浪涌功率。

5.3.1.2 二极管管型的选择原则

二极管的种类繁多，同一种类的二极管又有不同型号或不同系列。点接触二极管的工作频率高，不能承受较高的电压和通过较大的电流，多用于检波、小电流整流或高频开关电路。面

接触二极管的工作电流和能承受的功率都较大，但适用的频率较低，多用于整流、稳压、低频开关电路等方面。

（1）要求导通电压低时选锗管；要求反向电流小时选硅管。

（2）要求导通电流大时选平面型；要求工作频率高时选点接触型。

（3）要求反向击穿电压高时选硅管。

（4）要求耐高温时选硅管。

（5）硅开关二极管的开关时间比锗开关管短，只有几纳秒。

（6）肖特基二极管是低功耗、大电流、超高速半导体器件。其反向恢复时间极短（可以小到几纳秒），正向导通压降仅 0.4V 左右，而整流电流却可达到几千安培。用于制作开关二极管和低压大电流整流二极管。

5.3.1.3 选好二极管的各项主要技术参数

1．二极管的技术参数应符合电路要求

二极管的电参数和特性应符合电路要求，并且要注意不同用途的二极管对哪些参数要求更严格，这些都是选用二极管的依据。

在选用二极管的各项主要参数时，除了从有关的资料和《晶体管手册》查出相应的参数值满足电路要求后，最好还用万用表及其他仪器复测一次，使选用的二极管参数符合要求，并留有一定的余量。不同用途的二极管选用时需选择的主要技术参数见表 5.3.1。

表 5.3.1 不同用途的二极管选用时需选择的主要技术参数

二极管类型	主要技术参数要求
检波二极管	结电容、反向电流、最工作频率、最大正向电流
整流二极管	反向电流、最大工作电流、最大反向电压、最高工作频率、反向恢复时间、耗散功率
稳压二极管	稳定电压、稳定电流、动态电阻、电压温度系数、反向漏电流、反向恢复时间、额定功耗
开关二极管	开关时间、正向电流、最高反向电压、反向恢复时间、导通压降
发光二极管	允许功耗、最大工作电流、反向漏电流、最大反向电压、正向工作电压、工作环境温度、发光波长、发光强度
光电二极管	额定正向电流、正向电压、反向漏电流、波长、光强或光通量、角度
变容二极管	工作频率、最高反向工作电压、最大正向电流、结电容变化范围、Q 值、反向漏电流
激光二极管	波长、阈值电流、监控电流、垂直发散角、水平发散角、工作电流
TVS 二极管	最小击穿电压、击穿电流、最大反向漏电流、额定反向切断电压、最大钳位电压、最大峰值脉冲电流、电容器量、额定脉冲功率

2．低于二极管的额定值使用

最大额定值通常指绝对最大额定值，任何情况下使用和测试时都不允许超过最大额定值，即使是瞬间也不允许，否则会引起二极管电性能退化，寿命缩短，甚至损坏。二极管的最大额定值包括以下几个。

最大工作电流：这是指二极管长期安全工作时允许通过二极管的正向平均电流的最大值。因为电流流过二极管的 PN 结要耗散一定的能量，使 PN 结的温度升高。当电流太大时，会烧坏

PN 结。

最高反向工作电压，指允许加在二极管上的反向电压的最大值，反映了二极管对反向电压的承受能力。使用时如果超过这一电压，二极管就有被击穿的危险。

最高反向工作电压下的反向电流。从理论上讲，二极管反向偏置时不导通，但实际的二极管加上反向电压时总会有很小的反向电流。使用中，如果反向电流超过最高反向电压的反向电流，二极管就会因过热而烧毁。二极管的反向电流应越小越好。

3．降额使用

二极管的降额主要是针对电应力和热应力降额。许多器件的毁坏型失效都是在功耗和浪涌电压（电流）的双重作用下引起的。在用大电容器作为滤波负载时，二极管短时间允许的冲击电流也是重要参数，即通常说的浪涌电流参数。一般要在 10ms 内允许正向冲击电流为正向电流的 20～50 倍。接有感性负载的整流管的反向耐压的余量也应该足够大，因为在接通和断开电源时，感性负载也会产生极高的浪涌电压。所以，应对二极管的功率、电压或电流降额使用，整流和稳压二极管功率降额到 40%，正向电流也降额到 40%。

器件的温度应力主要由其功耗和环境温度所产生。温度对半导体器件的特性影响较大，当环境温度超过 50℃时，温度每升高 1℃，应将最大耗散功率降低 1%。温度应力影响的表现是管子结温的变化。塑料封装硅二极管最高结温为 125℃，使用中应避免结温超过此值。

在电路设计时，不要忘记对电路中可能出现的各种浪涌电压或电流进行抑制和吸收。因此在整流电路中的二极管应用也应该考虑输入/输出的浪涌保护。

5.3.1.4　选好二极管的外形、尺寸大小和封装形式

二极管的外形、大小及封装形式多种多样，外形有圆形的、方形的、片状的、小型的。有超小型的、大中型的；封装形式有全塑封装、金属外壳封装等。控制设备整机向小型化、薄型化和轻型化方向发展，要求配套二极管微型化和片状化。在选择时，可根据性能要求和使用条件（包括整机的尺寸）选用符合条件的二极管。

5.3.1.5　确定二极管型号

根据整机性价比、安装要求和主要技术参数参考产品样本确定二极管型号。

5.3.2　二极管的使用注意事项

5.3.2.1　二极管普遍适用的注意事项

由于二极管向微型、超微型和片状化发展，在使用中要特别注意以下事项。

（1）切勿使二极管两端的电压、电流超过器件手册中规定的极限值，任何时候都不要超过它的实际反压，否则，反向电流急剧变大或损坏。应根据设计原则选取一定的裕量，至少要在额定值的 80%～90%以下。

（2）对于二极管正向使用来说，只要芯片温度没有达到烧毁的温度、正向电流没有超过耐浪涌电流的实际能力，一般来说不会坏。

（3）反向电流的国际标准上有一个反向冲击测试方法：0.5A/1A 恒流 2μs 脉宽，多个脉冲不

允许二极管坏。

（4）对于点接触型和玻壳二极管，要防止跌落在坚硬的地面。

（5）对片状二极管，注意二极管本身与印制板的膨胀系数。

（6）对有配对要求的二极管，在使用中要防止混组，以免影响调试。

（7）接入电路时要注意二极管的极性。通常，一般二极管的阳极接电路的高电位端，阴极接低电位端；而稳压二极管则与此相反。

（8）二极管的焊接。

① 使用烙铁焊接时，烙铁最大功率为 30W，烙铁尖最高温为 280℃，焊接最长时间不得超过 5 秒；使用浸焊时，预热最长时间 60s，最高温度不得超过 260℃，最长时间不得超过 5s。

② 对于玻壳二极管，焊接时要防止电烙铁直接接触玻壳。

③ 焊接时 LED 不能通电。烙铁焊接位置距胶体底面应大于 3mm，浸焊位置距胶体底面应大于 3mm。在焊接或加热时，温度回到正常以前，必须避免使 LED 受到任何的震动或对其施加外力。

4）尽量使用内装焊料的焊锡丝焊接，不要使用大块焊锡加松香的方法。

5.3.2.2 使用稳压二极管时的注意事项

稳压二极管用途广泛，看起来应用很简单，但如果不注意也极易损坏。注意事项如下。

1. 注意稳压二极管正向使用与反向使用的区别

对稳压二极管不能加正向电压。稳压二极管正向导通使用时，与一般二极管正向导通使用时基本相同，正向导通后两端电压也是基本不变的，都约为 0.7V。从理论上讲，稳压二极管也可正向导通作稳压管用，但其稳压值将低于 1V，且稳压性能也不好，一般不单独用稳压管的正向导通特性来稳压，而是用反向击穿特性来稳压。反向击穿电压值即为稳压值。

为了获得较低的稳定电压，可以选择适当的稳压二极管以相反极性方向串联，一个利用它的正向特性，另一个利用它的反向特性，再加以选择适当的工作电流，则既能稳压又可起温度补偿作用，以提高稳压效果。所串联的正向二极管不得超过三个，也可与特殊的温度补偿管串联使用。

2. 可将多只稳压二极管串联使用，但由于二极管参数的离散性比较大，不得并联使用

1）稳压管的串联

在选用稳压管时，如需要稳压值较大的管子，维修现场又没有，可将几只稳压值低的管子串联使用。几个稳压管串联后，可获得多个不同的稳压值，故串联使用较常见。下面举例说明两个稳压管串联使用后如何求得稳压值。

若一个稳压管的稳压值为 8V，另一个稳压值为 3.6V，设稳压管正向导通时电压均为 0.7V，则串联后共有四种不同的稳压值。

（1）两只二极管都反接，反接电压是稳压值，为 6V+8V=14V。

（2）6V 的正接，8V 的反接，正接的是 0.7V，反接的是 8V，得 8V+0.7V=8.7V。

（3）同理，6V 的反接，8V 的正接，6V+0.7V=6.7V。

（4）两个二极管都正接，0.7V+0.7V=1.4V。

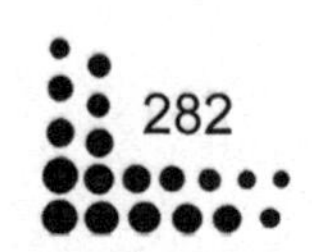

2）稳压管的并联

几个稳压管并联后，稳压值将由最低（包括正向导通后的电压值）的一个来决定。还是以上述两个稳压管为例来说明稳压值的计算方法。两个稳压管并联后共有四种情况，稳压值只有两个。除非特殊情况，稳压二极管都不并联使用。

（1）两只二极管都反接，电压小的将先导通，则是 6V。

两个稳压管并联，只有稳压值低的起作用，就像一个水桶，决定水桶容量的是最低的那块木板。

（2）6V 的正接，8V 的反接，正接的先导通，是 0.7V。

（3）同理，6V 的反接，8V 的正接，正接的先导通，是 0.7V。

（4）两个二极管都正接，同时导通，则是 0.7V。

3．要注意限流电阻的作用及阻值大小的影响

使用稳压管时应注意，二极管的反向电流不能无限增大，否则会导致二极管的过热损坏。因此，稳压管在电路中一般需串联限流电阻。该电阻在电路中起限流和提高稳压效果的作用。若不加该电阻，即当 R=0 时，容易烧坏稳压管，稳压效果也会极差。限流电阻的阻值越大，电路稳压性能越好，但输入与输出压差也会过大，耗电也就越多。

4．要注意输入与输出的压差

正常使用时，稳压二极管稳压电路的输出电压等于稳压管反向击穿后两端的稳压值。若输入到稳压电路中的电压值小于稳压管的稳压值，则电路将失去稳压作用；只有是大于关系时才有稳压作用，并且压差越大，限流电阻的阻值也应越大，否则会损坏稳压管。

5．其他注意事项

（1）稳压管的稳压值离散性很大，即使同一厂家同一型号的产品其稳压值也不完全一样，这一点在选用时应加以注意。对要求较高的电路，选用前应对稳压值进行检测。

（2）目前国产稳压管还有三个电极的，如 2DW7 型稳压管。这种稳压管是将两个稳压二极管相互对称地封装在一起，使两个稳压管的温度系数相互抵消，提高了管子的稳定性。这种三个电极的稳压管的外形很像晶体三极管，选用的时候要加以区别。

5.3.2.3 LED 发光二极管使用注意事项

1．使用电流

调整发光二极管工作点时，不要只注意其电压值，还应使它的工作电流不能超过规定值。

（1）LED 发光二极管的特性接近稳压二极管，每增加 0.1V 电压会导致电流急速增加，并呈非线性状态。可见发光二极管的工作电压取值一定要准确。为了安全，普通情况下串联限流电阻。采用升压电路是一个好办法，也可以用简单的恒流电路，总之一定要自动限流，否则将会损坏 LED。

（2）一般 LED 的峰值电流为 50～100mA，反向电压在 6V 左右，注意不可超过这个极限，升压电路峰值电压过高时很可能超过这个极限，损坏 LED。过大的电流会使发光管芯发热，而发光强度会随管芯温度增加而下降。故控制好发光二极管工作电流是十分重要的。接近工作参

数极限时，电流再增加，亮度变化也不大。

（3）一般照明用 LED 的正常工作电流为 20mA，电压的微小波动（如 0.1V）都将引起电流的大幅度波动（10%～15%）。LED 应在相同的电流条件下工作，建议使普通 LED 的电流为 15～18mA。电流过大，LED 会缩短寿命；电流过小，则达不到所需光强。

（4）过流保护。

过高的电流会引起 LED 灯的烧坏及亮度的加速衰减。在电路设计时应根据 LED 的压降配置不同的限流电阻进行串联保护，以保证 LED 工作稳定和处于最佳工作状态。电阻值计算公式为：

限流电阻值=（电源电压-LED 驱动电压）/顺向电流

发光二极管在交流应用电路时的保护措施主要有稳压二极管保护和普通二极管保护两种。其中稳压二极管的稳压值要根据发光二极管的实际情况选择。

采用普通二极管做保护措施的应用电路，二极管的作用是保证发光二极管不被过高的反向电压击穿，通常采用 1N4007 型普通二极管即可满足要求。

2. 亮度测试及使用说明

（1）检测和使用 LED 时，必须给每个 LED 提供相同电流，即使用恒流检测，才能保证亮度一致，电流最好不要超过 20mA，最好使用 15～18mA 的电流。

（2）工作电压离散性大，同一型号，同一批次的 LED 工作电压都有一定差别，不宜并联使用。若一定要并联使用，就应该充分考虑均流的情况。

（3）用分光分色好的产品时，不能把不同等级箱号（每包标签上有标识）的产品混合使用在同一个产品上，以免产生颜色及亮度差异。

3. 变色和三色发光二极管的使用

第一，要注意引脚排列，并要串接限流电阻，确保发光二极管通过规定电流。第二，焊接时，要注意散热，焊接时间不要过长。第三，注意保护管壳、管帽光洁，确保透光性好。第四，变色发光二极管的使用环境温度在 85℃以下，温度越低管子的发光亮度越高，在低温时，发光性能非常好。第五，使用时，注意引脚的正、负极，如将管子接反了，发光管就不能发光了。

4. LED 安装使用要求

（1）要注意判别正负极性，以防极性装错。对全塑封的发光二极管，电极引线较长的是正极，较短的是负极；对有金属管座的发光二极管（上面罩一光学透镜），管侧有一突起，靠近突起的是正极。

（2）LED 不可与发热元件靠得太近，工作条件不要超过其规定的极限温度。

（3）大功率的砷化镓发光二极管因工作电流较大，管子易发热，使用时要注意加散热片。

（4）发光二极管的管帽大多用透明树脂封装，使用时不要沾上污物，不要磨损划伤。

（5）不允许用有机溶剂（如丙酮，天那水、三氯乙烯）清洗或擦拭 LED 胶体，造成胶体表面损伤并引起褪色、发光不正常或胶体内部破裂，导致 LED 内部金属线与芯片被破坏。

如需要清洁 LED，建议用超声波清洗，如暂时没有超声波清洗机，可暂用乙醇擦拭、浸渍，时间在常温下不超过 1 分钟。

（6）LED 使用的环境温度为-30～60℃，工作温度为-30～80℃，储存温度为-20～85℃。

LED 温度特性不好，温度上升 5℃，光通量下降 3%，夏季使用时更要注意。

（7）LED 的安装与测试必须严格按照防静电安全操作规程进行，以避免因静电损坏。

5. 发光二极管的串/并联应用电路

发光二极管作为电路的负载经常需要几十个甚至上百个组合在一起，构成发光组件。发光二极管负载的连接形式直接关系到其可靠性和寿命。LED 串/并联的优缺点见表 5.3.2。

在进行发光二极管混合连接时，串联连接分电压，并联连接分电流。

表 5.3.2 LED 串/并联的优缺点

	串 联	并 联
优点	能够向全部 LED 供应相同的电流，亮度均匀； 驱动电源需输出一个电流，驱动电路的结构简单； 即使一个 LED 因短路发生故障，其他还可以继续工作	可以使用低电压驱动多个 LED； 即使一条 LED 串发生故障，其他串仍然可以继续工作
缺点	驱动需要高电压； 串联的 LED 有一个发生断路故障时，其他 LED 也无法工作	并联的各 LED 串的电流难以保持一致； 亮度存在偏差； 驱动电路构造复杂，因此成本偏高

5.3.2.4 开关二极管的使用注意事项

1. 肖特基二极管和快恢复二极管的比较

肖特基二极管和快恢复二极管主要应用于开关电源、PWM 脉宽调制器、变频器等电子电路中，作为高频整流二极管、续流二极管或阻尼二极管使用。

肖特基二极管的恢复时间是快恢复二极管的 1/100 左右，肖特基二极管的反向恢复时间大约为几纳秒，具有低功耗、大电流、超高速的优点。肖特基二极管和快恢复二极管的比较见表 5.3.3。

快恢复二极管封装有单管和双管之分，双管的引脚引出方式又分为共阳和共阴。

表 5.3.3 肖特基二极管和快恢复二极管的比较

	反向恢复时间	正向压降	正向电流	反向耐压	反向漏电流	功耗	工作频率
快恢复二极管	5μs～85ns	0.8～1.1V		1200V 以下			
肖特基二极管	小于 10ns	0.3～0.6V	100A 以下	低于 150V	较大	低	100GHz

2. 肖特基二极管的使用注意事项

肖特基二极管结电容很小，这一特点使得它有很高的开关频率。肖特基二极管的使用应注意以下几点。

（1）应用电路的实际工作电流应小于肖特基二极管的正向额定电流，一般不大于正向额定电流的 60%。

（2）应用电路的峰值工作电压应小于肖特基二极管的最高反向击穿电压，一般不大于额定电压的 80%。

（3）应用电路内的肖特基二极管的实际工作温升应小于肖特基二极管的最高结温。

（4）对于比较苛刻的环境，为了保证可靠性，肖特基二极管应降额使用，特别要考虑正向额定电流的选取。

（5）对于浪涌电压或浪涌电流比较大的应用电路，应该加抑制和吸收电路。

5.3.2.5 瞬态抑制二极管（TVS）在使用中应注意的事项

1. 稳压二极管、瞬态抑制二极管和多层压敏电阻的比较

稳压二极管、瞬态抑制二极管和多层压敏电阻的比较见表5.3.4。

表5.3.4 稳压二极管、瞬态抑制二极管（TVS）和多层压敏电阻（MOV）的比较

	稳压二极管	TVS	MOV
电路符号	TVS和普通稳压二极管相同		
在电路中作用	三者相同，对电压拑位、吸收大电流、静电放电和浪涌电压等进行防护抑制		
使用连接方式	三者相同，在线路板上与被保护线路并联		
导通阻抗	比较低	很低	比TVS高出许多，从而导致拑位电压、拑位比率的差异
工作原理	齐纳击穿电流小	雪崩击穿电流大	多层晶粒结构，通过导通阻抗的变化实现
电压拑位精度	高	比较高	不太高
适用场合	小功率	大功率	大功率

2. 在使用TVS时，应注意以下几个主要问题

（1）根据用途选用TVS的极性及封装结构。交流电路选用双极性TVS较为合理；直流电路应选用单极性。多线保护选用TVS阵列更为有利。

（2）确定被保护电路的最大直流或连续工作电压、电路的额定标准电压和“高端”容限。

（3）TVS额定反向关断电压应大于或等于被保护电路的最大工作电压。若选用的额定反向关断电压太低，器件可能会发生雪崩或因反向漏电流太大影响电路的正常工作。

（4）TVS的最大拑位电压应小于被保护电路的损坏电压。

当没有合适电压的TVS管供采用时，允许用多个TVS管串联使用。串联管的最大电流取决于所采用管中电流吸收能力最小的一个。而峰值吸收功率等于这个电流与串联管电压之和的乘积。

（5）在规定的脉冲持续时间内，TVS的最大峰值脉冲功耗必须大于被保护电路内可能出现的峰值脉冲功率。在确定了最大拑位电压后，其峰值脉冲电流应大于瞬态浪涌电流。

在给定的最大拑位电压下，功耗越大，其浪涌电流的承受能力越大；在给定的功耗下，拑位电压越低，其浪涌电流的承受能力越大。另外，峰值脉冲功耗还与脉冲波形、持续时间和环境温度有关，对宽脉冲应降额使用。

（6）对于数据接口电路的保护，还必须注意选取具有合适电容量的TVS器件。

TVS管的结电容是影响它在高速线路中使用的关键因素，在这种情况下，一般用一个TVS管与一个快恢复二极管以背对背的方式连接，由于快恢复二极管有较小的结电容，因而二者串联的等效电容也较小，可满足高频使用的要求。

电容量的大小与TVS的电流承受能力成正比，电容量太大将使信号衰减。因此，电容量是数据接口电路选用TVS的重要参数。高频回路一般应选择容量尽量小的电容（如LCTVS、低电容TVS，电容不大于3pF），而对电容要求不高的回路，电容的容量选择可高于40pF。

（7）温度考虑。瞬态电压抑制器可以在-55～150℃之间工作。如果需要TVS在一个温度变化的环境工作，其反向漏电流I_D随TVS结温的增加而增大；功耗随TVS结温增加而下降，为25～175℃，大约线性下降50%；而击穿电压VBR随温度的增加按一定的系数增加。因此，要注意环境温度升高时的降额使用问题。

（8）TVS所能承受的瞬态脉冲是不重复的，器件规定的脉冲重复频率（持续时间与间歇时间之比）为0.01%。如果电路内出现重复性脉冲，应考虑脉冲功率的累积，稳态平均功率是否在安全范围之内，不然有可能损坏TVS。

（9）对于小电流负载的保护，可有意识地在线路中增加限流电阻，只要限流电阻的阻值适当，一般不会影响线路的正常工作，但限流电阻对干扰所产生的电流却会大大减小，这样可以选用峰值功率较小的TVS管来对小电流负载线路进行保护。

（10）作为半导体器件的TVS管，特别要注意TVS管的引线长短，以及它与被保护线路的相对距离。

5.4 三极管的选与用

5.4.1 晶体三极管的选用原则

晶体管的品种繁多，不同的电子设备与不同的电子电路对晶体管各项性能指标的要求是不同的，应根据应用电路的具体要求来选择不同用途、不同类型的晶体管。同时晶体管正常工作需要一定的条件，如果工作条件超过允许的范围，则晶体管不能正常工作，甚至造成永久性的损坏。为使晶体管能够长期稳定运行，必须注意下列事项。

5.4.1.1 双极型晶体管和场效应管的比较和选择

1. 双极型晶体管与场效应管电气特性的主要区别

双极型晶体管的发射极e、基极b、集电极c与场效应管源极S、栅极G、漏极D相对应，作用相似。场效应管和三极管均可组成各种放大电路和开关电路，但是在电气特性和使用上还是各有特色，见表5.4.1。

表5.4.1 场效应管与晶体管电气特性的主要区别

比较项目	双极型晶体管	场效应管
工作原理	I_c与I_b间的关系由放大系数β决定	电流I_{DS}与栅极U_{GS}间的关系由跨导G_m决定
器件控制方式	电压控制，栅极几乎不取电流	电流控制，基极要取一定的电流
控制方式取决于	基极电流的大小	栅极电压的高低
放大能力	用β衡量、大	用G_m衡量，一般较小
输入阻抗及电流	输入阻抗很小，导电时输入电流较大	输入阻抗很大（上百兆欧），输入电流极小
导电方式	既利用多子，又利用少子	多子导电

续表

比较项目	双极型晶体管	场效应管
导通电阻	较大	小，只有几百毫欧姆
温度稳定性	温度稳定性较差	温度稳定性好
抗辐射能力	较差	强
噪声系数	较大	较小
工作源电压范围	窄	宽
耗电	大	小
使用灵活性	集电极与发射极互换特性差异很大，β值将减小很多	漏、源极可以互换，耗尽型绝缘栅管的栅极电压可正可负，灵活性比晶体管强
集成制造工艺	较复杂	简单
开关工作效率	稍低	高
设计工作电位	NPN 型发射极电位比基极电位低（约 0.6V）	源极电位比栅极电位高（约 0.4V）

2．晶体管与场效应管的选择原则

（1）在信号电压较低，又允许从信号源取较多电流的条件下，应选用晶体管；而在只允许从信号源取较少电流的情况下，应选用场效应管。

（2）当对电压放大倍数有较高的要求时，应选用晶体管进行放大。

（3）由于少子的浓度易受温度、辐射等外界条件的影响，因此在环境条件（温度、辐射等）变化很大的情况下应选用场效应管。

（4）当信噪比是主要矛盾时，还应选用场效应管。所以，在低噪声放大器的前级及要求信噪比较高的电路中应选用场效应管，也可以选用特制的低噪声晶体管。

（5）要求开关工作效率比较高的的场合，应选用场效应管。

（6）场效应器件容易损坏，虽然现在多数已经内置了保护二极管，但稍不注意也会损坏，所以在应用中必须小心才好。场效应管没有二次击穿现象。

5.4.1.2　根据三极管在电路中的作用进行选用

晶体管的品种繁多，不同的电子设备与不同的电子电路，对晶体管各项性能指标的要求是不同的。所以，应根据应用电路的具体要求来选择不同用途、不同类型的晶体管。下面根据不同类型三极管的主要性能要求来介绍如何选用。

1．用于放大晶体管的选用

用于放大的晶体管，在保证其安全工作的前提下应具有足够的放大能力。一般在选用时都希望放大倍数尽可能大一些，但是放大倍数太大容易造成电路的不稳定，产生振荡现象。因此，不能盲目地追求放大倍数，一般 h_{fe} 的值在 50～150 之间比较适宜。如果电路需要较大的放大倍数，应选用达林顿管或增加放大电路级数来解决。

2．开关三极管的选用

脉冲电路应选用开关三极管，且具有电流容量大、大电流特性好、饱和压降低的性能。

小电流开关电路和驱动电路中使用的开关晶体管，其最高反向电压低于 100V，耗散功率低

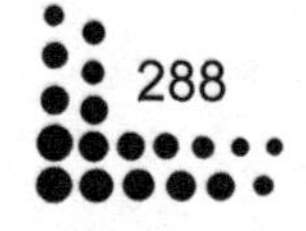

于1W，最大集电极电流小于1A。大电流开关电路和驱动电路中使用的开关晶体管，其最高反向电压大于或等于100V，耗散功率高于30W，最大集电极电流大于或等于5A，可选用大功率开关晶体管。

开关电源等电路中使用的开关晶体管，其耗散功率大于或等于50W，最大集电极电流大于或等于3A，最高反向电压高于800V，一般可选用高反压大功率开关晶体管。

3. 达林顿管的选用

达林顿管广泛应用于音频功率输出、开关控制、电源调整、继电器驱动、高增益放大等电路中。

继电器驱动电路与高增益放大电路中使用的达林顿管，可以选用不带保护电路的中、小功率普通达林顿晶体管。而音频功率输出、电源调整等电路中使用的达林顿管，可选用大功率、大电流型普通达林顿晶体管或带保护电路的大功率达林顿晶体管。

4. 一般高频晶体管的选用

高频电路选用高频管，最高截止频率一般应是工作频率的3倍；放大倍数应适中，不应过大，否则容易产生振荡。

一般小信号处理电路中使用的高频晶体管，可以选用特征频率范围在30～300MHz的高频小功率晶体管，可根据电路的要求选择晶体管的材料与极性，还要考虑被选晶体管的耗散功率、集电极最大电流、最大反向电压、电流放大系数等参数及外形尺寸等是否符合应用电路的要求。

5. 功率驱动电路三极管的选用

功率驱动电路应根据应用电路具体要求，选用符合电路功率、频率要求的功率管。

功率管应选用大电流、大功率、低噪声晶体管，其耗散功率为100～200W，集电极最大电流为10～30A，最高反向电压为120～1200V。

直流放大电路及后级功率放大电路中使用的互补推挽对管，应选用配对管。要求三极管饱和压降、直流放大系数、反向截止电流等直流电参数基本一致。

6. 场效应管的选用

（1）场效应管在选用时，应注意不同类型管的栅、源、漏各极电压的极性，其电压和电流不得超过最大允许值。其中，小功率场效应管应注意其输入阻抗、低频跨导、夹断电压（或开启电压）、击穿电压等参数是否符合电路要求；大功率场效应晶体管还应注意其击穿电压、耗散功率、漏极电流等参数是否符合电路要求。

（2）选用场效应管时，还应根据应用电路的需要选择合适的管型。例如，彩色电视机的高频调谐器、半导体收音机的变频器等高频电路，应使用双栅场效应管。

（3）音频放大器的差分输入电路及调制、放大、阻抗变换、稳流、限流、自动保护等电路，可选用结型场效应管。音频功率放大、开关电源、逆变器、电源转换器、镇流器、充电器、电动机驱动、继电器驱动等电路，可选用功率MOS管。

（4）选用音频功率放大器推挽输出选用大功率VMOS管时，要求配对两管的各项参数要一致，而且要有一定的功率余量。所选大功率管的最大耗散功率应为放大器输出功率的0.5倍，漏源击穿电压应为功放工作电压的两倍以上。

（5）功率MOSFET具有导通电阻低、负载电流大的优点，因而非常适合用作开关电源、逆变电源、变流器的开关组件，不过，在选用MOSFET时有一些注意事项。功率MOSFET和双极型晶体管不同，它的栅极电容比较大，在导通之前要先对该电容充电，当电容电压超过阈值电压时MOSFET才开始导通。因此，栅极驱动器的负载能力必须足够大，以保证在系统要求的时间内完成对等效栅极电容的充电。

（6）MOSFET有一个普遍适用的性能测量基准，即品质因数。品质因数可以用导通电阻和栅极电荷的乘积来表示。导通电阻直接关系到传导损耗，栅极电荷直接关系到开关损耗，因此，品质因数值越低，器件性能就越好。

7．光敏三极管的选用

光敏三极管和其他三极管一样，不允许其电参数超过最大值（如最高工作电压、最大集电极电流和最大允许功耗等），否则会缩短光敏三极管的使用寿命，甚至烧毁三极管。另外，所选光敏三极管的光谱响应范围必须与入射光的光谱相互匹配，以获得最佳的响应特性。

在实际选用光敏三极管时，应注意按参数要求选择管型。如要求灵敏度高，可选用达林顿型光敏三极管；如要求响应时间快，对温度敏感性小，就不选用光敏三极管，而选用光敏二极管。探测暗光一定要选择暗电流小的管子，同时可考虑有基极引出线的光敏三极管，通过偏置取得合适的工作点，提高光电流的放大系数。例如，若探测3～10lx的弱光，光敏三极管的暗电流必须小于0.1nA。

5.4.1.3　三极管特性参数的选用

1．为保证工作可靠，晶体三极管使用要不超过最大极限值

晶体三极管使用时对于电压、电流、功率、温度等都有最大极限值，不论是静态、动态或不稳定态（如电路开启、关闭时），均须防止电流、电压超出最大极限值，也不得有两项或两项以上同时达到极限值。因为即使是瞬间超过所规定的最大极限值，管子也立即毁坏，所以使用时必须十分注意。

（1）选择晶体三极管时，U_{CBO}大约为所使用电源电压的两倍的管子较好。

（2）选用最大允许集电极电流额定值大约为通常使用状态下最大电流的两倍以上的管子为好。在选择晶体三极管时，特别是功率晶体三极管，绝不允许瞬间最大电流超过额定值。

（3）有关P_{CM}必须注意的问题是，即使P_{CM}在额定值以内，但I_C和U_{CE}也不能超过其各自的额定值。集电极的功耗还与周围温度有关，即晶体三极管自身一旦被加热，周围的温度就上升，导致集电极电流增大，晶体三极管则变得更热。如此反复地恶性循环称为热击穿，最终导致管子毁坏。最好选择晶体三极管的电源电压和使用时集电极电流的乘积在最大允许集电极功耗的一半以下。

（4）结温是能够使晶体三极管正常工作的最高温度。通常锗管为75～85℃，硅管为125～175℃。对于功率三极管，一般使用铝或铜板（或型材）制成的散热器帮助其散热，以降低结温。

2．在电路设计中晶体三极管的电气特性具有重要作用

三极管的电气特性表示三极管的性质，是使三极管在最为有效的良好状态下工作的设计标准。

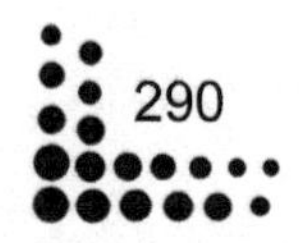

（1）集电极反向漏电流越小的晶体三极管越好，但随着温度的上升和条件恶化，该值会变大。

（2）直流电流放大倍数 h_{fe} 的值如果在 50 以上，就可实际应用。但由于受集电极电流和周围温度的影响，h_{fe} 发生变化，所以必须是实际测量值。

（3）集电极输出电容大的晶体三极管在高频时放大倍数下降，所以不适合用于高频。

（4）对小信号进行放大的电路，要使用噪声指数值小的晶体三极管。

3．降额使用

三极管在安全工作区使用，是提高整机可靠性的最低要求，降额使用可以提高三极管使用的可靠性。

根据三极管失效模式，下面是三极管降额使用的参考数据：通用型三极管，功率降额 30%、电流降额 50%、电压降额 60%；开关三极管功率降额 50%、电流降额 50%、电压降额 60%。

4．选用三极管时还应注意极性和下述参数

BU_{CEO}、BU_{EBO}、I_{CBO}、β、f_T 和 f_β。因有 $BU_{CBO}>BU_{CES}>BU_{CER}>BU_{CEO}$，因此，只要 BU_{CEO} 满足要求就可以了。一般高频工作时要求最高截止频率等于 5～10 倍的工作频率。开关电路工作时应考虑三极管的开关参数。

5.4.2　三极管的使用注意事项

5.4.2.1　晶体管参数在实际使用中的意义

1．极限参数

所谓极限参数，是指在晶体管工作时，不管因何种原因，都不允许超过的参数。这些参数常规的有三个击穿电压、最大集电极电流、最大集电极耗散功率、晶体管工作的环境（包括温度、湿度、电磁场、大气压等）、存储条件等。在民用电子产品的应用中，基本只关心前三个。

（1）晶体管的反向击穿电压决定了晶体管正常工作的电压范围。

在设计中，都给晶体管工作时的电压范围留有足够的余量。实际上，当晶体管长期工作在较高电压时（晶体管实测值的 60%以上），其晶体管的可靠性将会出现数量级的下降。

晶体管的反向击穿电压高低的排列是：$BU_{CBO} \geqslant BU_{CEO} > BU_{EBO}$。

（2）晶体管的最大集电极电流决定了晶体管正常工作的电流范围。

晶体管在通电后，总有漏电流的存在。而且漏电流与温度相关。因此，此参数也与温度相关。双极型晶体管是电流控制器件。在设计时，对此项参数的考虑要点是必须考虑晶体管的工作环境温度。随着温度升高，放大也升高，使晶体管的集电极电流增大，当进入恶性循环后，晶体管会很快失效。

在设计时，整机中集电极电流的实测值不要超过规格书所标值的 60%。如果超过此值，同样会使晶体管的可靠性出现数量级的下降。

（3）集电极最大耗散功率决定了晶体管正常工作的功率范围。

晶体管的集电极最大耗散功率除了与芯片面积有关外，还与封装形式有关。一般情况下，封装为 TO-92 的，集电极最大耗散功率小于 650mW；封装为 TO-126 的，集电极最大耗散功率

小于 1.25W；封装为 TO-220 的，集电极最大耗散功率小于 2W。当芯片采用 TO-220 的封装时，基本就与芯片面积无关了。需要说明的是，在这里说的集电极最大耗散功率，都是不带散热片的“裸管”。

集电极最大耗散功率是无法进行测量的，只能靠设计和工艺保证。如果晶体管工作时的耗散功率超过了集电极最大耗散功率，哪怕是瞬间（毫秒级）的，则晶体管也很可能会永久失效，至少会使 PN 结受损，这样，会导致整机的可靠性大大下降。从集电极最大耗散功率的安全区来讲，设计时不要超过 50%为好。对于集电极最大耗散功率的设计，一定要从最坏处着手分析，同时，还要考虑环境温度的影响。

2. 直流参数（DC）

（1）在设计时应考虑反向漏电流影响和整机工作时因温度升高而对晶体管反向漏电流的要求。目前所使用的晶体管，大部分是以硅材料制成的。由硅材料的特性可知，在常温下其漏电流是很小的，基本是微安级。但是当温度升高后，其漏电流的增长速率则很高。因此，在用于精密放大（测量）时，一定要注意此参数对放大器的影响。

（2）晶体管的饱和压降限制了晶体管工作时的动态范围；而 be 间饱和压降则指出了晶体管的输入要求及范围。当晶体管作为开关使用时，对晶体三极管的饱和压降要求越小越好。

在设计时，只要考虑到随着温度升高，饱和压降会变大，对基极注入来讲，be 间饱和压降小，导致的结果是基极电流增大，对晶体管的输出来讲，饱和压降小会出现工作点偏移。

（3）晶体管的共发射极直流放大系数指明了晶体管基极电流对集电极电流的控制能力。其指导意义是给出了晶体管输出与输入之间的关系。

在设计一个电路时，都是从末级输出开始，一步一步往前推，一级一级往前算，这就是对每个晶体管的放大量、工作点进行计算和确认。

5.4.2.2 晶体三极管使用注意事项

以下是在电路设计中使用三极管时需要注意的几个问题。

1. 加到管上的电压极性应正确

PNP 型三极管的发射极对其他两电极是正电位，而 NPN 型则是负电位。

2. 集电极负载为感性时必须加保护线路

工作于开关状态的三极管，因 BU_{EBO} 一般较低，所以应考虑是否要在基极回路加保护线路，以防止发射极击穿；若集电极负载为感性（如继电器的工作线圈），则必须加保护线路（如线圈两端并联续流二极管），以防线圈反电动势损坏三极管。

3. 防止参数超出极限值

不论是静态、动态或不稳定态（如电路开启、关闭时），均须防止电流、电压超出最大极限值，也不得有两项或两项以上参数同时达到极限值。

4. 防止二次击穿

对于大功率管，特别是外延型高频功率管，在使用中要防止二次击穿。

为了防止二次击穿，就必须大大降低三极管的使用功率和工作电压。其安全工作区的判定，应该依据厂家提供的资料，或在使用前进行必要的检测筛选。

注意：大功率三极管的功耗能力并不服从等功耗规律，而是随着工作电压的升高其耗散功率相应减小。对于相同功率的三极管而言，低电压、大电流的工作条件要比在高电压、小电流下使用更为安全。

5. 消除零点漂移

直流放大用差分对管时，由于对管参数不可能完全一致，应采用补偿元件和平衡调节措施，以消除零点漂移。

6. 需注意旁路电容对电压增益的影响

由于旁路电容的存在，在不同频率环境中会有不同的情况发生。

（1）当输入信号频率足够高时，容抗将接近于零，即发射极对地短路，此时共发射极的电压增益为零。

（2）当输入信号频率比较低时，容抗将远大于零，即相当于开路，此时共发射极的电压增益为无穷大。

由此可以看出，在使用三极管设计电路时需要考虑旁路电容对电压增益带来的影响。

7. 需注意三极管内部的结电容的影响

由于半导体制造工艺的原因，三极管内部不可避免地会有一定容值的结电容存在，当输入信号频率达到一定程度时，它们会使得三极管的放大作用“大打折扣”，更糟糕的是，它还会因此引起额外的相位差。

图 5.4.1 说明由于 be 结电容的存在，输入信号源的内阻和 be 结电容形成了一个鲜为人知的分压器，当输入信号的频率过高时，三极管基极的电位就会有所下降，此时电压增益就随之减小。

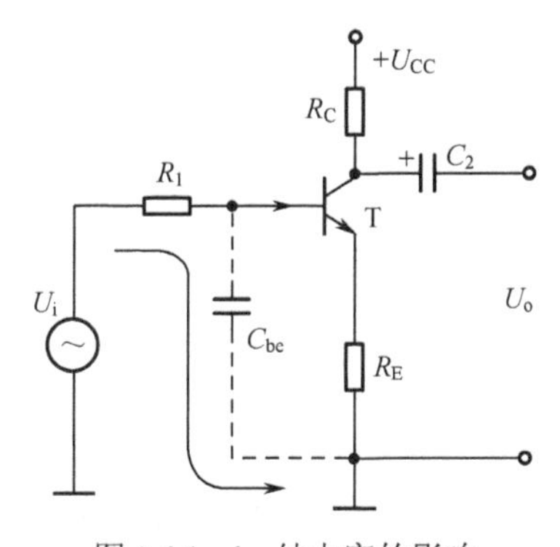

图 5.4.1 be 结电容的影响

由于 bc 结电容的存在，当输入信号的频率过高时，输出电压的一部分会经过 bc 结电容反馈到基极，又因为此反馈信号和输入信号有 180° 的相位差，所以，这样也会降低基极的电位，电压增益也由此下降。

8．需明确把握三极管的截止频率

ce 结电容是集电极到发射极、集电极到基极之间的电容及负载电容的等效电容。当输入信号的频率达到时，三极管的增益开始迅速下降。为了很好地解决这个问题，就得花心思把 ce 结电容尽量减小，由此，截止频率就可以更高一些。可以在设计电路时特意选择那种极间电容值较小的三极管，也就是通常所说的 RF 晶体管；也可以减小 R_L 的取值，但是这样的话得付出代价——电压增益将下降。

9．使用开关三极管注意事项

（1）三极管选择开关三极管，以提高开关转换速度。

（2）电路设计，要保证三极管工作在饱和/截止状态，不得工作在放大区。

（3）不要使三极管处于深度过饱和，否则也影响截止转换速度。至于截止，不一定需要负电压偏置，输入为零时就截止了，否则也影响导通转换速度。

（4）三极管作为开关时需注意它的可靠性；在基极人为接入了一个负电源，即可解决它的可靠性。

（5）需要接受一个事实：三极管的开关速度一般不尽如人意。

三极管的内部结电容的存在极大地限制了三极管的开关速度，但是我们还是可以想出一些办法有效地改善一下它的不足，调整信号的输入频率可以提高三极管的开关速度。

（6）三极管作为开关时需注意它的可靠性。

如同二极管那样，三极管的发射极也会有 0.7V 左右的开启电压，在三极管用作开关时，输入信号可能在低电平时（$0.7V<U_{IN}<2.4V$）也会导致三极管导通，使得三极管的集电极输出为低电平，这样的情况在电路设计中是不允许的。图 5.4.2 和图 5.4.3 所示电路是解决这个问题的一个办法。

从图 5.4.2 中可以看出，当输入信号的上升时间很小（信号频率很高）时，即 du_i/dt 很大，则 Z_c 很小，结果 I_b 非常大，以致三极管可以迅速地饱和或截止，这自然也就提高了三极管的开关速度。

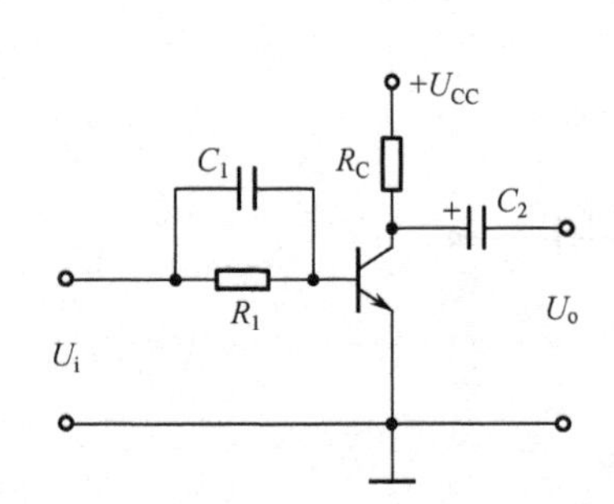

图 5.4.2　提高三极管开关速度的措施

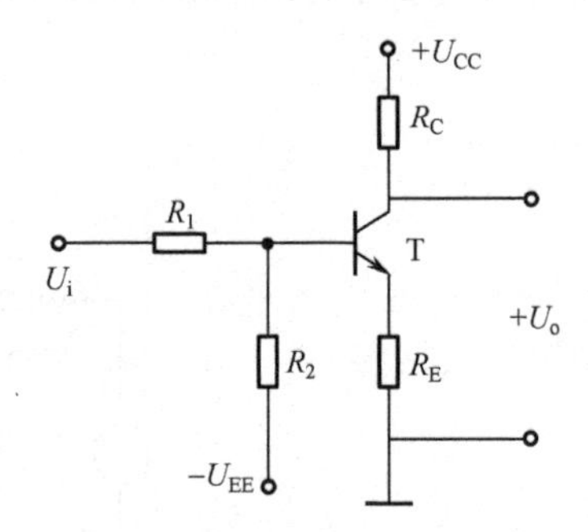

图 5.4.3　提高三极管截止可靠性的措施

图 5.4.3 说明在基极人为接入了一个负电源 $-U_{EE}$，这样即使输入信号的低电平稍稍大于零，也能够使得三极管的基极为负电位，从而使得三极管可靠地截止，集电极就将输出我们所希望的高电平。

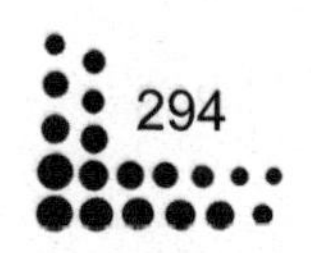

10．应该明白发射极跟随器的原理

发射极跟随器的一个最大好处就是它的输入阻抗很高，因而带负载能力也就加强了。连接在发射极的负载阻抗在基极看起来就像一个非常大的阻抗值，负载也就容易被信号源所驱动了。

5.4.2.3 场效应管使用注意事项

结型场效应管和一般晶体三极管的使用注意事项类似，而绝缘栅型场效应管则有很大差异。

（1）为了安全使用场效应管，在线路的设计中不能超过管的耗散功率、最大漏源电压、最大栅源电压和最大电流等参数的极限值。

（2）结型场效应管的栅源电压不能接反，可以在开路状态下保存。而绝缘栅型场效应管在不使用时，由于它的输入电阻非常高，须将各电极短路，以免外电场作用而使管子损坏。

（3）在采用绝缘栅型场效应管的电路中，在允许条件下，通常是在栅极的栅、源两极之间接入一个电阻或稳压二极管，使积累电荷不致过多或使电压不致超过某一界限。有少数VMOS管在G-S之间并联保护二极管，在检修电路时应注意查证原有的保护二极管是否损坏。

（4）各类型场效应管在使用时都要严格按要求偏置接入电路中，要遵守场效应管偏置的极性。例如结型场效应管栅源漏之间是PN结，N沟道管栅极不能加正偏压，P沟道管栅极不能加负偏压等。

（5）对于功率型场效应管，要有良好的散热条件。因为功率型场效应管在高负荷条件下运用，必须设计足够的散热器，确保壳体温度不超过额定值，使器件长期稳定、可靠地工作。

使用VMOS管时必须加合适的散热器后最大功率才能达到额定功率。

（6）多管并联后，由于极间电容和分布电容相应增加，使放大器的高频特性变坏，通过反馈容易引起放大器的高频寄生振荡。为此，并联复合管一般不超过4个，而且在每管基极或栅极上串联防寄生振荡电阻。

（7）在要求输入阻抗较高的场合使用时，必须采取防潮措施，以免由于温度影响使场效应管的输入电阻降低。如果用四引线的场效应管，其衬底引线应接地。

（8）结型栅场效应管应用的电路可以使用绝缘栅型场效应管，但绝缘栅增强型场效管应用的电路不能用结型栅场效应管代替。

（9）MOS场效应管由于输入阻抗极高，所以在运输、储藏中必须将引出脚短路，要用金属屏蔽包装，以防止外来感应电势将栅极击穿。尤其要注意，不能将MOS场效应管放入塑料盒子内，保存时最好放在金属盒内，同时也要注意管的防潮。

（10）为了防止场效应管栅极感应击穿，要求一切测试仪器、工作台、电烙铁、线路本身都必须有良好的接地；引脚在焊接时，先焊源极；在连入电路之前，管的全部引线端保持互相短接状态，焊接完后才把短接材料去掉；从元器件架上取下管时，应以适当的方式确保人体接地，如采用接地环等；当然，如果能采用先进的气热型电烙铁，焊接场效应管是比较方便的，并且确保安全；在未关断电源时，绝对不可以把管插入电路或从电路中拔出。以上安全措施在使用场效应管时必须注意。

（11）在安装场效应管时，注意安装的位置要尽量避免靠近发热元件；为了防管件振动，有必要将管壳体紧固起来；引脚引线在弯曲时，应当在大于根部尺寸5mm处进行，以防止弯断引脚或引起漏气等。

5.5 集成电路的选与用

5.5.1 集成电路的选型

集成电路的品种型号繁多，主要分为通用型和专用型两大类。由于本书篇幅所限，只能将使用量比较大的通用型集成电路的选与用进行一些介绍，读者感觉不够用的请参阅其他文献。

5.5.1.1 集成稳压器的选择

在选择集成稳压器时应该兼顾性能、使用和价格几个方面，目前市场上的集成稳压器有三端固定输出电压式、三端可调输出电压式、多端可调输出电压式和单片开关式 4 种类型。

在要求输出电压是固定的标准系列值，且技术性能要求不是很高的情况下，可选择三端固定输出电压式集成稳压器。如选择 CW7800 系列可获得正输出电压，选择 CW7900 系列可获得负输出电压。由于三端固定输出电压式集成稳压器使用简单，不需要做任何调整，价格较低，应用范围非常广泛。

在要求稳压精度较高且输出电压能在一定范围内调节时，可选用三端可调输出电压式集成稳压器，这种稳压器也有正负输出电压及输出电流大小之分，选用时应注意各系列集成稳压器的电参数特性。

多端可调输出电压式集成稳压器，如五端型可调集成稳压器，因为有特殊的限流功能，可利用它组成具有控制功能的稳压源和稳流源。它是一种性能较高而价格又较便宜的集成稳压器。

单片开关式集成稳压器的一个重要优点是具有较高的电源利用率，目前国内生产的 CW1524、CW2524、CW3524 系列是集成脉宽调制型，用它可以组装成开关型稳压电源。

5.5.1.2 运算放大器的选择

要选择一个好的运算放大器，首先需要了解设计对放大器的要求。设计人员必须综合考虑设计目标的信号电平、闭环增益、要求精度、所需带宽、电路阻抗、环境条件及其他因素，并把设计要求的性能转换成运算放大器的参数，建立各个参数的取值及它们随温度、时间、电流、电压等变化而变化的范围。

制造商提供了各种各样的运算放大器，每种都有各自不同的性能、特点和价格。不同类型的运算放大器组成近百种运算放大器系列，其中一部分是通用的，称为通用型运算放大器；另一部分为特殊应用提供优化特性，称为专用型运算放大器。通用型运算放大器的各项性能指标都比一般的分立元件直接耦合放大电路有所改善，大致能够满足中等精度的要求，一般情况下无需调零即可使用。专用型运算放大器为了适应特殊应用场合而具有优化特性。根据专用型运算放大器的性能指标，运算放大器可分为低噪声运算放大器、精密运算放大器、高速运算放大器、低偏置电流运算放大器、低漂移运算放大器、低功耗/微功耗运算放大器等。

设计者必须深刻理解用户使用手册中特性指标的意义，同时必须了解这些参数是如何测得

的，然后把这些特性指标转换成对设计要求有意义的参数。知道在参数表中要查找什么，了解运算放大器的制造工艺也有助于选择适合设计要求的最佳运算放大器。了解运算放大器最重要的参数，就能够找到最合适的运算放大器。然后以最低的价格获得符合设计目标提出的物理、电气和环境要求的运算放大器，选择具有最优性能价格比的运算放大器。

1. 偏置电压和输入偏置电流

在精密电路设计中，偏置电压是一个关键因素。对于那些经常被忽视的参数，如随温度变化而变化的偏置电压漂移和电压噪声等，也必须测定。精确的运算放大器要求偏置电压的漂移小于200μV，输入电压噪声低于6 nV/$\sqrt{Hz}$。随温度变化的偏置电压漂移要求小于1μV/℃。

低偏置电压的指标在高增益电路设计中很重要，因为偏置电压经过放大后可能引起大电压输出，并会占据输出摆幅的一大部分。温度感应和张力测量电路便是精密运算放大器的应用实例。

在所有运算放大器中，斩波放大器提供了最低的偏置电压和最低的随温度变化的偏置电压漂移。许多质量计量设备对增益的要求很高，需要配置高质量的精密放大器，此时斩波放大器是一种很好的选择。

2. 注意电源的影响

较高的电源电流可使放运算大器具有较快的速度和很大的输出驱动能力。

便携式系统中的运算放大器要求在很低的电源电压下工作，且电源电流应很小以尽量延长电池寿命。这些运算放大器一般还需有良好的输出驱动能力和高开环增益。

一定要认真阅读参数表以留心低电压下工作可能引起的性能问题。有些低功耗运算放大器，当输出电压改变时其电源电流具有较宽的变化范围。在低电源电压下，输出电流驱动能力也可能显著下降。可查阅参数表以确定在特定的电源电压下所能达到的输出电流驱动能力。

另一种选择是使用具有“关闭”特性的运算放大器。虽然这种放运算大器具有较高的电源电流，但当不工作时能被关闭，从而进入超低电流状态。

3. 音频和视频应用中的噪声/相位误差

在音频应用中，运算放大器主要有两个作用：麦克风放大；耳机或扬声器输出。运算放大器既能放大麦克风的信号，也能放大任何来自运算放大器的噪声，所以对麦克风放大器的噪声要求很高。耳机和扬声器的运算放大器必须能输出大电流，因为大多数耳机的阻抗在100Ω左右或更小，大多数扬声器的阻抗是8Ω。

许多视频应用要求增益特性的相位误差最小。相位误差可导致色彩偏离和视觉失真。高速放大器在保持低相位误差的同时，仍能获得所要求的增益。大多数高速运算放大器的参数表都给出了相位误差，应该把各种运算放大器的相位误差做一个比较。

电流反馈运算放大器是现有的速度最高的运算放大器之一。由于这种运算放大器与电压反馈运算放大器的工作方式不同，务必阅读参数表中的应用说明以获得最佳效果。

4. 注意避免一些常见的错误

1）输入电压范围

运算放大器参数表包含许多信息，但有时可能很难通过比较两个参数表来确定哪种运算放大器性能更优。输入共模电压范围指标即是一个例子，这个参数常被误用。为确保正常工作，要注意共模抑制比（CMRR）的测试条件。给出的测试条件表示共模输入电压范围。轨-轨输入放大器的共模输入电压范围是从负电源（*U*-）到正电源（*U*+）。

2）输出电压摆幅

与输入电压范围不同，运算放大器的输出电压摆幅并没有清晰的定义。大多数单电源运算放大器参数表都给出了针对高、低两种输出摆幅下的电压指标。它表示当运算放大器吸入和泵出电流时，运算放大器的输出摆幅接近正电源和地的能力。可惜的是，一般无法根据不同厂商的参数表对这些数值进行直接比较，因为不同的供应商会以不同的方式定义输出负载。

关键要看负载是电阻还是电流源。如果负载是电流源，那么可测量相似的负载电流，这样就能很容易地比较不同运算放大器间的输出电压摆幅。若负载是电阻，则要判断该电阻是与电源电压 U_{CC} 相连，还是与参考电压 $U_{CC}/2$ 相连，或是接地。负载连接到 $U_{CC}/2$ 将使运算放大器的输出级可以泵出和吸入电流，但运算放大器的输出电流相当于负载接地或接到正电源情况下的一半。这种输出电流的差别可使得运算放大器的摆幅接近正负电源的值。这在某种程度上可能误导，因为在大多数单电源直流应用电路设计中，负载都直接接地，运算放大器输出的摆幅达不到正电源的值。

3）电容驱动能力

电容驱动能力是一个在参数表中经常定义含糊的参数。所有的运算放大器对容性负载的灵敏度都有不同程度的差别。一些低功耗运算放大器相对于仅仅几百皮法的容性负载就可能变得不稳定。因此，这些运算放大器的参数表可能会隐藏这个事实。

4）输出电容的灵敏度

要确定运算放大器对于输出电容的灵敏度，可以通过相对于容性负载的过冲曲线图来决定。另一个较好的示意图是小信号响应图，可用来观测过冲的程度和特定容性负载的下降时间。某些参数表还提供了相对容性负载的增益-带宽示意图。

5）阻尼电路

减小过冲和阻尼振荡的一个方法就是在输出负载上并联一个串联 RC 网络。可通过实验来确定这个网络（也称阻尼电路）的最佳值。可以在器件的使用说明书中找到减小过冲和阻尼振荡的其他方法。

6）偏置电压漂移和速度

对于所选器件，带宽低于 10MHz 时，偏置电压漂移应限制在略低于 1mV。

7）双极型与 CMOS 运算放大器比较

CMOS 工艺的主要优势在于价格低廉，这种工艺有助于降低中等性能的运算放大器价格。CMOS 工艺提供的技术优势是运算放大器的输入偏置电流特别小，在皮安培（pA）级。这对于高电源阻抗的应用特别重要，如光接收机中的光电二极管放大器，或耗电尽可能小的电池监测器。

CMOS 运算放大器的主要局限是其最大和最小电源电压。由于其几何形状较小，晶体管击穿电压也减小了。大多数 CMOS 运算放大器必须在 6V 或更低的电压下工作。对多数低功耗应用来说，这不成问题，但某些便携式应用却是例外。一个例子就是电池，电池电源电压变化很

大，可以从满充状态的 5V 到接近耗尽时的 2.2V。然而，若电池连接到充电器上，电源电压有可能增加到 12V。

双极型工艺通常允许较高的电源电压。由于双极型晶体管的动态范围宽，其工作电压容易做到比 CMOS 运算放大器更低。在功耗、漂移、噪声和速度等方面，双极型工艺都很出色，所以它不仅是一种大有发展前途的工艺，还是一种能满足各种性能运算放大器要求的工艺。

也有将两种工艺结合到一起的工艺技术，如互补双极互补 CMOS（CBCMOS）。这种“混合”工艺技术的构想是将每种技术的优点都集中到运算放大器上。例如，ADI 的 OP186 就采用了一个双极型输入级来将噪声和漂移减至最小，同时在输出级采用 CMOS 晶体管来改善输出驱动性能而无需增加器件尺寸。

5）比较器和运算放大器是不能相互替代的，低性能设计除外

在开环或高增益配置中虽然最好是使用专门优化的比较器，但是用运算放大器代替比较器也是十分常见的。运算放大器是一种为在负反馈条件下工作而设计的电子器件，设计重点是保证这种配置的稳定性，压摆率和最大带宽等其他参数是运算放大器在功耗与架构之间的折中选择。相反，比较器是为无负反馈的开环结构内工作而设计的，这些器件通常不是通过内部补偿，因此速度（传播延迟）及压摆率（上升和下降时间）在比较器上得到了最大化，速度约在纳秒级，而运算放大器翻转速度一般为微秒级（特殊的高速运算放大器除外）。总体增益通常也比较小。

用运算放大器代替比较器不会使性能得到优化，而且功耗速度比将会很低。如果反过来，用比较器代替运算放大器，情况则会更坏。通常情况下比较器不能代替运算放大器，在负反馈条件下，比较器很可能会出现工作不稳定的情况。运算放大器输出级一般采用推挽电路，双极性输出。而多数比较器输出级为集电极开路结构，所以需要上拉电阻，单极性输出，这样容易和数字电路连接。

5.5.1.3　DC-DC 变换器芯片选择

1．对于 DC-DC 来说，主要考虑转换的效率、纹波、输入/输出电压等

在选择 DC-DC 变换器时，电路设计要注意输出电流、高效率、小型化，输出电压要求有以下几点。

（1）如果需求的输出电流较小，可选择 FET 内置型；输出电流需要较大时，选择外接 FET 类型。

（2）关于效率有以下考虑：如果需优先考虑重负荷时的纹波电压及消除噪声，可选择 PWM 控制型；如果同时需重视低负荷时的效率，则可选择脉冲频率调制（PFM）/脉冲宽度调制（PWM）切换控制型。

（3）如果要求小型化，则可选择能使用小型线圈的高频产品。

（4）在输出电压方面，如果输出电压需要达到固定电压以上，或需要不固定的输出电压时，可选择输出可变的 U_{DD}/U_{OUT} 分离型产品。

2．DC-DC 工作方式脉冲频率调制（PFM）与脉冲宽度调制（PWM）比较

DC-DC 变换器是通过与内部频率同步开关进行升压或降压，通过变化开关次数进行控制，从而得到与设定电压相同的输出电压。DC-DC 变换器有 PWM 控制、PFM 控制和 PWM/PFM 切

换控制方式，这三种控制方式各有各的优点与缺点，选用时应根据电路要求进行选用。

1）PFM 控制 DC-DC 变换器

PFM 控制时，当输出电压达到在设定电压以上时即会停止开关，在下降到设定电压前，DC-DC 变换器不会进行任何操作。但如果输出电压下降到设定电压以下，DC-DC 变换器会再次开始开关，使输出电压达到设定电压。与 PWM 相比，PFM 的输出电流小，但是因 PFM 控制的 DC-DC 变换器在达到设定电压以上时就会停止动作，所以消耗的电流就会变得很小。因此，消耗电流的减少可改进低负荷时的效率。

2）PWM 控制 DC-DC 变换器

PWM 控制也是与频率同步进行开关，但是它会在达到升压设定值时，尽量减少流入线圈的电流，调整升压使其与设定电压保持一致。PWM 在低负荷时虽然效率较逊色，但是因其纹波电压小，且开关频率固定，所以噪声滤波器的设计比较容易，消除噪声也较简单。

3）PWM/PFM 切换控制式 DC-DC 变换器

若需同时具备 PFM 与 PWM 的优点的话，可选择 PWM/PFM 切换控制式 DC-DC 变换器。此功能是在重负荷时由 PWM 控制，低负荷时自动切换到 PFM 控制，即在一款产品中同时具备 PWM 的优点与 PFM 的优点。在备有待机模式的系统中，采用 PFM/PWM 切换控制的产品能得到较高效率。

通过实际测试 PWM 与 PFM/PWM 的效率，可以发现 PWM/PFM 切换的产品在低负荷时的效率较高。至于高频方面，可以通过提高 DC-DC 变换器的频率，实现大电流化、小型化和高效率化。但是，必须注意的是只有通过线圈的特性配合才可以提高效率。因为当 DC-DC 变换器高频化后，由于开关次数随之增加，开关损失也会增大，从而导致效率会有所降低。因此，效率是由线圈性能提升与开关损失增加两方面折中决定的。通过使用高效率的产品，相对可使用较低电感值的线圈，可以使用小型线圈，即使使用的是小型线圈也可得到相同的效率及输出电流。

3．外接器件选择

除了需要关注 DC-DC 变换器本身的特性外，外接组件的选择也不能忽视。外接组件中的线圈、电容器和 FET 对于开关电源特性有着很大影响。这里所谓的特性是指输出电流、输出纹波电压及效率。

（1）线圈。如果需要追求高效率，最好选择直流电阻和电感值较小的线圈。但是，如果电感值较小的线圈用于频率较低的 DC-DC，电流就会超过线圈的额定电流，线圈会产生磁饱和现象，引起效率降低或线圈损坏。而且如果电感值太小，也会引起纹波电压变大。所以在选择线圈时，请注意流向线圈的电流不要超过线圈的额定电流。在选择线圈时，需要根据输出电流、DC-DC 的频率、线圈的电感值、线圈的额定电流和纹波电压等条件综合决定。

（2）电容。输出电容的容量越大，纹波电压就越小。但是较大的容量也意味着较大的电容体积，所以请选择最合适的容量。

（3）场效应三极管。作为外接的三极管，场效应管与双极晶体管相比，因场效应管的开关速度比较快，所以开关损耗会较小，效率会更高一些。

5.5.1.4 数字逻辑集成电路的选择

目前应用最广泛的数字逻辑集成电路是 TTL 电路和 CMOS电路。

1. 数字逻辑集成电路的类型选择

1）TTL 电路

TTL 电路根据应用领域的不同，分为54系列和 74 系列。前者为军品，一般工业设备和消费类电子产品多用后者。74 系列数字集成电路是国际上通用的标准电路，其品种分为 74××(标准)、74S××（肖特基）、74LS××（低功耗肖特基）、74AS××（先进肖特基）、74ALS××（先进低功耗肖特基）、74F××（高速）六大类，其功能完全相同。

2）CMOS电路

CMOS 电路的品种包括 4000 系列的 CMOS 电路及 74 系列的高速 CMOS 电路。其中 74 系列的高速 CMOS 电路又分为三大类：HC 为 CMOS 工作电平；HCT为 TTL 工作电平（它可与74LS 系列互换使用）；HCU 适用于无缓冲级的 CMOS 电路。74 系列高速 CMOS 电路的逻辑功能和引脚排列与相应的 74LS 系列的品种相同，工作速度也相当高，功耗大为降低。平时用得最多的应该是 74LS、74HC、74HCT 这三种。

2. 数字逻辑集成电路的性能选择

CMOS 和 TTL 数字逻辑集成电路性能的比较见表 5.5.1。

表 5.5.1 CMOS 和 TTL 数字逻辑集成电路性能的比较

序号	比较项目	TTL	CMOS
1	构成	双极晶体管	场效应管
2	电平范围	5V 以下	3～15V
3	输入高电平和低电平	输入高电平≥2.0V，输入低电平≤0.8V	输入高电平接近于电源电压，输入低电平接近于 0V
4	输出高电平和低电平	输出高电平>2.4V，输出低电平<0.4V	输出高电平接近于电源电压，输出低电平接近于 0V
5	功耗	较大，毫安级，1～5mA/门	功耗低，省电（微安级）
6	抗干扰性	差	强
7	工作频率	较高	略低
8	驱动方式	电流控制	电压控制
9	输入电流	2.5mA 左右	几乎为零
10	负载能力	大，25mA	小，10mA 左右
11	速度	快（数纳秒）	慢（几百纳秒）
12	传输延迟时间	短（5～10ns）	长（25～50ns）
13	转换电平	2 倍的 PN 结正向压降为 1.4V	电源电压的 1/2
14	不用端是否处理	可以不处理	必须处理

3．数字逻辑集成电路的品种选择

应根据控制电路的控制功能需要，使用集成电路手册来选择满足要求的数字逻辑集成电路。常用数字逻辑集成电路的品种有以下几类。

（1）门电路：与门/与非门、或门/或非门、非门等。

（2）触发器、锁存器：R-S 触发器、D 触发器、J-K 触发器等。

（3）编码器、译码器：二进制-十进制译码器、BCD-7 段译码器等。

（4）计数器：二进制、十进制、N 进制计数器等。

（5）运算电路：加/减运算电路、奇偶校验发生器、幅值比较器等。

（6）时基、定时电路：单稳态电路 、延时电路等。

（7）模拟电子开关、数据选择器。

（8）寄存器：基本寄存器、移位寄存器（单向、双向）。

（9）存储器：RAM、ROM、E^2PROM、Flash ROM 等。

5.5.2 集成电路的使用注意事项

5.5.2.1 集成电路通用的注意事项

1．仔细认真查阅使用器件型号的资料

对于要使用的集成电路，首先要根据手册查出该型号器件的资料，注意器件的引脚排列图，按参数表给出的参数规范使用。在使用中，不得超过最大额定值（如电源电压、环境温度、输出电流等），否则将损坏器件。

2．注意电源电压的稳定性

（1）为了保证电路的稳定性，供电电源的质量一定要好，要稳压。在电源的引线端并联容量大的滤波电容，以避免由于电源通断的瞬间而产生冲击电压。如果产生异常的脉冲波，则要在电路中增设诸如二极管组成的浪涌吸收电路。

（2）电源电压的极性千万不能接反，否则会因为过大电流而造成器件损坏。

TTL 电路的电源电压范围很窄，规定 I 类和III类产品为 4.75～5.25V（5V±5%），II 类产品为 4.5～5.5V（5V±10%），典型值均为 U_{CC}=5V。使用中 U_{CC} 不得超出范围。输入信号 U_1 不得高于 U_{CC}，也不得低于GND（地电位）。

ECL的电源电压一般规定为 U_{CC}=0V，U_{EE}= −5.2V±10%，使用中不得超标。

（3）集成电路不允许大电流冲击。

大电流冲击最容易导致集成电路损坏，所以，正常使用和测试时的电源应附加电流限制电路。

3．不允许在超过极限参数的条件下工作

电路在超过极性参数的条件下可能工作不正常，且容易损坏。TTL 集成电路的电源电压允许变化范围比较窄，一般在 4.5～5.5V 之间，因此必须使用 5V 稳压电源。CMOS 集成电路的工作电源电压范围比较宽（如 CD4000B/4500B：3～18V），有较大的选择余地。选择电源电压时

除首先考虑到要避免超过极限电源电压外，还要注意电源电压的高低会影响电路的工作频率等性能。电源电压低，电路工作频率会下降或增加传输延迟时间。如 CMOS 触发器，当 U_{CC} 由 15V 下降到 3V 时，其最高工作频率将从 10MHz 下降到几十千赫兹。

4. 集成电路引脚加电时要同步

集成块各引脚施加的电压要同步，原则上集成块的 U_{CC} 与地之间要最加上电压。CMOS 电路尚未接通电源时，决不可以将输入信号加到 CMOS 电路的输入端。如果信号源和 CMOS 电路各用一套电源，则应先接通 CMOS 电源，再接通信号源的电源。关机时，应先切断信号源电源，再关掉 CMOS 电源。

5. 不应带电插拔集成电路

带有集成电路插座或电路间连接采用接插件及组件式结构的控制设备等，应尽量避免拔插集成块或接插件，必要拔插前，一定要切断电源，并注意让电源滤波电容放电后进行。

6. 集成电路及其引线应远离脉冲高压源

设置集成电路位置时应尽量远离脉冲高压、高频等装置。连接集成电路的引线及相关导线要尽量短，在不可避免的长线上要加入过压保护电路。CMOS 电路接线时，外围元件应尽量靠近所连引脚，引线力求短捷，避免使用平行的长引线，否则易引入较大的分布电容和分布电感，容易形成 LC 振荡。解决的办法是在输入端串联 10kΩ电阻。

CMOS 用于高速电路时，要注意电路结构和印制板的设计。输出引线过长容易产生“振铃”现象，引起波形失真。

高速数字集成电路必须考虑信号线上存在的“反射”及相邻信号线之间的“串扰”等特殊问题，必要时应采用传输线（如同轴电缆），并保证传输线的阻抗匹配。此外，还需采用一定的屏蔽、隔离措施。当工作频率超过200MHz 时，宜选用多层线路板，以减少地线阻抗。

7. 电路安装接线和焊接应注意的问题

（1）在需要弯曲引脚引线时，不要靠近根部弯曲。焊接前不允许用刀刮去引线上的镀金层。

（2）连线要尽量短，最好用绞合线。避免使用平行的长引线，以防引入较大的分布电容，形成振荡。

（3）整体接地要好，地线要粗、短。

（4）焊接的烙铁功率最好不大于 25W；使用中性焊剂，如松香酒精溶液，不可使用焊油。由于集成电路外引线间距离很近，焊接时焊点要小，不得将相邻引线短路，焊接时间要短。

（5）印制电路板焊接完毕后，严禁浸泡在有机溶液中清洗，只能用少量酒精擦去外引线上的助焊剂和污垢。

8. 防止静电及感应电动势击穿集成电路

CMOS 电路的栅极与基极之间有一层厚度仅为 0.1～0.2μm 的二氧化硅绝缘层。由于 CMOS 电路的输入阻抗高，而输入电容又很小，只要在栅极上积有少量电荷，便可形成高压，将栅级击穿，造成永久性损坏。因人体能感应出几十伏的交流电压，衣服在摩擦时也能产生数千伏的静电，故尽量不要用手或身体接触 CMOS 电路的引脚。长期不用时，最好用锡纸将全部引脚短路后包好。塑料袋易产生静电，不宜用来包装集成电路。

电路中带有继电器等感性负载时，在集成电路的相关引脚要接入保护二极管，以防止过压击穿。焊接时宜采用 20W 内热式电烙铁，烙铁外壳需接地线，或使用防静电电烙铁，防止因漏电而损坏集成电路。每次焊接时间应控制在 3～5s 内。有时为安全起见，也可先拨下烙铁插头，利用烙铁的余热进行焊接。严禁在电路通电时进行焊接。

9．要防止超过最高温度

一般集成电路所受的最高温度是260℃、10s 或 350℃、3s。这是指每块集成电路全部引脚同时浸入离封装基底平面的距离大于 1～1.5mm 所允许的最长时间，所以波峰焊和浸焊温度一般控制在 240～260℃，时间约 7s。

高速数字集成电路的速度高，功耗也大。用于小型系统时，器件上应装散热器；用于大、中型系统时，则应加装风冷或液冷设备。

10．注意设计工艺，增强抗干扰措施

在设计印刷线路板时，外围元器件应尽量靠近所连引脚，应避免引线过长，以防止信号之间的窜扰和对信号传输延迟。此外要把电源线设计得宽一些，地线要进行大面积接地，这样可减少接地噪声干扰。

5.5.2.2 TTL 集成电路使用应注意的问题

1．电源干扰的消除

电源电压的变化对 54 系列应满足 5V±10%，对 74 系列应满足 5V±5%的要求，电源的正极和地线不可接错。为了防止外来干扰通过电源进入电路，需要对电源进行滤波，通常在印制电路板的电源输入端接入 10～100μF 的电容进行滤波，在印制电路板上，每隔 6～8 个门加接一个 0.01～0.1μF 的电容对高频进行滤波。

2．对输入端的处理

（1）输入信号不得高于 U_{CC}，也不得低于地（GND）电位。

（2）TTL 集成电路的各个输入端不能直接与高于 5.5V 和低于-0.5V 的低内阻电源连接，因为低内阻电源能提供较大的电流，导致元器件过热而烧坏。

（3）闲置输入端的处理如下。

TTL 电路对多余的输入端允许悬空，悬空时，该端的逻辑输入状态一般都作为“1”对待，虽然悬空相当于高电平，但并不影响与门、与非门的逻辑关系。对多余的输入端最好不要悬空，因为悬空容易受干扰，有时会造成电路的误动作。TTL 集成门电路使用时，对于闲置输入端（不用的输入端）一般不悬空，主要是防止干扰信号从悬空输入端引入电路。对于闲置输入端的处理以不改变电路逻辑状态及工作稳定为原则。常用的方法见有以下几种。

① 与门、与非门的闲置输入端可直接接电源电压 U_{CC}，或通过 1～10kΩ的电阻接电源 U_{CC}。也可将不同的输入端共用一个电阻连接到 U_{CC} 上，或将多余的输入端并联使用。如图 5.5.1（a）和图 5.5.1（b）所示。

② 如果前级驱动能力允许时，可将闲置输入端与有用输入端并联使用，如图 5.5.1（c）所示。

③ 在外界干扰很小时，与非门的闲置输入端可以剪断或悬空，但不允许接开路长线，以免引入干扰而产生逻辑错误，如图 5.5.1（d）所示。

④ 对于或门、或非门的闲置输入端应直接接地。对与或非门中不使用的与门至少有一个输入端接地，如图 5.5.1（e）和图 5.5.1（f）所示。

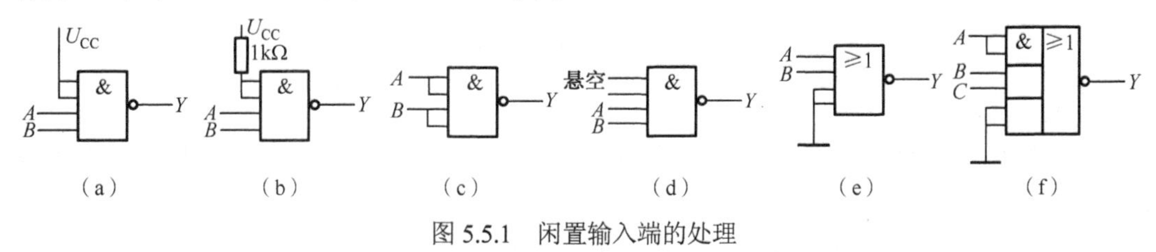

图 5.5.1 闲置输入端的处理

⑤ 对于触发器等中规模集成电路来说，不使用的输入端不能悬空，应根据逻辑功能接入适当电平。

3. 对于输出端的处理

（1）使用时，输出电流应小于产品手册上规定的最大值。

除三态门、集电极开路门外，具有推拉输出结构的 TTL 门电路的输出端不允许直接并联使用。

（2）集成门电路的输出端不允许直接接电源 U_{DD}（U_{CC}）或 U_{SS}（地），集成门电路的输出更不允许与电源或地短路，否则会产生过大的短路电流而使元器件损坏。

（3）如果将几个集电极开路门电路的输出端并联，实现“线与”功能时，应在输出端与电源之间接入一个计算好的上拉电阻，否则可能造成器件损坏。

（4）三态输出门的输出端可并联使用，但在同一时刻只能有一个门工作，其他门输出处于高阻状态。集电极开路门输出端可并联使用，但公共输出端和电源 U_{CC} 之间应接一个预先计算好的上拉负载电阻 R_L。

4. 调试中应注意的问题

（1）在电源接通时，不要移动或插入集成电路，因为电流的冲击可能会造成其永久性损坏。

（2）对 CT54/CT74 和 CT54H/CT74H 系列的 TTL 电路，输出的高电平不小于 2.4V，输出低电平不大于 0.4V。对 CT54S/CT74S 和 CT54LS/CT74LS 系列的 TTL 电路，输出的高电平不小于 2.7V，输出的低电平不大于 0.5V。上述 4 个系列输入的高电平不小于 2.4V，低电平不大于 0.8V。

（3）当输出高电平时，输出端不能碰地；输出低电平时，输出端不能碰电源 U_{CC}（5V），否则输出管会烧坏。

5.5.2.3 CMOS 集成电路使用应注意的问题

CMOS 电路以其优良的特性成为目前应用最广泛的集成电路。在电子制作中使用 CMOS 集成电路时，除了认真阅读产品说明或有关资料，了解其引脚分布及极限参数外，还应注意以下几个问题。

1．对输入端的处理

在使用 CMOS 电路器件时，对输入端一般要求如下。

（1）CMOS 电路要求输入信号的幅度不能超过 U_{DD}～U_{SS}，即满足 $U_{SS}≤U_{i}≤U_{CC}$。

当 CMOS 电路输入端施加的电压过高（大于电源电压）或过低（小于 0V），或电源电压突然变化时，电路电流可能会迅速增大，烧坏元器件，这种现象称为晶闸管效应。预防晶闸管效应的措施主要有以下几个。

① 输入端信号幅度不能大于 U_{CC} 或小于 0V。

② 消除电源上的干扰。

③ 在条件允许的情况下，尽可能降低电源电压。如果电路工作频率比较低，用 5V 电源供电最好。

④ 对使用的电源加限流措施，使电源电流被限制在 30mA 以内。

（2）输入信号的上升和下降时间不宜过长。

输入脉冲信号的上升和下降时间一般应小于数毫秒，否则，一方面容易造成虚假触发而导致元器件失去正常功能，使电路工作不稳定；另一方面还会造成元器件较大的损耗或损坏。对于 74HC 系列应限于 0.5μs 以内。若不满足此要求，需用施密特触发器件进行输入整形。

（3）多余输入端的处理。

CMOS 电路所有多余的输入端都不允许悬空。由于 CMOS 集成电路输入阻抗极高，一旦输入端悬空，极易受外界噪声影响，使电位不定，破坏正常的逻辑关系，使电路产生误动作，而且也极易造成栅极静电感应产生的高压引起元器件击穿损坏的现象。

这些多余的输入端应该接 U_{DD} 或 U_{SS}，或与其他正在使用的输入端并联。这三种处置方法应根据实际情况而定，若是或门/或非门电路，多余的输入端不能接 U_{DD}（整个门单元都不使用的除外），否则不能执行正常的逻辑功能；同理，与门/与非门的多余输入端不能接 U_{SS}。

多余输入端并联使用时，对电路的工作速度有一定影响，因此，这种方式适用于工作速度不太高、功耗不太大的条件下。CMOS 电路在特定条件下可以并联使用。当同一芯片上两个以上功能相同的元器件并联使用（如各种门电路）时，可增大输出灌电流和拉电流，从而增强驱动负载的能力，同样也提高了电路的工作速度。但元器件的输出端并联，输入端也必须并联。

因此，应根据电路实际的逻辑功能要求接入适当的电压（U_{CC} 或 0V）。所以与门/与非门的多余输入端要接到 U_{DD} 或高电平，或门/或非门的多余输入端要接到 U_{SS} 或低电平。若电路的工作速度不高，功耗也不需特别考虑，则可以将多余输入端与使用端并联，如图 5.5.2 所示。

以上所说的多余输入端包括没有被使用但已接通电源的 CMOS 电路所有输入端。例如，一片集成电路上有 4 个与门，电路中只用其中一个，其他 3 个与门的所有输入端必须按多余输入端处理。

（4）在 CMOS 集成电路尚未接通电源时，不允许将输入信号加到电路的输入端。

在工作或测试时，必须按照先接通电源后加入信号，先撤除信号后关电源的顺序进行操作。在安装、改变连接、拔插时必须切断电源，以防元器件受到极大的感应或冲击而损坏。

（5）输入端接长导线时的保护。

在应用中有时输入端需要接长的导线，而长输入线必然有较大的分布电容和分布电感，易形成 LC 振荡，特别是若输入端一旦发生负电压，极易破坏 CMOS 中的保护二极管。其保护办法为在输入端处接一个 10～20kΩ的保护电阻 R，$R=U_{DD}/1\text{mA}$，如图 5.5.3 所示。

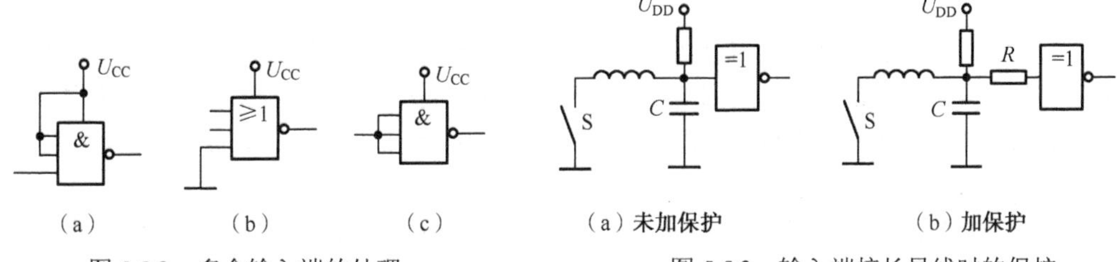

图 5.5.2　多余输入端的处理

图 5.5.3　输入端接长导线时的保护

（6）输入端的静电防护。

CMOS 电路具有很高的输入阻抗，致使元器件易受外界干扰、冲击和静电击穿。所以，为了保护 CMOS 管的氧化层不被击穿，一般在其内部输入端接有二极管保护电路。其中 R 为 1.5～2.5kΩ。输入保护电路的引入使元器件的输入阻抗有一定下降，但仍在 10^8Ω以上。这样也给电路的应用带来了一些限制。

① 输入电路的过流保护。

CMOS 电路输入端的保护二极管，其导通时电流容限一般为 1 mA，当可能出现过大瞬态输入电流（超过 10mA）时，应串联输入保护电阻。例如，当输入端接的信号源，其内阻很小、引线很长或输入电容较大，在接通和关断电源时，就容易产生较大的瞬态输入电流，这时必须接输入保护电阻。若 U_{DD} 等于 10V，则取限流电阻为 10kΩ即可。

② 要防止用大电阻串入 U_{DD} 或 U_{SS} 端，以免在电路开关期间由于电阻上的压降引起保护二极管瞬时导通而损坏元器件。

2. 对输出端的处理

多余的输出端应该悬空处理，决不允许直接接到 U_{DD} 或 U_{SS}。否则会产生过大的短路电流而使元器件损坏。

（1）CMOS 电路的输出端不能直接连到一起。

在 CMOS 电路中除了三端输出元器件外，不允许两个元器件的输出端并接，因为不同的元器件参数不一致，有可能导致 NMOS 和 PMOS 元器件同时导通，形成大电流。

不同逻辑功能的 CMOS 电路的输出端也不能直接连到一起，否则导通的 P 沟道 MOS 场效应管和导通的 N 沟道 MOS 场效应管形成低阻通路，造成电源短路而引起元器件损坏。

（2）CMOS 电路的输出端不允许短路，包括不允许对电源和对地短路。

导通的 P 沟道 MOS 场效应管和导通的 N 沟道 MOS 场效应管在输出端短路的情况下会形成低阻通路，造成电源短路，就会使输出级的 MOS 管因过流而损坏。

（3）在 CMOS 逻辑系统设计中，应尽量减少容性负载。

容性负载会降低 CMOS 集成电路的工作速度和增加功耗。当 CMOS 电路输出端有较大的容性负载时，流过输出管的冲击电流较大，易造成电路失效。为此，必须在输出端与负载电容间串联一限流电阻，将瞬态冲击电流限制在 10mA 以下。

（4）CMOS 电路在特定条件下可以并联使用。

逻辑功能相同的门电路，它们的输入端并联时，输出端可以并联。当同一芯片上两个以上同样元器件并联使用（如各种门电路）时，可增大输出灌电流和拉电流负载能力，同样也提高了电路的速度。但元器件的输出端并联，输入端也必须并联。

（5）驱动能力问题。

从 CMOS 器件的输出驱动电流大小来看，CMOS 电路的驱动能力比 TTL 电路要差很多，一般 CMOS 器件的输出只能驱动一个 LS-TTL 负载。但从驱动和它本身相同的负载来看，CMOS 的扇出系数比 TTL 电路大得多(CMOS 的扇出系数大于或等于 500)。CMOS 电路驱动其他负载，一般要外加一级驱动器接口电路。

CMOS 电路的驱动能力的提高，除选用驱动能力较强的缓冲器来完成之外，还可将同一个芯片几个同类电路并联起来提高电路的驱动能力，这时驱动能力提高到 N 倍（N 为并联门的数量）。

3．调试 CMOS 电路的注意事项

（1）调试 CMOS 电路时，如果信号电源和电路板各用一组电源，则刚开机时应先接通电路板电源，后接通信号源电源。关机时则应先关信号源电源，后断电路板电源。即在 CMOS 本身还没有接通电源的情况下，不允许有信号输入。

（2）CMOS 电路装在印制电路板上时，印制电路板上总有输入端。当电路从机器中拔出时，输入端必然出现悬空，所以应在各输入端上接入限流保护电阻。如果要在印制电路板上安装 CMOS 集成电路，则必须在与它有关的其他元器件安装之后再装 CMOS 电路，避免 CMOS 器件输入端悬空。

（3）插拔电路板电源插头时，应该注意先切断电源，防止在插拔过程中烧坏 CMOS 的输入端保护二极管。

5.5.2.4　集成电路的接口电路

在使用集成电路设计一个控制系统时，经常把不同类型的集成电路进行转接，这就需要增加接口电路，使各级电平或阻抗相匹配。

1．TTL 与 CMOS 的接口

在电路中常遇到 TTL 电路和 CMOS 电路混合使用的情况，由于这些电路相互之间的电源电压和输入、输出电平及负载能力等参数不同，它们之间的连接必须通过电平转换或电流转换电路，使前级元器件输出的逻辑电平满足后级元器件对输入电平的要求，并不对元器件造成损坏。逻辑元器件的接口电路主要应注意电平匹配和输出能力两个问题，并与元器件的电源电压结合起来考虑。下面分两种情况来说明。

1）TTL 到 CMOS 的连接

用 TTL 电路去驱动 CMOS 电路时，由于 CMOS 电路是电压驱动元器件，所需电流小，因此电流驱动能力不会有问题，主要是电压驱动能力问题。TTL 电路输出高电平的最小值为 2.4V，而 CMOS 电路的输入高电平一般高于 3.5V，这就使二者的逻辑电平不能兼容。为此可采用如图 5.5.4 所示电路，在 TTL 的输出端与电源之间接一个电阻 R_L（上拉电阻），可将 TTL 的电平提高到 3.5V 以上。

2）CMOS 到 TTL 的连接

CMOS 电路输出逻辑电平与 TTL 电路的输入逻辑电平可以兼容，但 CMOS 电路的驱动电流较小，不能够直接驱动 TTL 电路。为此可采用 CMOS/TTL 专用接口电路，如 CMOS 缓冲器 CC4049 等，经缓冲器之后的高电平输出电流能满足 TTL 电路的要求，低电平输出电流可达 4mA。实现 CMOS 电路与 TTL 电路的连接，如图 5.5.5 所示。 需说明的是，CMOS 与 TTL 电路的接口电路形式多种多样，实际应用中应根据具体情况进行选择。

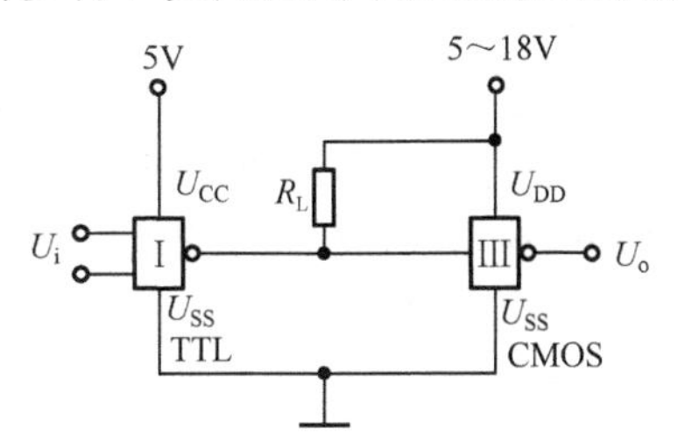

图 5.5.4 TTL 到 CMOS 的连接

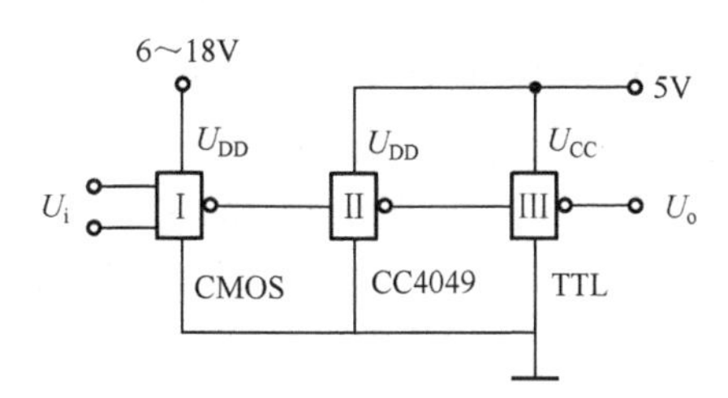

图 5.5.5 CMOS 到 TTL 的连接

2. CMOS 电路驱动 LED 或继电器接口电路

如图 5.5.6（a）所示电路是 CMOS 驱动小型直流继电器的接口电路。当 CMOS 输出高电平时，三极管饱和，继电器线圈有电流通过，继电器吸合，可驱动报警器或使执行机构工作。反之，继电器不动作。为保护三极管，在继电器线圈两端并联续流二极管。注意极性不得接反，否则不仅起不到保护作用，还使继电器无法正常工作。

在数字仪器中，经常要用发光二极管（LED）作电平指示或工作指示灯。此时可将 LED 串联一限流电阻代替三极管集电极负载，电路如图 5.5.6（b）所示。

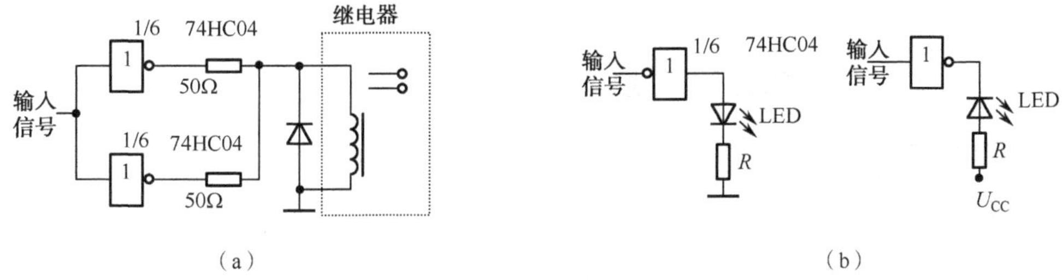

图 5.5.6 CMOS 电路驱动继电器或 LED 接口电路

1）利用光电耦合器构成的接口电路

图 5.5.7 中是利用光电耦合器构成的一种接口电路。其用于触发双向晶闸管，不需要另外的触发电源，利用双向晶闸管的工作电源作为触发电源。MOC3021 是双向晶闸管输出型的光电耦合器，输出端的额定电压为 400V，最大输出电流为 1A，最大隔离电压为 7500V，输入端控制电流小于 15mA。当 74LS07 输出低电平时，MOC3021 的输入端有电流流入，输出端的双向晶闸管导通，触发外部的双向晶闸管 KS，使之导通。反之，MOC3021 输出端的双向晶闸管关断，外部双向晶闸管 KS 在外部电压过零后也关断。

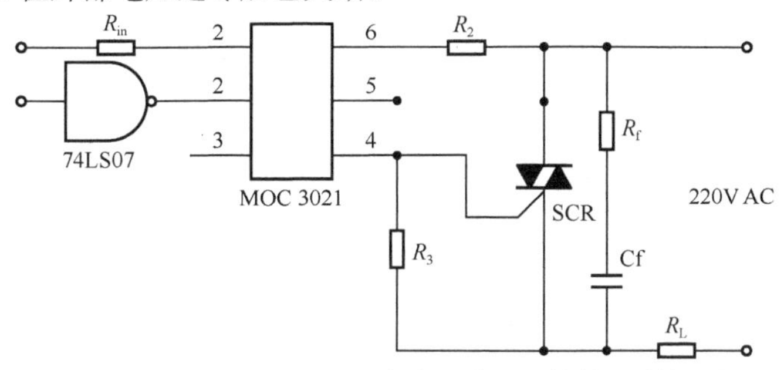

图 5.5.7 光电耦合器构成用于触发双向晶闸管的一种接口电路

2）CMOS 电路与运算放大器连接

当 CMOS 电路和运算放大器连接时，若运算放大器采用双电源，则 CMOS 采用的是独立的另一组电源，即采用如图 5.5.8 所示电路。电路中，VD1、VD2 为钳位保护二极管，使 CMOS 输入电压处在 10V 与地之间。15kΩ的电阻既作为 CMOS 的限流电阻，又对二极管进行限流保护。若运算放大器使用单电源，且与 CMOS 使用的电源一样，则可直接相连。

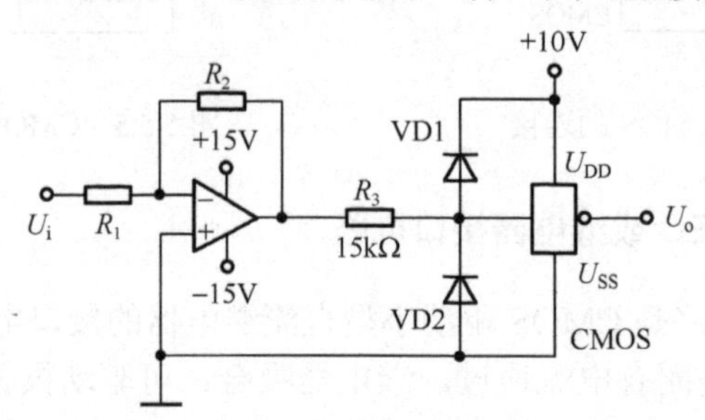

图 5.5.8　CMOS 电路与运算放大器连接

5.5.3　不同用途集成电路的使用注意事项

5.5.3.1　集成稳压器的使用注意事项

正确使用集成稳压电路，才能获得良好的效果。

1．分清三个引脚

三端集成稳压电路的输入、输出和接地端装错时很容易损坏，需特别注意，不要接错引脚。对于多端稳压器，接错引脚会造成永久性损坏；对于三端稳压器，如果输入和输出接反，当两端电压差超过 7V 时，有可能使稳压器损坏。

2．正确选择输入电压范围，输入电压不能过低

由于三端集成稳压电路有一个使用最小压差（输入电压与输出电压的差值）的限制，输入电压不能低于输出电压、调整管的最小压差及输入端交流分量峰值电压三者之和，否则稳压器的性能将降低，纹波增大。所以变压器的绕组电压也不能过低。三端集成稳压电路的最小输入、输出电压差约为 2V。一般应使这一压差保持在 6V 左右。

3．输入电压不要超过集成稳压器最大输入电压，防止集成稳压器损坏

三端集成稳压电路是一种半导体器件，内部管子有一定的耐压值。为此，变压器的绕组电压不能过高，整流器输出电压的最大值不能大于集成稳压电路的最大输入电压。7805（7905）～7818（7918）的最大输入电压为 35V，7824（7924）的最大输入电压为 40V。

4．功耗不要超过额定值

对于多端可调稳压器，若输出电压调到较低电压时，防止调整管上压降过大而超过额定功耗，为此，在输出低电压时最好同时降低输入电压。

5．防止瞬时过电压

对于三端集成稳压器，如果瞬时过电压超过输入电压的最大值且具有足够的能量时，将会损坏稳压器。当输入端离整流滤波电容较远时，可在输入端与公共端之间加一个电容器（如0.33μF）。

6．防止输入端短路

输出电压大于 6V 的三端集成稳压电路的输入、输出端需接一保护二极管，可防止输入电压突然降低时，输出电容对输出端放电引起三端集成稳压器的损坏。

如果输出电容 C_O 较大，又有一定的输出电压，一旦输入端短路，由于输出端的电容存储电荷较多，将通过调整管释放，有可能损坏调整管，所以要在输入与输出端之间连接一个保护二极管，正极连输出端，负极连输入端。

7．防止负载短路

防止负载短路，尤其对未加保护措施的稳压器而言更要注意。

8．保证散热良好

对于用三端集成稳压电路组成的大功率稳压电源，当散热器的面积不够大，而内部调整管的结温达到保护动作点附近时，集成稳压电路的稳压性能将变差。大电流稳压器要注意缩短连接线，并应在三端集成稳压电路上安装足够大的散热器。

5.5.3.2　集成运算放大器的使用注意事项

1．使用前的准备工作

当根据工作的需要选择了合适型号的集成电路后，下一步就需要根据集成电路手册知道集成电路各个引脚的排列顺序及其作用，以便正确接线。

在使用前可先用集成运算放大器参数测试仪测量一下性能，或用简易的方法判断它是否已经损坏。如用万用表对照电路原理图，测正、负电源端对输出端是否短路，或 PN 结是否被击穿等。这只能得出很粗略的结果。注意万用表的挡位不要用×1 欧姆挡（电流比较大）或×10k 欧姆挡（电压比较高）。

2．保护措施

集成电路在使用中若不注意，可能会使它损坏。例如，电源电压极性接反或电压太高；输出端对地短路或接到另一电源造成电流过大；输入信号过大，超过额定值等。针对以上情况，通常可采取下面的保护措施。

1）输入保护

输入端的损坏是因为输入的差模或共模信号过大。可利用二极管和电阻构成的限幅电路来保护。

2）输出保护

对于输出端对地短路的保护，采取了限制电源电流的方法。针对输出端可能接到外部电压而过流或击穿的情况，可在输出端接上稳压管，如图 5.5.9（b）所示。这样输出电压值不会超过稳压值，起到了保护作用。

3）电源端保护

为了防止电源极性接反，可利用二极管单向导电性，在电源连接线中串联二极管来实现保护，如图 5.5.9（c）所示。

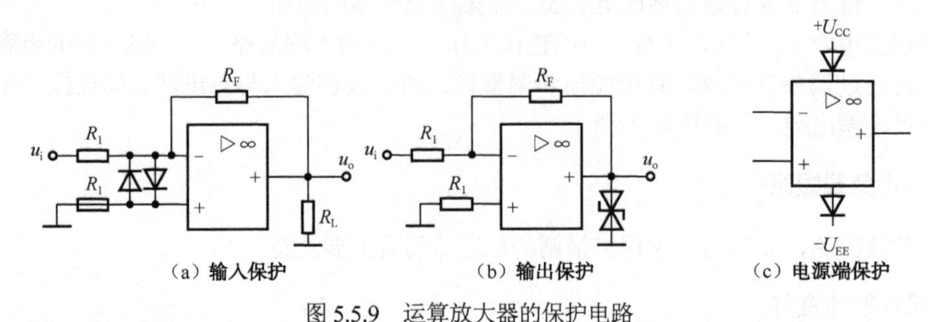

图 5.5.9　运算放大器的保护电路

3．输出电流和输出电压的扩展

一般通用型运算放大器输出电流多为十几毫安，输出电压范围在电源范围之内（如电源为±15V，则输出电压大致为±13V）。可以通过简单的方法扩大输出电流和电压的范围。

1）扩大输出电流

扩大集成运算放大器输出电流，可利用晶体管的电流放大作用来实现。为了使电路的输出电阻小和正负半周信号对称，可以采用互补式电路。

由于输出电流范围扩大了，使输出功率范围也扩大了。所以外接电路中，应选用大功率晶体管。若推动电流不够，可采用复合管。

2）扩大输出电压范围

扩大输出电压的范围必然要提高电源电压，然而运算放大器的电源又不能改变，因此，用在运算放大器的输出端再接一级高电压电源供电的放大电路的方法来实现。

要注意的是，当输出电压变化时，运算放大器电源端的电压值也随之变化。因此利用这种形式来扩大输出电压范围将受到运算放大器本身性能参数的限制。

5.5.3.3　数字逻辑集成电路使用注意事项

CMOS 电路应用最广，具有输入阻抗高、扇出能力强、电源电压宽、静态功耗低、抗干扰能力强、温度稳定性好等特点，但多数工作速度低于 TTL 电路。

1．逻辑电路的构成

非门一般是由 TTL 构成的，其他多由 CMOS 构成，或非门主要由 CMOS 构成。

2. 接口电路的匹配

如果是TTL驱动CMOS，则电压不匹配、电流匹配，要考虑电平的接口。TTL可直接驱动74HCT型的CMOS，其余必须考虑逻辑电平的转换问题。

如果是CMOS驱动TTL，则电压匹配、电流不匹配；要求驱动电流不能太低。74HC/74HCT型CMOS可直接驱动74/74LS型TTL，除此之外还需要电平转换。

由于CMOS的输入阻抗都比较大，一般比较容易捕捉到干扰脉冲，所以NC的引脚尽量接上拉电阻。由于CMOS具有电流闩锁效应，容易烧掉IC，所以输入端的电流尽量不要太大，最好加限流电阻。

3. CMOS电路的锁定效应

CMOS电路由于输入太大的电流，内部的电流急剧增大，除非切断电源，否则电流一直在增大，这种效应就是锁定效应。当产生锁定效应时，CMOS的输入电流超过1mA，CMOS的内部电流能达到40mA以上，很容易烧毁芯片。输入端接低内阻的信号源时，要在输入端和信号源之间串联限流电阻，使输入的电流限制在1mA之内。

解决办法如下。

（1）在输入端和输出端加钳位电路，使输入和输出不超过规定电压。

（2）芯片的电源输入端加去耦电路，防止U_{DD}端出现瞬间的高压。

（3）在U_{DD}和外电源之间加限流电阻，即使有大的电流也不让它进去。

（4）当系统由几个电源分别供电时，开关要按下列顺序：开启时，先开启CMOS电路的电源，再开启输入信号和负载的电源；关闭时，先关闭输入信号和负载的电源，再关闭CMOS电路的电源。

4. TTL门电路中输入端负载特性

（1）悬空时相当于输入端接高电平，因为这时可以看作输入端接一个无穷大的电阻。

（2）在门电路输入端串联10kΩ电阻后再输入低电平，输入端出现的是高电平而不是低电平。因为由TTL门电路的输入端负载特性可知，只有在输入端接的串联电阻小于910Ω时，输入的低电平信号才能被门电路识别出来，串联电阻再大的话输入端就一直呈现高电平。这个一定要注意。

5.6 光电耦合器的选与用

5.6.1 光电耦合器的选型

光电耦合器是近几年发展起来的一种半导体光电器件，由于它具有体积小、寿命长、抗干扰能力强、工作温度范围宽及无触点输入与输出在电气上完全隔离等特点，被广泛地应用在电子技术领域及工业自动控制领域中，它可以代替继电器、变压器、斩波器等，用于隔离电路、开关电路、数模转换、逻辑电路、过流保护、长线传输、高压控制及电平匹配等。

5.6.1.1 光电耦合器的选用原则

在设计光耦光电隔离电路时必须正确选择光电耦合器的型号及参数，选取原则如下。

（1）由于光电耦合器为信号单向传输器件，而电路中数据的传输是双向的，电路板的尺寸要求一定，结合电路设计的实际要求，就要选择单芯片集成多路光耦的器件。

通常情况下，单芯片集成多路光耦的器件速度都比较慢，而速度快的器件大多都是单路的，大量的隔离器件需要占用很大布板面积，也使得设计的成本大大增加。在设计中，受电路板尺寸、传输速度、设计成本等因素限制，无法选用速度上非常占优势的单路光耦器件，而选用单芯片集成多路光耦的器件。

（2）同一系列的光电耦合器有不同的子系列，其对应的 CTR（电流传输比）是不同的，在选择时，需要根据用户的电路要求选择型号。

（3）光电耦合器的传输速度快也是选取光耦必须遵循的原则之一，光耦开关速度过慢，无法对输入电平做出正确反应，会影响电路的正常工作。

（4）常见的光电耦合器是把发光器件和光敏器件对置封装在一起，属于内光路光电耦合器，用它可完成电信号的耦合和传递。还有一类专门用于测量物体的有无、个数和移动距离等的光传感器（也称光电开关或光电断续检测器），由于这类光传感器也具有光电耦合特点，并且它的光路在器件外面，所以将这类器件统称为外光路光电耦合器。外光路光电耦合器的缺点是容易受到外界光线的干扰，尤其是在较强的环境光线下使用时，其检测功能可能丧失。应根据用途选择使用内光路光耦器还是外光路光耦器。

5.6.1.2 光电耦合器类型的选择

光电耦合器的品种和类型繁多，在实际应用时要根据不同的电路选择不同类型的光电耦合器。光电耦合器的封装形式与内部结构、电路功能完全是两回事。外形相同的光电耦合器，功能可能完全不同，功能相同的电路也可以用不同的封装。所以选用光电耦合器的类型时，要参照表 5.6.1 所示的常用光电耦合器输入/输出的几种形式。

表 5.6.1 常用光电耦合器输入/输出的几种形式

序号	发光体	受光体	特 点	常见型号
1	发光二极管	光敏二极管	输入阻抗低，传输数字（脉冲）信号时，具有很高的抗干扰能力，速度较快。缺点是传输灵敏度低，需要较大的驱动功率，适宜传输数字信号	CN3301、CD260、GD213
2	二极管	晶体三极管型	传输比大、灵敏度高；有些有基极引脚，如 4N25，可给使用带来一定的灵活性；有些型号有二合一封装及四合一封装，如 TLP521-2 及 TLP521-4	GD318、4N25，4N25MC、4N26、4N27、4N28、4N36～4N38、H11A2
			高压晶体管输出	H11D1
3	三极管	达林顿管	灵敏度极高，输出易饱和，适合于传输数字信号；高压型的有 PC525 和 PC725，其中 PC725 的 U_{CE} 可达 300V	4N29～4N33MC、4N35、4N38、4N45～46、6N138、6N139、TIL113、PC505、PC515、TLP570
			电阻达林顿输出	H11G2

续表

序号	发光体	受光体	特　点	常见型号
4	二极管	TTL 逻辑电路	光敏元件是包含在反相器中的光敏二极管，它是所有光耦器中速度最快的，传输时间约为 100ms	6N137、TIL117
5	交流输入二极管	晶体三极管	光耦器的输入端接有正反两只发光二极管，因而可传输交流信号，常用于对交流电源的掉电检测等	PC733
6	二极管	晶闸管	输出侧是一只光敏晶闸管，一旦导通，即使去掉输入端的控制信号，晶闸管也不会关断，除非在晶闸管两端加反向电压；主要指标是负载能力	4N39、TLP5051L、TL1510、TL1514、TLP545、TLP64、MOC3063、IL420
			过零触发晶闸管输出	MOC3040、MOC3041、MOC3061、MOC3081
7	交流输入二极管	双向晶闸管	利用输入端红外光控制输出端的光敏双向开关导通，进而触发外接双向晶闸管导通，适合用来驱动交流负载，达到控制负载接入交流回路的目的	

5.6.1.3　光电耦合器参数的选择

光电耦合器的技术参数主要有发光二极管正向压降 U_F、正向电流 I_F、电流传输比 CTR、输入端与输出端之间的绝缘电阻、集电极-发射极反向击穿电压 $U_{(BR)CEO}$、集电极-发射极饱和压降 $U_{CE(sat)}$。此外，在传输数字信号时还需考虑上升时间、下降时间、延迟时间和存储时间等参数。另外，光电耦合器直接用于隔离传输模拟量时，必须要考虑它的输出端非线性问题。用于隔离传输数字量时，要考虑它的响应速度问题。如果对输出有功率要求，还得考虑功率接口设计问题。

1．电流传输比（CTR）及线性度

（1）电流传输比，即发光管的电流和光敏三极管的电流比的最小值。电流传输比是光电耦合器的重要参数，通常用直流电流传输比来表示。当输出电压保持恒定时，它等于直流输出电流 I_C 与直流输入电流 I_F 的百分比。采用一只光敏三极管的光电耦合器，CTR 的范围大多为 20%～300%（如 4N35），而 PC817 则为 80%～160%，达林顿型光电耦合器（如 4N30）可达 100%～5000%。这表明欲获得同样的输出电流，后者只需较小的输入电流。因此，CTR 参数与晶体管的 h_{FE} 有某种相似之处。

（2）开关电源中光电耦合器的电流传输比（CTR）的允许范围是 50%～200%。

这是因为当 CTR<50%时，光电耦合器中的 LED 就需要较大的工作电流（I_F>5.0mA），才能正常控制单片开关电源 I_C 的占空比，这会增大光电耦合器的功耗。若 CTR>200%，在启动电路或当负载发生突变时，有可能将单片开关电源误触发，影响正常输出。

（3）推荐采用线性光电耦合器，其特点是 CTR 值能够在一定范围内做线性调整。

普通光电耦合器的 CTR-I_F 特性曲线呈非线性，在 I_F 较小时的非线性失真尤为严重，因此它不适合传输模拟信号。线性光电耦合器的 CTR-I_F 特性曲线具有良好的线性度，特

别是在传输小信号时，其交流电流传输比（$\Delta CTR=\Delta I_C/\Delta I_F$）很接近于直流电流传输比（CTR）。因此，它适合传输模拟电压或电流信号，能使输出与输入之间呈线性关系，这是其重要特性。

在设计光电耦合器反馈式开关电源时必须正确选择线性光电耦合器的型号及参数，在开关电源的隔离中，必须遵循普通光电耦合器的选取原则。若用放大器电路去驱动光电耦合器，必须精心设计，保证它能够补偿光电耦合器的温度不稳定性和漂移。

（4）4N××系列光电耦合器，即4N25、4N26、4N35等光电耦合器，目前在国内应用十分普遍。鉴于此类光电耦合器呈现开关特性，但其线性度差，适宜传输数字信号（高、低电平），只能用于控制电路的输出隔离，因此不推荐用在开关电源中。

2. 隔离特性

使用光电耦合器主要是为了提供输入电路和输出电路间的隔离，在设计电路时，必须遵循下列原则。

（1）隔离电压。隔离电压为发光管和光敏输出器件之间隔离电压的最小值。所选用的光电耦合器件必须符合国内和国际的有关隔离击穿电压的标准。

（2）所选用的光电耦合器件必须具有较高的耦合系数。

（3）必须考虑隔离电容对控制电路的影响。

3. 上升/下降速率

光电耦合器的速率参数取决于应用的场合对传输速度的要求。

4. 驱动能力

具有强劲的功率驱动能力的光电耦合器，可以应用于微处理器、TTL、PLC、DCS、DSP、过程控制、电子接口等系统的输出端口，使之直接去驱动执行器，如电磁阀、电磁开关、直流电机、接触器等。同继电器相比，它以其不会磨损的长寿命特性成为开关频繁、潮湿、有害气体、含氧化物、硫化物和受震或受冲击环境下的首选产品。既可以避免频繁且耗费资金的维修工作，同时又确保安全。

对于光敏三极管输出的光电耦合器，光敏三极管的集电极电流越大，光电耦合器的驱动能力越强。光敏三极管的集电极-发射极电压越高，光电耦合器的驱动能力越强。

对于光敏晶闸管输出的光电耦合器，光敏晶闸管的额定工作电流越大，光电耦合器的驱动能力越强；光敏晶闸管的额定工作电压越高，光电耦合器的驱动能力越强。

光电耦合器不能满足被控制负载的驱动功率要求时，就必须进行光电耦合器的功率接口设计。这种接口电路应具有带负载能力强、输出电流大、工作电压高的特点，以便于驱动各种类型的大功率负载。

5. 输入电流

光电耦合器的驱动电流一般为2～20mA就可以了，光电耦合器中给出的前向电流（I_F）参数最大值一般在50mA。

5.6.2　光电耦合器的使用注意事项

5.6.2.1　光电耦合器使用时必须考虑的问题

1．在光电耦合器的输入部分和输出部分必须分别采用独立的电源

为了彻底阻断干扰信号进入系统，不仅信号通路要隔离，而且输入或输出电路与系统的电源也要隔离，即这些电路分别使用相互独立的隔离电源。若两端共用一个电源，则光电耦合器的隔离作用将失去意义。

2．当用光电耦合器来隔离输入/输出通道时，必须对所有的信号全部隔离

所有的信号包括数位量信号、控制量信号、状态信号，对这些信号进行隔离，使得被隔离的两边没有任何电气上的联系，否则这种隔离是没有意义的。

对于共模干扰，采用隔离技术，即利用变压器或线性光电耦合器，将输入地与输出地断开，使干扰没有回路而被抑制。在开关电源中，光电耦合器是一个重要的外围器件，设计者可以充分利用它的输入/输出隔离作用对单片机进行抗干扰设计，并对变换器进行闭环稳压调节。

3．光电耦合器直接用于隔离传输模拟量时，要考虑光电耦合器的非线性问题

光电耦合器的输入端是发光二极管，因此，它的输入特性可用发光二极管的伏安特性曲线来表示，如图 5.6.1（b）所示；输出端是光敏三极管，因此光敏三极管的伏安特性曲线就是它的输出特性曲线，如图 5.6.1（c）所示。由图 5.6.1 可见，光电耦合器存在着非线性工作区域，直接用来传输模拟量时精度较差。

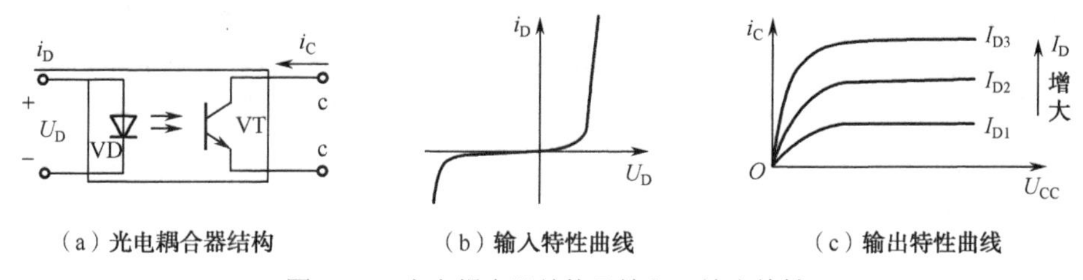

（a）光电耦合器结构　（b）输入特性曲线　（c）输出特性曲线

图 5.6.1　光电耦合器结构及输入、输出特性

1）光电耦合器非线性的克服方法一

由两个具有相同非线性传输特性的光电耦合器 T_1 和 T_2，及两个射极跟随器 A_1 和 A_2 组成，如图 5.6.2 所示。如果 T_1 和 T_2 是同型号同批次的光电耦合器，则可以认为它们的非线性传输特性是完全一致的，即 $K_1(I_1)=K_2(I_1)$，此时放大器的电压增益 $G=U_o/U_i=I_3R_3/I_2R_2=(R_3/R_2)[K_1(I_1)/K_2(I_1)]=R_3/R_2$。由此可见，利用 T_1 和 T_2 电流传输特性的对称性和反馈原理，可以很好地补偿它们原来的非线性。

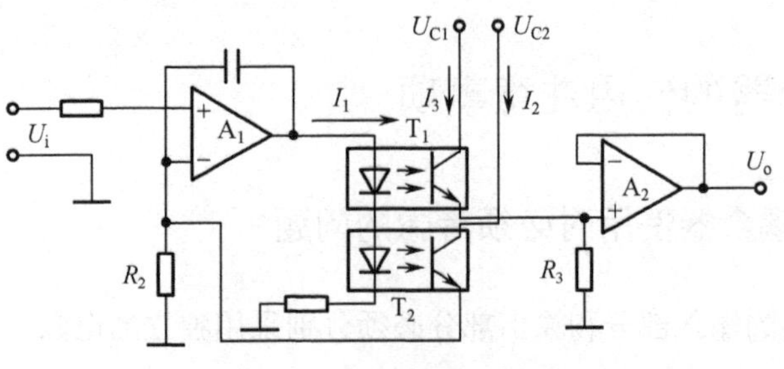

图 5.6.2　光电耦合线性电路

2）光电耦合器非线性的克服方法二

光电耦合器非线性的克服可以采用 VFC（电压频率转换）的方式，如图 5.6.3 所示。现场变送器输出模拟量信号（假设是电压信号），电压频率转换器将变送器送来的电压信号转换成脉冲序列，通过光电耦合器隔离后送出。在主机侧，通过一个频率电压转换电路将脉冲序列还原成模拟信号。此时，相当于光电耦合器隔离的是数字量，可以消除光电耦合器非线性的影响。这是一种有效、简单易行的模拟量传输方式。

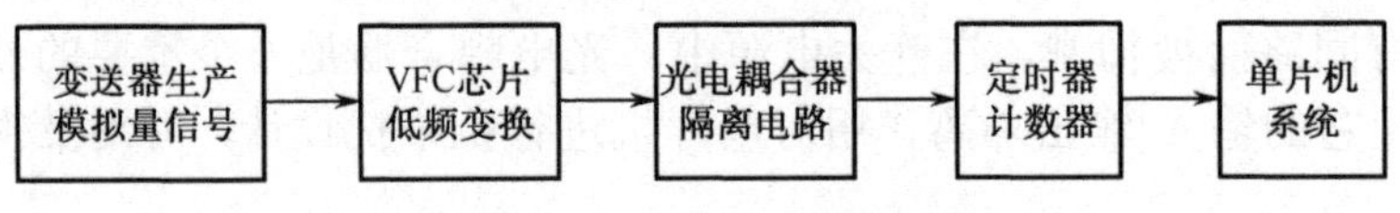

图 5.6.3　VFC 方式传送信号

当然，也可以选择线性光电耦合器进行设计，如精密线性光电耦合器 TIL300、高速线性光电耦合器 6N135/6N136。线性光电耦合器的价格一般比普通光电耦合器高，但是使用方便，设计简单。随着元器件价格的下降，使用线性光电耦合器将是趋势。

4．光电耦合器隔离传输数字量时，要考虑光电耦合器的传输速度

当采用光电耦合器隔离传输数字信号进行控制系统设计时，光电耦合器的传输特性，即传输速度，往往成为系统最大数据传输速率的决定因素。在许多总线式结构的工业测控系统中，为了防止各模块之间的相互干扰，同时不降低通信波特率，我们不得不采用高速光电耦合器来实现模块之间的相互隔离。常用的高速光电耦合器有 6N135/6N136、6N137/6N138。但是，高速光电耦合器价格比较高，导致设计成本提高。这里介绍两种方法来提高普通光电耦合器的传输速度。

光电耦合器自身存在的分布电容，对传输速度造成影响，如光敏三极管内部存在着分布电容 C_{be} 和 C_{ce}，如图 5.6.4 所示。由于光电耦合器的电流传输比较低，其集电极负载电阻不能太小，否则输出电压的摆幅就受到了限制。但是，负载电阻又不宜过大，负载电阻 R_L 越大，由于分布电容的存在，光电耦合器的频率特性就越差，传输延时也越长。

1）提高光电耦合器的传输速度方法一

用两只光电耦合器 T_1、T_2 接成互补推挽式电路，可以提高光电耦合器的传输速度，如图 5.6.5 所示。当脉冲上升为“1”电平时，T_1 截止，T_2 导通。相反，当脉冲为“0”电平时，T_1 导通，T_2 截止。这种互补推挽式电路的频率特性大大优于单个光电耦合器的频率特性。

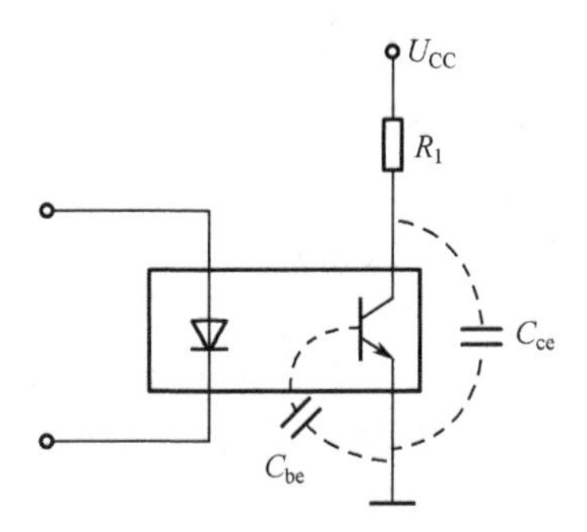

图 5.6.4　光敏三极管内部分布电容

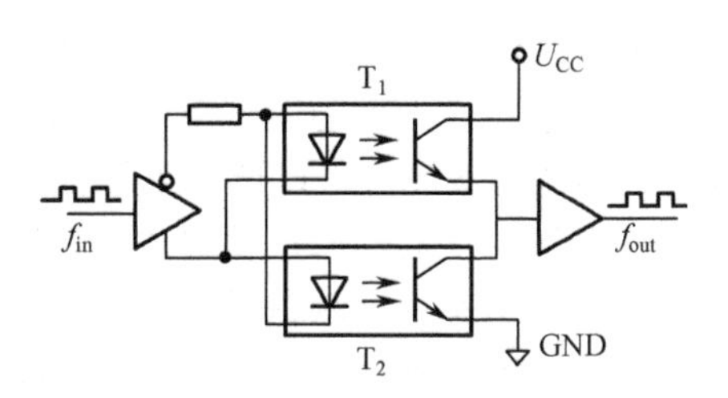

图 5.6.5　两只光电耦合器构成的推挽式电路

2）提高光电耦合器的传输速度方法二

在光敏三极管的光敏基极上增加正反馈电路，这样可以大大提高光电耦合器的传输速度。如图 5.6.6 所示电路，通过增加 1 个晶体管、4 个电阻和 1 个电容，实验证明，这个电路可以将光耦的最大数据传输速率提高 10 倍左右。

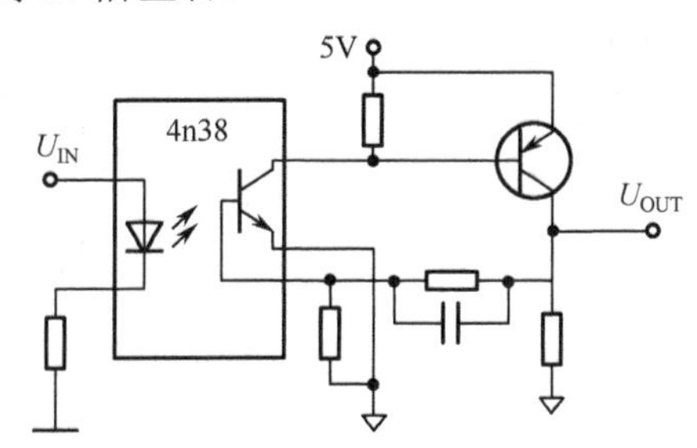

图 5.6.6　通过增加光敏基极正反馈来提高光电耦合器的传输速度

5．如果输出有功率要求的话，还得考虑光电耦合器的功率接口设计问题

在电气控制系统中，经常要用到功率接口电路，以便于驱动各种类型的负载，如直流伺服电机、步进电机、各种电磁阀等。这种接口电路一般具有带负载能力强、输出电流大、工作电压高的特点。工程实践表明，提高功率接口的抗干扰能力，是保证工业自动化装置正常运行的关键。

就抗干扰设计而言，在很多场合下，既能采用光电耦合器隔离驱动，也能采用继电器隔离驱动。一般情况下，对于那些响应速度要求不很高的启停操作，采用继电器隔离来设计功率接口；对于速度要求很快的控制系统，采用光电耦合器进行功率接口电路设计。这是因为继电器的响应延迟时间需几十毫秒，而光电耦合器的延迟时间通常都在 10μs 之内，同时采用新型、集成度高、使用方便的光电耦合器进行功率驱动接口电路设计，可以达到简化电路设计，降低散热的目的。

对于交流负载，可以采用光电晶闸管驱动器进行隔离驱动设计，如 TLP541G、4N39。光电晶闸管驱动器的特点是耐压高、驱动电流不大，当交流负载电流较小时，可以直接用它来驱动；当负载电流较大时，可以外接功率双向晶闸管。当需要对输出功率进行控制时，可以采用光电双向晶闸管驱动器，如 MOC3010。

6．当被测试量的量程变化范围较大、精度要求较高时，可使用反馈型线性光电耦合器件

在使用线性光电耦合器件的过程中，其线性度往往并不能完全令人满意。根据实践经验，

关键在于要充分理解光电耦合器件自身的一些特点及在光电耦合器件中使用反馈机制改善线性度的原理。只要在设计过程中合理地选择元器件和小心设计电路，即使采用普通光电耦合器件，也同样能达到很好的效果，如图 5.6.7 所示。这里要注意以下几点。

（1）必须充分认识到光耦为电流驱动型器件，要合理选择反馈电路中所使用的运放，必须保证运放拥有合适的负载能力，以便在正常工作时驱动光电二极管。

（2）当采用普通光耦器件时，要尽量采用多光耦器件，而不要采用单光耦器件，因为多个光耦集成在一片芯片上有利于从材料及工艺的角度保证多个光耦之间特性趋于一致，而正是由于多个光耦特性的一致才保证了反馈对改善线性的作用。

（3）由于线性光耦在使用过程中引入了反馈机制，所以不适用于被测信号变化太快或频率很高的场合。根据以上原则，使用普通光耦器件和反馈型线性光耦器件是可以成功地在电力直流系统监控模块中实现对直流母线电压信号的采集与隔离的，其线性度和精度都是令人满意的。

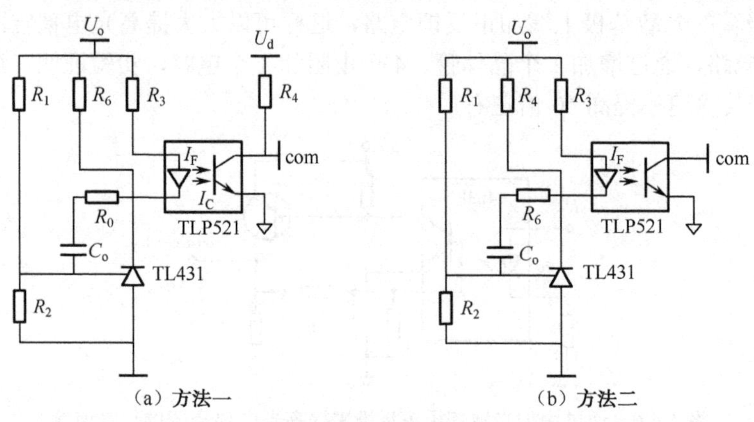

图 5.6.7　光电耦合器反馈的两种连接方法

5.6.2.2　影响电流传输比（CTR）的因素

在设计时要保证有一定的 CTR 裕量。就是因为 CTR 的大小受众多因素影响，在这些因素中既有导致 CTR 离散的因素（不同光电耦合器），又有与 CTR 有一致性的参数（壳温、I_F）。

1. 光电耦合器本身

要光电耦合器隔离。一种型号的光电耦合器，不论何时、何地，任何批次里的一个样品，只要使用条件完全相同，则 CTR 是一个确定的值。

计算导通时，线性光电耦合器要以下限进行计算，并且保证有余量。事实上，计算关断时要以上限。

2. 壳温影响

在 25℃条件下的 CTR 下限确定了对于光电耦合器但往往产品里面温度范围比较大，如光电耦合器会在−5～75℃范围内工作。

CTR 以 25℃时为基准来确定，在其他条件不变的情况下，-5℃下的 CTR 是 25℃下的 0.9 倍左右，75℃下的最小 CTR 与 25℃下的 CTR 相等。

3．受输入端正向电流（I_F）影响

CTR 是受到 I_F 影响的。要想获得合适的 CTR 值，需要给定一个合理的电流值。光电耦合器的 I_F-CTR 特性曲线要在用户手册中查找。

5.6.2.3　光电耦合器延时

CTR 影响到信号的传送，类似于直流特性。下面主要分析光电耦合器的延时特性，即光电耦合器能传送多快信号。涉及光电耦合器导通延时和关断延时两个参数。

1．受温度影响

温度升高，导通延时和关断延时都会增大。

2．受原边 I_F 大小影响

I_F 增大，关断延时减小，开通延时增大。

3．受副边 I_C 大小影响

负载减小时，导通延时增大明显。同一种型号的光电耦合器 CTR-延时特性是一致的，不同型号光电耦合器的延时特性不尽相同，所以有必要根据所用光电耦合器的用户手册来确定。

5.6.2.4　光电耦合器使用时的其他注意事项

（1）输出侧的极限耐压值 U_{CEO} 是需要考虑的一个参数，使用时工作电压一定不能高过此电压值，并需要保留一定裕量。同时也需要考虑浪涌值，必要时，可以在其两侧并联一个 TVS 二极管去抗浪涌干扰。

（2）输入侧的二极管的反向电压（U_R）是另一个需要特别注意的参数。因为光电耦合器很重要的应用是隔离，所以它在很多时候被直接运用在交流回路中，此时需要特别注意反向回路问题，必要时可以在输入侧的二极管上反向并联一个二极管，起到保护光电耦合器作用，或直接使用双向光电耦合器。

（3）作为半导体元器件中的一员，光电耦合器同样受到温度、电压等因素的影响。

（4）当在使用光电耦合器的隔离性时，需要同步考虑光电耦合器两侧的安全性，即在进行印制电路板（PCB）设计时，需要考虑它们之间的安全距离，确保符合认证要求。

（5）光电耦合器的输入端引脚都是设计在封装的某一边上的，而输出端引脚则是封装在相对的另外一边上的。这种结构可保证前后级间绝缘电阻高达 10^9～$10^{13}\Omega$，并有利于增加隔离电压的最大可能值，方便电路的安装。但在多通道光电耦合器中，尽管各输入端与输出端之间的隔离电压值较高（一般大于或等于 1.5kV），但是在相邻通道之间所出现的电位差却绝对不允许超过 500V。另外，光电耦合器的输入端发光源多为红外发光二极管，它的反向击穿电压一般都很低，有的仅 3V，在使用时必须注意输入端不能接反。为了防止红外发光二极管因反压过高而击穿，可在其输入端反向并联上一个保护二极管。

（6）通常单通道光敏三极管型光电耦合器多是密封在一个 6 引脚的封装之内，光敏三极管的基极被引到封装的外面以备使用。在平常使用中，基极是开路不用的。若将基极引脚与发射极引脚短接，便可将光敏三极管转换成为光敏二极管，在这种情况下，虽然使光电耦合器的电

流传输比下降，但却能够使响应速度加快。

5.7 晶闸管的选与用

5.7.1 晶闸管的选用

5.7.1.1 选择晶闸管的类型

晶闸管有多种类型，应根据应用电路的具体要求合理选用，见表 5.7.1。

表 5.7.1 根据应用电路的种类合理选用晶闸管类型

应用电路的种类	适用晶闸管类型
交直流电压控制、可控整流、交流调压、逆变电源、开关电源保护等电路	普通晶闸管
交流开关、交流调压、交流电动机线性调速、灯具线性调光及固态继电器、固态接触器等电路	双向晶闸管
交流电动机变频调速、斩波器、逆变电源及各种电子开关等电路	门极关断晶闸管
锯齿波发生器、长时间延时器、过电压保护器及大功率晶体管触发等电路	BTG 晶闸管
电磁灶、电子镇流器、超声波电路、超导磁能储存系统及开关电源等电路	逆导晶闸管
光电耦合器、光探测器、光报警器、光计数器、光电逻辑电路及自动生产线的运行等电路	光控晶闸管

5.7.1.2 晶闸管主要参数的选择

晶闸管的主要参数应根据应用电路的具体要求而定。在一般情况下，控制设备生产厂图纸提供的晶闸管的参数最主要两项是额定电流和额定电压，使用部门提出的器件参数要求也只是这两项，在变流装置上的快速或中频晶闸管多一个换向关断时间参数，在一般情况下也是可以的。但是从提高设备运行性能和使用寿命的角度出发，在选用晶闸管时应根据设备的特点对晶闸管的某些参数也做一些挑选。下面根据晶闸管的静态特性，对怎样选择晶闸管的参数进行介绍。

所选晶闸管应留有一定的功率裕量，晶闸管的正向压降、门极触发电流及触发电压等参数应符合应用电路（门极的控制电路）的各项要求，不能偏高或偏低，否则会影响晶闸管的正常工作。

1. 正反向电压及额定电压的选择

超过正向重复阻断峰值电压和反向耐压，会减短元器件的寿命或损坏晶闸管器件。通常取晶闸管的和反向耐压中较小的标值作为该元器件的额定电压。

选用时，额定电压要留有一定裕量，一般取额定电压为正常工作时晶闸管所承受峰值电压的 2～3 倍。晶闸管在变流器中工作时，必须能够以电源频率重复地经受一定的过电压而不影响其工作，所以正向重复阻断峰值电压（正反向峰值电压）参数、反向耐压应保证在正常使用电压峰值的 2～3 倍以上，考虑到一些可能会出现浪涌电压的因素，在选择代用参数的时候，只能向高一挡的参数选取。

2．额定工作电流的选择

晶闸管在多数的情况下不可能在 170° 导通角上工作，通常是小于这一角度。这样就必须选用额定电流稍大一些的晶闸管，使用时额定电流应按实际电流与通态平均电流有效值相等的原则来选取晶闸管，并非应留一定的裕量，而是额定电流一般为其受控电路正常电流平均值的 1.5～2.0 倍。

因考虑到晶闸管芯片的耐电流冲击能力比较差及电网电压波动等原因，为了确保设备能够正常运转，在选取模块电流规格时应留有适当裕量，建议选择如下。

（1）阻性负载：模块标称电流大于或等于 2 倍负载额定电流。

（2）感性或容性负载：模块标称电流大于或等于 3 倍负载额定电流。

3．门极（控制级）参数的选择

晶闸管的开通时间与晶闸管门极的可触发电压、电流有关，与晶闸管结温，开通前阳极电压、开通后阳极电流有关，普通晶闸管的开通时间在 10μs 以下。在外电路回路电感较大时可达几十甚至几百微秒（阳极电流上升慢）。

在不允许晶闸管受干扰而误导通的设备中，如电动机调速等，可选择门极触发电压、电流稍大一些的管子（如可触发电压 $U_{GT}>2V$，可触发电流 $I_{GT}>150mA$），以保证不出现误导通；在触发脉冲功率强的电路中也可选择触发电压、电流稍大一点的管子。在旧的窄脉冲触发电路中，为减少触发不通而出现缺相运行，可选择 U_{GT}、I_{GT} 低一些的管子，如 $U_{GT}<1.5V$、$I_{GT}\leqslant 100mA$。以上所述说明在某些情况下应对 U_{GT} 和 I_{GT} 参数进行选择。

4．关断时间的选择

普通晶闸管的关断时间为 150～200μs，通常能满足一般工频下变流器的要求，但在大感性负载的情况下可做一些选择。在中频逆转应用，如中频装置、电动机车斩波器、变频调速等情况，一定要对关断时间参数做选择，一般快速晶闸管（KK 型）的关断时间在 10～50μs，其工作频率可达到 1～4kHz；中速晶闸管（KPK 型）的关断时间在 60～100μs，其工作频率可达几百赫兹至 1kHz。

5．电压上升率（d*u*/d*t*）和电流上升率（d*i*/d*t*）的选择

当晶闸管在阻断状态下，如在它的两端加一正向电压，即使所加电压值未达到其正向阻断峰值电压，但只要所加的电压的上升率超过一定值，器件就会转为导通，这是因为 PN 结的电容引起充电，起到了触发作用，使晶闸管误导通。不同规格的晶闸管都规定了不同的 du/dt 值，选用时应加以注意，要选择足够的 du/dt 的晶闸管。一般 500A 的晶闸管的 du/dt 在 100～200V/μs。

当门极加入触发脉冲后，晶闸管首先在门极附近的小区域内导通，再逐渐扩大，直至全部结面导通，因此在刚导通时阳极电流上升太快，即可能使 PN 结的局部烧坏。所以对晶闸管的电流上升率应作一定的选择，元器件通态电流上升率（di/dt）应能满足电路的要求。普通的晶闸管（500A）的 di/dt 在 50～300A/μs，在工频条件下，di/dt 在 50A/μs 以下就可以满足使用；在变频条件下，di/dt 必须在 100A/μs 以上。当阳极电压高且在峰值时触发的情况下对 du/dt 和 di/dt 的要求都比较高，除了应使设备避免在这种状态下运行外，对晶闸管的 du/dt 和 di/dt 同时也要选择使用。一般选参数高一点的，另外开通时直接接有大电容回路时，也必须选用较大 di/dt

的晶闸管。

使用手册参数表中所给的参数为元器件通态电流上升率的临界重复值。其对应不重复测试值为重复值的 2 倍以上，在使用过程中，必须保证元器件导通期时的电流上升率都不能超过其重复值。

6．掣住电流 I_L 和维持电流 I_H 的选择

当晶闸管门极触发而导通，若阳极电流 I_A 尚未达到掣住电流 I_L 值时，触发脉冲一旦消失，晶闸管便又恢复阻断状态，若阳极电流大于掣住电流，虽去掉门极脉冲信号，仍维持晶闸管导通。负载电流（阳极电流）增长的快慢对于门极脉冲消失后晶闸管是否能继续导通很重要，负载电流增长快时，在脉冲未消失前，若阳极电流大于掣住电流，脉冲消失后不影响阳极电流的流通；若阳极电流增长慢，脉冲消失时阳极电流小于掣住电流，脉冲消失后将影响阳极电流的流通。

脉冲列幅度前沿陡、宽度大（脉冲列宽 180°，一般窄脉冲只有 30°～50°，强触发脉冲也只有约 90°），所触发快速、可靠，而且由于是脉冲列，所以功耗特别小。这种电路的脉冲列宽有效地保证了晶闸管的维持导通，对晶闸管的维持电流参数可以不作要求。宽脉冲列触发电路还有稳压、稳流或稳电流密度运行的选择，有限定电流运行性能及过流封锁保护，有积分“柔软启动”特性，减小对晶闸管的冲击电流，并保留过温和失压等开关信号的封锁保护接口，大大提高了设备使用的可靠性使用寿命。

7．晶闸管的降额使用

（1）实际使用中，若不能保证散热器温度低于 55℃或散热器与元器件接触热阻远大于规定值，则元器件应降额使用。

（2）在保证散热器温度为 55℃的冷却条件下，元器件额定最大有效值工作电流等于 1.57 倍通态平均电流额定值。随着工作频率的升高，元器件正向损耗和反向恢复损耗随之增加，元器件通态电流需降额使用。

5.7.1.3　不同用途晶闸管的选用

正确地选择晶闸管、整流管等电力电子元器件对保证控制设备的可靠性及降低设备成本具有重要意义。元器件的选择要综合考虑其使用环境、冷却方式、线路形式、负载性质等因素，在保证所选元器件各参数具有裕量的条件下兼顾经济性。由于电力电子元器件的应用领域十分广泛，具体应用形式多种多样，下面仅就晶闸管元器件在整流电路和单相中频逆变电路中的选择加以说明。

1．可控整流电路晶闸管选择

工频可控整流是晶闸管元器件最常用的领域之一。元器件选用主要考虑其额定电压和额定电流。

1）晶闸管元器件的正向峰值电压和反向峰值电压

晶闸管元器件的正向峰值电压 U_{DRM} 和反向峰值电压 U_{RRM} 应为元器件实际承受最大峰值电压 U_M 的 2～3 倍。各种整流线路的 U_M 及通态平均电流计算系数 K_{fd} 见表 5.7.2。

表 5.7.2 整流元器件的最大峰值电压 U_M 及通态平均电流计算系数 K_{fd}

整流电路		单相半波	单相双半波	单相桥式	三相半波	三相桥式	带平衡电抗器的双反星形
U_M		$\sqrt{2}U_2$	$\sqrt{2}U_2$	$\sqrt{2}U_2$	$\sqrt{2}U_2$	$\sqrt{2}U_2$	$\sqrt{2}U_2$
K_{fd} α=0°	电阻负载	1	0.5	0.5	0.375	0.368	0.185
	电感负载	0.45	0.45	0.45	0.368	0.368	0.184
注：U_2 为主回路变压器二次相电压有效值；单相半波电感负载电路带续流二极管。							

2）晶闸管元器件的额定通态电流 I_T

晶闸管的额定通态电流指的是工频正弦半波平均值，其对应的有效值是它的 1.57 倍。为使元器件在工作过程中不因过热损坏，流经元器件的实际有效值应再乘以安全系数 1.5～2 后才能等于有效值的 1.57 倍。假设整流电路负载平均电流为 I_d，流经每个元器件的电流有效值为 K_{Id}，则所选元器件的额定通态电流应为

$$额定通态电流=(1.5～2)K_{Id}/1.57=K_{fd}\times I_d$$

K_{fd} 为计算系数。控制角 α=0° 时，各种整流电路下的 K_{fd} 值见表 5.7.2。选择元器件额定通态电流值还应考虑元器件散热方式。一般情况下风冷比水冷相同元器件的额定电流值要低；自然冷却情况下，元器件的额定电流要降为标准冷却条件下的三分之一。

2. 逆变电路晶闸管的选择

逆变电路一般在 400Hz 以上的工作条件下应考虑使用KK元器件；频率在 4kHz 以上时，可考虑使用 KA 元器件。这里主要介绍一下并联逆变电路中元器件的选择（见图 5.7.1）。

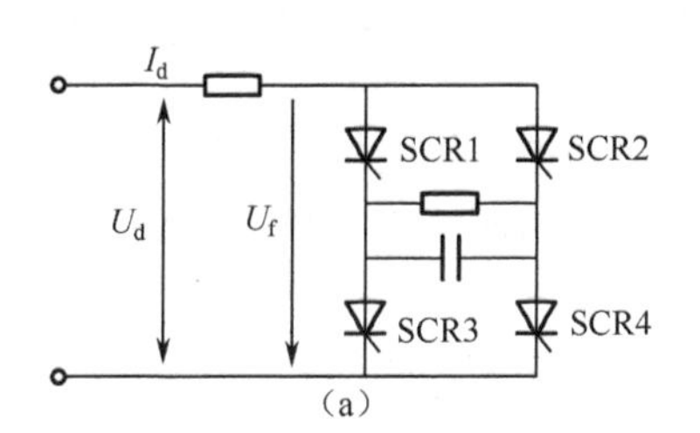

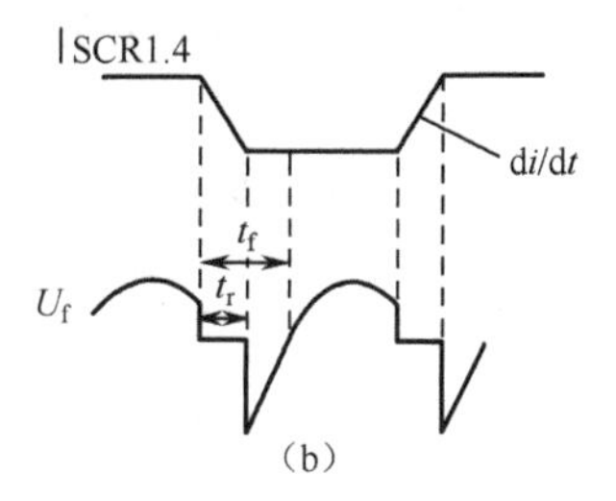

图 5.7.1 并联逆变电路

1）元器件正向和反向峰值电压

元器件正向和反向峰值电压应取其实际承受最大正、反向峰值电压的 1.5～2 倍。假设逆变器直流输入电压为 U_d，功率因数为 $\cos\phi$，则

$$正向峰值电压或反向峰值电压=(1.5～2)\pi U_d/(2\cos\phi)$$

2）元器件的额定通态电流

考虑到元器件在较高频率下工作时，其开关损耗非常显著，元器件的额定通态电流应按实际流过其有效值 I 的 2～3 倍来考虑。假设逆变器直流输入电流为 I_d，则所选元器件额定通态电流为

$$额定通态电流=(2～3)I_d/(1.57)$$

3）关断时间 t_q

并联逆变线路中，KK 元器件的关断时间要根据触发引前时间 t_f 和 t_r 来决定。一般取

$$关断时间=(t_f-t_r)/1.5\sim2$$

当功率因数为 0.8 时，触发引前时间约为周期的十分之一，换流时间按元件 di/dt 小于或等于100A/μs 来确定。

在频率较高时，可通过减小换流时间，并适当牺牲功率因数以增加触发引前时间的方法来选择具有合适关断时间的元器件。

在许多情况下，除了元器件的额定电压、额定电流外，还要根据具体条件选择元器件的门极参数、通态压降、断态电压临界上升率 du/dt 和通态电流临界上升率 di/dt。

3．串/并联用晶闸管的选择

在选用晶闸管时，特别是在串/并联使用时，应尽量选择门极触发特征接近的晶闸管用在同一设备上，特别是用在同一臂的串/并联位置上。这样可以提高设备运行的可靠性，延长使用寿命。如果触发特性相差太大，晶闸管在串联运行时将引起正向电压无法平均分配，使开通时间较长的晶闸管受损，并联运行时开通时间较短的晶闸管将分配更大的电流而受损，这对晶闸管元器件是不利的。所以同一臂上串/并联的晶闸管触发电压、触发电流要尽量一致，也就是配对使用。因此，在订货时需要向供货商提出使用要求，然后由生产厂根据用户的使用要求进行筛选及配对等。

1）串联晶闸管元器件的选择

串联元器件的均压使用主要需解决正反向阻断、开通及恢复三种状态下的电压分配问题。从理论上讲，晶闸管的串联使用需选择阻断特性、开通特性、恢复特性一致的元器件。对各公司的元器件，采用适当的外部均压及门极强触发措施后，实际使用中只需对元器件的反向恢复特性进行控制即可。

一般认为，选择反向恢复电荷一致的器件，即可获得良好的均压，实际使用中却并不完全如此。串联的元器件只有在相同的恢复时间内，以相同的速率将各自的恢复电荷取完后，才能同时完成恢复过程。

一个完整的恢复特性包括反向恢复时间、反向恢复峰值电流、恢复电荷、恢复软度因子等。同时，恢复特性又是元器件通态电流、电流下降率、温度等的函数。单纯根据某一条件下的恢复电荷测试值来挑选元器件配对，并不能保证在不同实际应用条件下的可靠性。因此，建议采用“工艺控制+恢复电荷测试+串联试验筛选”的方法为用户挑选配对元器件。只要用户在订货时注明配对要求，即可得到具有良好串联性能的元器件。

2）并联晶闸管的选择

晶闸管的并联使用，主要需考虑其通态的均流问题。在实际使用中，影响元器件均流的主要因素有：

（1）并联晶闸管的开通时间不一致；

（2）并联晶闸管的通态伏安特性不一致；

（3）并联元器件主电路配置不合理。

根据上述分析，并联晶闸管应选择开通时间和通态伏安特性一致的元器件。这里所说的通

态伏安特性一致，并不是简单地指在某一电流点上元器件的压降一致，而是指在元器件工作的整个电流范围内，均具有一致的压降特性。由于元器件实际特性的差异性，供货商及生产厂在给用户匹配并联元器件时，优先考虑元器件在正常工作大电流区段的压降一致性，以保证用户使用中元器件的可靠性。

5.7.2　晶闸管的使用注意事项

5.7.2.1　晶闸管的保护

晶闸管元器件的电压和电流过载能力极差，尤其是耐压能力，在使用过程中要防止过电压对晶闸管的危害。一般引起过电压的原因有电源通、断瞬间引起的过电压，以及电感负载的断开、电压波动等。一般过电压时间很短，呈尖峰状。晶闸管对过电压是很敏感的，过电流同样对晶闸管有极大的损坏作用。

为了使元器件能长期可靠地运行，保证晶闸管的寿命，必须针对过压和过流发生的原因采取保护措施，按规定对主电路中的晶闸管模块采用过压及过流保护装置。晶闸管的具体保护方法如下。

1. 过流保护

产生过电流的原因是多种多样的，如变流装置本身晶闸管损坏、触发电路发生故障、控制系统发生故障，及交流电源电压过高、过低或缺相，负载过载或短路，相邻设备故障影响等。

晶闸管元器件在短时间内具有一定的抗过流能力，但在过流严重时，不采取保护措施，就会造成元器件损坏。在线路设计和元器件选择时应考虑负载短路和过载情况，确保在异常情况下设备能自动保护。如果想得到较安全的过流保护，建议用户优先使用内部带过流保护功能的模块。另外还可采用外接快速熔断器、快速过电流继电器、传感器的方法。一般采用的措施如图 5.7.2 所示。

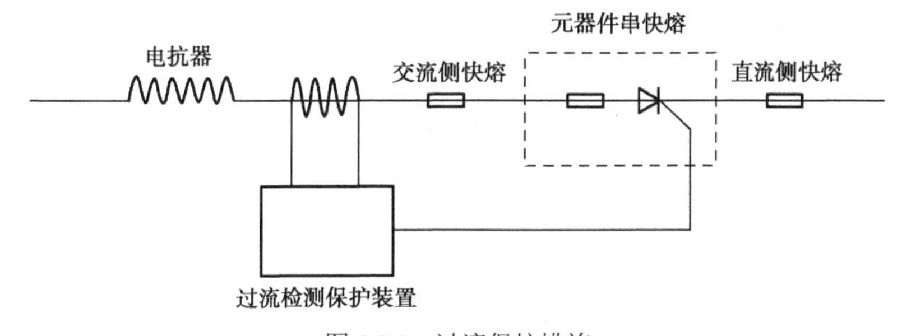

图 5.7.2　过流保护措施

（1）在进线中串联电抗器，限制短路电流，使其他保护方式切断电流前元器件短时间内不致损坏。

（2）线路采用过流检测装置，由过流信号控制触发器抑制过流，或接入过流继电器。

（3）安装快速熔断器。

晶闸管过电流保护方法最常用、最简单的是采用快速熔断器。快速熔断器是专门用来保护半导体功率元器件过电流的。它具有快速熔断的特性，在流过 6 倍额定电流时其熔断时间小于 50Hz 交流电的周期（20ms）。

2．过压保护

晶闸管对过电压很敏感，当正向电压超过其断态重复峰值电压 U_{DRM} 一定值时，正向电压超过晶闸管的正向转折电压会引起晶闸管硬开通；晶闸管的误导通会引发电路故障，不仅使电路工作失常，且多次硬开通后元器件正向转折电压要降低，甚至失去正向阻断能力而损坏。当外加反向电压超过其反向重复峰值电压 U_{RRM} 一定值时，晶闸管就会立即反向击穿损坏。因此，必须研究过电压的产生原因及抑制过电压的方法，必须采用过电压保护措施，用以抑制晶闸管上可能出现的过电压。

1）过电压产生的原因

过电压产生的原因主要为雷击等外来冲击引起的过电压和开关的开闭引起的冲击电压两种类型。由雷击或高压断路器动作等产生的过电压是几微秒至几毫秒的电压尖峰，对晶闸管是很危险的。由开关的开闭引起的冲击电压又分为如下几类。

（1）交流电源接通、断开产生的过电压，过电压数值为正常值的 2～10 倍。

（2）直流侧产生的过电压，如切断回路的电感较大或切断时的电流值较大，都会产生比较大的过电压。

（3）换相冲击电压，包括换相过电压和换相振荡过电压。

2）过电压的保护措施

针对形成过电压的不同原因，可以采取不同的抑制方法，如减少过电压源，并使过电压幅值衰减；抑制过电压能量上升的速率，延缓已产生能量的消散速度，增加其消散的途径；采用电子线路进行保护等。为限制过电压的幅值低于元器件的正反向峰值电压，可采取的保护措施如图 5.7.3 所示。

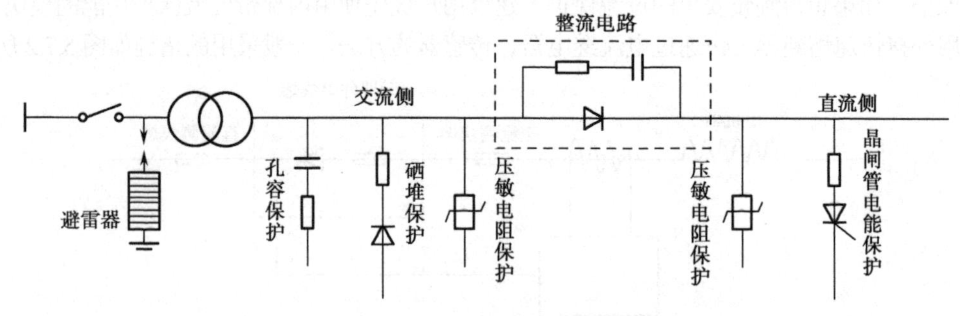

图 5.7.3 过电压的保护措施

（1）在变压器一次侧接上避雷器，在二次侧加装阻容保护、硒堆、压敏电阻等非线性电阻元器件进行保护。在整流直流侧或变流装置输出侧采取压敏电阻和泄能保护装置，以防止元器件承受过电压。

（2）在晶闸管阴阳极两端直接进行保护。

目前最常用的是在回路中接入吸收能量的元器件，使能量得以消散，常称之为吸收回路或缓冲电路。模块的过压保护推荐采用阻容吸收和压敏电阻两种方式并用的保护措施。

① 阻容吸收回路。

晶闸管关断过程中主电流过零反向后迅速由反向峰值恢复至零电流，此过程可在元器件两端产生达正常工作峰值电压 5～6 倍的尖峰电压。抑制措施为在尽可能靠近元器件本身的地方接上阻容吸收回路。

通常过电压均具有较高的频率，因此常用电容作为吸收元器件。为防止振荡，常加阻尼电阻，构成阻容吸收回路。阻容吸收回路可接在电路的交流侧、直流侧，或并联在晶闸管的阳极与阴极之间，如图 5.7.4（a）所示，利用电容吸收过压。其实质就是将造成过电压的能量变成电场能量储存到电容中，然后释放到电阻中消耗掉。

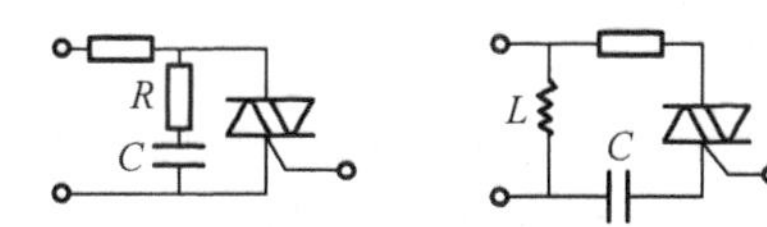

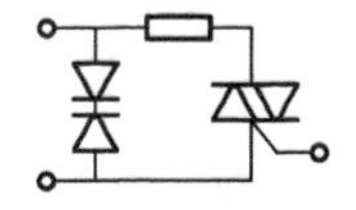

（a）阻容吸收回路　（b）电感电容滤波电路　（c）双向二极管阻尼电路

图 5.7.4　在晶闸管阴阳极两端的吸收电路

阻容吸收电路安装位置要尽量靠近模块主端子，接线应尽量短。吸收电路最好采用无感电阻，以取得较好的保护效果。

晶闸管、整流晶闸管阻容吸收回路的电容计算：

$$C=(2.5\sim5)\times10^{-8}\times I_F$$

例如，整流侧采用 500A 的晶闸管，可以计算出

$$C=(2.5\sim5)\times10^{-8}\times500=(1.25\sim2.5)\ (\mu F)$$

选用 2.5μF、1kV 的电容器。

$$R=(2\sim4)\times535/I_f=(2.14\sim8.56)\ (\Omega)，选择 10\Omega$$

电阻功率=2U（1.5～2.0）（W），U 为三相电压的有效值。

RC 的时间常数一般情况下取 1～10ms。小功率负载通常取 2ms 左右，R=220Ω，1W；C=0.01μF，400～630V。大功率负载通常取 10ms，R=10Ω，10W；C=1μF，630～1000V。

功率的大小根据保护对象来区分：接触器线圈的阻尼吸收电流和小于 10A 的晶闸管的阻尼吸收列入小功率范畴；接触器触点电流和大于 10A 以上的晶闸管的阻尼吸收列入大功率范畴。

R 的选取：电阻 R 选无感电阻，通常取 5～30Ω；小功率选金属膜、RX21 线绕或水泥电阻；大功率选 RX21 线绕或水泥电阻。

C 的选取：电容 C 通常在 0.1～1μF，耐压选元器件耐压值的 1.1～1.5 倍。CBB 系列选相应耐压的无极性电容器。

具体 R、C 取值可根据元器件型号及工作情况调试而定。注意保证电阻 R 的功率，尤其在中频逆变电路中，注意使之不会因发热而损坏。

② 由硒堆及压敏电阻等非线性元器件组成吸收回路。

上述阻容吸收回路的时间常数是固定的，有时对时间短、峰值高、能量大的过电压来不及放电，抑制过电压的效果较差。因此，一般在变流装置的进出线端还并联有硒堆或压敏电阻等非线性元器件。硒堆的特点是其动作电压与温度有关，温度越低耐压越高；硒堆具有自恢复特性，能多次使用，当过电压动作后，硒基片上的灼伤孔被溶化的硒重新覆盖，又重新恢复其工作特性。

压敏电阻能够吸收由于雷击等原因产生能量较大、持续时间较长的过电压。压敏电阻标称电压（U_{1mA}）是指压敏电阻流过 1mA 电流时它两端的电压。压敏电阻的选择，主要考虑额定电压和通流容量。额定电压的下限是线路工作电压峰值，考虑到电网电压的波动及多次

承受冲击电流后 U_{1mA} 值可能下降，额定电压的取值应适当提高。目前，通常采用 30%的裕量计算。

$$U_{1mA} \geqslant 1.3\sqrt{2} \cdot U$$

式中，U 为压敏电阻两端正常工作电压的有效值。

如用并联压敏元器件进行瞬态电压保持时，压敏元器件的工作电压应比浪涌电压和重复峰值电压低 2～3 倍。压敏电阻的数量：三相整流模块和三相交流模块均为三只，单相整流模块和单相交流模块均为一只，全部接在交流输入端。

由于压敏电阻的通流容量大，残压低，抑制过电压能力强；平时漏电流小，放电后不会有续流，元器件的标称电压等级多，便于用户选择；伏安特性是对称的，可用于交、直流或正负浪涌，因此用途较广。

因为正常的压敏电阻粒界层只有一定大小的放电容量和放电次数，标称电压值不仅会随着放电次数的增多而下降，还随着放电电流幅值的增大而下降，当大到某一电流时，标称电压下降到 0，压敏电阻出现穿孔，甚至炸裂，因此必须限定通流容量。

③ 电感电容滤波电路。

如图 5.7.4（b）所示，由电感和电容构成谐振回路，其低通截止频率 $f=1/2\pi I_c$，一般取数十千赫兹的频率。

④ 双向二极管阻尼电路。

如图 5.7.4（c）所示，由于二极管是反向串联的，所以它对输入信号极性不敏感。当负载被电源激励时，抑制电路对负载无影响。当电感负载线圈中电流被切断时，则在抑制电路中有瞬态电流流过，因此就避免了感应电压通过开关接点放电，也就减小了噪声，但是要求二极管的反向电压应比可能出现的任何瞬态电压高。额定电流值要符合电路要求。

⑤ 可饱和电抗器。

在高 di/dt 和高频电路中应用时，为提高电路稳定性和可靠性，除选用适宜参数的元器件和附加 RC 吸收回路外，建议在阳极回路导线上套入一定截面积铁氧体磁环或坡莫合金环做成的可饱和电抗器。对于感性负载的双向晶闸管电路，这一措施可防止由于电流滞后于电压而引起的电路换向失败（失控）。

⑥ 采用快速晶闸管。

晶闸管与普通整流管组成混合电路时，应选取反向恢复时间短的硅整流元器件，以减少可能在晶闸管上出现过高的 di/dt 和过高的瞬态电压。这时最好采用快速整流元器件。

⑦ 利用通断比控制交流调压方式防止或减小噪声。

其原理是采用过零触发电路，在电源电压过零时就控制双向晶闸管导通和截止，即控制角为零，这样可在负载上得到一个完整的正弦波，其缺点是只适用于时间常数比通断周期大的系统，如恒温器。

RC 应使用最短的连线连接电力半导体元器件的阳极-阴极或双向晶闸管的主端子 T_1-T_2。

为减少杂波吸收，门极连线长度降至最短。返回线直接连至 MT_1（或阴极）。若用硬线、螺旋双线或屏蔽线，则门极和 MT_1 间加 1kΩ或更小的电阻。高频旁路电容和门极间串联电阻。另一解决办法是选用 H 系列低灵敏度双向晶闸管。

3. 过热保护

（1）晶闸管在电流通过时，会产生一定的压降，而压降的存在则会产生一定的功耗，电流越大则功耗越大，产生的热量也就越多。如果不把这些热量快速散掉，会造成烧坏晶闸管芯片的问题。因此要求使用晶闸管模块时一定要安装散热器，并检查元器件的绝缘情况。

（2）电流为 5A 以上的晶闸管模块要装散热器，并且保证所规定的冷却条件。为保证散热器与晶闸管模块接触良好，它们之间应涂上一薄层有机硅油或硅脂，以利于良好地散热。

（3）散热条件的好坏是影响模块能否安全工作的重要因素。良好的散热条件不但能够保证模块可靠工作、防止模块过热烧毁，而且能够提高模块的电流输出能力。

4．要防止晶闸管模块控制极的正向过载

使用手册中所给晶闸管的 I_{GT}、U_{GT} 为能触发元器件至通态的最小值，实际使用中，晶闸管门极触发 I_{GT}、U_{GT} 应远大于此值。晶闸管和双向晶闸管必须在如下门极触发条件下使用。

（1）最大额定

门极触发信号必须严格限制在规定的门极正向峰值电压、门极正向峰值电流、门极反向峰值电压、门极平均功率损耗 P 和门极峰值功率损耗值之内。

（2）温度特性

门极触发电压和门极触发电流是随结温变化的。结温越低，需要的门极触发电压和门极触发电流越大。因此，必须细心地确定门极功率，防止晶闸管不触发后误触发。

（3）脉冲特性

门极触发电压和门极触发电流随门极信号的脉冲宽度变化。通常，脉冲宽度小于 100μs 时触发电压和电流值应增加。

（4）门极触发方式

① 单向晶闸管用直流或同向门极信号触发时，宜用Ⅰ-Ⅲ-方式（用负门极信号触发）；用交流门极信号触发时宜用Ⅰ+Ⅲ-方式。

② 双向晶闸管的触发灵敏度。

双向晶闸管无论为正向触发脉冲还是负向触发脉冲均可使控制极导通，在图 5.7.5 所示的四种条件下双向晶闸管均可被触发导通，但是触发灵敏度互不相同，即保证双向晶闸管能进入导通状态的最小门极电流 I_{GT} 是有区别的，其中图 5.7.5（a）触发灵敏度最高，图 5.7.5（b）触发灵敏度最低，为了保证触发同时又要尽量限制门极电流，应选择图 5.7.5（c）或图 5.7.5（d）的触发方式。只要有可能，就要避开 3 象限（WT2-，+）工况，可以最大限度提高双向晶闸管的 di_T/dt 承受能力。

③ 由于双向晶闸管可用正或负的门极脉冲触发。因此，在阻断时 G-T2 间不应有任何偏压。并且触发脉冲源应选用内阻高的电路，以防止元器件导通电流从触发源流过，降低元器件的阻断和换向能力。

应用中门极触发电流波形对晶闸管开通时间、开通损耗及 di/dt 承受能力都有较大影响。为保证元器件工作在最佳状态，并增强抗干扰能力，建议晶闸管门极触发脉冲电流幅值为 2～5A（<10A），上升率 $di_G/dt \geqslant 2A/\mu s$，上升时间小于或等于 1μs。即采用极陡前沿的强触发脉冲波形，如图 5.7.6 所示。

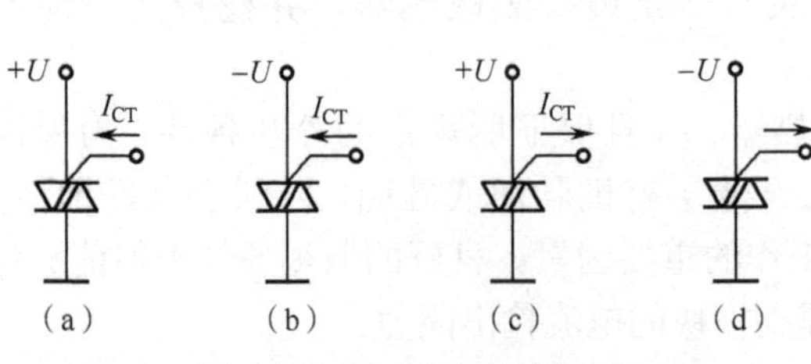

图 5.7.5　双向晶闸管灵敏度

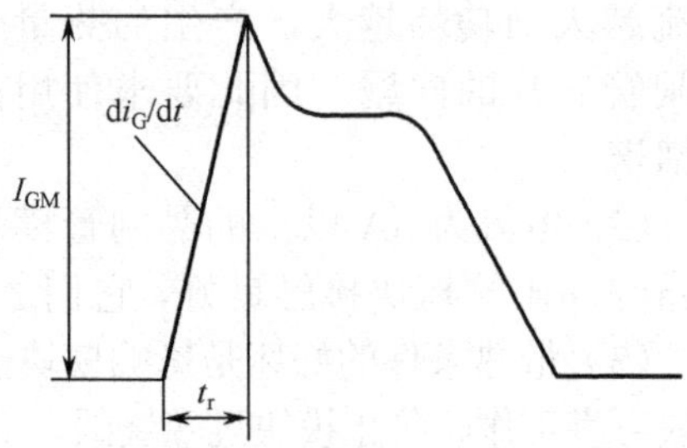

图 5.7.6　极陡前沿的强触发脉冲波形

5.7.2.2　在高海拔、低温条件下的使用注意事项

1．高海拔、低温条件的影响

（1）在−40℃条件下，晶闸管的门极触发电流值会比 25℃时增加一倍，门极触发电压约增加 30%。因此，若要保证设备可靠启动，则需要足够强度的晶闸管门极触发电流，即采用强的触发措施。它同时能提高元器件的 di/dt 性能，减小开通时间和开通损耗，利于元器件串、并联运行。建议使用的门极触发条件为：门极触发电流幅值=10I_{GT}（2～5A，<10A）；门极电流上升时间小于等于 1μs。

（2）在高海拔条件下，风冷散热器的散热能力会减弱，但较低的环境温度又有利于元器件散热，因此在使用中需根据现场所可能出现的最高环境温度考虑元器件与散热器的选择，要留有一定电流裕量。

（3）使用中应注意，如果设备非常频繁地启动、停止，元器件频繁地在−35～125℃之间进行温度循环，则元器件的寿命及可靠性会比正常工作时有所降低。

2．晶闸管的冷却及冷却条件

1）*冷却方式*

电力半导体元器件的各种参数对温度都是敏感的。它本身的通态压降引起的功率损耗将会使元器件结温升高，因此必须根据工作现场条件，采取水冷方式或风冷方式予以限制。

2）*在额定电流下的冷却条件*

（1）强迫空气冷却规定风速为 6m/s。

（2）强迫水冷却规定流量为 4000mL/min，水温为+5～35℃；水质为电阻率大于或等于数千欧・厘米，pH 值为 6～8。

（3）环境温度有以下条件。

空气冷却环境温度不高于+40℃及不低于−30℃。

水冷却环境温度不高于+40℃及不低于+5℃。

5.7.2.3　晶闸管串、并联使用要求

随着电力电子设备向高压、大电流、高功率方向的发展，越来越多的场合需用数只晶闸管串、并联作为一个臂使用。为保证各晶闸管工作时电压及电流的均衡，元器件串并联使用时，线路上应采取门极强触发脉冲、均流、均压措施，还需挑选开通、恢复特性一致的元器件。当

元器件串联工作于较高 d*i*/d*t* 的逆变线路中时，其反向恢复特性对动态均压起主要作用。

1．晶闸管的串联使用注意事项

1）采用稳态和动态均压措施

为保证元器件在阻断状态下的电压均衡，可给每只串联元器件并联一只均压电阻 R_p，如图 5.7.7 所示。其阻值 R_p 的选取原则是在工作电压下让流过电阻的电流为元器件在额定结温下漏电流的 2～5 倍。

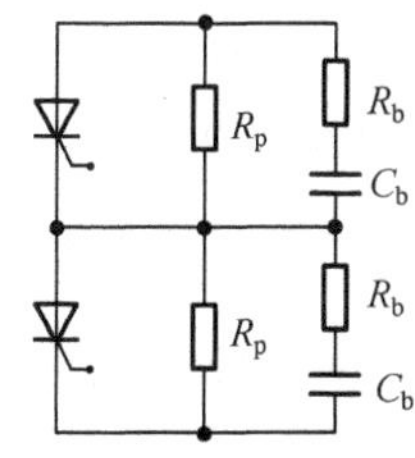

图 5.7.7 稳态和动态均压措施

由于元器件的开通和恢复过程中可能存在差异，因此采用并联阻容吸收电路进行动态均压也是必不可少的。适当参数的吸收电路可将串联元器件的不均衡电压限制在一定范围内。其取值与串联元器件恢复特性及工作条件有关，对于各公司的快速晶闸管，一般可选择：

$$C_b=(0.1\sim0.4)\ \mu F,\ R_b=(8\sim20)\ \Omega$$

具体数值可由调试决定。需注意，R_b、C_b 应选择无感电阻和无感电容，并用尽量短的线就近连接在晶闸管两端。在较高频率工作时，R_b 的功耗可能会高达数千瓦，需考虑其功率和散热问题。

2）门极触发脉冲的要求

晶闸管的开通过程受其门极触发脉冲影响很大，强触发脉冲可以减小元器件开通时间，促使串联元器件同时开通。同时，强触发脉冲还具有减小元器件开通损耗，增强元器件 d*i*/d*t* 承受能力的作用。因此，给串联元器件施加同步的、前沿极陡的、强度足够的触发脉冲是十分必要的。

3）串联元器件的热平衡要求

串联元器件中的热平衡要求是许多用户容易忽略的问题，由于元器件的阻断、开通、恢复等特性均随芯片的温度变化而变化，因此保证串联元器件在工作过程中的任一状态及时刻都具有同步的温度变化，是保证元器件可靠均压的基础。在有可能的场合，可考虑让串联元器件共用同一散热体，以保证元器件温度的一致性。

2．晶闸管并联使用的注意事项

1）主电路的合理配置

并联晶闸管元器件使用时要特别注意每一条元器件支路的阻抗一致性，如果并联支路的配置不合理，则电阻、自感、互感的差异都会导致电流的不均衡，如图 5.7.8 所示。在大电流及多相交流装置中，还需考虑各支路电流对附近金属的涡流发热影响及相与相之间的磁场影响。

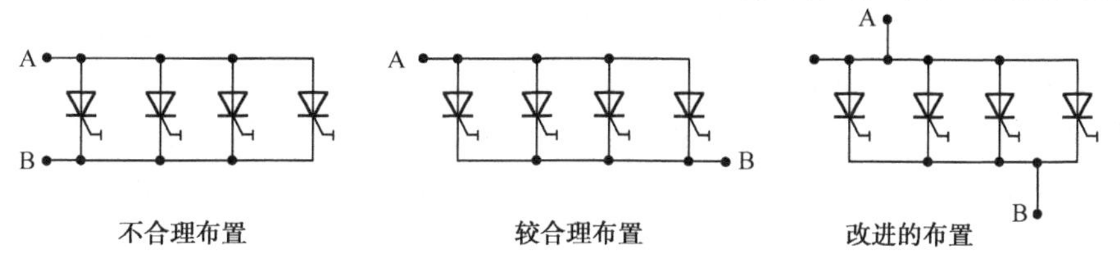

图 5.7.8 晶闸管的并联主电路的合理配置

2）门极触发脉冲的要求

为增强元器件开通时间的一致性，与串联使用一样，需对门极采用同步强触发脉冲，要求如下。

触发电流幅值等于（4～10）I_{GT}，触发电流上升时间低于1μs。

同时需考虑增加脉冲宽度或采用重复触发措施。尤其是针对大电流、高阻断电压元器件，在并联使用时，元器件开通时间的差异及开通后门槛电压的不一致，可能会导致并联的高门槛电压元器件不能开通。适当增加门极脉冲宽度，可使在小电流起始阶段不能开通的元器件随着电流的增大重新开通。

3）温度平衡及其他均流措施

与晶闸管串联使用一样，需考虑并联元器件的温度平衡问题。

在一些场合，可考虑采用各晶闸管支路串联电阻、电抗器或采用均流互感器进行强迫均流。

5.7.2.4 晶闸管检测注意事项

（1）严禁用兆欧表（摇表）检查元器件。如需要检查整机装置的耐压水平，则应将元器件各电极短路。

（2）用万用表只能检查元器件的通与断。

由于元器件伏安特性是非线性的，不能只根据等效电阻来判断元器件的优劣。用万用表检查门极好坏时，应先了解元器件是否采用短路发射结构。门极正反向阻值几乎相同，一般在几十至几百欧姆。

5.7.2.5 晶闸管模块使用注意事项

（1）模块严禁在较小导通角（模块输入电压高，输出电压低）下输出较大电流，这样会使模块严重发热而烧毁。正常情况下模块应在较大导通角下（可调范围的50%以上）输出较大电流。

（2）12V稳压电源要求：

① 稳压精度为12V±0.5V；

② 纹波电压≤30mV；

③ 输出电流≥1A；

④ 稳压电源的种类有开关电源或线性电源。若采用开关电源，则需带有屏蔽罩；若采用线性电源，则滤波电容应大于或等于2200μF，25V。

（3）模块控制端12V电源的极性严禁反接，一旦反接则将烧坏模块。接线时应严格按照红色引线接12V电源正，黑色引线接12V电源负（地）。

（4）模块工作达到热稳定状态后，其散热器温度（测试点选择靠近模块中心点，紧贴模块外壳的散热器表面）要求勿超过70℃，否则会烧坏模块。

（5）模块不能用作电网与人身之间的隔离。为保证安全，模块前面应加空气开关。

（6）模块在安装和运输过程中，应轻拿轻放，以避免受到强烈撞击和震动而损坏。

5.8　IGBT 的选与用

5.8.1　IGBT 的选型

IGBT 的综合性能是非常优越的，决非其他功率器件所能替代，因此它成为当今高电压大功率变流电路中的主要元器件。它的弱点是过压、过热、抗冲击、抗干扰等承受力较低，因此在使用时必须正确选择元器件的容量，要有严格完善的保护电路，按产品技术性能规定来正确选定各种参数值和保护值。这是件非常重要的事，如果粗枝大叶，则后患无穷，造成经济损失。只要精心设计，规范运行，则可以确保 IGBT 使用中的安全性和可靠性。

5.8.1.1　IGBT 选型程序

IGBT 选型程序为：

电压选择→SCSOA 选择→速度选择→封装选择→电气和热分析→成本分析。

5.8.1.2　IGBT 参数的选择

参数的选择原则之一是适当留有裕量，这样才能确保长期、可靠、安全地运行。工作电压小于或等于 50%～60%，结温小于或等于 70%～80%，在这条件下元器件是最安全的。制约因素有以下几点。

（1）在关断或过载条件下，I_C 要处于安全工作区，即小于 2 倍的额定电流值。

（2）IGBT 峰值电流是根据在 200%的过载和 120%的电流脉动率下来制定的。

（3）在任何情况下，包括过载时，结温一定小于 150℃。具体选用时可查产品用户手册。

（4）栅极电压。

1）开通电压 15V±10%的正栅极电压，可产生完全饱和，而且开关损耗最小，当小于 12V 时通态损耗加大，大于 20V 时难以实现过流及短路保护。

2）关断偏压为-5～-15V 的目的是出现噪声时仍可有效关断，并可减小关断损耗。最佳值约为-10V。

（5）IGBT 不适用于线性工作，只有极快开关工作时栅极才可加较低电压（3～11V）。

（6）饱和压降直接关系到通态损耗及结温大小，越小越好，但价格就要高。饱和压降从 1.7～4.05V，以每 0.25～0.3V 为一个等级，从 C 到 M 十级。

（7）可靠的短路耐量。

短路耐量是 IGBT 最重要的性能之一。短路电流被限定在额定电流的 8～10 倍，导致耗散功率大量提升，如一个 2kV/12kA 的 IGBT，损耗将达到 24MW。故对于高压型的 IGBT 来说，必须通过减少短路电流（I_{sc}）来实现降低损耗的目的。对于 3300V 的 IGBT 来说，其应用电路直流侧电压的典型值在 1500～2000V 之间，为 1600V IGBT 的两倍，所以为了得到与 1600V IGBT 相同的损耗，必须减少其电流，这可以通过采用优化的高压侧设计，把短路电流减少到其额定电流值的 5 倍而得到实现。

5.8.1.3 IGBT 模块的选择

变流技术对 IGBT 的参数要求并不是一成不变的，变流技术已从硬开关技术、移相软开关技术发展到双零软开关技术，各个技术之间存在相辅相成的纽带关系，同时又具有各自的应用电路要求特点，因而，对开关元器件的 IGBT 的要求各不相同。而 IGBT 正确选择与使用尤为重要，需要做周密的考虑。

1. 电压选择

确保在最差条件下 IGBT 的电压低于击穿电压额定值十分重要。在这种最差条件下，通常需要考虑以下几点。

（1）采用最大线路输入电压的最大总线电压和最大总线过压（如电动机驱动应用的电气制动）。

（2）IGBT 采用最大开关速度（di/dt）、最大杂散电感和最小总线电容关断时的最大过冲电压。

（3）最低的工作温度（因为击穿电压具备负温度系数）。

IGBT 器件上所承受的最高电压要小于元器件的额定电压值。一般 IGBT 的关断电压最高应不超过 U_{CES} 的 80%。

三相 380V 输入电压经过整流和滤波后，直流母线电压的最大值：$\sqrt{2}\times380\approx537$（V）。

在开关工作的条件下，IGBT 的额定电压一般要求高于直流母线电压的两倍，根据 IGBT 规格的电压等级，选择 1200V电压等级的 IGBT。

IGBT 模块的电压规格与所使用装置的输入电源（市电电源）电压紧密相关。其相互关系列于表 5.8.1。根据使用目的，并参考表 5.8.1，选择相应的元件。

表 5.8.1 IGBT 模块的电压规格与电源电压的相互关系

电源电压	200V、220V、230V、240V	346V、350V、380V、400V、415V、440V	575V、690V
元器件电压规格	600V	1200V	1500V

2. 安全工作区（SCSOA）的选择

安全工作区选择的实质是电流规格的选择。一般使用的 I_{Cmax} 小于或等于 70% $I_{C(nom)}$。

IGBT 模块的集电极电流增大时，U_{CE}（-）上升，所产生的额定损耗变大。同时，开关损耗增大，元器件发热加剧。因此，根据额定损耗、开关损耗所产生的热量，控制元器件结温在 150℃以下（通常为安全起见，以 125℃以下为宜）时，使用的集电极电流应在 I_{cmax} 以下为宜。特别是用作高频开关时，由于开关损耗增大，发热也加剧，需十分注意。

以 30kW变频器为例，它的负载电流约为 79A，由于负载电气启动或加速时，电流过载，一般要求在 1 分钟的时间内承受 1.5 倍的过流，则最大负载电流约为119A，所以建议选择150A电流等级的 IGBT。

一般来说，要将集电极电流的最大值控制在直流额定电流以下使用，从经济角度来看，是值得推荐的。

短路耐量是 IGBT 最重要的性能之一。短路电流被限定在额定电流的 8～10 倍，导致耗散功率大量提升，如一个 2kV/12kA 的 IGBT，损耗将达到 24MW。故对于高压型的 IGBT 来说，必须通过减少短路电流，实现降低损耗的目的。

1）短路安全工作区额定值

短路安全工作区特性指元器件能够在一定时间内（单位：μs）承受通过终端输入的最大总线电压，并能够安全关断。在这种条件下，IGBT 将会达到其饱和电流（取决于第几代元器件和元器件的电流额定值），并有效控制系统的电流，同时耗散大量功率。

尽管所有 IGBT 都具备内在的短路安全工作区（SOA）功能，但 IGBT 主要归类为短路电流额定元器件，而不是非短路电流额定元器件。短路电流额定元器件旨在限制饱和电流，从而限制功耗，这可导致与 U_{CE}（ON）实现平衡。1200V 沟槽 IGBT 的短路 SOA 平衡示例如表 5.8.2 所示。

表 5.8.2　1200V 沟槽 IGBT 的短路 SOA 平衡示例

	短路额定值	U_{CE}（ON）（75A）	ETS
IRG7PSH73K10	10μs	1.9V	12.3 mJ
IRG7PSH73K6	6μs	1.8V	12 mJ
IRG7PSH73U	无	1.6V	11.5 mJ

2）IGBT 的短路额定电流

当逆变器输出驱动电动机发生短路时，需要采用这种类型元器件。IGBT 需要能够承受足够长的时间，从而使保护电路安全关断元器件。

对于大型工业驱动应用而言，变流器输出端与电动机之间的长电缆及其相关的寄生电容迫使设计人员增加保护电路的消隐时间，从而避免元器件错误跳闸。这反过来会提高对 IGBT 的要求。业界已针对这种应用确定了 10μs 的标准额定值。

在某些情况下，缩短保护电路的消隐时间是可能的，如缩短电动机直接安装在逆变器输出端上的集成式电动机驱动器保护电路的消隐时间。在这种情况下，优化元器件是可能的。生产商推出了一系列具备 5～6μs 短路 SOA 额定值的低 U_{CE}（ON）元器件。

3）IGBT 的非短路额定电流

在电源等应用中，IGBT 与输出终端之间会装配一个电感器。在这种情况下，输出终端出现短路会使输出电感器与直流总线实现串联，从而允许利用电感器控制电流的上升速度（di/dt）。在这种情况下，IGBT 本身未出现短路，因此其短路保护电路有充足的时间关断这些元器件。

3. 速度选择

1）最大工作频率选择

开关频率是用户选择合适的 IGBT 时需考虑的一个重要的参数，所有的芯片制造商都为不同的开关频率专门制造了不同的产品。

特别是在电流流通并主要与 U_{CE}（sat）相关时，把导通损耗定义为功率损耗是可行的。

开关损耗与 IGBT 的换向有关系，但是主要与工作时的总能量消耗 ETS 相关，并与终端设备的频率的关系更加紧密。这些变量之间适度的平衡关系与 IGBT 技术密切相关，并为客户最大限度降低终端设备的综合散热提供了选择的机会。

因此，为了最大限度地降低功耗，根据终端设备的频率，及与特殊应用有内在联系的电平特性，用户应选择不同的元器件。

2）IGBT 开关参数的选择

变流器的开关频率一般小于 10kHz，而在实际工作中，IGBT 的通态损耗所占比重比较大，建议选择低通态型 IGBT，以 30kW，逆变频率小于 10kHz 的变流器为例，选择 IGBT 的开关参数见表 5.8.3。

表 5.8.3　IGBT 的开关参数

参　数		测 试 条 件	额 定 值	单　位
t_d（on）	开通延迟时间	U_{CC}=600V，I_C=150A U_{GE}=±15V，T_J=25℃ 感性负载	130	ns
t_r	上升时间		20	ns
t_d（off）	关断延迟时间		300	ns
t_f	下降时间		45	ns
t_d（on）	开通延迟时间	U_{CC}=600V，I_C=150A U_{GE}=±15V，T_J=125℃ 感性负载	150	ns
t_r	上升时间		30	ns
t_d（off）	关断延迟时间		380	ns
t_f	下降时间		80	ns

3）关断行为

对于 IGBT 而言，主要的参数平衡为导通损耗与开关损耗之间的平衡，在这方面特征拖尾电流发挥了重要作用。芯片设计者可优化这二者之间的平衡，主要取决于应用的开关频率。表 5.8.4 为 600V IGBT 4 个不同速度的平衡示例。

表 5.8.4　600V IGBT 的速度平衡示例

	标准（S） RG4PC40S	快速（F、M） IRG4PC40F	超快（U、K） IRG4PC40U	高速（W、P） IRG4PC40W
建议的开关频率范围	<1kHz	1～8kHz	8～30kHz	>30kHz
U_{CE}（ON）	1.2 V	1.4 V	1.7 V	2.05 V
ETS	6.95 mJ	2.96 mJ	1.1 mJ	0.34 mJ

尽管这是硬开关应用数据表中的重要特性，但软开关应用也必须要更多地考虑这些特性。在这种情况下，在硬开关条件下比较两个元器件，会得出错误的软开关行为结论。如果通过增加缓冲电容器实现软关断，元器件的尾电流相对于在正常硬开关应用中，会起到更大的作用。

4．芯片及封装

芯片决定了通态压降、开关速度、温度系数。需要考虑封装影响 IGBT 的安装方式、散热性能等。

封装可分为通孔封装和表面贴装两种形式。通孔封装具备更广泛的选择，适用于高电流额定值，并可实现高效冷却。这些额定值是基于采用隔离技术的典型装配方法。表面贴装器件可简化装配，但仅适用于低电流额定值，并且散热性能要差很多，即使是采用热过孔。要注意，不能采用表面贴装方法装配通孔元器件，因为这些元器件无法承受该工艺带来的高应力。

5. 电气和热分析

电气和热分析直接影响 IGBT 的可靠性，影响 IGBT 的可靠性的主要因素如下。

1）栅极电压

IGBT 工作时，必须有正向栅极电压，常用的栅极驱动电压值为 15～18V，最高用到 20V。栅极电压与栅极电阻R_g 有很大关系，在设计IGBT 驱动电路时，参考 IGBT 用户手册中的额定R_g 值，设计合适驱动参数，保证合理的正向栅极电压。因为 IGBT 的工作状态与正向栅极电压有很大关系，正向栅极电压越高，开通损耗越小，正向压降也越小。

在桥式电路和大功率应用情况下，为了避免干扰，在 IGBT 关断时，栅极加负电压，一般在-5～-15V，保证 IGBT 的关断，避免 Miller 效应影响。

2）Miller 效应

为了降低 Miller 效应的影响，在 IGBT 驱动电路中采用改进措施。

（1）开通和关断采用不同栅电阻R_g（ON）和 R_g（OFF），确保 IGBT 的有效开通和关断。

（2）栅源间加电容C，对 Miller 效应产生的电压进行能量泄放。

（3）关断时加负栅压。

在实际设计中，采用三者合理组合，对改进 Miller 效应的效果更佳。

5.8.1.4 IGBT 驱动器的选型

（1）确定是否需要 IGBT 驱动器 IC 外围电路，不需要外围电路的可选用不需要外围电路 IGBT 驱动器 IC，需要外围电路的应选用配置有外围电路的 IGBT 驱动板。

（2）确定需要驱动的 IGBT（MOSFET）模块电流/电压参数及 IGBT 工作频率，选择驱动能力相匹配的 IGBT 驱动器 IC。

驱动能力与工作频率有关，一般情况下对于同一 IGBT 驱动器和同一品牌 IGBT 模块，工作频率较低时能够驱动更大电流/电压参数的 IGBT 模块，其具体驱动能力参数（IGBT 驱动器输出电荷/频率关系）可详见驱动器手册。

常规光电耦合隔离的 IGBT 驱动器 IC 受光电耦合开关的速度限制，工作频率一般在 0～100kHz，适用于常见的 IGBT 模块。而对于特殊的高速 IGBT 模块，可以选择变压器隔离 IGBT 驱动器 IC，工作频率可以达到 1MHz。

（3）确定需要驱动的 IGBT 模块单元数，选择相应驱动单元的 IGBT 驱动器。

常见 IGBT 模块有单管 1 单元、半桥 2 单元、全桥（H 桥）4 单元、三相桥 6 单元、三相桥 7 单元等。

（4）确定是否需要内置驱动电源。

若采用内置自给电源，用户无需另外提供隔离电源为驱动器供电。没有内置自给电源的需提供单独的隔离电源。

（5）确定对 IGBT 过流保护功能的要求。

常见中小功率 IGBT（MOSFET）驱动限于成本因素，往往在 IGBT 驱动器 IC 内部并不集成过流保护功能。而对于大功率 IGBT 模块，如果把过流保护作为驱动器外围电路，无论从反应速度还是过流关断方式方面都不够稳妥，因此需要 IGBT 驱动器 IC 内部集成过流保护功能。

普通的单段式过流保护检测到过流后直接实行软关断，有可能因为干扰造成频繁软关断。最好选用先进的三段式过流保护，检测过流后先降栅压，再延迟判断，确实过流时实行软关断，并封锁过流信号以执行一个完整的保护过程，这样可对大功率及超大功率 IGBT 模块能起到稳妥的保护作用。

（6）确定安装方式。

IGBT 驱动器 IC 除了提供 SIP 封装外，还提供 DIP 封装，后者安装更稳固，适合颠簸、震动的应用环境。

5.8.2 IGBT 模块使用时的注意事项

IGBT 的综合性使用是非常优越的，它具有电压型控制、输入阻抗大、驱动功率小、控制电路简单、开关损耗小、通断速度快、工作频率高、元器件容量大等优点。它几乎已替代所有其他半导体功率元器件，成为当今电动汽车、伺服控制器、UPS、开关电源、逆变电路中 DC/AC 变换、斩波电源、电力机车等应用场合的首选。它的弱点是过压、过热、抗冲击、抗干扰等承受力较低，因此在使用时必须正确选择元器件的容量，要有完全严格的保护电路，按产品技术性能规定来正确选定各种参数值和保护值。在进行电路设计时，应针对影响 IGBT 可靠性的因素，有的放矢地采取相应的保护措施。

5.8.2.1 IGBT 的栅极保护

1. IGBT 门极驱动要求

1）栅极驱动电压

IGBT 的栅极-发射极驱动电压 U_{GE} 的保证值为±20V，如果在它的栅极与发射极之间加上超出保证值的电压，则可能会损坏 IGBT。因此，在 IGBT 的驱动电路中应当设置栅压限幅电路。

2）对电源的要求

对于全桥或半桥电路来说，上下管的驱动电源要相互隔离。IGBT 是电压控制元器件，所需要的驱动功率很小，主要是对其内部几百至几千皮法的输入电容的充放电，要求能提供较大的瞬时电流。要使 IGBT 迅速关断，应尽量减小电源的内阻，并且为防止 IGBT 关断时产生的 d*u*/d*t* 误使 IGBT 导通，应加上一个-5V 的关栅电压，以确保其完全可靠地关断（过大的反向电压会造成 IGBT 栅射反向击穿，一般为-2～10V 之间）。IGBT 门极驱动电路如图 5.8.1 所示。

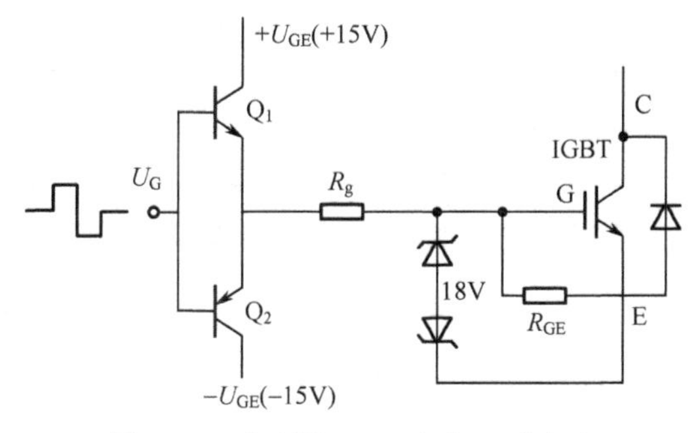

图 5.8.1 典型的 IGBT 门极驱动电路

3）对驱动波形的要求

从减小损耗角度讲，门极驱动电压脉冲的上升沿和下降沿要尽量陡峭，上升沿很陡的门极电压使 IGBT 快速开通，达到饱和的时间很短，因此可以降低开通损耗。同理，在 IGBT 关断时，陡峭的下降沿可以缩短关断时间，从而减小了关断损耗，发热量降低。但在实际使用中，过快的开通和关断在大电感负载情况下反而是不利的。因为在这种情况下，IGBT 过快的开通与关断将在电路中产生频率很高、幅值很大、脉宽很窄的尖峰电压 $L\mathrm{d}i/\mathrm{d}t$，并且这种尖峰很难被吸收掉。此电压有可能会造成 IGBT 或其他元器件被过压击穿而损坏。所以在选择驱动波形的上升和下降速度时，应根据电路中元器件的耐压能力及 $\mathrm{d}u/\mathrm{d}t$ 吸收电路性能综合考虑。

4）对驱动功率的要求

由于 IGBT 的开关过程需要消耗一定的电源功率，最小峰值电流可由下式求出

$$I_{GP}=\Delta U_{ge}/R_G+R_g$$

式中，$\Delta U_{ge}=+U_{ge}+|U_{ge}|$；$R_G$ 是 IGBT 内部电阻；R_g 是栅极电阻。

驱动电源的平均功率为

$$P_{AV}=C_{ge}\,\Delta U_{ge}2f$$

式中，f 为开关频率；C_{ge} 为栅极电容。

2. 栅极电阻 R_g 的作用

为了改变控制脉冲的前后沿陡度和防止震荡，减小 IGBT 集电极的电压尖峰，应在 IGBT 栅极串联合适的电阻 R_g。栅极电阻 R_g 的作用：①消除栅极振荡；②转移驱动器的功率损耗；③调节功率开关元器件的通断速度。

3. 栅极电阻 R_g 的选取

1）栅极电阻阻值的确定

当 R_g 增大时，IGBT 导通时间延长，损耗发热加剧；R_g 减小时，$\mathrm{d}i/\mathrm{d}t$ 增大，可能产生误导通，使 IGBT 损坏。应根据 IGBT 的电流容量、电压额定值及开关频率来选取 R_g 的数值。R_g 通常在几欧至几十欧之间（在具体应用中，还应根据实际情况予以适当调整）。在各种不同的情况下，栅极电阻的选取会有很大的差异。初试可按照表 5.8.5 选取。

表 5.8.5 栅极电阻的选取

IGBT 额定电流（A）	50	100	200	300	600	800	1000	1500
R_g 阻值范围（Ω）	10～20	5.6～10	3.9～7.5	3～5.6	1.6～3	1.3～2.2	1～2	0.8～1.5

不同品牌的 IGBT 模块可能有各自的特定要求，可在其参数手册的推荐值附近调试。

2）栅极电阻功率的确定

栅极电阻的功率由 IGBT 栅极驱动的功率决定，一般来说栅极电阻的总功率应至少是栅极驱动功率的 2 倍。IGBT 栅极驱动功率为

$$P=fUQ$$

式中：f 为工作频率；U 为驱动输出电压的峰峰值；Q 为栅极电荷，可参考 IGBT 模块参数手册。

例如，常见 IGBT 驱动器输出正电压 15V，负电压-9V，则 U=24V，假设 f=10kHz，Q=2.8μC，可计算出 P=0.67W，栅极电阻应选取 2W 电阻，或 2 个 1W 电阻并联。

3）IGBT 开通和关断选取不同的栅极电阻

通常为达到更好的驱动效果，IGBT 开通和关断可以采取不同的驱动速度，分别选取 R_{gon} 和 R_{goff}（也称 R_{g+} 和 R_{g-}）往往是很必要的。

IGBT 驱动器有些是开通和关断分别输出控制，只要分别接上 R_{gon} 和 R_{goff} 就可以了。有些驱动器只有一个输出端，这就要在原来的 R_g 上再并联一个电阻和二极管的串联网络，用以调节两个方向的驱动速度。

4）在栅射极间接上 R_{ge} 电阻

若 IGBT 的栅极与发射极间开路，而在其集电极与发射极之间加上电压，则随着集电极电位的变化，由于栅极与集电极和发射极之间寄生电容的存在，使得栅极电位升高，集电极-发射极有电流流过。这时若集电极和发射极间处于高压状态，可能会使 IGBT 发热甚至损坏。如果设备在运输或振动过程中使得栅极回路断开，在不被察觉的情况下给主电路加上电压，则 IGBT 可能会损坏。为防止在未接驱动引线的情况下，偶然给主电路加高压，通过米勒电容烧毁 IGBT，用户最好在 IGBT 的栅射极加装 R_{ge}。

某型号 IGBT 的 R_{ge} 值见表 5.8.6。

表 5.8.6 采用的栅极串联电阻

额定电压型号	R_{ge} 范围	IGBT 额定电流下的 R_{ge} 取值范围（Ω）											
		15	20	30	50	75	100	150	200	300	400	600	1000
600V CM……12H	R_{gemin}	42	31	21	13	8.3	6.3	4.2	3.1	2.1	1.6	1.0	—
	R_{gemax}	420	310	210	130	83	63	42	31	21	16	10	—
1200V CM……24H	R_{gemin}	21	16	10	6.3	4.2	3.1	2.1	1.6	1.0	0.78	2.1	3.3
	R_{gemax}	210	160	100	63	42	31	21	16	10	0.8	21	33
1400V CM…DY.28H	R_{gemin}	—	—	—	6.3	—	—	—	1.6	1.0	0.78	2.1	—
	R_{gemax}	—	—	—	63	—	—	—	16	10	0.8	22	—
1700V CM400HA.34H	R_{gemin}	—	—	—	—	—	—	—	—	—	10	—	—
	R_{gemax}	—	—	—	—	—	—	—	—	—	50	—	—

4. 栅极布线要求

栅极驱动的布线对防止潜在振荡、减慢栅极电压上升、减小噪音损耗、降低栅极电压或减小栅极保护电路的效率有较大的影响。要注意事项如下。

（1）布线时需将驱动器的输出级和 IGBT 之间的寄生电感减至最低（把驱动回路包围的面积减到最小）；栅极电阻使用无感电阻；如果是有感电阻，可以用几个并联以减小电感。

（2）正确放置栅极驱动板或屏蔽驱动电路，防止功率电路和控制电路之间的耦合。

（3）驱动器靠近 IGBT 时减小引线长度。应使用辅助发射极端子连接驱动电路。

（4）驱动电路输出不能和 IGBT 栅极直接相连时，线路板上的两根驱动线的距离尽量靠近；驱动的栅射极引线应使用双绞线连接（2 转/cm，长小于 3cm）、带状线或同轴线来传送驱动信号，以减少寄生电感。在栅极连线中串联小电阻也可以抑制振荡电压，但不要用过粗的线。

（5）栅极保护、拑位元器件要尽量靠近栅射极、发射极控制端子。

（6）每一个 IGBT 的触发电路元器件应集中在一个狭窄的区域，避免互相交叉。同一相位的触发电路应相邻，而两组之间距离应相对较远。PCB 板的线条之间彼此不宜太近，过高的 du/dt 会由寄生电容产生耦合噪声。

（7）要减少各元器件之间的寄生电容，避免产生耦合噪声。

（8）用光电耦合器来作隔离栅极驱动信号，其最小共模抑制比要在 10.000V/μs 左右。

5. 隔离问题

由于功率 IGBT 在电力电子设备中多用于高压场合，所以驱动电路必须与整个控制电路在电位上完全隔离，主要的途径及其优缺点如表 5.8.7 所示。

表 5.8.7 驱动电路与控制电路隔离的途径及优缺点

隔离的途径	优 点	缺 点
利用光电耦合器进行隔离	体积小、结构简单、应用方便、输出脉宽不受限制，适用于 PWM 控制器	共模干扰抑制不理想； 响应速度慢，在高频状态下应用受限制； 需要相互隔离的辅助电源
利用脉冲变压器进行隔离	响应速度快，共模干扰抑制效果好	信号传送的最大脉冲宽度受磁芯饱和特性的限制，通常不大于 50%，最小脉宽受磁化电流限制； 受漏感及集肤影响，加工工艺复杂

6. 接地回路形式

当栅极 G 驱动或控制信号与主电流共用一个电流路径时，会导致接地回路产生，这可能出现接地电位，而实际总有几伏的电位值，使本来偏置截止的元器件可能发生导通，造成误动作。因此，在大功率 IGBT 应用中，或 di/dt 很高时，就难免上述现象的发生，故对大容量的元器件与栅极 G 驱动或控制信号应分别直接接地。避免接地回路噪声的电路如图 5.8.2 所示。

图 5.8.2（a）存在共地回路电位问题，它的栅极电路地线与主电路负母线相通，适用于电流小于 100A 的六合一封装元器件，但仍要高反偏置电压 5μV～15V。

图 5.8.2（b）对下半臂元器件选用独立栅极电源供电，采用辅助发射极和就近驱动电源介耦电容的方法，能使接地回路噪声得到最好抑制，适用于电流为 200A 以下模块。

图 5.8.2（c）对下半臂每一个栅极驱动电路，都采用了分离绝缘电源，以消除接地回路的噪音问题，效果更好，适用于电流大于等于 300A 的模块。

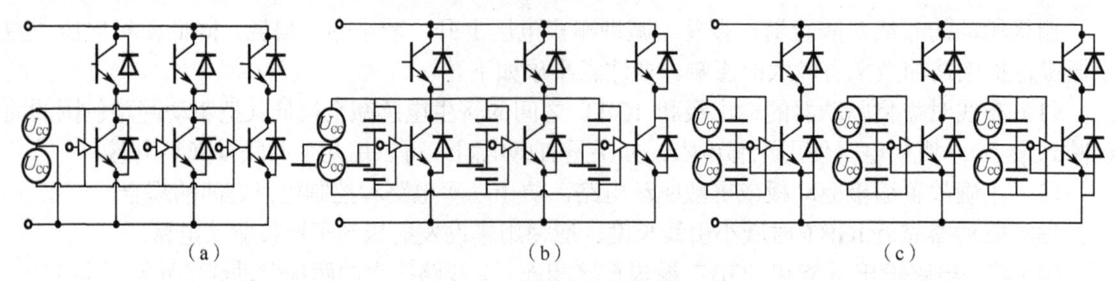

图 5.8.2　避免接地回路噪声

7．对 IGBT 的 U_{ge} 与 U_{ce} 的加压次序

变频器内部的测量电路、保护电路、驱动电路、转换电路、隔离电路、CPU、栅极电路等所用的电子元器件，如 TTL、COMS、运算放大器、光电耦合器等都由开关电源提供所需的不同电压值，对 IGBT 来讲 U_{ge} 是由开关电源提供的±5～±15V 电压，但 U_{ce} 是由主电路经三相整流桥滤波后的 DC 电源（P N）提供的。为确保 IGBT 的使用安全及防止误导通，故对 U_{ge} 与 U_{ce} 加电压次序有要求。

必须是先加 U_{ge} 且待稳定后（截止偏压-15V，导通偏压+15V），再可加 U_{ce}。切莫当 G 极悬空或未稳定时就加 U_{ce}（几百到几千伏），因为 C_{gc}（极间的耦合电容）就可将 IGBT 误导通，以致过高的 du/dt 造成电击穿而损坏。为避免上述现象的发生，一般用延时电路的方法，使 U_{ce} 滞后于 U_{ge} 约 0.2s，这样可以大大地提高使用上的安全性、可靠性，尤其是中、大功率的元器件更应注意。

5.8.2.2　IGBT 的过压保护设计

过压的产生主要有两种情况，一种是施加到 IGBT 集电极-发射极间的直流电压过高，另一种为集电极-发射极上的浪涌电压过高。

1．直流过压

直流过压产生的原因是输入交流电源或 IGBT 的前一级输入发生异常。解决的办法是在选取 IGBT 时，进行降额设计；另外，可在检测出这一过压时分断 IGBT 的输入，保证 IGBT 的安全。

2．浪涌电压的保护

因为电路中分布电感的存在，加之 IGBT 的开关速度较高，当 IGBT 关断时及与之并联的反向恢复二极管逆向恢复时，会产生很大的浪涌电压 $L\mathrm{d}i/\mathrm{d}t$，威胁 IGBT 的安全。

如果 U_{CESP} 超出 IGBT 的集电极-发射极间耐压值 U_{CES}，就可能损坏 IGBT。解决的办法主要有以下几种。

（1）在选取 IGBT 时考虑设计裕量。

（2）在电路设计时调整 IGBT 驱动电路的 R_g，使 di/dt 尽可能小。

实践证明，R_g 增大，使 IGBT 的开关速度减慢，能明显减少开关过电压尖峰，但相应地增加了开关损耗，使 IGBT 发热增多，要配合进行过热保护。R_g 阻值的选择原则是：在开关损耗不太大的情况下，尽可能选用较大的电阻，实际工作中按 R_g=3000V/I_c 选取。

除了上述减少集电极-发射极之间的过压之外，为防止栅极电荷积累、栅源电压出现尖峰损坏 IGBT，可在栅极-发射极之间设置一些保护元器件，电路如图 5.8.3 所示。电阻 R 的作用是使栅极积累的电荷泄放，其阻值可取 4.7kΩ；两个反向串联的稳压二极管 VD_{a1}、VD_{a2} 是为了防止栅源电压尖峰损坏 IGBT。

（3）尽可能减少电路中的杂散电感。

作为 IGBT 模块设计制造者，要优化模块内部结构（如采用分层电路、缩小有效回路面积等），减少寄生电感；作为 IGBT 使用者，要优化主电路结构（如采用分层布线、尽量缩短连接线等），减少杂散电感。另外，在整个线路上多加一些低阻低感的退耦电容，进一步减少线路电感。尽量将电解电容靠近 IGBT 安装，以减小分布电感。所有这些，对于直接减少 IGBT 的关断过压均有较好的效果。

（4）采用关断缓冲吸收电路。

为了使 IGBT 关断过电压能得到有效的抑制并减小关断损耗，吸收电感中释放的能量，以降低关断过压，通常都需要给 IGBT 主电路设置关断缓冲吸收电路。

① 充放电型。

吸收电路中储能元件的能量如果消耗在其吸收电阻上，也称其为耗能式吸收电路。传统的耗能式吸收电路把能量通过电阻泄放，主管开关损耗的降低以额外吸收损耗的增加为代价。有 RC 型和 RCD 型两种，如图 5.8.3 所示。

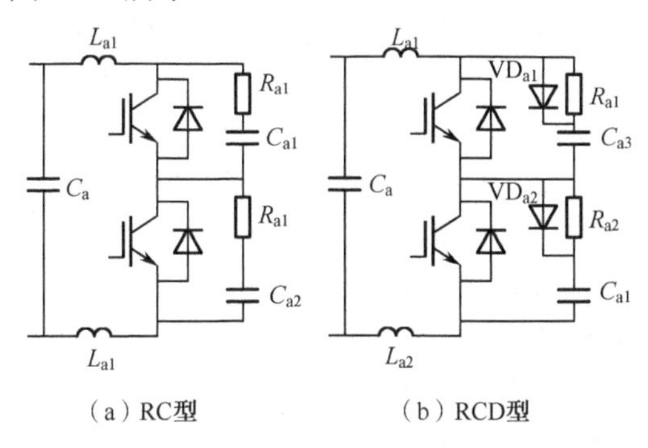

图 5.8.3 充放电型 IGBT 缓冲吸收电路

如图 5.8.3（a）所示为 RC 缓冲吸收电路，其特点是适合于斩波电路，但在使用大容量 IGBT 时，必须使缓冲电阻值增大，否则，开通时集电极电流过大，使 IGBT 功能受到一定限制。

如图 5.8.3（b）所示为 RCD 缓冲吸收电路，与 RC 缓冲吸收电路相比其特点是增加了缓冲二极管，从而使缓冲电阻增大，避免了开通时 IGBT 功能受阻的问题。

RC 缓冲吸收电路因电容 C 的充电电流在电阻 R 上产生压降，还会造成过冲电压。RCD 缓冲吸收电路因用二极管旁路了电阻上的充电电流，从而克服了过冲电压。

② 放电阻止型吸收电路。

放电阻止型吸收电路能够将其储能元件的能量回馈给负载或电源，称其为能量回馈型吸收电路，或称为无损吸收电路。而无损吸收技术能够将储能元件中的能量回馈至电源、负载或大幅削减其数值，大大增加吸收强度，达到软开关目的。如图 5.8.4 所示是三种放电阻止型吸收电路。

如图 5.8.4（a）所示为 LC 缓冲吸收电路，采用薄膜电容，靠近 IGBT 安装，其优点是电路简单，其缺点是由分布电感及缓冲吸收电容构成 LC 谐振电路，易产生电压振荡，而且 IGBT 开通时集电极电流较大。

如图 5.8.4（b）和图 5.8.4（c）所示为放电阻止型缓冲吸收电路，与 RLCD 缓冲吸收电路相比其特点是，产生的损耗小，适合于高频开关。

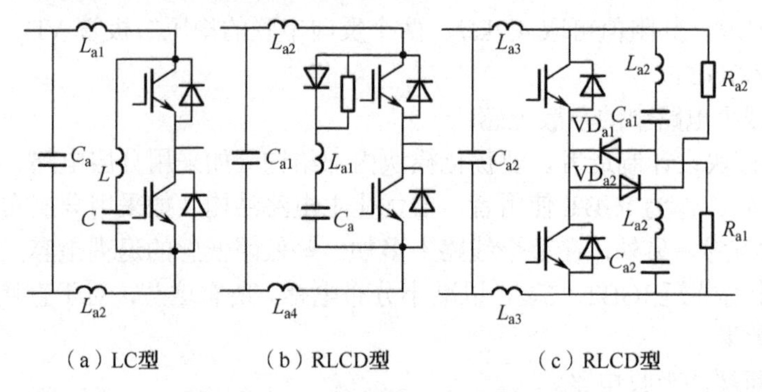

图 5.8.4　三种放电阻止型吸收电路

放电阻止型缓冲吸收电路中吸收电容 C_s 的放电电压为电源电压，每次关断前，C_s 仅将上次关断电压的过冲部分能量回馈到电源，减小了吸收电路的功耗。因电容电压在 IGBT 关断时从电源电压开始上升，它的过压吸收能力不如 RCD 充放电型。

从吸收过压的能力来看，放电阻止型吸收效果稍差，但能量损耗较小。

③ 对缓冲吸收电路的要求。

吸收电容应采用低感吸收电容。电容 C 选用高频低感圈绕聚乙烯或聚丙烯电容，也可选用陶瓷电容，容量为 12nF 左右。电容量选得大一些，对浪涌尖峰电压的抑制好一些，但过大会受到放电时间的限制。它的引线应尽量短，最好直接接在 IGBT 的端子上。

电阻 R 选用氧化膜无感电阻，其阻值要满足放电时间明显小于主电路开关周期的要求，可按 $R \leqslant T/6C$ 计算，T 为主电路的开关周期。

尽量减小主电路的布线电感 L_a，接线越短越粗越好。

吸收二极管应选用正向过渡电压低、逆向恢复时间短的快开通和快软恢复的软特性缓冲二极管，以免产生开通过压和反向恢复引起较大的振荡过压。

5.8.2.3　IGBT 的过流保护电路设计

过流保护的措施是采用电流检测电阻/传感器，具体实施方案与电路有关。

对 IGBT 的过流检测保护分两种情况，如下所述。

1．驱动电路中无保护功能

驱动电路中无保护功能，这时在主电路中要设置过流检测元器件。对于小容量变流装置，一般是把电阻 R 直接串联在主电路中，如图 5.8.5（a）所示，通过电阻两端的电压来反映电流的大小。对于大中容量变流装置，因电流大，需用电流互感器 TA（如霍尔传感器等）。电流互感器所接位置：一是像串联电阻那样串联在主回路中，如图 5.8.5（a）中的虚线所示；二是串联在每个 IGBT 上，如图 5.8.5（b）所示。前者只用一个电流互感器检测流过 IGBT 的总电流，经济、简单，但检测精度较差；后者直接反映每个 IGBT 的电流，测量精度高，但需 6 个电流互感器。过流检测出来的电流信号，经光电耦合管向控制电路输出封锁信号，从而关断 IGBT 的触发，实现过流保护。

对 IGBT 的过流保护，主要有 3 种方法。

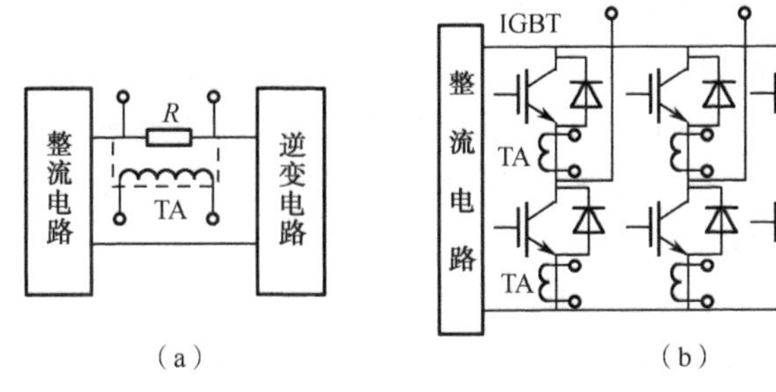

图 5.8.5 IGBT 的过流检测

1）用电阻或电流互感器检测过流进行保护

如图 5.8.6（a）及图 5.8.6（b）所示，可以用电阻或电流互感器与 IGBT 串联，检测流过 IGBT 集电极的电流。当有过流情况发生时，控制执行机构断开 IGBT 的输入，达到保护 IGBT 的目的。

2）由 IGBT 的 U_{CE}（sat）检测过流进行保护

如图 5.8.6（c）所示，因 U_{CE}（sat）=I_cR_{CE}（sat），当 I_c 增大时，U_{CE}（sat）也随之增大，若栅极为高电平，而 U_{CE} 为高电压，则此时就有过流情况发生。此时与门输出高电平，将过流信号输出，控制执行机构断开 IGBT 的输入，保护 IGBT。

U_{CE}（sat）检测法的优点是检测灵敏、动作迅速，有效地避免了并联回路 IGBT 大面积损坏。但这种方法的缺点也比较明显，它需要配线，将每个 IGBT 的集电极与发射极之间的电压信号引入脉冲驱动板。

3）检测负载电流进行保护

检测负载电流的方法与图 5.8.6（a）中的检测方法基本相同如图 5.8.6（d）所示。但图 5.8.6（a）属直接法，而图 5.8.6（d）所示为间接法。若负载短路或负载电流加大时，也可能使前级的 IGBT 的集电极电流增大，导致 IGBT 损坏。由负载处（或 IGBT 的后一级电路）检测到异常后，控制执行机构切断 IGBT 的输入，达到保护 IGBT 的目的。

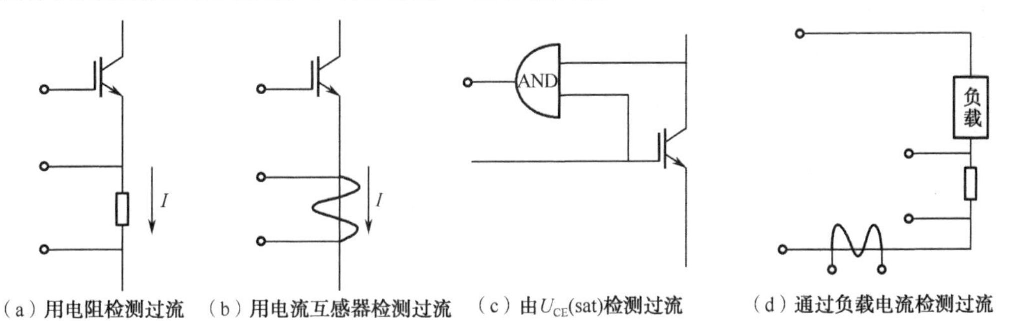

图 5.8.6 IGBT 的过流保护方法

2. 驱动电路中设有保护功能

混合驱动模块是集驱动与保护功能于一体的集成电路。其电流检测利用在某一正向栅压 U_{ge} 下，通态饱和压降 U_{ce}（ON）与集电极电流 I_e 成正比的特性，通过检测 U_{ce}（ON）的大小来判断 I_e 的大小，产品的可靠性高。不同型号的混合驱动模块，其输出能力、开关速度与 du/dt 的承受能力都不同，使用时要根据实际情况恰当选用。

由于混合驱动模块本身的过流保护临界电压动作值是固定的（一般为 7～10V），因而存在着与 IGBT 配合的问题。通常采用的方法是调整串联在 IGBT 集电极与驱动模块之间的二极管 VD 的个数，如图 5.8.7（a）所示，使这些二极管的通态压降之和等于或略大于驱动模块过流保护动作电压与 IGBT 的 U_{ce}（ON）之差。

上述用改变二极管的个数来调整过流保护动作点的方法，虽然简单实用，但精度不高。这是因为每个二极管的通态压降为固定值，使得驱动模块与 IGBT 集电极之间的电压不能连续可调。在实际工作中，改进方法有两种，如下所述。

1）改变二极管的型号与个数相结合

例如，IGBT 的通态饱和压降为 2.65V，驱动模块过流保护临界动作电压值为 7.84V，那么整个二极管上的通态压降之和应为 7.84−2.65=5.19V，此时选用 7 个硅二极管与 1 个锗二极管串联，其通态压降之和为 0.7×7+0.3×1=5.20V（硅管视为 0.7V，锗管视为 0.3V），则能较好地实现配合。

2）二极管与电阻相结合

由于二极管通态压降的差异性，上述改进方法很难精确设定 IGBT 过流保护的临界动作电压值。如果用电阻取代 1～2 个二极管，如图 5.8.7（b），则可做到精确配合。

另外，由于同一桥臂上的两个 IGBT 的控制信号重叠或开关元器件本身延时过长等，使上下两个 IGBT 直通，桥臂短路，此时电流的上升率和浪涌冲击电流都很大，极易损坏 IGBT。为此，还可以设置桥臂互锁保护，如图 5.8.8 所示。图中用两个与门对同一桥臂上的两个 IGBT 的驱动信号进行互锁，使每个 IGBT 的工作状态都互为另一个 IGBT 驱动信号可否通过的制约条件，只有在一个 IGBT 被确认关断后，另一个 IGBT 才能导通，这样严格防止了臂桥短路引起过流情况的出现。

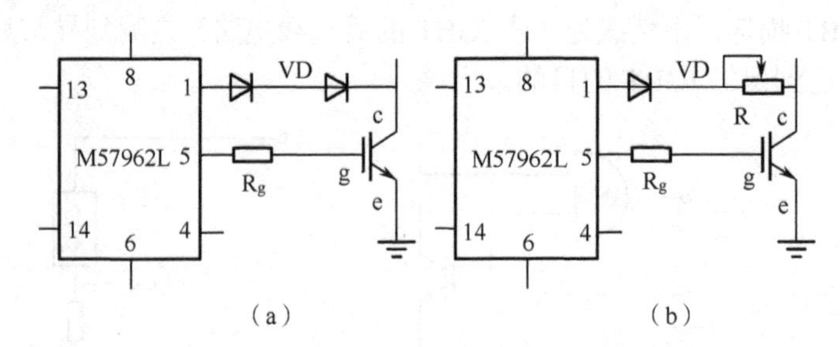

图 5.8.7　混合驱动模块与 IGBT 过流保护的配合

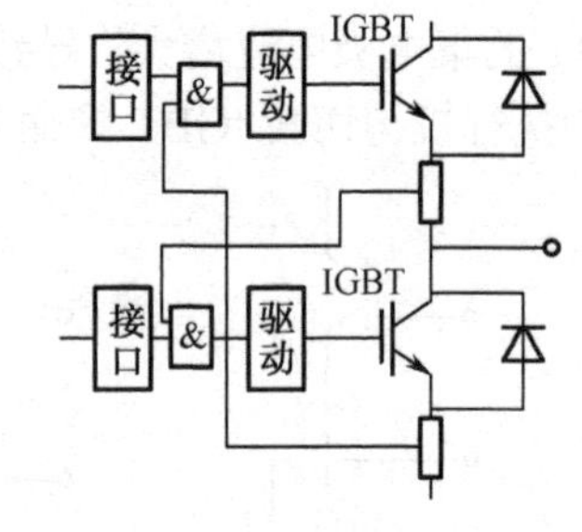

图 5.8.8　IGBT 桥臂直通短路保护

3. 电流限制值与 U_{GE}、R_g 的依赖关系

由于 IGBT 模块内装有电流限制回路，因此，可限制短路时的集电极电流，使模块能承受的极限电流值得以提高。这种限制电流值的大小与 U_{GE} 及 R_g 值有关，即随着 U_{GE} 变小或 R_g 变大，该值将变小。这时，应特别注意，要将装置中过流容限值设定在该模块限制电流值之下方为安全。此外，电流限制电路仅有限制电流的作用，而无自身保护之功能。因此，为了防止模块在短路时遭到破坏，必须在模块外部能检测出短路状态。一旦有短路情况发生，应立即切断输入信号。

5.8.2.4 过热保护

一般情况下流过 IGBT 的电流较大，开关频率较高，故而元器件的损耗也比较大，如果热量不能及时散掉，使得元器件的结温超过 125℃，则 IGBT 可能损坏。IGBT 不宜长期工作在较高温度环境下，因此要采取恰当的散热措施，进行过热保护。

1. 采用温度检测电路进行过热保护

利用温度传感器进行温度检测，当超过设限温度时，通过温度继电器、NTC 温度检测电阻/隔离放大器使 IGBT 切除，实现过热保护。

2. 散热

散热可以有效降低 IGBT 的结温，一般是采用散热器（包括普通散热器与热管散热器），并可进行强迫风冷或水冷。散热器的结构设计应满足：IGBT 的工作结温小于 IGBT 的最高结温。

在实际工作中，采用普通散热器与强迫风冷相结合的措施，并在散热器上安装温度开关。当温度达到 75～80℃时，通过 SG3525 的关闭信号停止 PMW 发送控制信号，控制执行机构在发生异常时切断 IGBT 的输入，从而使驱动器封锁 IGBT 的开关输出，并予以关断保护。

5.8.2.5 串、并联问题

应尽量避免 IGBT 的串、并联，不要企图以低压小电流元器件通过串、并联解决高电压大电流问题，这样做往往适得其反，并且元器件增多使电路复杂化，可靠性更差。目前，单个 IGBT 的电压或电流基本能满足用户的需要，在不得已的条件下才采用串、并联，但要慎重使用。

1. 串联

串联的目的是增高使用的工作电压。单个 IGBT 的容量非常有限，因此在大功率、高电压场合下，单个 IGBT 作为开关难以达到要求。为了解决这一问题，需将若干个 IGBT 串联。杂散电感、电容及 IGBT 自身动态特性的差异会导致串联 IGBT 分压不均，使分压过大的 IGBT 过压损坏，造成同一臂一串电击穿，使串联失效。因此，必须对 IGBT 串联的静态均压及动态均压问题进行分析和解决，尤其是动态均压有一定难度。

对于导通稳态而言，串联 IGBT 的导通饱和压降近似相等，且只有 1～3V，只要流过 IGBT 的工作电流不超过额定值，串联 IGBT 就可以正常工作。但对于阻断稳态而言，若串联 IGBT 的伏安特性各不相同，各 IGBT 上分担电压就会不一致，极有可能损坏元器件。为此，可采用 IGBT 集电极、发射极两端并联电阻法来实现阻断稳态均压。串联 IGBT 静态均压可以通过并联电阻法实现，并联电阻值和电阻功耗的选择都应从最不利的情况出发。

目前，各种动态均压方案主要有负载侧被动均压策略和栅极侧主动均压策略两种。其要求比并联更高，主要是由于动态均压有一定难度。负载侧被动均压策略是利用缓冲电路使过压元器件的集电极-发射极电压上升率 du_{CE}/dt 与动作最慢的元器件一致，从而实现动态均压。这种电路的优点是在低压、小功率线路中降低 IGBT 的开关损耗，均压效果较好。但在高压线路中，由于缓冲电路功耗大，且功耗与串联 IGBT 的开关频率成正比，因此仅靠缓冲电路来实现动态均压非常困难，而且整套均压装置体积大，成本高，在实际应用中很不经济。

2. 并联

对于大容量变流器等控制大电流场合使用IGBT模块时，可以使用多个IGBT并联增大工作电流。并联时，要使每个IGBT流过均等的电流是非常重要的，如果一旦电流平衡被破坏，那么电流过于集中的那个IGBT将可能被损坏。

为了保障IGBT能够安全可靠地工作，需要严格的模块选配，栅控电路要分开。除静态均流外，还有动态均流问题，如果一旦电流平衡被破坏，那么电流过于集中的那个元器件将可能被损坏。使温度相接近，以免影响电流的均衡分配，因IGBT是负阻特性的元器件。为使并联时电流能平衡，应适当改变元器件的特性及接线方法。主要技术措施如下。

1）并联使用IGBT模块时要求元器件必须匹配

挑选U_{CE}（sat）相同的元器件并联是很重要的。要求每个并联使用的IGBT模块U_{ce}（sat）之差小于0.3V，还要降流使用，对600V的降10%I_c，1200～1400V的降15%I_c，1700V的降20%I_c，这组值指大于等于200A的模块，并要取饱和压降相等或接近的模块才行。

为了尽可能减少这种IGBT自身差异性所带的均流问题，要求并联的IGBT应采用相同芯片技术、模块型号和生产日期。如果可能，最好用同一包装内的IGBT模块进行并联。

2）降低IGBT之间的温差

正温度系数特性有利于实现IGBT并联的均流。这表明并联IGBT的静态均流可动态地自我调节平衡。如果较高电流通过一个并联支路或不均匀冷却导致运行结温偏高，其U_{CE}（sat）就会相应升高，并将电流转移至其他饱和电压较低的支路，以实现自我保护。

因为IGBT是负阻特性的元器件，并联IGBT之间的冷却差异会引起工作结温不同，进而影响IGBT的动态和静态特性，使电流出现不平衡。因此，要求并联IGBT模块要安装在型号、尺寸、结构相同的散热器上，尽可能地靠近以降低冷却的差异，获得最佳的热耦合，达到最优的热平衡状态。并联IGBT的散热膏厚度应尽可能地均匀和一致。水冷却时，进出水管应采取并联方式，并使管径、长度一致。

3）对称性并联连接要求

对称性并联连接是决定动态均流的关键性问题，这会涉及IGBT封装、元器件布局和系统构架等相关因素。如果一个支路的杂散电感高于另一个支路的杂散电感，就会产生相应的典型不平衡开关电流波形。因此，必须严格实现并联功率换流回路的对称性和一致性，确保尽可能相同的杂散电感。

直流回路及输出回路母线布局、电解电容和IGBT模块的布局需要经过优化，使每个并联支路尽量对称和一致。有时，尽管并联IGBT的母线为同一根铜排线，具有相同的电势，然而与母线连接点的不同也将会导致电流不平衡。通常，一个有效办法是采用叠层母排结构，通过优化模块布局，有时在母线上故意增加孔或铜排线设计成“之”字形等措施，以获取相同的功率换流路径。

4）确保静态及动态电流的均衡

（1）输出电抗器

每个并联支路相互交叉串入扼流圈的连接方式可以确保静态电流之间的均衡。如果有电流不均衡现象出现，扼流圈会产生电抗，抑制电流差异性。同时，降低共模环流，减少并联

支路内部磁场的影响。这种连接方式使各个支路相互牵制、相互平衡，达到较好的静态及动态均流。

如图 5.8.9 所示为在每个并联支路外加输出电抗器的连接方式，并联回路之间的杂散电感不同主要取决于输出电抗器之间的差异，这种连接方式容易被实现和控制，这将会更好地实现动态均流过程。不过，这会增加系统成本和功耗，也较复杂。

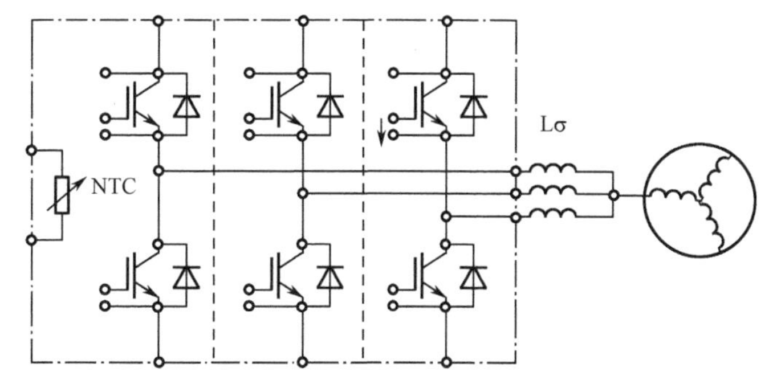

图 5.8.9　输出电抗器

（2）输出扼流圈

如图 5.8.10 所示为每个并联支路相互交叉串入扼流圈的连接方式，这样可以确保静态电流之间的均衡。如果有电流不均衡现象出现，扼流圈会产生电抗，抑制电流差异性。同时，降低共模环流，减少并联支路内部磁场的影响。这种连接方式使各个支路相互牵制、相互平衡，达到较好的静态均流。

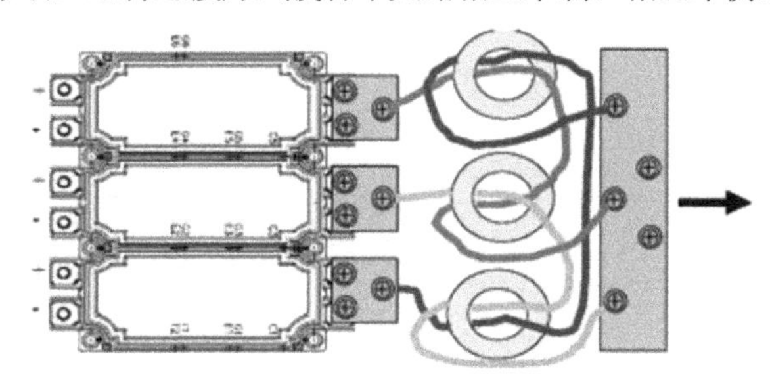

图 5.8.10　扼流圈

5）驱动回路

合理的驱动回路布局和设计可以获得更好的并联性能。建议采用以下设计准则。

（1）使驱动栅极与 IGBT 之间的驱动回路具有最小的环路面积，以期较低的寄生电感。

（2）通常情况下，建议在模块上直接安装驱动适配板。驱动输出与 IGBT 栅极之间采用等长、尽可能短的双绞线连接驱动和模块，应尽可能实现对称连接。

（3）避开将驱动回路 PCB 引线、连接电缆的布局或安装处于由于 IGBT 开关所产生电位变化的位置上。应当尽可能减少驱动线或电缆与主功率回路平行，尽可能地远离功率回路，降低互感，避免驱动回路被强磁场干扰。如有必要，可加装屏蔽层。

（4）并联 IGBT 驱动所用分开栅极电阻相比公用连接方式而言，可以改善动态过程均流。此外，对于并联 IGBT 而言，栅极电阻 R_g 和栅极与发射极之间电容 C_{ge}（如果需要）的容差应当尽可能低。

（5）选择具有良好的抗共模干扰能力的驱动器，也即有较高的 du/dt。

参 考 文 献

[1] 蒋孝良，胡铭发，臧亨．继电器接点控制线路的逻辑设计．上海：上海科学技术出版社，1979．

[2] 程志刚．新编电气工程师手册．合肥： 安徽文化音像出版社，2004．

[3] 周旭．现代电子设备设计制造手册．北京：电子工业出版社，2008．

[4] 电气控制柜设计制作相关的《国家标准》.

反侵权盗版声明